財務管理

主編 ● 石雄飛

崧燁文化

前 言

財務管理課程是經濟與管理類專業的基礎課程，是財務管理、會計學等專業的核心主幹課程。在本書的編寫過程中，我們以現代企業財務管理的理論與方法為宗旨，以財務管理目標為核心，以籌資管理、投資管理、營運資金管理、收益分配管理等財務活動為主線，全面、系統、綜合地介紹現代企業財務管理的基本概念、基本方法和基本技能。本書以新的《企業財務通則》作為企業財務管理的基本準則和依據，一方面立足於中國企業理財實踐，另一方面廣泛借鑑和吸收國內外先進教材的經驗，在體現財務管理教學規律的同時，力爭使財務管理課程易學易教。

本書按照財務管理的內容和方法組織編排，主要包括總論、財務分析、價值原理、籌資管理、資本成本與資本結構、證券投資管理、項目投資管理、營運資金管理、收益分配管理、財務預算管理、特殊業務財務管理11章內容。本書既注重理論性，又注意可操作性，注重實例的運用和知識更新。本書內容豐富、結構合理、邏輯性強，可以作為會計學、財務管理等經濟管理類專業本科、專科教學的教材，也可以作為經濟管理工作人員的培訓教材或學習參考書。

本書由石雄飛主編，負責全書總纂、修改和定稿。本書各章編寫分工如下：石雄飛編寫第一章、第二章、第三章、第四章；李文成編寫第五章、第六章、第七章、第八章；劉永東編寫第九章、第十章、第十一章。

在本書的編寫過程中，我們廣泛參考了國內外有關專家學者編著的財務管理學教

材和專著，在此表示衷心的感謝。鑒於現代企業管理，特別是財務管理理論與實踐的發展日新月異，編者學識有限，加之編寫時間和篇幅的限制，書中如有不當之處，敬請讀者批評指正。

編　者

目 錄

第一章　總論 …………………………………………………………（1）

　　第一節　財務管理概述 ……………………………………………（1）

　　第二節　財務管理目標 ……………………………………………（5）

　　第三節　財務管理原則 ……………………………………………（8）

　　第四節　財務管理方法 ……………………………………………（10）

　　第五節　財務管理環境 ……………………………………………（12）

第二章　財務分析 ……………………………………………………（18）

　　第一節　財務分析概述 ……………………………………………（18）

　　第二節　財務分析方法 ……………………………………………（20）

　　第三節　財務指標及其分析 ………………………………………（22）

　　第四節　財務綜合分析 ……………………………………………（31）

第三章　價值原理 ……………………………………………………（34）

　　第一節　貨幣時間價值 ……………………………………………（34）

　　第二節　風險價值 …………………………………………………（47）

第四章　籌資管理 (55)

　　第一節　籌資概述 (55)

　　第二節　企業資金需要量預測 (61)

　　第三節　股權籌資 (68)

　　第四節　債務籌資 (75)

　　第五節　混合性籌資 (88)

第五章　資本成本與資本結構 (91)

　　第一節　資本成本 (91)

　　第二節　財務槓桿 (99)

　　第三節　資本結構 (109)

第六章　證券投資管理 (118)

　　第一節　證券投資概述 (118)

　　第二節　債券投資 (127)

　　第三節　股票投資 (129)

　　第四節　基金投資 (132)

　　第五節　證券投資組合 (138)

第七章　項目投資管理 ……………………………………………（143）

第一節　項目投資概述 ……………………………………（143）
第二節　現金流量估算 ……………………………………（151）
第三節　項目投資評價方法 ………………………………（161）
第四節　項目投資決策評價方法的應用 …………………（167）

第八章　營運資金管理 ……………………………………………（174）

第一節　營運資金概述 ……………………………………（174）
第二節　現金管理 …………………………………………（179）
第三節　應收帳款管理 ……………………………………（188）
第四節　存貨管理 …………………………………………（200）

第九章　收益分配管理 ……………………………………………（210）

第一節　收益分配概述 ……………………………………（210）
第二節　股利政策理論 ……………………………………（213）
第三節　股利分配政策 ……………………………………（215）
第四節　股利分配方案決策 ………………………………（221）
第五節　股票分割與股票回購 ……………………………（225）

第十章　財務預算管理 ……………………………………………………（229）

第一節　財務預算概述 …………………………………………………（229）
第二節　財務預算的編制方法 …………………………………………（231）
第三節　現金預算與預計財務報表的編制 ……………………………（236）
第四節　財務控製與責任中心 …………………………………………（246）

第十一章　特殊業務財務管理 ……………………………………………（263）

第一節　併購概述 ………………………………………………………（263）
第二節　併購程序與價值評估 …………………………………………（268）
第三節　併購支付方式與併購籌資管理 ………………………………（272）
第四節　反收購策略與重組策略 ………………………………………（275）
第五節　公司清算 ………………………………………………………（280）

參考文獻 ……………………………………………………………………（288）

附錄　資金時間價值系數表 ………………………………………………（289）

第一章 總論

【本章學習目標】

- 掌握財務管理的概念
- 掌握財務管理的基本內容
- 掌握財務活動的概念和主要內容
- 熟悉企業財務關係
- 瞭解企業財務管理目標,熟悉各種財務管理目標的優缺點
- 瞭解財務管理原則
- 熟悉財務管理方法
- 瞭解財務管理環境

第一節 財務管理概述

一、財務管理的概念

財務管理(本書主要指企業的財務管理)是指企業以貨幣為主要度量形式,在企業的生產經營活動過程中組織財務活動、處理財務關係的一系列經濟管理活動的總稱,是企業管理的一個重要組成部分。

財務管理是基於人們對生產管理的需要而產生的。一般認為,商品的生產和交換及貨幣的出現是財務管理產生的基礎。由於簡單商品經濟在奴隸社會和封建社會的經濟結構中處於從屬地位,商品生產過程十分簡單,因此財務管理並沒有成為一項獨立的工作,而是由生產經營者兼管。直到18世紀的工業革命,傳統的家庭手工業被現代化的機器大工業所取代,各種新興產業大量湧現。進入19世紀中葉,企業之間的兼併、收購活動頻繁發生,資本市場體系初步形成。在這種環境之下,財務管理才逐漸成為一門獨立的學科。當時,財務管理在理論和實務上均圍繞各種融資工具及資本市場的運作而展開。例如,公司兼併、新公司成立、發行債券融資的法律事務以及企業破產、重組、公司清算、證券市場的規範等問題。直到20世紀50年代前後,莫迪利安尼、米勒的資本結構理論以及馬科維茨的金融資產組合選擇理論等的提出,使得財務管理成為一門真正的科學,並推動了財務管理理論分析運動的進程。此後,人們對財務管理的研究與探索不斷深化。在管理內容上,逐漸由資金的籌集、資金的投放和使用擴展到資金的分配;在管理手段上,逐步實施財務預測、控製並進行時間價值和風險價值分析;在管理方法上,普遍採用計量模型和計算機軟件等輔助計算分析工具。

總而言之，現代財務管理學科已經逐步完善，成為企業管理的重要組成部分。

二、財務管理的內容

由於財務管理是基於企業在生產過程中客觀存在的財務活動和由此產生的財務關係而產生的，因此財務管理包括財務活動和財務關係兩方面的內容。

(一) 財務活動

財務活動是指資金的籌集、投放、使用、回收以及分配等一系列的活動。財務活動是資金運動的實現形式。

在市場經濟條件下，企業進行生產經營活動必須投入土地、勞動和資本等生產經營要素，能夠增值的生產經營要素的價值即為資金。企業的生產經營過程，一方面表現為生產經營要素實物形態的運動，即勞動者運用一定的勞動工具對勞動對象進行加工，生產出新的產品並將之銷售，也就是供應、生產和銷售三個過程；另一方面，隨著生產經營要素實物形態的運動，其價值也在相應地運動，即與供應、生產和銷售環節相適應，生產經營要素的價值也依次經過貨幣資金、儲備資金、生產資金、成品資金和結算資金，最後又回到貨幣資金形態，形成有規律的資金循環與週轉。資金只有在不斷的運動過程中才能實現其保值和增值。資金的運動過程包括資金的籌集、資金的運用、資金的投放以及收益的分配。因此，企業的財務活動具體表現為：

1. 籌資活動

籌資活動是指企業為了滿足生產經營活動的需要，從一定的渠道，採用特定的方式，籌措和集中所需資金的過程。籌資活動是企業進行生產經營活動的前提，也是資金運動的起點。從整體上看，企業籌集的資金可以分為兩大類：一是企業的股權資本，又稱為企業的自有資金，它是通過吸收直接投資、發行股票、企業內部留存收益等形式而取得的，形成企業的所有者權益；二是債務資金，它是通過向銀行借款、發行債券、利用商業信用等方式而取得的，形成企業的負債。在籌資過程中，企業一方面要確定籌資的總規模，以保證投資所需要的資金；另一方面要合理規劃籌資來源和籌資方式，確定合理的資本結構，使得籌資成本較低而籌資風險不變甚至降低。

2. 投資活動

企業在取得資金後，必須將資金投放使用，以期獲得最大的經濟效益。如果籌資後不投資，那麼籌資也就失去了意義，資金也難以得到增值，並且還會給企業帶來償付資金本息的風險。因此，投資活動是企業財務活動的核心內容。

投資可以分為廣義和狹義兩種。廣義的投資是指企業將籌集的資金投入使用的過程，包括對內投資，如購置流動資產、固定資產、無形資產等，也包括對外投資，如購買其他公司的股票、債券或者與其他企業聯營等。狹義的投資僅指對外投資。投資的結果是企業中一定資金的流出，並形成一定的資產結構。在投資過程中，企業一方面要確定投資的總規模，以確保獲得最大的投資效益；另一方面要合理選擇投資方式和投資方向，確定合理的投資結構，使得投資收益較高而投資風險不變甚至降低。

3. 日常資金營運活動

企業為了滿足日常經營活動的需要，必定發生一系列的資金收付活動。在日常生產經營活動中，企業需要購買原材料或商品，支付職工的工資和各種營業費用等，這

表現為資金的流出；當企業把產成品或者商品銷售出去的時候，再次回收貨幣資金，這表現為資金的流入。以上因日常業務活動而發生的資金的流入和流出活動就是資金營運活動。資金營運活動是保持企業持續經營所必須進行的最基本的活動，對企業有重要的作用。在一定時期內營運資金週轉越快，越可以用相同數量的資金生產出更多的產品或者銷售更多的商品，取得更多的收入，獲得更多的報酬。因此，在日常資金的營運活動中，企業要採用科學合理的方法加速資金週轉，提高資金的利用效率。

4. 收益分配活動

企業經過資金的投放和使用取得收入，並實現資金的增值。收益分配是作為投資的結果而出現的，是對投資成果的分配。投資成果首先表現為各種收入，在彌補各種成本、費用、損失以及繳納稅金後最終獲得淨利潤。企業再依據現行法規及規章對淨利潤進行分配，提取公積金和公益金，分別用於擴大生產、彌補虧損和改善職工集體福利設施；其餘的部分分給投資者，或者暫時留存企業，或者作為投資者的追加投資。

伴隨著企業利潤分配的財務活動，作為公積金和公益金的資金繼續留在企業中，為企業的持續發展提供保障，但是分配給股東的股利則退出了企業。因此，如何確立合理的分配規模和分配方式以確保企業取得最大的長期利益，對企業來說也是至關重要的。

上述財務活動的四個方面相互聯繫、相互依存。其中，籌資活動是企業資金運動的前提和起點，投資活動是籌資活動的目的和運用，日常資金營運活動是資金的日常控制和管理，收益分配是資金運動的成果和分配狀況。這些活動既相互聯繫又相互區別，構成了完整的企業財務活動，是財務管理的基本內容。

(二) 財務關係

企業在進行上述財務活動的時候，必然要與有關方面發生聯繫，這種企業在財務活動中產生的與各相關利益主體之間發生的利益關係即為財務關係。現代企業是各生產要素所有者為了取得一定的經濟利益而彼此之間簽訂的契約集合體，是在共同經濟利益的基礎上形成的新的經濟利益主體。這些由各方達成的契約就是用來調節企業與各利益相關者之間的利益博弈關係的，即用來協調財務關係。一般情況下，企業的財務關係有以下幾個方面：

1. 企業與政府之間的財務關係

完整的市場經濟是由家庭、企業和政府三個相對獨立的主體組成的。政府是一個提供公共服務、擁有政治權力的機構。在市場經濟條件下，政府為企業的生產經營活動提供良好的公共設施條件，創造公平競爭的市場環境；同時，政府為了履行國家職能，憑藉其政治權力，通過稅收方式無償參與企業收益的分配。企業應該遵守國家相關法律法規，特別是稅法的規定，向國家稅務機關按時、足額地繳納稅款，包括所得稅、流轉稅、資源稅、財產稅和行為稅等。企業與政府之間的財務關係反應了一種強制與無償的分配關係。

2. 企業與投資者之間的財務關係

企業的投資者按照投資主體的不同可以分為國家、法人、個人和民間組織等。投資者向企業投入資本金，從而成為企業的所有者，參與企業剩餘價值的分配，同時承擔一定的經營風險和投資風險。企業接受投資者的投資之後，成為受資者，可以利用

所得資金營運、管理企業，並對其投資者承擔資本的保值、增值責任。企業實現利潤之後，應該按照投資者的出資比例或者合同、公司章程的規定，向投資者分配利潤。企業與投資者之間的財務關係體現了經營權和所有權的關係。

3. 企業與債權人之間的財務關係

企業的債權人主要有債券持有人、貸款機構、商業信用提供者、其他出借資金給企業的單位和個人。企業在經營過程中，為了解決資金短缺或者降低資金成本、擴大企業經營規模，需要向債權人借入一定數量的資金。債權人將資金出借給企業之後，擁有按照約定期限收回本金和利息的權利，在企業破產時，對破產企業的財產擁有優先受償權。而企業在獲得債務資金後，必須按照約定定期付息、到期還本。企業與債權人的財務關係在性質上屬於債務與債權的關係。

4. 企業與受資者之間的財務關係

企業與受資者之間的財務關係，主要是指企業以購買股票或直接投資的形式向其他企業投資所形成的財務關係。隨著市場經濟的深入發展，企業由於發展戰略及分散經營風險等原因，需要進行對外投資活動。此時，企業作為其他企業的投資者，必須按照投資合同、協議、章程等的規定履行出資義務，出資後承擔被投資企業一定的經營風險。受資企業獲得利潤後，按照出資比例或者合同、章程的規定，向投資者分配利潤。因此，企業與受資者之間的財務關係也體現了所有權性質的投資與受資關係。

5. 企業與債務人之間的財務關係

企業與債務人之間的財務關係主要是指企業將資金以購買債券、提供借款或者商業信用等形式出借給其他單位形成的財務關係。企業將資金出借給債務人之後，有權按照合同的約定要求對方定期付息、到期還本。當債務人破產時，企業具有優先受償權。企業與債務人的關係體現的是債權與債務的關係。

6. 企業內部各部門之間的財務關係

企業內部各部門之間的財務關係主要是指企業內部各部門之間在生產經營各環節中相互提供產品或勞務所形成的財務關係。企業內部各部門之間既要執行各自獨立的職能，又要相互協調，只有這樣企業作為一個整體才能穩定地發揮其功能，實現其預定的經營目標。這樣在內部各部門之間就形成了提供產品和服務、分工與協作的權、責、利經濟關係。在實行內部經濟核算制的企業，這種關係體現在內部價格的資金結算上。這種企業內部各部門之間的資金結算關係，體現了它們之間的利益關係。

7. 企業與職工之間的財務關係

企業與職工之間的財務關係主要是指企業在向職工支付勞動報酬過程中形成的經濟關係。企業職工是企業的經營者和勞動者，他們以自身的體力勞動和腦力勞動作為參與企業收益分配的依據。企業應該按照職工在生產經營過程中提供的勞動數量和質量，向職工支付工資、獎金，還應該為提高其勞動數量和質量而發放津貼、福利等。這樣企業與職工之間的財務關係，體現了共同分配勞動成果的關係。

上述財務關係廣泛存在於企業財務活動中，體現了企業財務活動的實質，構成了企業財務管理的一項重要內容。企業應該正確協調與處理財務關係，努力實現利益相關者之間經濟利益的均衡。

第二節　財務管理目標

一、企業目標及其對財務管理目標的要求

企業是根據市場反應的社會需求來組織和安排生產經營的經濟組織，其目標一般可以分成三個層次：生存、發展、獲利。企業目標一方面可以指引財務活動的進行，另一方面也對財務活動提出了要求。

(一) 生存目標對財務管理的要求

企業為了生存所面臨的問題主要來自內在和外在兩個方面：一是長期虧損，二是不能償還到期債務。長期虧損是指無法維持最低營運條件而終止。長期虧損是一種經營失敗行為，是威脅企業生存的內在的、根本的原因。不能償還到期債務也可能表現為盈利企業的無力支付，盈利企業雖然存在帳面淨利潤，但是不一定有足夠的現金流，當不能償還到期債務即發生財務失敗時，企業被迫破產，不能償還到期債務是企業終止的外在的、直接的原因。

為了能在激烈的市場競爭中生存下去，企業在財務管理上應該力求做到以收抵支和能夠償還到期債務。如果不能做到以收抵支，企業就沒有足夠的貨幣從市場換取必要的生產要素，生產就會萎縮，直到無法維持最低的營運條件而終止。如果長期虧損，扭虧無望，投資者為了避免更大的損失，一般會主動終止企業。如果不能償還到期債務，按照國家相關法律的規定，債權人有權向人民法院申請企業破產。

因此，力求能夠以收抵支和償還到期債務，減少企業破產風險，是企業生存目標對財務管理的要求。

(二) 發展目標對財務管理的要求

企業是在發展中求得生存的。如果一個企業不能發展，不能提高產品和服務質量、擴大市場份額，就會被市場淘汰。企業的發展集中表現為擴大收入。而擴大收入的根本途徑是採用先進的技術和設備，提高員工的管理水平和技術水平。這就要求企業投入更多、更好的物質資源與人力資源，而資源的取得與投入離不開資金，因此企業的發展離不開資金。

沒有足夠的資金是阻礙企業發展的主要原因，因此籌集企業所需要的資金，是企業發展目標對財務管理的要求。

(三) 獲利目標對財務管理的要求

企業是一個以盈利為目的的組織，因此盈利是企業創立的目的。在企業的生產經營過程中，雖然也有其他的目標，如提高產品質量、擴大市場份額、提高職工福利待遇、減少環境污染等，但是盈利是最具綜合能力的目標。盈利不僅體現了企業的出發點和歸宿，而且有助於企業其他目標的實現。

從財務上看，盈利就是使投資收益超過投資成本，使企業正常生產經營產生的和外部獲得的資金能得到最大限度地利用。因此，合理、有效地利用資金，是獲利目標對財務管理的要求。

總之，企業要實現生存、發展和獲利的目標就要求財務管理完成籌措資金並有效地投放和使用資金的任務。

二、企業財務管理目標

任何管理活動都是有目的的能動行為，財務管理有自身的管理目標。財務管理的目標既要與企業的目標保持一致，又要直接、集中地反應財務管理的基本特徵，體現財務活動的基本規律。根據現代財務管理理論和實踐，最具有代表性的財務管理目標有以下幾種：

(一) 利潤最大化

這種觀點認為，利潤是衡量企業經營和財務管理水平的標誌，利潤越多，則企業財富增加得越多，越接近企業目標。因此，利潤最大化就是財務管理的目標。

以利潤最大化作為財務管理的目標有其合理的一面，這是因為利潤是企業已實現銷售並被社會承認的價值，是一個最容易被社會各界廣泛接受的財務概念，並且利潤是一項綜合財務指標，能說明企業的整體經營和財務管理水平的高低。但是利潤最大化存在著許多缺陷，無法用來指導全面的財務管理。這些缺陷主要表現在以下幾個方面：

第一，利潤最大化沒有反應利潤和投入資本之間的關係，不利於不同資本規模或者同一企業不同時期的比較。例如，一樣獲得1,000萬元的利潤，甲企業投入5,000萬元，而乙企業投入8,000萬元，哪一個企業更符合企業目標？如果不考慮投入和產出之間的關係，很難做出判斷。又如，在同一個企業，該企業有2,000萬股普通股，利潤為800萬元，每股收益為0.4元，如果某投資者甲擁有1,000股，他將分享利潤400元。假設該企業再發行2,000萬股普通股，並且這些籌得的資金將產生200萬元利潤，則總利潤增加為1,000萬元，此時每股收益卻從0.4元下降到0.25元，投資者甲所得利潤為250元。因此，當其他情況保持不變時，如果管理層致力於公司現有股東的利益，應該考慮投入與產出之間的關係。

第二，利潤最大化沒有考慮實現利潤的時間，即沒有考慮貨幣的時間價值。例如，企業今年獲利100萬元和明年獲利100萬元，哪一個更加符合企業的目標？如果不考慮利潤獲得的時間，很難做出客觀的判斷。

第三，利潤最大化沒有考慮利潤的風險。假設一個項目期望能夠使公司總利潤增加1,000萬元，而另一個項目則預期使總利潤增加1,200萬元。如果採納前一項目將肯定能使總利潤增加1,000萬元，而後一個項目風險相當高，實現總利潤增加1,200萬元的可能性不大。由於股東對風險的厭惡程度不同，也許前一個項目給股東帶來更高的效用。因此，即使兩個項目具有相同的投資成本和相同的期望現金流量，但仍有可能因各自期望現金流量的風險不同而對股東財富有不同的貢獻。

第四，利潤最大化忽視了利用負債而增加的財務風險。在公司總資產期望收益率超過債務資金成本的條件下，公司可以通過增加負債比率來增加每股稅後利潤，但是這種增加負債或者財務槓桿的利用導致每股收益的增加會產生相應的財務風險，利潤最大化沒有反應這一風險。

第五，利潤最大化可能會導致企業財務決策具有短期行為的傾向，只片面追求當

前和局部利潤最大，而不考慮企業長遠和整體的發展。例如，為了減少成本、提高當期利潤，而忽視產品開發、人才培養、技術裝備水平等。

(二) 企業每股收益最大化或者權益資本淨利率最大化

每股收益是指公司一定時期的淨利潤與發行在外的普通股股數的比值，它表明了投資者每股股本的盈利能力，主要用於上市公司。對於非上市公司，則主要採用權益資本淨利率，它是企業一定時期的淨利潤與權益資本總額的比值，說明了權益資本的盈利能力。這兩個指標在本質上是相同的。由於這兩個指標以淨利潤為基礎，因此其優點與利潤最大化基本相同。相對於利潤最大化，企業每股收益最大化或者權益資本淨利率最大化考慮了利潤與投入資本之間的關係，可以揭示出投資與收益的報酬率水平，便於不同資本規模的企業或者同一企業不同時期之間的比較。但是，同利潤最大化目標一樣，企業每股收益最大化或者權益資本淨利率最大化仍然沒有考慮貨幣時間價值和風險因素。

(三) 企業價值最大化或者股東財富最大化

企業價值最大化是指企業全部資產的市場價值最大化，它反應了企業潛在或者預期的獲利能力。由於股東的收益取決於公司的經營收入在扣除經理和員工的薪金、各類成本費用、債務利息以及向政府繳納各種稅金之後的剩餘利潤，因此與公司的其他利益相關者相比，股東是公司風險的主要承擔者，理應對公司的收益享有更多的收益權。公司應該在其他利益相關者的權益得到保障並履行其社會責任的前提下，為股東追求最大的公司價值。對股份制企業來說，企業價值最大化就是股東財富最大化。投資者投資企業的目的在於獲得盡可能多的財富，這種財富不僅表現為企業的利潤，而且表現為企業全部資產的價值。如果企業的利潤增多了，但是隨之而來的是資產貶值，則意味著虧損，會減少投資者的財富。因此，一般認為，以企業價值最大化作為財務管理的目標更為合理。這一目標充分權衡了貨幣的時間價值和風險因素。股東所得收益越多，實際取得收益的時間越近，收益的不確定性越小，股東財富就越多。這一目標還充分體現了對企業資產保值增值的要求，有利於糾正企業追求短期利益行為的傾向。

在股份制企業尤其是上市公司，股東財富是其所持普通股的市場價值，即用持有的公司普通股的數量與價格的乘積來表示。如果股數確定，股東財富最大化實際上就是股票市場價格的最大化，因此人們通常用股票的市場價格來代表公司價值或股東財富。股票價格反應了市場對公司的客觀評價，因此可以全面反應公司目前和將來的盈利能力、預期收益、時間價值和風險價值等方面的因素以及變化。企業價值最大化或者股東財富最大化目標在一定條件下也可以表現為股票市場價值最大化。

企業價值最大化或者股東財富最大化的目標克服了利潤最大化、每股收益最大化觀點的不足，成為衡量企業財務行為和財務決策的合理標準。但是這一觀點也存在一些缺陷。對於非股份制企業來說，必須通過資產評估才可以確定企業價值大小，而在評估時，又受到評估標準和評估方式的影響，從而影響到企業價值確定的客觀性；對於股份制企業來說，股票價格受到各種因素的影響，並不一定都是企業自身的因素。股東財富最大化片面強調股東的利益，忽視了企業其他相關權益主體的利益。

第三節　財務管理原則

財務管理原則也稱理財原則，是指人們對財務活動共同的、理性的認識。財務管理原則介於理論和實務之間，是聯繫理論與實務的紐帶。

一、理財原則的特徵

理財原則具有以下特徵：

第一，理財原則是財務假設、概念和原理的推論，它們是經過論證的、合乎邏輯的結論。

第二，理財原則必須符合大量觀察和事實，是大家共同的認識，被多數人接受。財務理論有不同的流派和爭論，如財務管理目標有利潤最大化、每股收益最大化、股東財富最大化等觀點。而理財原則不同，它們被現實反覆證明並被多數人接受和認同，如進行投資時，風險與報酬均衡原則被人們普遍接受，即有收益就有風險，收益和風險對等。

第三，理財原則具有應用性特徵，是財務交易和財務決策的基礎。各種財務管理程序和方法是根據理財原則建立的。

第四，理財原則具有指導性特徵，它為解決新問題提供指引。現有的財務管理程序和方法，只能解決常規問題，當問題不符合任何既定程序和方法時，原則為人們解決新問題提供指引，指導人們尋找解決問題的方法。

第五，理財原則不一定在任何情況下都正確。原則的正確性與一定的環境有關，在一般情況下是正確的，而在特殊情況下不一定正確。

二、企業財務管理原則

為了保證企業財務管理目標的實現，企業應該遵守的財務管理原則主要包括以下幾項：

(一) 風險與報酬均衡原則

風險與報酬均衡原則是指風險和報酬之間存在一個對等關係，投資者必須對風險和報酬做出權衡，為追求較高報酬而承擔較大風險，或者為減少風險而接受較低的報酬。所謂對等關係，是指高收益的投資機會必然伴隨著巨大的風險，風險小的投資機會必然只有較低的收益。

投資者必須在風險與報酬之間做出權衡。如果兩個投資機會，在其他的條件相同（包括投資額和風險）而報酬不同的情況下，人們會選擇報酬高的投資機會；在其他的條件相同（包括投資額和報酬）而風險不同的情況下，人們會選擇風險小的投資機會。因此，在財務交易中，當一切條件相同時，人們傾向於高報酬和低風險。但是，如果人們都傾向於高報酬和低風險，並且從事經濟活動的都是理性經濟人，那麼競爭的結果就會產生風險和報酬之間的權衡。如果市場存在低風險而報酬較高的投資機會，在完全競爭市場條件下，其他的投資者也會進入這個領域，競爭的結果導致報酬率降低

至與風險相當的水平。因此，市場上存在的是高風險高、報酬或者低風險、低報酬的投資機會。

如果投資者期望獲得巨大的投資收益，就必須冒可能遭受巨大損失的風險；如果投資者期望獲得確定、可靠的收益，就必須放棄獲得高額收益的機會。總之，每個投資者都要在風險和報酬之間進行權衡，都要求風險和報酬的對等。

(二) 投資分散化原則

投資分散化原則是指為了降低投資風險，不要把全部資金投資於一個企業或者一個項目（或證券），而要分散投資，其理論依據是投資組合理論。

與籌資策略不同，在進行投資的時候，無論採取哪種方式進行投資，都沒有一種絕對好的投資方案，都存在著風險和報酬的權衡與取捨。雖然高報酬必須承受高風險，低風險只能獲得低報酬，但是按照投資組合原理，可以通過投資組合來化解風險、減少風險，達到收益增加的目的。美國財務及經濟學家馬科威茨認為，若干種股票組成的投資組合，其收益率是這些股票收益率的加權平均數，但是風險要小於這些股票的加權平均風險，因此投資組合能夠降低風險。

投資分散化原則告訴人們「不要把所有的雞蛋放在一個籃子裡」。假設一個人有100萬元，如果他把100萬元全部投資於一個公司，當這個公司破產時，他將損失100萬元；如果他把100萬元分散投資於10個公司，當這10個公司全部破產時，他將損失100萬元。假定兩種方式都不能獲得被投資公司的控製權，顯然第二個投資方案的風險要比第一個投資方案的風險小得多，因為10個公司全部破產比一個公司破產的概率小得多。

投資分散化原則在財務管理中具有重要的運用，不僅適用於對外投資，而且適用於公司的各種決策，凡是有風險的事項，都要貫徹分散化原則，以降低風險。

(三) 貨幣時間價值原則

貨幣時間價值原則是指在進行財務活動時要考慮貨幣時間價值因素。貨幣的時間價值是指貨幣由於投入到生產經營領域，隨著時間的推移而產生的增值。

貨幣時間價值觀點強調，不同時點上貨幣價值是不相等的，即今天的一元錢不等於未來的一元錢，或者今天的一元錢比未來的一元錢更值錢。這就要求我們在衡量財富或者貨幣時，要將不同時點上的成本和收益都換算成現值進行比較。要進行折現，就必須確定折現率。從內容上講，折現率主要是貨幣的時間價值率。

貨幣時間價值觀點在財務管理中的一個重要的應用是「早收晚付」觀念。例如，對於材料採購價款，要爭取獲得信用時間，對於產品銷售收入，要爭取早日收回。

(四) 成本效益原則

成本效益原則是指對經濟活動中的所得與所費進行比較分析，對經濟行為的得失進行衡量，從經濟上考慮成本與效益的關係，使成本與效益得到最優的結合，並堅持以效益大於成本作為財務決策價值判斷的出發點。

成本效益原則在企業財務管理活動中有廣泛的運用。在籌資活動中要發生籌資成本，在投資活動中有投資成本，在日常經營活動過程中有經營成本，這一切成本、費用的發生，都是為了取得一定的收益。在進行財務活動過程中，必須時刻堅持成本效益原則，爭取以較少的成本帶來最大的經濟效益，從而最大限度地實現財務管理的

目標。

(五) 利益關係協調原則

利益關係協調原則是指企業處理財務關係的過程中，要理順不同利益相關者之間的利益關係。合理分配收益、協調各方利益是做好財務管理工作的一項根本原則。

利益關係協調原則主要體現在收入及財務成果的分配方面，既要協調企業與國家、債權人、投資者、經營者、職工之間的利益關係，維護有關各方的合法利益，又要協調企業內部各部門、各單位之間的利益關係，以調動其積極性。處理財務關係，要遵守國家法律法規及相關政策，保障有關方應得的利益，切實做好企業的收入及財務成果的分配工作。

(六) 資本市場有效化原則

資本市場有效化原則是指在資本市場上金融資產的價格是受各種信息綜合影響的結果，而且面對新的信息能夠完全做出調整。

資本市場有效化原則要求理財時重視市場對企業的評估，當市場對企業的評價較低時，應該分析公司的行為是否出現問題並設法改正。該原則還要求企業在理財時慎重使用金融工具。如果金融市場是有效的，購買或者出售金融工具的交易的淨現值就為零。公司很難通過籌資獲取正的淨現值，從而增加股東財富。因為在有效的資本市場上，只能獲得與投資風險相稱的報酬，即與資金成本相同的報酬，因而很難增加股東財富。

第四節　財務管理方法

財務管理方法是反應財務管理內容、完成管理任務的手段。財務管理方法主要包括財務預測、財務決策、財務計劃、財務控制和財務分析等一系列專門方法。這些方法之間的相互聯繫、相互配合，構成了完整的財務管理方法體系。

一、財務預測

財務預測是通過調查研究所掌握的資料，考慮現實的條件和要求，運用科學的方法，對企業未來的財務收支發展趨勢和財務成果的可能性做出估計和預測。財務預測是財務管理的重要環節，能為企業正確的財務決策提供依據，也是企業建立有效財務預算的基礎。

財務預測的作用在於通過預測各項生產經營的財務指標，為決策提供可靠的依據；通過預計財務收支的發展變化情況，確定經營目標；通過測定各項定額和標準，為編制預算提供服務。財務預測的一般步驟可以概括為以下幾個方面：

第一，明確預測目標。財務預測的目標，即財務預測的對象和目的。由於預測目標不同，其預測資料、模型的建立、預測方法的選用和表現方式也不同。因此，必須明確財務預測的具體對象和目的，以規範預測的範圍。

第二，搜集相關資料。根據預測的對象和目的，廣泛搜集與預測目標相關的各種資料和信息，並對這些資料的可靠性、相關性進行審查以及分類、匯總，使資料符合

預測的需要。

第三，建立預測模型。對影響預測目標的各個因素及其關係進行分析，建立相應的財務預測模型。

第四，實施財務預測。將經過加工整理的資料，代入財務預測模型，選用適當的預測方法，進行定性、定量的分析，得出預測的結果。

二、財務決策

財務決策是指財務人員在財務目標的總體要求下，運用專門的方法從各種備選方案中選出最佳方案。在市場經濟條件下，財務決策是財務管理的核心，財務決策的正確與否關係到企業的興衰成敗。因此，要廣泛收集資料，注重決策手段的現代化和決策思想的創造性、民主性，從而提高財務決策的水平。財務決策的一般步驟如下：

第一，確定決策目標。要進行決策，首先必須確定決策目標，然後根據決策目標有針對性地做好各個階段的決策分析工作。

第二，提出備選方案。根據決策目標，選用適當的決策方法，對收集的相關資料進行加工處理，從而提出實現決策目標的各種備選方案。

第三，選擇最優方案。提出備選方案之後，根據決策目標，採用一定的分析方法，對各種方案進行分析評價、比較權衡，從中選出最優方案。

三、財務預算

財務預算是運用科學的技術手段和數量方法，對目標進行綜合權衡，制定主要的計劃指標，擬定增產節支措施，協調各項計劃指標。財務預算是以財務決策確立的方案和財務預測提供的信息為基礎編制的，是財務預測和財務決策所確定的經營目標的系統化、具體化，是控製財務收支活動、分析生產經營成果的依據，是落實企業經營目標的必要環節。財務預算的工作主要有分析財務環境、確定預算指標、協調財務能力、選擇預算方法和編制財務預算。

四、財務控製

財務控製是指在生產經營過程中，以預算任務及各項定額為依據，對各項財務收支進行日常的計算、審核和調節，將其控製在制度和預算規定的範圍之內，如果發現偏差，就及時進行糾正，以保證實現或超過預定的財務目標。財務控製是保證財務政策和財務預算實施的重要環節。其主要工作包括制定控製標準、分解落實責任、實施追蹤控製、及時調整誤差、分析執行差異、搞好考核獎懲。

財務控製的方法是多種多樣的，其中按照控製標準可以分為制度法、計劃法、定額法、目標法、責任法。

五、財務分析

財務分析是以核算資料為依據，對企業財務活動的過程和結果進行調查研究，評價預算完成情況，分析影響預算完成的因素，挖掘企業潛力，提出改進措施。通過財務分析過程，可以掌握企業財務預算的執行情況，評價財務狀況，研究和掌握企業財

務活動規律，提高財務管理水平。財務分析的一般程序是確定題目，明確目標；搜集資料，掌握情況；運用方法，揭示問題；提出措施，解決問題。

財務分析的方法既有常規的絕對額分析法、比率分析法以及因素分析法，也有數量經濟批量法、線性規劃法，還有數理統計的迴歸分析法等。

第五節　財務管理環境

企業的財務管理環境又稱理財環境，是指對企業理財活動產生直接或者間接影響作用的外部條件或影響因素。理財環境是企業財務管理賴以生存的土壤，是企業開展財務管理的舞臺。對每個企業來說，理財環境是一樣的，但是在相同的理財環境下，各個企業財務活動的運行和效果卻是不一樣的。理財環境涉及的範圍廣、因素多、變化快，理財時必須認真研究分析各種財務管理環境的變動趨勢，判明其對財務管理可能造成的影響，並據此採取相應的財務對策，這樣財務管理工作才會更加科學、更有成效。企業理財環境主要有宏觀經濟政策環境、金融市場環境、法律環境。

一、宏觀經濟政策環境

宏觀經濟政策包括政府財政政策、貨幣政策、經濟發展與產業政策等，是財務管理環境的重要組成部分。這些政策的實施和變動，直接影響企業財務管理活動。

（一）財政政策

財政政策通常是指政府根據宏觀經濟規律的要求，為達到一定的目標而制定的指導財政工作的基本方針、準則和措施。財政政策是經濟政策的重要組成部分，一般由三個要素構成：一是財政政策目標，二是財政政策主體，三是財政政策工具。

財政政策目標就是財政政策所要實現的期望值。由於不同時期的社會經濟發展戰略和目標是不同的，政策目標自然也有所差別，但是也可以歸納出幾個一般性的財政政策目標。財政政策的一般性的政策目標主要有以下幾個方面：經濟的適度增長、物價水平的基本穩定、提供更多的就業和再就業機會、收入的合理分配、社會生活質量的逐步提高等。

財政政策主體就是財政政策的制定者和執行者。財政政策主體行為的規範、正確與否，對財政政策的制定和執行具有決定性的作用，並直接影響財政政策效應的大小和好壞。

財政政策工具是財政政策主體選擇的用以達到政策目標的各種財政手段。財政政策工具主要包括稅收、公共支出（包括財政補貼）、政府投資、公債等。

（二）貨幣政策

所謂貨幣政策，是指一國政府為實現一定的宏觀經濟目標所制定的關於調整貨幣供應的基本方針及其相應措施。貨幣政策是由信貸政策、利率政策、匯率政策等構成的一個有機的政策體系。在市場經濟條件下，財政政策和貨幣政策共同構成調節國民經濟運行的兩大槓桿。

貨幣政策作為國家宏觀經濟政策的重要組成部分，同財政政策一樣，其最終目標

是與宏觀經濟政策目標相一致的。

貨幣政策目標是借助於貨幣政策手段，即貨幣政策工具來發揮作用的。目前，在中國，中國人民銀行的貨幣政策手段主要如下：

（1）中國人民銀行對各商業銀行發放的貸款。

（2）存款準備金制度，即各商業銀行要將吸收的存款按一定比例交存中國人民銀行。

（3）利率，即中國人民銀行根據資金鬆緊情況確定調高或者調低利率。

（4）公開市場操作，即中國人民銀行在金融市場上買進或者賣出政府債券，從而調節貨幣供應量的一種做法。

（5）再貼現率。實際上是指商業銀行向中國人民銀行借款時支付的利息。

貨幣政策的核心是通過變動貨幣供應量，使貨幣供應量和貨幣需要量之間形成一定的對比關係，進而調節社會的總需求和總供給。因此，從總量調節出發，把貨幣政策分為膨脹性、緊縮性和中性三種類型。膨脹性貨幣政策是指貨幣供應量超過經濟過程中對貨幣的實際需要量，其主要功能是刺激社會總需求的增長；緊縮性貨幣政策是指貨幣供應量小於貨幣的實際需要量，其主要功能是抑制社會總需求的增長；中性貨幣政策是指貨幣供應量大體上等於貨幣需要量，對社會總需求與總供給的對比狀況不產生影響。至於具體採用何種類型的貨幣政策，需要根據社會總需求與總供給的對比狀況審慎地做出抉擇。

（三）經濟發展與產業政策

國民經濟發展規劃、國家產業政策、經濟體制改革等，都對企業的生產經營和財務活動有著極為重要的影響，企業需要根據不同時期的宏觀經濟政策環境做出相應的財務決策。在經濟繁榮時期，企業主要是進行擴張性籌資和擴張性投資；在經濟緊縮時期，大多數企業要考慮如何維持現有經營規模和效益，在穩定中求得發展。

在不同的發展時期，國民經濟發展規劃、國家產業政策會有所不同，企業所屬行業會受到鼓勵或制約發展的影響，這就要求企業自覺適應國民經濟發展規劃和國家產業政策的變化，及時調整經營戰略，優化產品結構，變被動為主動，從而使企業在經濟發展與產業政策變動中立於不敗之地。

二、金融市場環境

金融市場是資金融通的場所，即把需要資金的單位或個人與擁有剩餘資金的單位或個人聯繫起來，實現借貸雙方之間資金的轉移的場所。金融市場有廣義和狹義之分。狹義的金融市場一般是指有價證券市場，即股票和債券等的發行和買賣市場；廣義的金融市場是指一切資本流動的場所，包括實物資本和貨幣資本的流動，其交易對象包括貨幣借貸、票據承兌與貼現、有價證券買賣、黃金和外匯買賣、辦理國內外保險、生產資料的產權交換等。

（一）金融市場的構成要素

一個完備的金融市場制度體系，應至少包括兩個基本要素：一是金融市場的參與主體；二是金融市場的客體，即金融工具。

1. 金融市場的參與主體

金融市場的參與主體是指發行金融資產和投資金融資產的實體，其在金融市場上通過交易金融工具的活動形成一系列的交易關係。

根據參與對象的不同，金融市場的參與者可以分為投資者（投機者）、套期保值者、套利者、籌資者、市場監管者五類。投資者和籌資者是相對應而言的，沒有充當固定角色的投資者，也沒有充當固定角色的籌資者；套期保值者是利用金融市場減少其利率、匯率和信用等風險的實體，為了減少其面臨的風險，套期保值者在金融市場上進行反向的對沖操作，從而使未來價值不確定的投資價值的現值相對固定化；套利者是利用市場定價的低效率來賺取無風險利潤的主體；監管者是對金融市場的交易活動進行宏觀調控和行業監管的主體，在中國如中國人民銀行、證監會、銀監會、保監會等。

根據自身特徵的不同，金融市場的參與主體可以分為非金融仲介的參與主體和金融仲介的參與主體。非金融仲介的參與主體有政府、企業、居民等，金融仲介的參與主體有存款性金融機構、非存款性金融機構以及金融監管機構。

2. 金融市場的客體

金融市場上資金的融通行為是建立在信用關係的基礎上的，而信用本身就是一種特殊的以償還和付息為條件的單方面的價值轉移形式，這種價值轉移關係的建立和終結都必須借助某種金融工具才能得以實現。金融市場的客體就是金融工具。

無論是基礎金融工具還是衍生金融工具，至少都有期限性、流動性、風險性和收益性四個基本特徵。所謂期限性，是指一般金融工具有規定的償還期限。償還期限是指債務人從舉借債務到全部歸還本金與利息所經歷的時間。金融工具的償還期還有零期限和無限期兩種極端情況。所謂流動性，是指金融工具在必要時迅速轉變為現金而不致遭受損失的能力。金融工具的流動性與償還期成反比。金融工具的盈利率高低與發行人的資信好壞也是決定流動性大小的重要因素。所謂風險性，是指購買金融工具的本金和預定收益遭受損失可能性的大小。風險可能來自信用風險和市場風險兩個方面。所謂收益性，是指金融工具具有能夠帶來價值增值的特性。對收益率大小的比較要將銀行存款利率、通貨膨脹率以及其他金融工具的收益率等因素綜合起來進行分析，此外還必須對風險進行考察。

（二）金融市場與企業理財

隨著現代企業制度的建立及企業經營機制的形成和完善，企業作為獨立的經濟實體，要面對市場環境進行決策。長期以來形成的渠道單一、形式單一的資金供給制，已經不能適應市場經濟的需要，必須以多渠道、多種形式的資金融通機制代之。金融市場作為資金融通的場所，是企業籌集資金必不可少的條件，企業應該熟悉金融市場的各種機制和管理規則，有效地利用金融市場，發揮金融市場的積極作用。此外，在投資與利潤分配中，金融環境也對財務管理起著直接的影響和決定作用。

在籌資活動中，當利率上升、匯率下降、證券價格和證券指數下跌、政府控製貨幣發行、提高銀行存款準備金率和再貼現率、參加公開市場賣出業務等情況已經成為一種現實的影響時，整個金融市場籌資風險和成本加大，企業籌資會變得困難。但是，如果上述情形僅僅是一種對未來的預期，財務管理部門應提前採取措施，規避未來籌

資成本的上升和風險的增加，如採用固定利率的長期籌資方式、進行套期保值等。當金融市場參數和政府貨幣政策的變動與上述情況相反時，籌資活動面臨的情形和採取的措施正好相反。

在投資活動中，當政府控製貨幣的發行、提高存款準備金率和再貼現率、參加公開市場賣出業務時，會使市場利率上升，這時存款或者貸款將會獲取較高的利息。此外，由於市場利率上升，在其他條件不變時，證券價格和證券指數將趨於下降，投資者也會將投資方向轉向存款或貸款投資。相反，當政府擴大貨幣發行量、降低存款準備金率和再貼現率、參加公開市場買入業務時，會使市場利率下降，這時證券價格和證券指數在其他條件不變時會趨於上升，投資者將減少存款或貸款投資而轉向證券投資。

在分配活動中，如何確定利潤的留存和分派比例，也與金融市場環境密切相關。當市場利率上升或者政府採取緊縮的貨幣政策、證券市場價格和指數低迷、外匯匯率下降時，企業籌資困難，如果企業有資金需求，則應該提高利潤留存的比例。反之，則可以降低利潤留存的比例。當市場利率上升時，如果其他條件不變，為了使企業股票價格穩定，企業可以提高利潤分派的比例。反之，則應該降低利潤分派的比例。從投資角度來看，當企業有較好的投資項目時，應該提高利潤留存的比例。反之，應該提高利潤分派的比例。

三、法律環境

財務管理的法律環境是指企業和外部發生經濟關係時所應遵守的各種法律、法規和規章制度。企業在其經營活動過程中，要和國家、其他企業或者社會組織、企業職工以及其他個人發生各種經濟關係，國家在管理這些經濟活動和經濟關係的時候，將其行為準則以法律的形式固定下來。一方面，法律提出了企業從事各項經濟活動必須遵守的規範或前提條件，從而對企業活動進行約束；另一方面，法律也為企業依法從事各項經濟活動提供了保護。

（一）法律環境的內容

在市場經濟條件下，企業總是在一定的法律環境下從事各項經濟活動。

1. 企業組織法律規範

企業組織必須依法成立，組建不同的企業要依據不同的法律規範。這些法律規範包括《中華人民共和國公司法》《中華人民共和國全民所有制工業企業法》《中華人民共和國外資企業法》《中華人民共和國中外合資經營企業法》《中華人民共和國中外合作經營企業法》《中華人民共和國個人獨資企業法》《中華人民共和國合夥企業法》等，這些法律規範既是企業的組織法，又是企業的行為法。公司及其他企業的設立、變更和終止條件與程序以及生產經營的主要方面都要按照有關法律的規定來進行。企業的理財活動不能違反相關的法律，企業理財的自主權不能超越相關法律的限制。

2. 稅收法律規範

任何企業都有一定的納稅義務。中國的稅種一般可以分為所得稅、商品稅、財產稅、行為稅、資源稅五大類。

稅負是企業的一種費用，會增加企業的現金流出，減少企業的淨利潤，對企業理

財有重要影響。企業都希望能夠通過稅收籌劃來降低稅務負擔。稅收籌劃並不是偷稅、漏稅，而是在精通稅法的前提下，精心和籌劃企業的籌資、投資、利潤分配等財務決策。

除上述法律規範之外，與財務管理有關的其他經濟法律規範還有很多，包括《中華人民共和國證券法》《中華人民共和國合同法》《中華人民共和國票據法》以及《支付結算法律制度》等。

(二) 企業理財與法律環境

從整體上說，法律環境對企業財務管理環境的影響和制約有以下幾個方面：

(1) 在籌資活動中，國家通過法律規定了籌資的最低規模和結構，規定了籌資的前提條件和程序。例如，《中華人民共和國公司法》規定，有限責任公司註冊資本最低限額為人民幣 30,000 元，公司全體股東的首次出資額不得低於註冊資本的 20%，也不得低於法定的註冊資本最低限額，其餘部分由股東自公司成立之日起兩年內繳足。

(2) 在投資活動中，國家通過法律規定了投資的基本前提、投資的基本程序和應履行的手續。例如，《中華人民共和國中外合作經營企業法》規定，外國合作者在合作期限內先行收回投資應符合法定條件。

(3) 在利潤分配活動中，國家通過法律規定了企業分配的類型或結構、分配的方式和程序、分配過程中應該履行的手續以及分配的數量。例如，《中華人民共和國公司法》規定，公司彌補虧損和提取公積金後所餘稅後利潤，有限責任公司按照股東實繳的出資比例進行分配，但全體股東約定不按照出資比例分配的除外；股份有限責任公司按照股東持有的股份比例分配，但股份有限公司章程規定不按照持股比例分配的除外。

此外，在生產經營活動中，各項法律也會引起財務安排的變動，在財務管理中都要加以考慮。

【本章小結】

1. 財務管理與財務關係。財務管理指企業以貨幣為主要度量形式，在企業的生產經營活動過程中組織財務活動、處理財務關係的一系列經濟管理活動的總稱，是企業管理的一個重要組成部分。財務關係是指企業在財務活動中產生的與各相關利益主體之間發生的利益關係。財務管理不僅要對資金運動進行管理，還要處理與協調各種財務關係，它們是財務管理的兩個方面。

2. 財務管理目標。企業進行財務活動所要達到的根本目的是財務管理目標，它具有穩定性、層次性和多元性的特點。企業理財的總體目標有利潤最大化、每股收益最大化或者權益資本淨利率最大化、企業價值最大化或者股東財富最大化。企業在為財務管理目標努力的過程中要協調各種矛盾，並注意影響財務目標實現的因素的變化。

3. 財務管理原則。財務管理原則也稱理財原則，是指人們對財務活動共同的、理性的認識。財務管理原則介於理論和實務之間，是聯繫理論與實務的紐帶。為了保證企業財務管理目標的實現，企業應該遵守的財務管理原則主要包括風險與報酬均衡原則、投資分散化原則、貨幣時間價值原則、成本效益原則、利益關係協調原則、資本

市場有效化原則。

4. 財務管理方法。財務管理方法是反應財務管理內容、完成管理任務的手段。財務管理方法主要包括財務預測、財務決策、財務計劃、財務控製和財務分析等一系列專門方法。這些方法之間的相互聯繫、相互配合，構成了完整的財務管理方法體系。

5. 財務管理環境。企業的財務管理環境又稱理財環境，是指對企業理財活動起直接或間接影響作用的外部條件或影響因素。理財環境涉及的範圍廣、因素多、變化快，大體上，主要有宏觀經濟政策環境、金融市場環境、法律環境。理財時必須認真研究分析各種財務管理環境的變動趨勢，判明其對財務管理可能造成的影響，並據此採取相應的財務對策，這樣財務管理工作才會更加科學、更有成效。

【復習思考題】

1. 什麼是財務活動和財務關係？
2. 簡述財務管理概念及其基本內容。
3. 什麼是財務管理目標？財務管理目標的主要觀點有哪些？
4. 簡述財務管理原則。
5. 簡述財務管理方法。
6. 什麼是財務管理環境？主要的理財環境包括哪些？

第二章 財務分析

【本章學習目標】

- 掌握財務分析概念
- 熟悉財務分析內容
- 掌握財務分析方法
- 掌握因素分析法
- 掌握償債能力分析主要指標的計算及應用
- 掌握應收帳款週轉率、存貨週轉率、流動資產週轉率的計算及應用
- 掌握盈利能力分析主要指標的計算及應用
- 瞭解企業發展能力指標
- 掌握杜邦分析法的應用
- 瞭解沃爾比重分析法

第一節 財務分析概述

財務分析以會計核算和報表資料及其他相關資料為依據，採用一系列專門的分析技術和方法，對企業財務活動過程及結果進行分析和評價，從而瞭解企業等經濟組織過去和現在有關籌資活動、投資活動、經營活動、分配活動的盈利能力、營運能力、償債能力和增長能力狀況。財務分析是為企業的投資者、債權人、經營者及其他關心企業的組織或個人瞭解企業過去、評價企業現狀、預測企業未來，從而做出正確決策提供準確的信息或依據的經濟應用學科。財務分析是財務管理內容的重要組成部分。

一、財務分析的作用

財務分析在財務管理工作中有著重要的作用，其作用從不同的角度看是不同的。從財務分析服務的對象看，財務分析不僅對企業內部生產經營管理非常重要，而且對企業外部投資決策、貸款決策、賒銷決策等也十分重要。從財務分析的職能作用看，財務分析對於正確預測、決策、計劃、控制、考核、評價都有著重要作用。根據報表信息的使用對象，財務分析的作用主要表現在以下幾個方面：

（一）為企業管理者提供經營管理依據

通過財務分析可以評價企業財務狀況的好壞，從而揭示企業財務活動中存在的問題與矛盾，檢查企業內部各部門職能和單位對各項指標的執行情況，考核工作業績，總結經驗教訓，採取措施，挖掘潛力，制定正確的投資和經營策略，實現企業的理財目標。

（二）為企業外部投資和貸款人提供決策依據

企業外部投資者需要通過對企業財務活動的分析來評價企業經營管理人員的業績以及考核其作為資產的經營者是否稱職、評價資本盈利能力、各種投資的發展前景、投資風險程度等，以此作為進行投資決策的依據。企業的債權人也需要通過對企業的財務活動的分析來考核企業的財務狀況、償債能力、資本的流動性以及資產負債等。只有詳細掌握了企業經營成果及財務狀況等各方面的信息並加以分析評價，才能做出正確的投資決策。

（三）為有關部門提供管理監督依據

現代企業要受到上級有關部門和財政、稅務、審計等部門的管理、監督。通過財務分析，上級主管部門可以考核、檢查所屬企業經營管理情況，加強管理，提高效益；財政部門可以監督企業資金的合理使用，促進企業健全財務制度；稅務部門可以瞭解、檢查企業執行稅法的情況，防止稅收流失；等等。

二、財務分析的內容

財務分析的內容一般是以財務指標加以表現的，儘管各有關主體對財務分析的要求各有側重，但也有共同的要求，即總結、評價、考核企業財務狀況和經營成果。因此，財務分析的主要內容包括以下幾個方面：

（一）企業資本結構分析

資本結構是指某項資金占資金總額的比重。一般來講，企業的各項資金應保持適當的比例關係，如資產與負債、長期資金與短期資金等，通過財務分析可以確定企業目前的資本結構及其發展趨勢是否合理，以便正確地籌集資金，合理安排資金的使用，使資金的利用效果達到最佳狀態。

（二）企業償債能力分析

償債能力是指企業償還本身債務的能力。償債能力的大小是任何企業利益相關者尤其是債權人所關心的主要問題之一，是判斷企業財務狀況是否良好的重要標誌。企業的償債能力強，可以利用借入資金增加企業的利潤；企業的償債能力弱，則會影響企業的信譽，造成資金緊張，喪失投資機會。因此，通過財務分析可以促使企業適當適度負債，提高對債務資金的利用程度。

（三）企業資金營運能力分析

分析企業資產的分佈情況和週轉使用情況，可以查明企業運用資金是否充分有效。一般來講，資金週轉速度越快，資金使用效率越高，則企業營運能力越強；反之，則企業營運能力越差。

（四）企業獲利能力分析

獲利能力是企業賴以生存和發展的基本條件，是衡量企業經營好壞的重要標誌。獲利能力的強弱，實質上也體現了一個企業生命力的強弱，從一定意義上說獲利能力比償債能力更為重要。這是因為：一方面，獲利是衡量管理效能優劣的最主要標誌，獲利能力的強弱直接影響企業的信譽；另一方面，獲利能力的強弱也決定了償債能力的高低，除非有足夠的抵押品，到頭來企業的償債能力還是寄托於經營前景的有利可圖。

(五) 企業發展能力分析

任何企業的發展都會受到內部和外部、客觀和主觀等因素變化的影響，從而導致企業發展過程中出現增長、平緩甚至衰退的不同時期。企業所處的不同發展時期對財務策略有著不可忽視的影響，因此企業只有根據財務分析及時調整財務策略，才能不斷提高企業的發展能力，使企業在激烈的市場競爭中始終處於不敗之地。

第二節　財務分析方法

財務分析方法很多，常用的方法主要有比較分析法、比率分析法、趨勢分析法和因素分析法等幾種。

(一) 比較分析法

比較分析法的理論基礎是客觀事物的發展變化是統一性與多樣性的辯證結合。共同性使事物具有了可比的基礎，差異性使事物具有了不同的特徵。在實際分析時，這兩方面的比較往往結合使用。比較分析法是通過對比兩期或連續數期財務報告中的相同指標，確定其增減變動的方向、數額和幅度，來說明企業財務狀況或經營成果變動趨勢的一種方法。

在實際工作中，根據分析的目的和要求不同，比較分析法有以下三種形式：

1. 不同時期財務指標的比較

(1) 定基動態比率是以某一時期的數額為固定的基期數額而計算出來的動態比率。

(2) 環比動態比率是以每一分析期的數據與上期數據相比較計算出來的動態比率。

2. 同業分析

將企業的主要財務指標與同行業的平均指標或同行業中先進企業指標對比，可以全面評價企業的經營成績。與行業平均指標的對比，可以分析判斷該企業在同行業中所處的位置。和先進企業的指標對比，有利於吸收先進經驗，克服本企業的缺點。

3. 預算差異分析

將分析期的預算數額作為比較的標準，實際數與預算數的差距就能反應完成預算的程度，可以給進一步分析和尋找企業潛力提供方向。

比較法的作用主要在於揭示客觀存在的差距及形成這種差距的原因，幫助人們發現問題，挖掘潛力，改進工作。比較法是各種分析方法的基礎，不僅報表中的絕對數要通過比較才能說明問題，計算出來的財務比率和結構百分數也都要與有關資料（比較標準）進行對比，才能得出有意義的結論。

採用比較分析法時，應當注意以下問題：

第一，用於對比的各個時期的指標，其計算口徑必須保持一致。

第二，應剔除偶發性項目的影響，使分析所利用的數據能反應正常的生產經營狀況。

第三，應運用例外原則對某項有顯著變動的指標做重點分析。

(二) 比率分析法

比率分析法是通過經濟指標之間的對比，求出比率來確定各經濟指標間的關係和

變動程度，以評價企業財務狀況及成果好壞的一種方法，運用比率分析法，能夠把在某些條件下的不可比指標變為可比指標來進行比較。例如，在評價同行業盈利能力時，因為各企業的規模、地理位置、技術條件等因素各不相同，因此不能簡單地以盈利總額進行對比，而應當用淨資產收益率等相對指標進行對比，才能公正地評價企業經營管理水平及盈利能力的高低。比率分析法有以下三種形式：

1. 相關比率分析法

相關比率分析法是指同一時期兩個相關指標進行對比求出比率，用以反應有關經濟活動中財務指標間的相關關係。例如，用流動資產與流動負債的比率來表明每一元流動負債有多少流動資產作為償還的保證，用銷售收入與流動資產平均占用額的比率來表明企業流動資產的週轉速度，用利潤額與資本金的比率來反應企業資金的盈利能力等。

2. 構成比率分析法

構成比率分析法又稱結構比率分析法，是某項經濟指標的各個組成部分與總體的比率，反應總體內部各部分占總體構成比率的關係。其計算公式為：

構成比率＝某個組成部分數額/總體數額×100%

總體經濟指標中各個構成部分的安排是否合理、結構比例是否協調，直接關係到企業經營活動能否正常運轉。例如，總體資金中短期資金與長期資金應保持適當的比例。短期資金過多會影響企業長遠發展，短期資金過少又會使企業週轉陷入困境。又如，企業的利潤總額中，產品銷售利潤與其他銷售利潤的比例適當合理，如果其他銷售利潤的比例增大，則說明企業主營業務受阻，前景不容樂觀。

3. 效率比率分析法

效率比率是某項經濟活動中所費與所得的比率，反應投入與產出的關係。用效率比率指標，可以進行得失比較，考察經營成果，評價經濟效益。例如，將利潤項目與營業收入、營業成本、資本等項目加以對比，可以計算出成本利潤率、營業利潤率和資本利潤率等利潤率指標，可以從不同角度觀察比較企業獲利能力的高低及其增減變化情況。

採用比率分析法時，應當注意以下幾點：

第一，對比項目的相關性。

第二，對比口徑的一致性。

第三，衡量標準的科學性。

(三) 趨勢分析法

趨勢分析法就是分析期與前期或連續數期項目金額的對比，是一種動態的分析。

通過分析期與前期（上季度、上年度同期）財務報表中有關項目金額的對比，可以從差異中及時發現問題，從而查找原因，改進工作。連續數期的財務報表項目的比較，能夠反應出企業的發展動態，以揭示當期財務狀況和營業情況增減變化，判斷引起變動的主要項目是什麼，這種變化的性質是有利的還是不利的，發現問題並評價企業財務管理水平，同時也可以預測企業未來的發展趨勢。

(四) 因素分析法

因素分析法也是財務報表分析常用的一種技術方法，是指把整體分解為若干個局

部的分析方法。因素分析法包括財務的比率因素分解法和差異因素分解法。

1. 比率因素分解法

比率因素分解法是指把一個財務比率分解為若干個影響因素的方法。例如，資產收益率可以分解為資產週轉率和銷售利潤率兩個比率的乘積。財務比率是財務報表分析特有的概念，財務比率分解是財務報表分析特有的方法。

在實際的分析中，分解法和比較法是結合使用的。比較之後需要分解，以深入瞭解差異的原因；分解之後還需要比較，以進一步認識其特徵。不斷的比較和分解，構成了財務報表分析的主要過程。

2. 差異因素分解法

為了解釋比較分析中形成差異的原因，需要使用差異分解法。例如，產品材料成本差異可以分解為價格差異和數量差異。

差異因素分解法又分為定基替代法和連環替代法兩種。

（1）定基替代法。定基替代法是測定比較差異成因的一種定量分析方法。按照這種方法，需要分別用標準值（歷史的、同業企業的或預算的標準）替代實際值，以測定各因素對財務指標的影響。

（2）連環替代法。連環替代法是另一種測定比較差異成因的定量分析方法。按照這種方法，需要依次用標準值替代實際值，以測定各因素對財務指標的影響。

採用因素分析法時，必須注意以下問題：

第一，因素分解的關聯性。

第二，因素替代的順序性。

第三，順序替代的連環性。

第四，計算結果的假定性。

第三節　財務指標及其分析

財務指標是指總結和評價企業財務狀況與經營成果的分析指標，包括償債能力指標、營運能力指標、盈利能力指標和企業發展能力指標。

一、償債能力分析

償債能力是指企業償還自身所欠債務的能力。償債能力的高低直接表明企業財務風險的大小，因此企業投資者、債權人以及企業財務管理人員都非常重視對償債能力的分析。償債能力分為短期償債能力和長期償債能力兩個方面。因此，償債能力分析需要從短期和長期分別進行分析。

（一）短期償債能力分析

短期償債能力是企業以流動資產償還流動負債的能力，反應企業償付日常到期債務的實力。如果短期償債能力不足，企業則無法償付到期債務及各種應付帳款，如此下去，就會引起企業信譽下降、經營週轉資金短缺、經營管理困難，甚至導致企業破產。因此，短期償債能力的分析是財務分析中非常重要的一個方面，是反應企業財務

狀況是否良好的一個重要標誌。

企業短期償債能力分析主要採用比率分析法，衡量指標主要有流動比率、速動比率和現金流動負債比率。

1. 流動比率

流動比率是流動資產與流動負債的比率，表示企業每1元流動負債有多少流動資產作為償還的保證，反應了企業的流動資產償還流動負債的能力。其計算公式為：

$$流動比率 = 流動資產/流動負債 \times 100\%$$

一般情況下，流動比率越高，反應企業短期償債能力越強，因為該比率較高，不僅反應企業擁有較多的營運資金抵償短期債務，而且表明企業可以變現的資產數額較大，債權人的風險較小。但是，過高的流動比率並不見得是好現象。流動比率過高，說明企業的資產利用效率可能存在問題；流動比率過低，說明企業短期償債存在風險。

從理論上講，流動比率維持在2是比較合理的。但是，由於行業性質不同，流動比率的實際標準也不同。因此，在分析流動比率時，應將其與同行業平均流動比率、本企業歷史流動比率進行比較，才能得出合理的結論。

2. 速動比率

速動比率又稱酸性測試比率，是企業速動資產與流動負債的比率。其計算公式為：

$$速動比率 = 速動資產/流動負債 \times 100\%$$

$$速動資產 = 流動資產 - 存貨$$

$$速動資產 = 流動資產 - 存貨 - 預付帳款 - 待攤費用$$

計算速動比率時，流動資產中扣除存貨，是因為存貨在流動資產中變現速度較慢，有些存貨可能滯銷，無法變現。至於預付帳款和待攤費用根本不具有變現能力，只是減少企業未來的現金流出量，因此理論上也應加以剔除，但是在實務中，由於它們在流動資產中所占的比重較小，計算速動資產時也可以不扣除。

傳統經驗認為，速動比率維持在1較為正常，表明企業的每1元流動負債就有1元易於變現的流動資產來抵償，短期償債能力有可靠的保證。

速動比率過低，企業的短期償債風險較大；速動比率過高，企業在速動資產上占用資金過多，會增加企業投資的機會成本。但是以上評判標準並不是絕對的。

3. 現金流動負債比率

現金流動負債比率是企業一定時期的經營現金淨流量與流動負債的比率，它可以從現金流量角度來反應企業當期償付短期負債的能力。其計算公式為：

$$現金流動負債比率 = 年經營現金淨流量/流動負債 \times 100\%$$

式中，年經營現金淨流量指一定時期內，由企業經營活動所產生的現金及現金等價物的流入量與流出量的差額。

現金流動負債比率是從現金流入和流出的動態角度對企業實際償債能力進行考察，用該指標評價企業償債能力更為謹慎。現金流動負債比率較大，表明企業經營活動產生的現金淨流量較多，能夠保障企業按時償還到期債務。但現金流動負債比率也不是越大越好，該指標太大則表示企業流動資金利用不充分，收益能力不強。

【例2-1】假設A公司2015年度、2016年度的年經營淨現金流量分別為2,000萬元、1,940萬元。根據表2-1的資料，該企業短期償債能力指標計算如表2-2所示。

表 2-1　　　　　　　　　　　　　　　資產負債表

2016 年 12 月 31 日　　　　　　　　　　　　　　　　單位：萬元

資產	年初數	年末數	負債及所有者權益	年初數	年末數
流動資產			流動負債		
貨幣資金	800	1,000	短期借款	2,400	2,600
交易性金融資產	1,200	940	應付帳款	900	1,000
應收帳款	2,400	2,800	預收帳款	400	420
預付帳款	200	260	其他應付款	300	180
存貨	3,400	3,800	流動負債合計	4,000	4,200
流動資產合計	8,000	8,800	長期負債	9,000	10,000
非流動資產			負債合計	13,000	14,200
持有至到期投資	400	400	（發行普通 100 萬股）		
長期股權投資	1,600	1,600	實收資本	12,000	12,000
固定資產	20,000	21,200	盈餘公積	3,600	4,000
非流動資產合計	22,000	23,200	未分配利潤	1,400	1,800
			所有者權益合計	17,000	17,800
資產合計	30,000	32,000	負債及所有者權益合計	30,000	32,000

表 2-2　　　　　　　　　　　　該企業短期償債能力指標計算

償債能力指標	年初	年末
流動比率 速動比率 現金流動負債比率	8,000/2,000=2 (8,000-200-3,400)/4,000=1.1 2,000/4,000=0.5	8,800/4,200=2.095 (8,800-260-3,800)/4,200=1.13 1,940/4,200=0.46

通過計算可以看到企業流動比率及速動比率均超過一般公認標準，而且年末比年初有所提高，可以確定該企業短期償債能力很強。現金流動負債比率，2016 年比 2015 年有所降低，表明企業開始注意現金類資產的使用效率，注意調整資產結構，提高資金的使用效率。

(二) 長期償債能力分析

長期償債能力是指企業償還長期負債的能力。長期償債能力的大小是反應企業財務狀況穩定與否及安全程度高低的重要標誌。其分析指標主要有以下四項：

1. 資產負債率

資產負債率又稱負債比率，是企業的負債總額與資產總額的比率。資產負債率表示企業資產總額中，債權人提供資金所占的比重以及企業資產對債權人權益的保障程度。其計算公式為：

$$資產負債率 = 負債總額 / 資產總額 \times 100\%$$

資產負債率高低對企業的債權人和所有者具有不同的意義。

債權人希望負債比率越低越好，此時其債權的保障程度就越高。

對所有者而言，最關心的是投入資本的收益率。只要企業的總資產收益率高於借款的利息率，舉債越多，即負債比率越高，所有者的投資收益越多。

一般情況下，企業負債經營規模應控製在一個合理的水平，負債比重應掌握在一定的標準內。如果資產負債率大於1，則表明企業資不抵債，面臨破產的風險，債權人會遭受到更大的損失。一般認為，負債比率在50%左右較為合適。

2. 產權比率

產權比率是指負債總額與所有者權益總額的比率，是企業財務結構穩健與否的重要標誌，也稱資本負債率。其計算公式為：

$$產權比率 = 負債總額 / 所有者權益總額 \times 100\%$$

產權比率反應了所有者權益對債權人權益的保障程度，即在企業清算時債權人權益的保障程度。該指標越低，表明企業的長期償債能力越強，債權人權益的保障程度越高，承擔的風險越小，但企業不能充分地發揮負債的財務槓桿效應。

3. 有形淨值債務率

有形淨值是股東權益減去無形資產淨值，即股東具有所有權的有形資產的淨值。有形淨值債務率用於揭示企業的長期償債能力，表明債權人在企業破產時的被保護程度。其計算公式如下：

$$有形淨值債務率 = 負債總額 / (股東權益 - 無形資產淨值) \times 100\%$$

有形淨值債務率主要是用於衡量企業的風險程度和對債務的償還能力。該指標越大，表明風險越大；反之，則表明風險越小。同理，該指標越小，表明企業長期償債能力越強；反之，表明企業長期償債能力越弱。

4. 利息保障倍數

利息保障倍數又稱為已獲利息倍數，是企業息稅前利潤與利息費用的比率，是衡量企業償付負債利息能力的指標。其計算公式為：

$$利息保障倍數 = (稅前利潤 + 利息費用) / 利息費用$$
$$= (EBIT + I) / I$$

式中，利息費用是指本期發生的全部應付利息，包括流動負債的利息費用、長期負債中計入損益的利息費用以及計入固定資產原價中的資本化利息。

利息保障倍數越高，說明企業支付利息費用的能力越強；利息保障倍數越低，說明企業難以保證用經營所得來及時足額地支付負債利息。因此，利息保障倍數是企業是否舉債經營和衡量企業償債能力強弱的主要指標。

若要合理地確定企業的利息保障倍數，需將該指標與其他企業，特別是同行業平均水平進行比較。根據穩健原則，應以指標最低年份的數據作為參照物。但是，一般情況下，利息保障倍數不能低於1。

二、營運能力分析

營運能力是指企業基於外部市場環境的約束，通過內部人力資源和生產資料的配

置組合而對財務目標實現所產生作用的大小。營運能力指標主要是指生產資料營運能力指標。企業擁有或控制的生產資料表現為對各項資產的占用。因此，生產資料的營運能力實際上就是企業的總資產及其各個組成要素的營運能力。資產營運能力的強弱取決於資產的週轉速度、資產營運狀況、資產管理水平等多種因素。分析企業營運能力的主要指標如下：

(一) 應收帳款週轉率

應收帳款週轉率是企業在一定時期營業收入與應收帳款平均餘額的比率，它是反應應收帳款週轉速度的指標。其計算公式為：

應收帳款週轉率(週轉次數) = 營業收入/應收帳款平均餘額

應收帳款平均餘額 = (應收帳款年初餘額數+應收帳款年末餘額數)/2

應收帳款週轉期(週轉天數) = 平均應收帳款餘額×360/營業收入

應收帳款週轉率反應了企業應收帳款變現速度的快慢及管理效率的高低，應收帳款週轉率較高表明收帳迅速，帳齡較短；資產流動性強，短期償債能力強；可以減少收帳費用和壞帳損失，從而相對增加企業流動資產的投資收益。同時，借助應收帳款週轉期與企業信用期限的比較，可以評價購買單位的信用程度及企業原訂的信用條件是否適當。

利用上述公式計算應收帳款週轉率時，需要注意以下幾個問題：

第一，公式中的應收帳款包括會計核算中「應收帳款」和「應收票據」等全部賒銷在內。

第二，如果應收帳款餘額的波動性較大，應盡可能使用更詳盡的計算資料，如按每月的應收帳款餘額來計算其平均占用額。

第三，分子、分母的數據應注意時間的對應性。

(二) 存貨週轉率

存貨週轉率是企業在一定時期銷售成本與存貨平均餘額的比率，是反應企業流動資產流動性的一個指標，也是衡量企業生產經營各個環節中存貨營運效率的一個綜合性指標。銷售成本為利潤表中營業成本與銷售費用之和。存貨週轉率用存貨週轉次數和存貨週轉天數表示。其計算公式為：

存貨週轉次數 = 銷售成本/存貨平均餘額

存貨週轉天數 = 計算期天數/存貨週轉次數

= 存貨平均餘額×計算期天數/營業成本

存貨平均餘額 = (存貨年初餘額數+存貨年末餘額數)/2

存貨週轉速度的快慢，不僅反應出企業採購、儲存、生產、銷售各環節管理工作狀況的好壞，而且對企業的償債能力與獲利能力產生決定性的影響。一般來講，存貨週轉率越高越好。存貨週轉率越高，表明存貨變現的速度越快，週轉額越大，資金占用水平越低。因此，通過對存貨週轉率進行分析，有利於找出存貨管理存在的問題，盡可能降低資金占用水平。存貨不能儲存過少，否則可能造成生產中斷或者銷售緊張；又不能儲存過多，否則可能形成呆滯、積壓。企業一定要保持存貨結構合理、質量可靠。存貨是流動資產的重要組成部分，其質量和流動性對企業流動比率具有舉足輕重的影響，並進而影響企業的短期償債能力。因此，一定要加強存貨的管理，來提高其

投資的變現能力和獲利能力。

【例2-2】根據表2-1資產負債表、表2-3利潤表的資料，假設A公司2014年年末存貨餘額為3,300萬元，則該企業存貨週轉率計算如表2-4所示。

表2-3　　　　　　　　　　　　　　利潤表
　　　　　　　　　　　　　2016年12月31日　　　　　　　　　　　　　單位：萬元

項目	上年數	本年數
一、營業收入	33,000	36,000
減：營業成本	24,000	26,000
稅金及附加	3,300	3,600
銷售費用	1,800	1,900
管理費用	560	560
財務費用	600	640
加：投資收益	800	800
二、營業利潤	3,540	4,100
加：營業外收入	1,160	1,300
減：營業外支出	1,100	1,200
三、利潤總額	3,600	4,200
減：應繳所得稅（稅率25%）	900	1,050
四、淨利潤	2,700	3,150

表2-4　　　　　　　　　　　　企業存貨週轉率計算表

項目	2014年	2015年	2016年
1. 營業成本（萬元）		25,800	27,900
2. 存貨年末餘額（萬元）	3,300	3,400	3,800
3. 存貨平均餘額（萬元）		3,350	3,600
4. 存貨週轉次數（次）		7.7	7.75
5. 存貨週轉天數（天）		46.75	46.45

通過以上計算表明，A企業2016年存貨週轉率比2015年有所加快，但增速很有限，因此企業還應繼續加強存貨管理，不斷降低存貨成本，從而加速存貨資金週轉，提高成本的綜合管理水平。

(三) 流動資產週轉率

流動資產週轉率是流動資產在一定時期所完成的週轉額與流動資產平均佔有額的比率。這裡的週轉額通常用銷售收入來表示。流動資產週轉率有兩種表示方式，即週轉次數和週轉天數。其計算公式為：

$$流動資產週轉次數 = 營業收入 / 流動資產平均占用額$$
$$流動資產週轉天數 = 360 / 流動資產週轉次數$$
$$= 流動資產平均佔有額 \times 360 / 營業收入$$

流動資產週轉次數指在一定時期內（一般是指一年內）流動資產完成了幾次週轉。週轉次數越多，說明流動資產週轉速度越快，資金利用效果越好。流動資產週轉天數是指流動資產完成一次週轉需要多少天。週轉一次所用天數越少，表明流動資產週轉

速度越快。因此,可以看出流動資產週轉天數和週轉次數是從兩個角度來反應企業流動資金週轉速度的指標。

(四) 固定資產週轉率

固定資產週轉率是指企業年銷售收入淨額與固定資產平均淨值的比率。固定資產週轉率是反應企業固定資產週轉情況,從而衡量固定資產利用效率的一項指標。其計算公式為:

$$固定資產週轉率=營業收入/平均固定資產淨值$$
$$平均固定資產淨值=(固定資產淨值年初數+固定資產淨值年末數)/2$$
$$固定資產週轉期(週轉天數)=(平均固定資產淨值\times 360)/營業收入$$

需要說明的是,與固定資產有關的價值指標有固定資產原價、固定資產淨值和固定資產淨額等。其中,固定資產原價是指固定資產的歷史成本。固定資產淨值為固定資產的原價扣除已計提的累計折舊後的金額(固定資產淨值=固定資產原價-累計折舊)。固定資產淨額是固定資產原價扣除已計提的累計折舊及已計提的減值準備後的餘額(固定資產淨額=固定資產原價-累計折舊-已計提的減值準備)。

一般情況,固定資產週轉率越高,表明企業固定資產利用越充分,同時也能表明固定資產投資得當、結構合理、能夠充分發揮效率;反之,如果固定資產週轉率不高,則表明固定資產使用效率不高、提供的生產成果不多、企業的營運能力不強。

運用固定資產週轉率時,需要考慮固定資產因計提折舊其淨值在不斷減少以及因更新重置其淨值突然增加的影響。同時,由於折舊方法不同,可能影響可比性。因此,在分析時,一定要剔除掉這些不可比因素。

(五) 總資產週轉率

總資產週轉率是反應企業總資產週轉速度的指標,是企業一定時期營業收入與資產平均餘額的比率。其計算公式為:

$$總資產週轉率=營業收入/資產平均餘額$$

總資產週轉率反應了企業全部資產的使用效率。該週轉率高,說明全部資產的經營效率高,取得的收入多;該週轉率低,說明全部資產的經營效率低,取得的收入少,最終會影響企業的盈利能力。企業應採取各項措施來提高企業的資產利用程度,如提高銷售收入或處理多餘的資產。

三、盈利能力分析

盈利能力通常是指企業在一定時期內賺取利潤的能力。盈利能力的大小是一個相對的概念,即利潤相對於一定的資源投入、一定的收入而言。利潤率越高,盈利能力越強;利潤率越低,盈利能力越差。企業經營業績的好壞最終可以通過企業的盈利能力來反應。企業盈利能力分析可以從企業盈利能力一般分析和社會貢獻能力分析兩方面研究。

(一) 資產淨利潤率

資產淨利潤率又叫資產報酬率、投資報酬率或資產收益率,是企業在一定時期內的淨利潤和資產平均總額的比率。其計算公式為:

$$資產淨利潤率=淨利潤/資產平均總額\times 100\%$$

資產平均總額為期初資產總額與期末資產總額的平均數。資產淨利潤率越高，表明企業資產利用的效率越高，整個企業盈利能力越強，經營管理水平越高。

(二) 營業利潤率

營業利潤率表明企業每單位營業收入能帶來多少營業利潤，反應了企業主營業務的獲利能力，是評價企業經營效益的主要指標。營業利潤率越高，表明企業獲利能力越強，營業收入水平就越高。其計算公式如下：

$$營業利潤率 = 營業利潤 / 營業收入 \times 100\%$$

需要說明的是，從利潤表來看，企業的利潤包括營業利潤、利潤總額和淨利潤三種形式。營業收入包括主營業務收入和其他業務收入。收入來源有商品銷售收入、提供勞務收入和資產使用權讓渡收入等。因此，在實務中也經常使用銷售淨利率、銷售毛利率等指標來分析企業經營業務的獲利水平。此外，通過考察營業利潤占整個利潤總額比重的升降，可以發現企業經營理財狀況的穩定性、面臨的危險或者可能出現的轉機等。

(三) 成本費用利潤率

成本費用利潤率是指企業利潤總額與成本費用總額的比率，用以反應企業在生產經營活動過程中所費與所得之間的關係。其計算公式為：

$$成本費用利潤率 = 利潤總額 / 成本費用總額 \times 100\%$$

$$成本費用總額 = 營業成本 + 稅金及附加 + 銷售費用 + 管理費用 + 財務費用$$

成本費用利潤率越高，說明企業耗費同樣成本所取得的收益越多。

(四) 每股收益

每股收益也稱每股盈餘，是由企業的稅後淨利潤扣除優先股股利後的餘額與流通在外的普通股股數進行對比所確定的普通股每股收益額，用以評價企業發行在外的每一股普通股的盈利能力。在投資分析中，每股收益的數字是非常重要的，因為投資者可以把本年度的每股收益和企業以往年度的每股收益相比較，預測每股收益的變動趨勢及股價的變動趨勢。

$$每股收益 = (稅後利潤 - 優先股股利) / 普通股平均發行在外股數$$

$$發行在外的普通股加權平均數 = 期初發行在外普通股股數 + 當期新發行普通股股數 \times 已發行時間 / 報告期時間 - 當期回購普通股股數 \times 已回購時間 / 報告期時間$$

企業存在稀釋性潛在普通股的，應當分別調整歸屬於普通股股東的當期淨利潤和發行在外的普通股的加權平均數（即基本每股收益計算公式中的分子、分母），據以計算稀釋每股收益。其中，稀釋性潛在普通股是指假設當期轉換為普通股會減少每股收益的潛在普通股，主要包括可轉換公司債券、認股權證和股票期權等。

一般來講，每股收益越高，表明企業績效越好。投資者在做出投資決策前就各公司的每股收益進行比較，選擇每股收益最高的公司作為投資目標。

(五) 市盈率

市盈率也稱價格盈餘比例，是普通股每股市場價格與每股利潤的比率。反應投資者為從某種股票獲得1元收益所願意支付的價格。其計算公式為：

$$市盈率 = 普通股每股市場價格 / 普通股每股利潤$$

市盈率反應投資者對每1元利潤所願支付的價格。市盈率越低，代表投資者能夠

以較低價格購入股票以取得回報。假設某股票的市價為24元，而過去12個月的每股盈利為3元，則市盈率為24/3＝8。該股票被視為有8倍的市盈率，即每付出8元可分享1元的盈利。投資者計算市盈率，主要用來比較不同股票的價值。理論上，股票的市盈率越低，越值得投資。比較不同行業、不同國家、不同時段的市盈率是不大可靠的。比較同類股票的市盈率較有實用價值，但需要注意該指標不能用於不同行業的企業間的比較。

四、企業發展能力分析

企業發展能力分析主要是對企業經營規模、資本增值、生產經營成果、財務成果的變動趨勢進行分析，綜合評價企業未來的營運能力和盈利能力，考慮是否能夠達到財富最大化的理財目標。

（一）銷售增長率

銷售增長率是指企業本年銷售收入增長額同上年銷售收入總額的比率。它是衡量企業經營狀況和市場佔有能力、預測企業經營業務拓展趨勢的重要指標，也是企業擴張增量資本和存量資本的重要前提。其計算公式為：

銷售增長率＝本年銷售增長額/上年銷售額×100%

＝(本年銷售額-上年銷售額)/上年銷售額×100%

該指標越大，表明企業增長速度越快，企業市場前景越好。

（二）總資產增長率

總資產增長率是指企業一定時期資產淨值增加額與期初資產總額的比率。它可以反應企業一定時期內資產規模擴大的情況。其計算公式為：

總資產增長率＝(期末資產總額-期初資產總額)/期初資產總額×100%

（三）固定資產成新率

固定資產成新率反應了企業擁有的固定資產的新舊程度，體現了企業固定資產更新的快慢和持續發展的能力。其計算公式為：

固定資產成新率＝平均固定資產淨值/平均固定資產原值×100%

固定資產成新率高，表明企業固定資產比較新，對擴大再生產的準備比較充足，發展的可能性比較大。

（四）技術投入比率

技術投入比率是企業本年科技支出與本年營業收入的比率，反應企業對新技術的研究開發重視程度和研發能力，在一定程度上可以體現企業的發展潛力。其計算公式為：

技術投入比率＝科技支出合計/營業收入×100%

（五）營運資金增長率

營運資金增長率是指企業年度營運資金增長額與年初營運資金的比率。其中，營運資金為流動資產與流動負債之差。該比率反應企業營運能力及支付能力的加強程度。其計算公式為：

營運資金增長率＝營運資金增長額/年初營運資金×100%

（六）營業收入增長率

營業收入增長率是企業本期營業收入增長額與上期營業收入額的比率，用以反應企業產品所處的市場壽命週期階段及產品的市場競爭能力。其計算公式為：

營業收入增長率＝本期營業收入增長額／上期營業收入額×100%

（七）利潤增長率

利潤增長率是企業一定時期實現利潤增長額與上期利潤總額的比率。這一比率綜合反應了企業財務成果的增長速度。其計算公式為：

利潤增長率＝（本期利潤總額－上期利潤總額）／上期利潤總額×100%

第四節　財務綜合分析

企業償債能力、營運能力和盈利能力分析從不同的側面反應了企業經營狀況和經營成果。而對企業進行總評，則需要對企業財務狀況進行綜合分析。財務綜合分析方法主要有杜邦分析法和沃爾比重評分法。

一、杜邦分析法

杜邦分析法（DuPont Analysis）是利用幾種主要的財務比率之間的關係來綜合地分析企業的財務狀況的方法。具體來說，杜邦分析法是一種用來評價公司盈利能力和股東權益回報水平，從財務角度評價企業績效的一種經典方法。其基本思想是將企業淨資產收益率逐級分解為多項財務比率乘積（見圖2-1），這樣有助於深入分析比較企業經營業績。由於這種分析方法最早由美國杜邦公司使用，故命名為杜邦分析法。

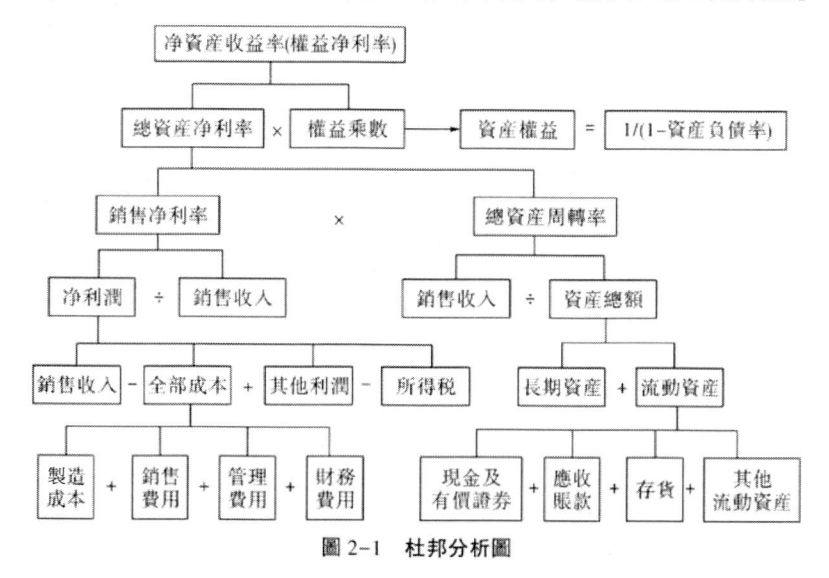

圖2-1　杜邦分析圖

在杜邦分析法中，包括以下幾種主要的指標關係：

第一，淨資產收益率是整個分析系統的起點和核心。該指標的高低反應了投資者的淨資產獲利能力的大小。淨資產收益率是由銷售報酬率、總資產週轉率和權益乘數決定的。

第二，權益系數表明了企業的負債程度。該指標越大，企業的負債程度越高。該指標是資產權益率的倒數。

第三，總資產收益率是銷售利潤率和總資產週轉率的乘積，是企業銷售成果和資產營運的綜合反應，要提高總資產收益率，必須增加銷售收入，降低資金占用額。

第四，總資產週轉率反應企業資產實現銷售收入的綜合能力。分析時，必須綜合銷售收入分析企業資產結構是否合理，即流動資產和長期資產的結構比率關係；同時，還要分析流動資產週轉率、存貨週轉率、應收帳款週轉率等有關資產使用效率指標，找出總資產週轉率高低變化的確切原因。

二、沃爾比重評分法

沃爾比重評分法是指將選定的財務比率用線性關係結合起來，並分別給定各自的分數比重，然後通過與標準比率進行比較，確定各項指標的得分及總體指標的累計分數，從而對企業的信用水平做出評價的方法。

沃爾比重評分法的公式為：

$$實際分數 = 實際值/標準值 \times 權重$$

沃爾比重評分法的基本步驟包括：

第一，選擇評價指標並分配指標權重。

由於財務指標繁多，因此在計算時應選擇那些能夠說明問題的重要指標，即選擇那些能從不同側面反應企業財務狀況的典型指標。

反應盈利能力的指標：資產淨利率、銷售淨利率、淨值報酬率。

反應償債能力的指標：自有資本比率、流動比率、應收帳款週轉率、存貨週轉率。

反應發展能力的指標：銷售增長率、淨利潤增長率、資產增長率。

按重要程度確定各項比率指標的評分值，評分值之和為100。

根據經驗，三類指標的評分值約為5：3：2。盈利能力指標三者的比例約為2：2：1，償債能力指標和發展能力指標中各項具體指標的重要性大體相當。在實際分析中，權重的取值需要結合實際來確定。

第二，根據各項財務比率的重要程度，確定其標準評分值。

第三，確定各項評價指標的標準值。

第四，對各項評價指標計分並計算綜合分數。

第五，形成評價結果。

【本章小結】

1. 財務分析。財務分析是以企業財務報表等有關會計核算資料為依據，對企業財務活動過程及結果進行分析和評價。財務分析在財務管理工作中的作用從不同的角度看是不同的。根據報表信息的使用對象，財務分析的作用主要表現在為企業管理者提

供經營管理依據，為企業外部投資人提供決策依據，為有關部門提供管理監督依據。

2. 財務分析方法。財務分析的基本方法有比較分析法、比率分析法、趨勢分析法、因素分析法。

3. 財務分析內容。財務分析的主要內容包括企業資本結構分析、獲利能力分析、償債能力分析、資金營運能力分析和發展能力分析。

4. 財務綜合分析。杜邦分析法和沃爾比重評分法是財務綜合分析的兩種主要方法。

【復習思考題】

1. 什麼是財務分析？
2. 財務分析主要包括哪些內容？
3. 什麼是比較分析法？應用中需要注意什麼問題？
4. 如何進行企業償債能力分析？
5. 如何評價企業的營運能力？
6. 什麼是盈利能力分析？主要應用哪些指標進行分析？
7. 如何利用杜邦分析法對企業進行綜合評價？

第三章　價值原理

【本章學習目標】

- 掌握貨幣時間價值的概念
- 熟悉複利法和單利法的概念
- 掌握終值、現值、年金的概念
- 掌握複利法下複利終值、複利現值的計算
- 掌握普通年金、即付年金、永續年金的概念
- 掌握普通年金終值、普通年金現值的計算
- 掌握即付年金終值、即付年金現值的計算
- 掌握遞延年金終值、遞延年金現值的計算
- 掌握風險的概念
- 熟悉風險的分類和衡量
- 掌握風險報酬的計算
- 掌握期望報酬率的計算

第一節　貨幣時間價值

一、貨幣時間價值的概念

（一）貨幣時間價值的定義

　　貨幣時間價值是指資金經歷一定時間的投資和再投資之後所增加的價值，也稱為資金時間價值。也就是說，貨幣時間價值是在週轉的過程中形成的，是在參與社會再生產過程中實現價值增值的。資金停止週轉，退出社會再生產過程，也就失去了增值的機會。只有經過投資和再投資，並持續一段時間才能夠實現增值，而且隨著時間的延續，資金總量在循環和週轉中按幾何級數增長，使資金具有時間價值。

（二）貨幣時間價值量的確定

　　在通常情況下，貨幣時間價值被認為是在沒有風險和沒有通貨膨脹條件下的社會平均資本利潤率。這是因為貨幣時間價值應用的範圍比較廣，因此以代表社會平均剩餘價值的資本平均利潤率為標準，而不是以個別剩餘價值為標準。

　　貨幣時間價值量的大小通常以利息率來表示，需要注意的是，本章衡量貨幣時間價值量的利息率與實際生活中的如銀行存貸款利息率、股息率等一般利息率的概念是有區別的。一般利息率除了包含貨幣時間價值因素外，還包括了風險價值和通貨膨脹

等因素，同時還受資金供求關係的影響。

二、貨幣時間價值的計算

(一) 利息、終值、現值和利率

1. 利息

利息是資金所有者讓渡資金的使用權所收取的報酬。例如，銀行客戶向銀行貸款購買房產，在約定的到期日或到期日之前，需要根據貸款金額和貸款期限的長短，按照借款利率計算貸款利息並支付給銀行作為貸款的報酬。利息的計算公式為：

$$I = P \times i \times n \qquad (式3-1)$$

式中，I 為利息，P 為本金，n 為資金使用的時間，i 為利率。用文字表示，該公式為：

$$利息 = 本金 \times 時間 \times 利率$$

資金所有者收回資金的使用權時的總金額為本利和，包括本金和利息兩個部分。本利和的計算公式為：

$$S = P + P \times i \times n = P \times (1 + i \times n) \qquad (式3-2)$$

式中，S 為本利和，P 為本金，n 為資金使用的時間，i 為利率。

2. 終值

終值 (Future Value) 也稱為未來值，常用字母 F 或 FV 表示，是一定數量的現在貨幣經過若干期後的本利之和，或者說終值是現在投入的資金在將來某一時點的價值。

3. 現值

現值 (Present Value) 也稱為現在值，常用字母 P 或 PV 表示，是指一定數量的未來貨幣按一定的折現率折合成現在的價值，即資金的現在價值。

4. 利率

利率是資金的增值額與投入資金價值之間的比率，是資金的交易價格。資金的融通實質上是通過利率這個價格在市場機制的作用下進行的資源再分配，因此利率在財務管理中起著非常重要的作用。按照不同的標準，利率可以劃分為以下幾類：

(1) 按利率之間的依存關係，分為基準利率和套算利率。基準利率是金融市場上具有普遍參照作用的利率，其他利率水平或金融資產價格均可根據這一基準利率水平來確定。基準利率一般是中央銀行制定的參考利率，其他利率會在基準利率上下浮動，一般都是年利率。套算利率是指在基準利率確定後，各金融機構根據基準利率和借貸款項的特點而算出的利率。例如，金融機構規定，貸款 AAA 級、AA 級、A 級企業的利率，應分別在基準利率的基礎上加 0.5%、1%、1.5%，加總計算所的利率便是套算利率。

(2) 按債權人的實際所得，分為名義利率和實際利率。名義利率是中央銀行或其他提供資金借貸的機構所公布的未調整通貨膨脹因素的利率，即利息（報酬）的貨幣額與本金的貨幣額的比率，是包括補償通貨膨脹（包括通貨緊縮）風險的利率。實際利率是指剔除通貨膨脹率後儲戶或投資者得到利息回報的真實利率。例如，存款人把錢存入銀行，銀行年存款利率為 5%，當年的通貨膨脹率為 2%。在這種情況下，5% 為名義利率，實際利率為 3%，即應扣除通貨膨脹率，反應實際的價值增長情況。

(3) 按借貸期內是否調整，分為固定利率和浮動利率。固定利率是指在借貸期內

不進行調整的利率。也就是在貸款合同簽訂時即設定好的利率，不論貸款期內市場利率如何變動，借款人都按照固定的利率支付利息。浮動利率是在借貸期內可定期調整的利率。根據借貸雙方的協定，貸款利率在貸款期內可以根據市場利率進行調整。目前，根據貸款合同規定，貸款利率一般在每年的1月1日根據市場利率的變化而進行相應調整。

（4）按利率變動與市場供求關係，分為市場利率和法定（官方）利率。市場利率是指由資金市場上供求關係決定的利率。法定利率是市場利率的對稱，是中央銀行或金融行政管理當局規定的利率水平，又稱官方利率。在不同國家，法定利率內容不完全相同，但一般都由政府貨幣管理當局、中央銀行或由法律規定並在其管轄範圍內實行。

資金的供求狀況是決定利率水平高低的重要因素。在實際生活中，資金的利率由純利率、通貨膨脹附加率和風險附加率三部分組成，或者說是由時間價值、通貨膨脹補償、風險報酬三部分組成的。

在貨幣時間價值分析中，運用最為頻繁的就是實際利率和名義利率。在貨幣時間價值分析中，一般以年為計息週期，通常我們所說的年利率就是名義利率，也稱為票面利率或合同約定的利率。但是在實際計算分析中，經常會以少於一年的週期為計息週期，因此會出現利率標明的計息單位與計息週期發生不一致的情況，如按天計息、按月計息、按季度計息或者每半年計息，相對的複利計息次數變為每年360次、12次、4次或者2次。這時候我們就要注意區分名義利率和實際利率，兩者的關係可用公式表示為：

$$i = (1+\frac{r}{m})^m - 1 \qquad (式3-3)$$

式中，i為實際利率，r為名義年利率，m為每年的計息次數。

名義利率和實際利率之間的聯繫如下：

第一，當計息週期為一年時，名義利率和實際利率相等；當計息週期短於一年時，實際利率大於名義利率。

第二，名義利率越大，計息週期越短，實際利率與名義利率的差異就越大。

第三，名義利率不能完全反應貨幣的時間價值，實際利率才能真正地反應貨幣的時間價值，因為實際利率反應了貨幣的週轉時間或週轉次數。

（二）單利的計算

1. 單利的定義

單利（Simple Interest）是在每一個計算利息的時間單位裡（年、季、月、日等）按本金計算利息。也就是說，單利的計算過程中只有最初的本金計算利息，利息不計算利息，即不會出現「利滾利」的現象。

單利的計算包括單利終值的計算和單利現值的計算。

2. 單利終值的計算

單利終值的計算就是利用單利計算若干期以後包括本金和利息在內的未來價值。其計算公式為式（3-2）

或： $$FV_n = PV + PV \times i \times n = PV \times (1 + i \times n) \qquad (式3-4)$$

式中，FV_n 和 S 都表示終值或本利和，PV 和 P 都表示本金，n 為使用的時間或週期，i 為利率。

3. 單利的現值計算

單利的現值計算就是將未來的資金金額按照給定的利息率計算得到現在的價值。其計算公式可以由單利終值公式倒推得到，即：

$$P = \frac{S}{1+i \times n} = S \times (1+i \times n)^{-1} \quad \text{（式 3-5）}$$

或：

$$P_0 = \frac{FV_n}{1+i \times n} = FV_n \times (1+i \times n)^{-1} \quad \text{（式 3-6）}$$

式中，P 或 P_0 表示單利現值，S 或 FV_n 表示終值或本利和，n 為使用的時間或週期，i 為利率。

【例3-1】A公司持有一張面值為1,000,000元的帶息票據，票面利率為5%，出票日期為4月8日，到期日為7月8日，現於5月10日到銀行辦理貼現，銀行規定的貼現利率為6%，那麼該票據的貼現金額為多少？

第一步：該票據的到期值 $S = P + P \times i \times n$
  $= 1,000,000 \times (1+5\% \times 91/360)$
  $= 1,012,638.89$（元）

第二步：貼現利息 $I = S \times i \times n$
  $= 1,012,638.89 \times 6\% \times 58/360$
  $= 9,788.84$（元）

第三步：貼現金額 $P = S - I$
  $= 1,012,638.89 - 9,788.84$
  $= 1,002,850.05$（元）

(三) 複利

1. 複利的定義

複利是指在計算期內，上一期的利息並入下一期的本金中並計算利息，即利息也要計算利息。因此，複利法又被稱為「利滾利」。

複利的計算同樣包括複利現值的計算和複利終值的計算。

2. 複利終值的計算

複利終值是指按複利計息，計算在未來某一時期的本利和。其計算公式為：

$$S = P \times (1+i)^n \quad \text{（式 3-7）}$$

式中，S 是複利終值，也可以用 FV_n 表示；P 是本金，也可以用 PV_0 表示；n 是計息期數。

$(1+i)^n$ 為1元錢的本利和，也被稱為1元錢的複利終值係數，可以用符號 $FVIF_{i,n}$ 或 $(F/P, i, n)$ 表示，並可通過查找「複利終值係數表」獲得相關數據。例如，$FVIF_{10\%, 4}$ 或者 $(F/P, 10\%, 4)$ 表示利率為10%、期數為4年的複利終值係數。因此，複利終值計算公式又可以表示為：

$$FV_n = PV_0 \times FVIF_{i,n}$$

【例3-2】李先生在銀行存入10,000元，存期為3年，年利率為10%，按年複利，

求三年後取出時的本利和是多少？

$$F = S = P \times (1 + i)^n = 10,000 \times (1 + 10\%)^3 = 13,300(元)$$

此例中可以把已知條件表示為 $FVIF_{10\%, 3}$ 或 $(F/P, 10\%, 3)$。

【例3-3】現有100元，存期為1年，年利率為10%，分別按年複利、按季複利、按月複利，求其本利和。

$$S_{(年)} = 100 \times (1 + 10\%)^1 = 110(元)$$

$$S_{(季)} = 100 \times (1 + \frac{10\%}{4})^4 = 110.38(元)$$

$$S_{(月)} = 100 \times (1 + \frac{10\%}{12})^{12} = 110.47(元)$$

由式（3-3）可得：

按年複利的實際利率 $i = (1 + \frac{10\%}{1})^1 - 1 = 10\%$

按季複利的實際利率 $i = (1 + \frac{10\%}{4})^4 - 1 = 10.38\%$

按月複利的實際利率 $i = (1 + \frac{10\%}{12})^{12} - 1 = 10.47\%$

通過對比可以發現，本金不變，複利次數越多，複利終值越大。

本例的已知條件中給出的年利率10%為名義利率，按季計息的實際利率大於按年計息的實際利率；按月計息的實際利率大於按季計息的實際利率。這跟之前的名義利率與實際利率的關係的分析一樣。因此，我們總結出複利次數大於1次的n期期末的終值計算公式為：

$$FV_n = PV_0 \times \left(1 + \frac{i}{m}\right)^{mn} \quad (式3-8)$$

式中，i為年（計息期）利率（名義利率），m為複利次數（在一年內複利次數），n為計息年數，mn為計息次數。在實際工作中，我們可以通過「複利終值系數表」來簡化計算。

3. 複利現值的計算

複利現值的計算公式可以通過複利終值的計算公式來推導得到。其公式為：

$$P = S \times (1 + i)^{-n} \quad (式3-9)$$

式中，$(1 + i)^{-n}$為複利現值系數、1元的複利現值，也稱為貼現系數，可用符號$PVIF_{i, n}$或$(P/F, i, n)$表示，因此複利現值公式也可表示為：

$$PV_0 = FV_n \times PVIF_{i, n}$$

複利現值可以通過查找「複利現值系數表」獲得。

【例3-4】王先生在銀行辦理整存整取業務，想在5年後從銀行取得10,000元，存款利率為10%，按年複利。那麼王先生現在應該存入多少錢？

$$P = 10,000 \times (1 + 10\%)^{-5} = 6,210(元)$$

三、年金的計算

(一) 年金的概念

年金是指一定時期內每期金額相等的收付款項。年金的特點是收或付的金額相等，而且每次收或付款間隔的時間也相等。例如，一年定期支付一次、半年支付一次、一季度支付一次、每周支付一次相同的金額都可以稱為年金。因此，年金實質上就是在一定時期內，相等時間間隔發生的一系列等額的收付款項。

介於相鄰的兩個支付年金日期的時期稱為支付期間，介於兩個相鄰日之間的這段時間稱為計息期間。

每一支付期間支付的金額稱為每次(期)年金額，每一計息期間中各次年金額的總和稱為每期年金總額，自第一次支付期間開始到最後一次支付期間結束稱為年金時期。

企業財務活動中的分期付款賒購、分期償還貸款、發放養老金、租金、按直線法計提的折舊額等都屬於年金的收付形式。年金按照收款方式和支付時間可以分為普通年金、即付年金、遞延年金和永續年金四種。

2. 普通年金

普通年金(Ordinary Annuity)是指在每期期末等額收付的年金。普通年金在經濟活動中最為常見，可用本利和 S 表示，也可以用符號 FAV_n 表示。

(1) 普通年金終值的計算。普通年金終值是指一定時期內每期期末等額收付的複利終值之和。

例如，已知 $i = 10\%$，$n = 4$，每期年金金額為 100 元，其計算過程可以通過圖 3-1 表示。

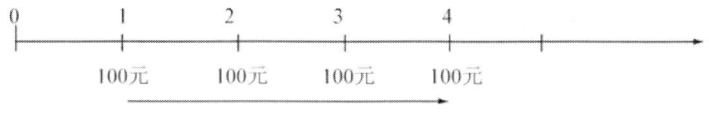

圖 3-1 普通年金終值示意圖

$$F = A + A \times (1+i) + A \times (1+i)^2 + \cdots + A \times (1+i)^{n-1} \quad (式 3-10)$$

等式兩邊同乘以 $(1+i)$ 得：

$$F \times (1+i) = A \times (1+i) + A \times (1+i)^2 + \cdots + A \times (1+i)^{n-1} + A \times (1+i)^n$$
$$(式 3-11)$$

式 (3-11) -式 (3-10) 得：

$$(1+i) \times F - F = A \times (1+i)^n - A$$

化簡後得：

$$FAV_n = F = A \times \frac{(1+i)^n - 1}{i} \quad (式 3-12)$$

或：

$$FAV_n = F = A \times \sum_{t=0}^{n-1} (1+i)^t \quad (式 3-13)$$

或：
$$FAV_n = F = A \times \sum_{t=1}^{n}(1+i)^{t-1} \qquad (式 3\text{-}14)$$

式中，A 為年金，$\dfrac{(1+i)^n - 1}{i}$ 稱為年金終值系數，記為 $FVIFA_{i,n}$ 或 $(F/A, i, n)$，可以通過「年金終值系數表」查找系數值。

因此，根據圖 3-1 及已知條件可以求得：

$$F = A \times \dfrac{(1+i)^n - 1}{i} = 100 \times \dfrac{(1+10\%)^4 - 1}{10\%} = 100 \times 4.641 = 464.10 (元)$$

用複利公式計算結果一樣：

$$F = 100 + 100 \times (1+10\%) + 100 \times (1+10\%)^2 + 100 \times (1+10\%)^3 = 464.10 （元）$$

【例 3-5】江先生要在 5 年後償還一筆債務，金額為 18,000 元，因此江先生計劃在每年年末存入一筆款項，以備 5 年後的償還需要。假設年利率為 5%，那麼江先生每年年底應該存入多少錢呢？

由 $FAV_n = A \times \dfrac{(1+i)^n - 1}{i}$ 可以推導出：

$$A = FAV_n \times \dfrac{i}{(1+i)^n - 1} = FAV_5 \times FVIFA_{5\%,5}$$

$$= 18,000/5.526 = 3,257.33 （元）$$

由題意可知這道例題是由年金終值求年金的，其中 $\dfrac{i}{(1+i)^n - 1}$ 是年金終值系數的倒數，稱為償債基金系數，可用符號 $(A/F, i, n)$ 表示。償債基金是指為了在約定的未來某一時點清償某筆債務而必須分次等額提取的存款準備金。其中清償的債務相當於年金終值，每年提取的債務基金就相當於年金。

（2）普通年金現值的計算。普通年金現值是指一定時期內每期期末收付相等金額的複利現值之和。其計算過程可以通過圖 3-2 進行推導。

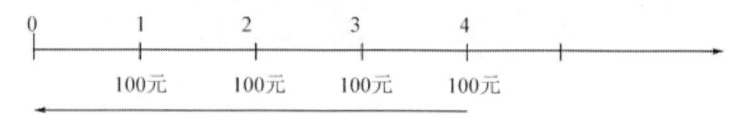

```
0       1       2       3       4
|-------|-------|-------|-------|------>
       100元   100元    100元   100元
<------
```

圖 3-2　普通年金現值示意圖

$$P = A \times (1+i)^{-1} + A \times (1+i)^{-2} + \cdots + A \times (1+i)^{-n} \qquad (式 3\text{-}15)$$

等式兩邊同乘以 $(1+i)$ 得：

$$P \times (1+i) = A \times (1+i)^0 + A \times (1+i)^{-1} + \cdots + A \times (1+i)^{1-n} \qquad (式 3\text{-}16)$$

式 (3-16) - 式 (3-15) 得：

$$(1+i) \times P - P = A - A \times (1+i)^{-n}$$

化簡後得：
$$P = A \times \dfrac{1 - (1+i)^{-n}}{i} \qquad (式 3\text{-}17)$$

式中，$\dfrac{1 - (1+i)^{-n}}{i}$ 為年金現值系數或年金貼現系數，記做 $PVIFA_{i,n}$ 或 $(P/A, i, n)$，

因此，式（3-17）也可寫為：
$$PAV_n = A \times PVIFA_{i,\,n} \qquad \text{（式 3-18）}$$

或：
$$PAV_n = A \times \frac{1-(1+i)^{-n}}{i} \qquad \text{（式 3-19）}$$

2. 即付年金

即付年金也叫預付年金、先付年金，是指在一定期間內，每期期初收付的年金。即付年金可分為即付年金終值和即付年金現值，兩者的計算公式都可以通過普通年金的計算公式推導得到。

普通年金與即付年金的區別：普通年金是指從第一期起，在一定時間內每期期末等額發生的系列收付款項；即付年金是指從第一期起，在一定時間內每期期初等額收付的系列款項。兩者的共同點在於都是從第一期即開始發生，間隔期只要相等就可以，並不要求必須是一年。

（1）即付年金終值的計算。即付年金終值是指在一定時期內每期期初等額收付款項的複利終值之和。n期即付年金和n期後付年金（普通年金）相比，付款次數相同，期數相同，但是兩者的付款時間不同，前者在期初付款。因此，即付年金終值比普通年金終值多一期利息。

以圖 3-3 為例，我們學習怎麼樣獲得即付年金的複利終值，已知 $n = 4$, $i = 10\%$。

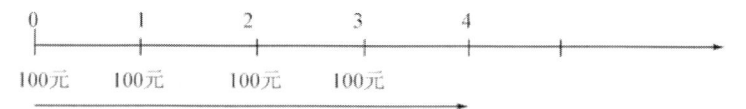

圖 3-3　即付年金終值示意圖

圖 3-3 中各項為等比數列求和，首項為 $A \times (1+i)$，公比為 $(1+i)$。

則：
$$F = A \times (1+i) + A \times (1+i)^2 + \cdots + A \times (1+i)^n$$

$$F = \frac{A \times (1+i) \times [1-(1+i)^n]}{1-(1+i)}$$

$$= A \times \frac{(1+i)^n - 1}{i} \times (1+i)$$

$$= A \times \left[\frac{(1+i)^{n+1} - 1}{i} - 1\right] \qquad \text{（式 3-20）}$$

或：
$$FAV_n = A \times FVIFA_{i,\,n+1} - A = A \times (FVIFA_{i,\,n+1} - 1) \qquad \text{（式 3-21）}$$

式中，FAV_n 或 F 為本利和，$FVIFA_{i,\,n+1}$ 為即付年金係數。

因此，根據圖 3-3 可得：
$$F = 100 \times \left[\frac{(1+10\%)^{4+1} - 1}{10\%} - 1\right] = 510.51 \text{（元）}$$

（2）即付年金現值的計算。即付年金現值是指在一定時期內每期期初等額收付的複利現值之和，其與後付年金的區別在於兩者的付款時間不同，通過圖 3-4 可知：

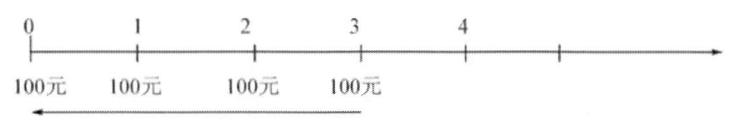

```
    0       1       2       3       4
    |———————|———————|———————|———————|———————▶
   100元   100元   100元   100元
    ◀———————
```

圖 3-4　即付年金現值示意圖

$$P = A + A \times (1+i)^{-1} + A \times (1+i)^{-2} + \cdots + A \times (1+i)^{-(n-1)}$$

式中各項為等比數列，首項是 A，公比是 $(1+i)^{-1}$，根據等比數列求和可得：

$$P = \frac{A \times [1 - (1+i)^{-n}]}{1 - (1+i)^{-1}} \qquad (式 3\text{-}22)$$

化簡後得：

$$P = A \times \left[\frac{1 - (1+i)^{-(n-1)}}{i} + 1 \right] \qquad (式 3\text{-}23)$$

式 (3-23) 也可以表示為：

$$PVA_n = A \times PVIFA_{i,\,n-1} + A = A \times (PVIFA_{i,\,n-1} + 1) \qquad (式 3\text{-}24)$$

式中，PVA_n 表示即付年金現值。如果通過查表計算，可以先查找 $n-1$ 後付年金現值系數，再根據公式進行調整即可。

因此：$P = 100 \times \left[\dfrac{1 - (1 + 10\%)^{-(4-1)}}{10\%} + 1 \right] = 348.69(元)$

3. 遞延年金

遞延年金也稱延期年金，是指最初若干期沒有收付款發生，遞延若干期之後才有收付款的年金。其實質是普通年金的特殊形式。

(1) 遞延年金終值的計算。遞延年金終值的大小與遞延期 m 無關，與普通年金終值計算公式相同，即：

$$FVA_n = A \times FVIFA_{i,\,n} \qquad (式 3\text{-}25)$$

以圖 3-5 為例說明計算過程。

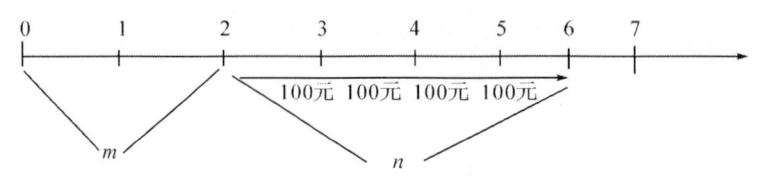

```
    0    1    2    3    4    5    6    7
    |————|————|————|————|————|————|————|——▶
                 100元 100元 100元 100元
         _____/_____/
             m              n
```

圖 3-5　遞延年金終值示意圖

從圖 3-5 可知，起始期為第 2 期，結束期為第 6 期，因此實際發生的期數為 4 期，用公式計算可得：

$$F = A \times \frac{(1+i)^n - 1}{i} = 100 \times \frac{(1 + 10\%)^4 - 1}{10\%} = 464.10(元)$$

(2) 遞延年金現值的計算。遞延年金現值的計算有兩種方法：第一種就是把遞延年金作為 n 期普通年金看待，求出 n 期期末到 m 期期末的年金現值，然後把這個現值作為終值，再求其在 m 期期初的複利現值，這個複利現值就是遞延年金的現值。其計算公式為：

$$PVA = A \times PVIFA_{i,n} \times PVIF_{i,m} \qquad (式3-26)$$

以圖 3-6 為例，說明第一種方法。

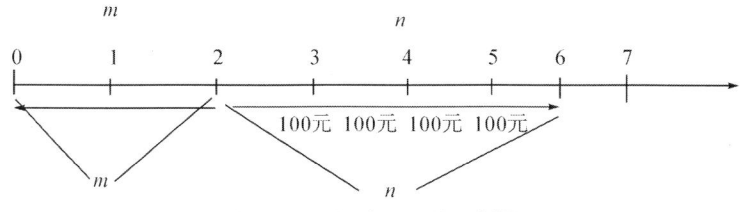

```
         m                    n
  0    1    2    3    4    5    6    7
                 100元 100元 100元 100元
```

圖 3-6　遞延年金現值示意圖

先算年金現值，再對該年金現值計算複利現值。

$$P = A \times \frac{1-(1+i)^{-n}}{i} \times (1+i)^{-m}$$

$$= 100 \times \frac{1-(1+10\%)^{-4}}{10\%} \times (1+10\%)^{-2}$$

$$= 261.97(元)$$

第二種方法就是把遞延年金看成 $n+m$ 期普通年金，即假設遞延期中也有收付額發生。首先求出 $n+m$ 期普通年金現值，然後再減去並沒有收付額發生的遞延期（m 期）的普通年金現值，最後求出的兩者之差就是遞延年金現值。其計算公式為：

$$PVA = A \times (PVIFA_{i,m+n} - PVIFA_{i,m}) \qquad (式3-27)$$

【例3-6】某企業向銀行借入一筆款項，銀行借款年利息率為 8%，與銀行協商約定前 10 年不用償還本息，從第 11 年到第 20 年每年年末償還本息 10 萬元，計算這筆款項的現值。

用第一種方法計算：

$$PVA = A \times PVIFA_{8\%,10} \times PVIF_{8\%,10}$$

即：$P = A \times \frac{1-(1+i)^{-n}}{i} \times (1+i)^{-m}$

$$= 10 \times \frac{1-(1+8\%)^{-10}}{8\%} \times (1+8\%)^{-10}$$

$$= 10 \times 6.710 \times 0.463$$

$$= 31.07(萬元)$$

用第二種方法計算：

$$PVA = A \times (PVIFA_{8\%,20} - PVIFA_{8\%,10})$$

$$= 10 \times (9.818 - 6.710)$$

$$= 31.08(萬元)$$

兩種方法求出的值稍有差別，這是因為在系數表中查到的相關係數值經過了四捨五入處理所致。

4. 永續年金

永續年金也稱為終身年金，即沒有終期的年金。在中國，永續年金最常見的就是銀行存款中的存本取息。在國外，很多債券採用永續年金的形式，尤其是政府債券，

持有者可以在每期取得等額的資金，永遠不會期滿。此外，優先股有固定的股利又無到期日，也可視為永續年金。

因為永續年金沒有到期日，所以就不會有終值，只需要求其現值。我們可以通過普通年金的現值計算公式推導出永續年金現值計算公式：

$$P = A \times \frac{1-(1+i)^{-n}}{i}$$

或：
$$PVA_n = A \times PVIFA_{i,n}$$

當 $n \to \infty$ 時，即 $(1+i)^{-n} \to 0$，則：

$$P = A \times \frac{1}{i} \tag{式 3-28}$$

【例 3-7】某學校準備設立一項永久性獎學金，預計每年發放 20,000 元獎學金，若利息率為 10%，現在應該一次性存入銀行多少錢？

$$PVA_\infty = 20,000 \times \frac{1}{10\%} = 200,000 (元)$$

四、貨幣時間價值的應用

（一）不等額現金流量現值的計算

年金的每次收付額都是相等的，但是在實際經濟生活中每次收付的款項並不一定都是相等的，因此需要計算不等額現金流量的現值。假設 A_n 為第 n 期期末的收付額，現值計算公式為：

$$PV = \sum_{t=0}^{n} A_t \frac{1}{(1+i)^t}$$

$$= \sum_{t=0}^{n} A_t \times PVIF_{i,t} \tag{式 3-29}$$

【例 3-8】B 集團準備實施一項投資計劃，其投資期限為 3 年，每年的投資額如表 3-1 所示。

表 3-1　　　　　　　　　B 集團投資計劃

投資期（年）	第 0 年	第 1 年	第 2 年	第 3 年
投資額（萬元）	100	200	150	300

銀行借款利率為 10%，要求計算項目的投資額現值。

注意：每年的投資額不相等，因此只能用複利現值公式分別求出每年的投資額的現值，最後加總求和。

$$PVIF_{10\%,1} = 200 \times (P/F, 10\%, 1) = 200 \times \frac{1}{1+10\%} = 181.8 （萬元）$$

$$PVIF_{10\%,2} = 150 \times (P/F, 10\%, 2) = 150 \times \frac{1}{(1+10\%)^2} = 123.9 （萬元）$$

$$PVIF_{10\%,3} = 300 \times (P/F, 10\%, 3) = 200 \times \frac{1}{(1+10\%)^3} = 225.3 （萬元）$$

投資額現值 = $PVIF_{10\%,0}$ + $PVIF_{10\%,1}$ + $PVIF_{10\%,2}$ + $PVIF_{10\%,3}$
= 100 + 181.8 + 123.9 + 225.3 = 631(萬元)

(二) 分期收（付）款現值的計算

在現實生活中經常會遇到需要分期收（付）款、等額分攤等情況，如住房按揭、購車貸款，這類問題大多是已知現值，要求計算每年的現金流量，或者是根據確定的現金流量來計算現值。其主要運用的公式為：

$$PVA_n = A \times \frac{1-(1+i)^{-n}}{i} \quad (式 3-30)$$

或：

$$A = PVA_n \times \frac{i}{1-(1+i)^{-n}}$$

$$= PVA_n \times \frac{1}{PVIFA_{i,n}}$$

【例 3-9】C 公司準備購置房地產，有兩種付款方案：一是一次付清，總金額為 5,000 萬元；二是採用分期付款方式，每年年末付現 1,000 萬元，6 年付清，貼現率為 8%。請比較兩種方案，做出選擇。

可以先採用普通年金現值公式計算出分期付款的總金額，再與一次付清方式進行比較。

$$PVA = A \times \frac{1-(1+i)^{-n}}{i}$$

$$= 1,000 \times \frac{1-(1+8\%)^{-6}}{8\%}$$

$$= 4,623(萬元)$$

5,000 - 4,623 = 377(萬元)

一次付清方式需要 5,000 萬元現金，採用分期付款方式需要準備 4,623 萬元現金，相比之下前者要多付 377 萬元。因此，採用分期付款方式比較經濟。

(三) 折扣方案的計算

【例 3-10】某家電商場現存高檔電視機 500 臺，每臺售價 4,500 元，但由於是過時積壓商品，按正常價格出售預計銷售狀況慘淡，而且占用商場資金影響貨幣回籠（銀行貸款利率為 12%）。若按 5 折降價銷售，當年可全部出售；若按 6.5 折出售，估計 4 年內能夠全部售出，平均每年銷售 125 臺。請將兩種折扣方案進行比較後選擇最優方案。

5 折出售的現值 = 500 × 4,500 × 50% = 1,125,000(元)

6.5 折出售的現值 = 125 × 4,500 × 65% × (P/A, 12%, 4) = 1,110,403.125(元)

1,125,000 - 1,110,403.125 = 14,596.875(元)

相比之下，5 折出售能夠比 6.5 折出售收回更多的現金；同時，5 折出售能夠在當年將彩電全部售出，而 6.5 折需要花費 4 年時間，資金回籠速度相對較慢。因此，5 折出售方案為最優方案。

(四) 貼現率的計算

求利息率或貼現率首先要根據公式求出係數，然後通過係數表或者是計算求出貼

現率。根據複利、年金等公式可以推導出相關的計算貼現率的公式：

複利終值系數： $FVIF_{i,\,n} = (F/P,\ i,\ n) = \dfrac{FV_n}{PV} = (1+i)^n$ （式3-31）

複利現值系數： $PVIF_{i,\,n} = (P/F,\ i,\ n) = \dfrac{PV}{FV_n} = \dfrac{1}{(1+i)^n}$ （式3-32）

年金終值系數： $FVIFA_{i,\,n} = (F/A,\ i,\ n) = \dfrac{FVA_n}{A} = \sum_{t=1}^{n}(1+i)^{t-1}$ （式3-33）

【例3-11】趙先生現有閒置資金50,000元現金，想要在5年後取回本利和75,000元，根據此目標設立的理財計劃的複利收益率應該為多少？

$PVIF_{i,\,5} = \dfrac{PV}{FV_n} = \dfrac{50,000}{75,000} = 0.667$

查複利現值系數表可知，期數為5的系數欄內沒有0.667的複利現值系數，只有一個比0.667大的0.681和比0.667小的0.650，而0.681和0.650分別對應8%和9%的利率，因此可知投資收益率在8%～9%之間。

則： $\dfrac{i - 8\%}{9\% - 8\%} = \dfrac{0.667 - 0.650}{0.681 - 0.650} = \dfrac{0.017}{0.031}$

$i = 8\% + 0.548\% = 8.548\%$

因此，收益率為8.548%。

（五）公司債券現值的計算

公司債券的現值代表債券的價值。債券價值等於每年計算支付的利息之和加上到期值的現值。其計算公式為：

$$P = \sum_{t=1}^{n} \dfrac{I}{(1+i)^t} + \dfrac{M}{(1+i)^n}$$ （式3-34）

式中，I為債券年利息，M為債券到期值，n為債券期限，i為市場利率。

【例3-12】D公司計劃於2017年2月1日購買10萬張面額為1,000元的債券。其票面利率為5%，每年2月1日計算並支付一次利息，於5年後的1月31日到期。當時的市場利率為4%，債券市場價格為1,030元，請問是否應該購買這批債券？

$P = 1,000 × 5\% × (P/A,\ 4\%,\ 5) + 1,000 × (P/S,\ 4\%,\ 5)$

　$= 1,000 × 5\% × 4.452 + 1,000 × 0.822$

　$= 1,044.6(元)$

$1,044.6 - 1,030 = 14.6(元)$

由上述計算可知，債券的市場價格小於債券價值（即債券現值），因此是值得購買的。

註：計算利息應該使用票面利率，利息是每年計算支付一次，因此用年金計算方法計算利息的現值，債券價值應等於年金現值與到期值（面值）的複利現值之和。

（六）股票現值的計算

股票的現值代表股票的價值，即股票的未來收益的現值。股票的收益包括股息和資本收益。其計算公式為：

$$P_r = \sum_{t=1}^{n} \frac{I'}{(1+r)^t} + \frac{P}{(1+r)^n} \qquad (式3-35)$$

即：股票現值=股息現值+出售股票預計價格的現值

式中：P_r 為股票的現值，I' 為第 t 期獲得的股利，P 為結束股票投資的預計價格，n 為股票投資期限，r 為股票投資的必要報酬率。

【例3-13】馬先生以每股8.45元的價格購進某股票20,000股，計劃3年後出售並可獲得每股11元。這批股票3年中每年每股分得股利2.8元。若該股票投資的預期報酬率為16%，請問是否值得購買？

$$P_3 = \sum_{t=1}^{3} \frac{2.8}{(1+16\%)^t} + \frac{11}{(1+16\%)^3}$$
$$= 2.8 \times (P/A, 16\%, 3) + 11 \times (P/F, 16\%, 3)$$
$$= 2.8 \times 2.246 + 11 \times 0.641$$
$$= 13.34(元)$$

13.34元大於8.45元，即價值大於價格，因此該股票值得購買。

第二節　風險價值

風險是市場經濟的一個重要特徵，企業的財務管理活動常常要面臨各種風險，冒風險就需要獲得額外的報酬，否則就不值得冒風險。因此，我們在進行財務決策的時候要考慮風險與風險報酬，為財務管理決策提供充分可靠的依據。

一、風險的含義與類別

(一) 風險的含義

風險是指人們在事先能夠確定採取某種行動所有可能的後果以及每種後果出現的可能性的狀況。也有人說風險是指結果的任何變化。從證券分析或投資項目分析角度來看，風險主要指實際現金流量會少於或大於預期現金流量的可能性。從投資者進行投資的角度來看，風險是指從投資活動中所獲得的收益存在不確定性。而在財務管理方面，風險是指在一定條件下和一定時期內，財務活動可能發生的各種結果的變動程度。因此，風險本質上說就是結果存在不確定性。

角度不同，風險的定義也不同，但歸納起來，風險具有以下幾個主要特點：

(1) 風險是事件本身發生結果的不確定性，具有客觀性。
(2) 風險是可變的，其大小隨時間的延續而變化。
(3) 風險與不確定性是有區別的。
(4) 風險是損失與收益並存的，即風險有可能帶來收益，也有可能帶來損失。
(5) 風險是針對特定主體或項目而言的，不同的條件下風險大小不同。
(6) 風險是可測的。

(二) 風險的類別

風險的預期結果具有不確定性，因為其影響因素有可能來自外部環境或由整個市

場狀況所致，也有可能是因為特定的投資方案或者是投資產品自身的原因所造成的。因此，可以根據不同的標準對風險進行分類。

從風險產生的原因這個角度來看，風險可以分為系統性風險和非系統性風險兩種。

系統性風險又被稱為市場風險，是由整個市場或整個社會環境所造成的，如政策變動、戰爭、經濟週期性波動、利率變動等因素造成的風險，是無法通過投資或組合投資來避免的，因此也將系統性風險稱為不可分散風險。

非系統性風險是由企業自身經營等原因造成的，主要針對特定的項目或產品，如新產品開發失敗、工人罷工、失去重要合同等導致的風險，其主要影響因素並不包括市場環境因素，是可以通過分散化投資等方法或措施降低損失程度甚至避免損失，因此非系統性風險又被稱為可分散風險或特有風險。

從經營者和籌資者的角度來看，企業面臨的風險又可細分為經營風險和財務風險（籌資風險）。

經營風險是指企業固有的、由於生產經營上的原因而導致的未來經營收益的不確定性，因此也稱為營業風險。其影響因素主要包括：新材料、新設備的投入等因素帶來的供應方面的風險；產品質量好壞、新產品開發成敗、生產組織合理與否等因素帶來的生產方面的風險；銷售狀況是否具有持續性、穩定性等帶來的風險；外部環境的變化，即勞動力市場的供求關係變化、通貨膨脹、自然氣候變化或地質災害等原因。

財務風險是指由於舉債而給企業的財務狀況帶來的風險，是由全部資本中債務資本比率的變化帶來的風險，即因負債增加而導致的風險。

在經營風險一定的條件下，採用固定資本成本籌資方式籌集的資金的比重越大，帶給普通股東的風險就越大。因此，可將債務比率和財務風險視為成正比的。財務風險的主要影響因素包括資金供求的變化、利率水平的變動、獲利能力的變化、資金結構的變化。其中，資金結構的變化對籌資風險的影響最為直接。

二、風險的衡量

風險是可測的，是指可以對這種可能性出現的概率進行分析，以此來預測風險的程度。風險測量主要採用概率、概率分佈、期望值、方差和標準差和標準離差率。

風險概率的測定有兩種方法，一種是客觀概率，即根據大量的、歷史的實際數據推算出來的概率；另一種是主觀概率，即在沒有大量實際資料的情況下，人們根據有限的資料和經驗合理估計的概率。

（一）概率

概率是指某一事件出現的機會的大小，通常用百分數或小數來反應。通常，把必然發生的事件的概率定義為1，把不可能發生的事件的概率定義為0，一般事件的概率是介於0~1的一個數值。概率越大，表示這事件發生的可能性就越大。如果把所有可能性的事件或結果都列出來，而且每一事件都給予相應的概率，將其列示在一起，便構成了概率的分佈。

概率必須符合以下兩個條件：

（1）所有概率P_i都在0~1之間，即$0 \leq P_i \leq 1$。

(2) 所有結果的概率之和應該等於1，即 $\sum_{i=1}^{n} p_i = 1$，其中 n 為可能出現的結果的個數。

(二) 概率分佈

概率分佈是指某一事件各種結果發生可能性的概率分佈。概率分佈在實際運用中被分為離散型分佈和連續型分佈兩種。

若隨機變量只取有限個值，並且對應於這些值都有確定的概率，則隨機變量是離散型分佈。在離散型分佈裡，隨機變量在直角坐標系中越集中，實際出現的可能性越大，風險就越小，反之風險就越大。

若隨機變量的取值有無限個，即有無限種可能性出現，每一種情況都賦予一個概率，並分別測定其報酬率，則屬於連續型分佈。其特點為概率分佈在連續圖像上的兩個點的區間上。

(三) 期望值

隨機變量的取值是以相應的概率為權數的加權平均數，稱為隨機變量的預期值（數學期望或均值），是隨機變量取值的平均化，反應集中趨勢的一種量度。在企業財務管理中，我們把隨機變量的預期值稱為期望報酬率或預期報酬率，即一項投資方案實施後，能否如期回收投資並獲得預期收益的不確定性為這項投資方案的風險，因承擔這種投資風險而獲得的報酬為風險報酬，通過風險報酬率表示。對於有風險的投資項目，其實際報酬率可被看成一個有概率分佈的隨機變量，可以用期望報酬率和標準離差進行衡量。

期望報酬率的計算公式為：

$$\bar{K} = \sum_{i=1}^{n} K_i P_i \qquad (式 3\text{-}36)$$

式中，$\bar{K}$ 為期望報酬率，K_i 為第 i 種可能結果的報酬率，P_i 為第 i 種可能結果的概率，n 為可能結果的個數。

【例3-14】有甲、乙兩項投資項目，其報酬率與概率分佈如表3-2所示。

表 3-2　　　　　　　　　甲、乙兩項投資項目報酬率與概率分佈

項目實施情況	該種情況出現的概率		投資報酬率	
	甲項目	乙項目	甲項目	乙項目
好	0.20	0.30	15%	20%
一般	0.60	0.40	10%	15%
較差	0.20	0.20	0	-10%

請計算兩個項目的期望報酬率。

根據期望值公式計算甲項目和乙項目的期望報酬率：

$\bar{K}_{甲} = K_1 P_1 + K_2 P_2 + K_3 P_3 = 0.2 \times 15\% + 0.6 \times 10\% + 0.2 \times 0 = 9\%$

$\bar{K}_{乙} = K_1 P_1 + K_2 P_2 + K_3 P_3 = 0.3 \times 20\% + 0.4 \times 15\% + 0.3 \times (-10\%) = 9\%$

由此可知兩個項目的期望報酬率都是9%。但要判斷這兩個項目風險的大小，還需

要進一步瞭解方差、標準離差和標準離差率。

（四）方差和標準差

方差是各種可能的結果偏離期望值的綜合差異，是反應離差程度的一種量度。方差（δ^2）的計算公式為：

$$\delta^2 = \sum_{i=1}^{n}(K_i - \bar{K})^2 \times p_i \qquad \text{（式 3-37）}$$

標準差也稱標準離差，用於計量一個變量對其平均值的偏離度。標準差是通過對數值進行個別觀察，對所得的加權平均差求平方根而得到的。標準差是測定風險大小的有效指標，一般來說，標準差越大，預計結果的離散程度越高，結果越不確定，風險越大；反之則風險越小。其相關計算公式和計算步驟如下：

（1）計算期望值。

（2）計算離差。

$$離差 = K_i - \bar{K} \qquad \text{（式 3-38）}$$

（3）計算方差。

（4）計算標準差。

$$\delta = \sqrt{\sum_{i=1}^{n}(K_i - \bar{K})^2 \times p_i} \qquad \text{（式 3-39）}$$

接【例3-14】，甲、乙兩項投資項目的投資報酬率的方差和標準離差的計算如下：

$$\delta_\text{甲}^2 = \sum_{i=1}^{n}(K_i - \bar{K})^2 \times p_i$$
$$= 0.2 \times (15\% - 9\%)^2 + 0.6 \times (10\% - 9\%)^2 + 0.2 \times (0\% - 9\%)^2$$
$$= 0.002,4$$

則：$\delta_\text{甲} = \sqrt{\sum_{i=1}^{n}(K_i - \bar{K})^2 \times p_i} = \sqrt{0.002,4} = 0.049$

$$\delta_\text{乙}^2 = \sum_{i=1}^{n}(K_i - \bar{K})^2 \times p_i$$
$$= 0.3 \times (20\% - 9\%)^2 + 0.4 \times (15\% - 9\%)^2 + 0.3 \times (-10\% - 9\%)^2$$
$$= 0.015,9$$

則：$\delta_\text{乙} = \sqrt{\sum_{i=1}^{n}(K_i - \bar{K})^2 \times p_i} = \sqrt{0.015,9} = 0.126$

通過計算可知投資方案甲的風險小於投資方案乙的風險。

（五）標準離差率

標準離差是反應隨機變量離散程度的一個指標，但由於標準離差是一個絕對指標，因此無法準確地反應隨機變量的離散程度。於是，還需要一個相對指標來解決這個問題，即用標準離差率來反應離散程度。

標準離差率（v）是某隨機變量標準離差相對該隨機變量期望值的比率。其計算公式為：

$$v = \frac{\delta}{\bar{K}} \times 100\% \qquad \text{（式 3-40）}$$

【例 3-14】中，$\nu_{甲} = \dfrac{\delta}{K} \times 100\% = \dfrac{0.049}{9\%} \times 100\% = 54.4\%$

$$\nu_{乙} = \dfrac{\delta}{K} \times 100\% = \dfrac{0.126}{9\%} \times 100\% = 140\%$$

通過比較可知，投資方案甲的風險程度明顯小於投資方案乙的風險。

【例 3-14】中，由於兩個投資項目的期望值是相等的，因此將標準離差進行比較就可以確定風險孰大孰小。如果兩者的期望值不相同，則必須計算標準離差及標準離差率來進行風險程度的比較。

通過該例可知，標準離差率越大，風險越大；反之，標準離差率越小，風險越小。

三、風險與風險報酬

標準離差率雖然能夠正確評價投資項目的風險程度，但假設我們面臨的決策不是評價與比較兩個投資項目的風險水平，而是要計算該項目的風險所能夠帶來的報酬並以此為依據做出投資決策，我們就需要運用風險報酬這一概念。

風險報酬是衡量一個項目投資獲利能力大小的指標，在投資過程中，風險與風險報酬的相關關係是風險報酬和風險是相對應的，一般來說，存在較大風險的投資項目和產品就需要有相對應較高的收益率；而收益率較低的投資相對來說存在的風險也較小，即高風險，高回報；低風險，低收益。

在不考慮通貨膨脹因素的情況下，期望投資收益率的內涵由兩部分組成：其一是資金的時間價值，由於它不考慮風險，因此又叫無風險報酬或無風險投資收益率；其二是風險報酬，或稱風險收益率。期望投資收益率用公式表示為：

期望投資收益率＝無風險收益率＋風險收益率

或
$$K = R_f + b \times V \qquad (式 3\text{-}41)$$

式中，K 為期望投資收益率，R_f 為無風險的投資收益率，b 為風險收益係數，V 為可選投資方案的標準離差率。

期望投資收益率與風險的關係如圖 3-7 所示。

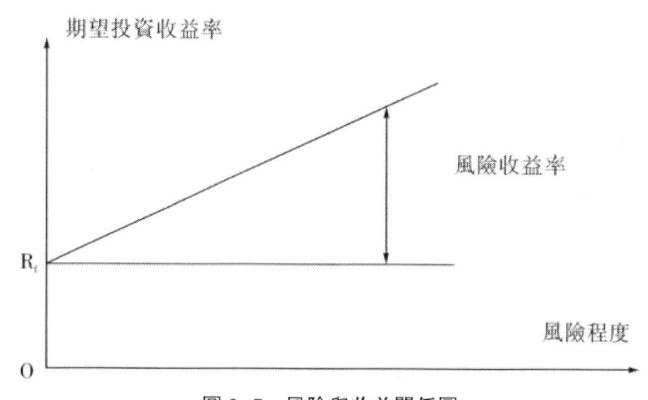

圖 3-7　風險與收益關係圖

無風險收益率是指在正常條件下投資不承擔投資風險所能得到的回報率。無風險收益率幾乎是所有的投資都應該得到的投資回報率，比如短期國債利率。購買國家發行的公債，到期連本帶利肯定可以收回，這個無風險收益率代表了最低的社會平均報酬率。

風險收益率與風險大小有關，風險越大則要求的回報越高，收益是風險的函數。風險和風險收益率之間是成正比例的，風險程度可用標準差或標準離差率來計量。風險收益率取決於全體投資者對於風險的態度，可以通過統計方法來測定。如果大家都願意冒險，風險收益率就小；如果大家都不願意冒險，風險收益率就大。風險收益斜率的確定，有如下幾種方法：

第一，根據以往的同類項目加以確定。例如，企業進行某項投資，其同類項目的投資報酬率為15%，無風險收益率為5%，報酬標準離差率為40%。根據公式 $K=R_f+b\times V$，可得 $b=(K-R_f)/V=(15\%-5\%)/40\%=25\%$。

第二，由企業領導或企業組織有關專家確定。如果現在進行的投資項目缺乏同類項目的歷史資料，則可根據主觀的經驗加以確定。具體可由企業組織有關專家（總經理、財務副總經理、財務主管等）研究確定。此時，風險收益率的確定在很大程度上取決於企業對風險的態度。

第三，由國家有關部門組織專家確定。國家財政、金融、證券等政府部門可以組織有關專家，根據各行各業的條件和有關因素，確定各行業的風險收益率，並定期向社會公布。投資者根據國家公布的風險收益率（也稱風險報酬系數），並結合其對風險的態度確定合適的風險系數。

以【例3-14】中甲方案和乙方案的數據為例，若該項投資所在行業的風險收益系數為8%，無風險收益率為6%，則甲、乙兩個方案的風險收益率和投資收益率為：

甲方案的風險收益率＝風險收益系數×標準離差率＝8%×0.544＝4.35%
甲方案的投資收益率＝無風險收益率＋風險收益率＝6%＋4.35%＝10.35%
乙方案的風險收益率＝風險收益系數×標準離差率＝8%×1.4＝11.2%
乙方案的投資收益率＝無風險收益率＋風險收益率＝6%＋11.2%＝17.2%

四、利率水平的構成要素

金融市場上利率水平的決定因素只是從理論上解釋利率為何會發生變動。分析利率的構成有助於測算在未來特定條件下的利率水平。利率通常由純利率、通貨膨脹補償（或稱通貨膨脹貼水）和風險報酬三部分構成。其中，風險報酬又可以進一步細分為違約風險報酬、流動性風險報酬和期限風險報酬三種。利率的一般計算公式可以表示如下：

$$K = K_0 + IP + DP + LP + MP$$

式中，K 為名義利率，K_0 為純利率，IP 為通貨膨脹補償，DP 為違約風險報酬，LP 為流動性風險報酬，MP 為期限風險報酬。

（一）純利率

純利率是指沒有風險和沒有通貨膨脹情況下的平均利率。例如，在不存在通貨膨脹時，國庫券的利率可以視為純利率。純利率的高低受資金供應和需求關係影響。利

息作為利潤的一部分，利息率依存於利潤率，並受利潤率的制約。一般來講，利息率隨利潤率的提高而提高，利息率最高不能超過平均利潤率，否則企業無利可圖，不會借入資金；利息率的最低限度應大於零，不能等於或小於零，否則提供資金的人不會提供資金。利息率占平均利潤率的比重取決於金融業與工商業的競爭結果。精確地測定純利率是非常困難的，在實際工作中，通常以無通貨膨脹情況下的無風險證券利率來代表純利率。

(二) 通貨膨脹補償

持續的通貨膨脹會降低貨幣的實際購買力，使投資者的真實報酬下降。因此，投資者把資金交給借款人時，會在純粹利息率的水平上再加上通貨膨脹附加率，以彌補通貨膨脹造成的購買率損失。因此，每次發行國庫券的利息率隨預期的通貨膨脹率變化，近似於純利率+預期通貨膨脹率。例如，政府發行的短期無風險證券的利率就是由這兩部分組成，即短期無風險證券利率 K_F＝純利率 K_0＋通貨膨脹補償 IP。假設純利率為 2.5%，預計下一年度的通貨膨脹率是 5%，則一年期無風險證券的利率應為 7.5%。

(三) 違約風險報酬

違約風險是指借款人無法按時支付利息或償還本金而給投資人帶來的風險。違約風險反應著借款人按期支付本金、利息的信用程度。借款人如經常不能按期支付本利，說明該借款人的違約風險高。為了彌補違約風險，必須提高利息率，否則投資人不會進行投資。國庫券等證券由政府發行，可以視為沒有違約風險。在到期日和流動性等因素相同的情況下，各信用等級債券的利率水平同國庫券利率之間的差額，便是違約風險報酬率。

(四) 流動性風險報酬

流動性是指某項資產能夠迅速轉化為現金的可能性。一項資產能夠迅速轉化為現金，說明其變現能力強，流動性好；反之，則說明其變現能力弱，流動性不好，流動性風險大。政府債券、大公司的股票與債券，由於信用好、變現能力強，因此流動性風險小；而一些不知名的中小企業發行的證券，流動性風險則較大。一般而言，在其他因素相同的情況下，流動性風險小的證券與流動性風險大的證券相比，利率約高出 1%～2%，這就是所謂的流動性風險報酬。

(五) 期限風險報酬

期限風險報酬是指因到期時間不同而形成的利率差別。一項負債，到期日越長，債權人承受的不肯定因素就越多，承擔的風險也就越大。期限風險報酬正是為了彌補這種風險而增加的利率水平。由此可見，長期利率一般高於短期利率，高出的利率便是期限性風險報酬。當然，在利率劇烈波動的情況下，也會出現短期利率高於長期利率的情況，但那只是一種偶然情況。

【本章小結】

1. 貨幣時間價值。貨幣時間價值是指貨幣在週轉使用中，隨著時間的推移所帶來的增值。

2. 複利法。所謂複利，就是不僅本金要計算利息，利息也要計算利息。

3. 終值。終值又稱未來值，是指若干期後包括本金和利息在內的未來價值，又稱本利和。

4. 現值。現值是指以後年份收到或支出資金的現在的價值，可用倒求本金的方法計算。由終值求現值，稱為折現。在折現時使用的利息率稱為折現率。

5. 年金。年金是指一定時期內每期相等金額的收付款項。年金按付款方式，可分為普通年金（後付年金）、即付年金（先付年金）、延期年金和永續年金。其中，後付年金為最常見的年金形式，其他形式年金的終值或現值都可以通過後付年金的計算公式推導出來。

6. 風險報酬。風險是指在一定條件下和一定時期內可能發生的各種結果的變動程度。風險報酬則是承擔風險所要求獲得的回報。學習中要求掌握的內容包括風險的概念、風險的分類、風險的衡量、風險與風險報酬的關係、風險報酬的計算。

【復習思考題】

1. 如何理解貨幣時間價值的概念？
2. 什麼是複利？複利和單利有何區別？
3. 什麼是終值？什麼是現值？什麼是年金？
4. 什麼是風險？什麼是系統性風險？什麼是非系統性風險？
5. 什麼是經營風險？什麼是財務風險？
6. 如何計算風險報酬？

第四章 籌資管理

【本章學習目標】

- 掌握企業籌資的概念
- 瞭解企業籌資的目的
- 熟悉企業主要的籌資渠道
- 熟悉企業主要的籌資方式
- 瞭解企業籌資的基本原則
- 掌握銷售百分比法預測資金需要量
- 瞭解資金習性預測法
- 熟悉股權籌資的種類及各自的優缺點
- 瞭解股票的分類
- 熟悉債務籌資的種類及各自的優缺點
- 掌握債券發行價格的確定方法
- 掌握現金折扣成本率的計算

第一節 籌資概述

一、企業籌資的概念與目的

企業財務活動是以籌集企業必需的資金為前提的，企業的生存與發展離不開資金的籌措。所謂企業籌資，是指企業作為籌資主體，根據其生產經營、對外投資和調整資本結構等需要，通過各種籌資渠道和金融市場，運用各種籌資方式，經濟有效地籌措和集中資本的財務活動。從企業資金運動的過程及財務活動的內容看，企業籌資是企業財務管理工作的起點，關係到企業生產經營活動的正常開展和企業經營成果的獲取，因此企業應科學合理地進行籌資活動。

企業籌資的基本目的是為了企業自身正常生產經營與發展。企業的財務管理在不同時期或不同階段，其具體的財務目標不同，企業為實現其財務目標而進行的籌資動機也不盡相同。籌資目的服務於財務管理的總體目標。因此，對企業籌資行為而言，其籌資目的可以概括為以下幾類：

（一）滿足企業創建的需要

具有一定數量的資本是創建企業的基礎。企業的經營性質、組織形式不同對資本的需要也不相同。因此，籌資是創建企業的必要條件。企業在生產經營過程中，需要

購買設備、材料，支付日常經營業務的各項費用，這都需要籌集一定數量的資本。作為企業設立的前提，籌資活動是財務活動的起點。

(二) 滿足生產經營的需要

企業生產經營活動又可具體分為兩種類型，即維持簡單再生產；擴大再生產，如開發新產品、提高產品質量、改進生產工藝技術、追加有利的對外投資機會、開拓企業經營領域等。與此相對應的籌資活動，也可分為兩大類型，即滿足日常正常生產經營需要而進行的籌資和滿足企業發展擴張而進行的籌資。其中，對於滿足日常正常生產經營需要而進行的籌資，是因為企業設立並不等同於可以正常營運，實際經營過程中，資金的週轉在數量上具有波動性，為了使企業經營活動正常運轉，必須保證資金的供應；而對於滿足企業發展擴張而進行的籌資，是因為隨著企業生產經營規模不斷擴大，企業對資金的需求也會不斷增多，僅靠自身的累積是不夠的，必須通過其他籌資方式來配合。處於成長階段、具有良好發展前景的企業常常會進行擴張性的籌資活動。擴張性的籌資活動會使企業資產總額和籌資總額的增加，也可能會使企業的資本結構發生變化。

(三) 滿足資本結構調整的需要

資本結構的調整是企業為了降低籌資風險、減少資本成本而對資本與負債間的比例關係進行的調整，資本結構的調整屬於企業重大的財務決策事項，同時也是企業籌資管理的重要內容。資本結構調整的方式很多。例如，有的企業負債比率較高，財務風險較大，這時為了控制財務風險，可能需要籌集一定數量的股權性資本以降低負債比率。反之，如果企業的負債比率過低，企業會承擔較高的資本成本，財務槓桿的作用也會較小，這時企業就可能需要籌集一定數量的負債資本，並回購部分股票，以提高資產負債率，達到優化資本結構的目的。

(四) 滿足償還債務的需要

在現實經濟生活中，負債經營普遍存在於企業界。對承擔債務的企業來說，有按時償還債務本金和支付利息的責任。償還本金與利息需要現金，而當企業現金流出現短缺時，可以通過舉新債等方式籌集資金用於償還舊的債務，以維護企業的信譽。

(五) 外部籌資環境變化的需要

企業的籌資活動總是在一定的時間和空間進行的，並且受到各種外部因素的制約與影響，如國家稅收政策的調整會影響企業內部現金流量的數量與結構，進而會影響企業的籌資結構。這些外部籌資環境的變化都會產生新的籌資需要。

二、企業籌資渠道與籌資方式

企業籌資需要通過一定的籌資渠道，運用一定的籌資方式來進行。

(一) 籌資渠道

籌資渠道是指籌措資金的來源與通道，體現資金的來源與流量。籌資渠道屬客觀範疇，即籌資渠道的多與少企業無法左右，籌資渠道與國家經濟發展程度及政策制度等相關。為了提高企業籌資效率，更好地利用籌資渠道，籌資者必須對各種籌資渠道的特點和適用範圍有比較全面的瞭解。

目前，中國企業的籌資渠道主要包括以下七種：

1. 國家財政資金

國家財政資金是指國家以財政撥款、財政貸款、國有資產入股等形式向企業投入的資金。國家財政資金是中國國有企業的主要資金來源。國有企業通過政府財政資金籌集資金，必須符合國家的有關經濟政策，並納入財政預算中。政府以財政資金對國有企業進行投資，主要形成國有企業的股權資本，這對提高國有企業的資信度和生產經營能力具有重要的意義。

2. 銀行信貸資金

銀行對企業的各種貸款是中國目前各類企業最為重要的資金來源。中國銀行分為商業性銀行和政策性銀行兩種。商業性銀行主要有工商銀行、農業銀行、中國銀行、建設銀行等；政策性銀行主要有國家開發銀行、中國進出口銀行、中國農業發展銀行等。商業性銀行可以為企業提供各種商業性貸款。政策性銀行主要為特定的企業提供政策性貸款。政策性貸款的利率要比商業性貸款的利率低。

3. 非銀行金融機構資金

非銀行金融機構資金也是企業的一個重要籌資渠道。在中國，非銀行金融機構主要有信託投資公司、保險公司、租賃公司、證券公司、基金公司、企業所屬的財務公司等。這些金融機構在各自的經營範圍內提供各種金融服務，既包括信貸資金投放，也包括物資的融通，還包括為企業承銷證券等金融服務。目前，非銀行金融機構的資本力量雖然比銀行要小，但其涉及的領域比較廣泛，具有廣闊的發展前景。

4. 其他企業資金

企業和某些事業單位在生產經營過程中，往往形成部分暫時閒置的資金，並為一定的目的而進行相互投資。另外，企業間的購銷業務可以通過商業信用方式來完成，從而形成企業間的債權債務關係，形成債務人對債權人的短期信用資金占用。企業間的相互投資和商業信用的存在，使其他企業資金也成為企業資金的重要來源。

5. 居民個人資金

居民個人資金是指企業職工和城鄉居民閒置的消費基金。隨著中國經濟的發展，人民生活水平的不斷提高，職工和居民的結餘貨幣作為「遊離」於銀行及非銀行金融機構之外的個人資金，可用於對企業進行投資，形成民間資金來源渠道，從而為企業所用。

6. 企業自留資金

企業自留資金是指企業內部形成的資金，主要包括公積金和未分配利潤等。這些資金的重要特徵之一是無須企業通過一定的方式去籌集，而直接由企業內部自動生成或轉移。

7. 外商資金

外商資金是指外國投資者及中國香港、澳門、臺灣地區投資者投入的資金。隨著中國實行改革開放政策，大量的國外企業及中國香港、澳門、臺灣地區企業的資本進入中國，形成了企業一個重要的資本來源。進入 21 世紀之後，隨著經濟全球化的發展，利用外商資金已成為企業籌資的一個新的重要來源。

(二) 籌資方式

籌資方式是指企業籌措資金採用的具體形式。如果說，籌資渠道客觀存在，那麼

籌資方式則屬於企業的主觀能動行為。如何選擇適宜的籌資方式並進行有效的組合，以降低成本，提高籌資效益，成為企業籌資管理的重要內容。

目前，中國企業的籌資方式主要有以下七種：

1. 吸收直接投資

吸收直接投資，即企業按照「共同投資，共同經營、共擔風險、共享利潤」的原則直接吸收國家、法人、個人投入資金的一種籌資方式。

2. 發行股票

發行股票，即股份公司通過發行股票籌措權益性資本的一種籌資方式。

3. 利用留存收益

留存收益是指企業按規定從淨利潤中提取的盈餘公積金、根據投資人意願和企業具體情況留存的應分配給投資者的未分配利潤。利用留存收益籌資是指企業將留存收益轉化為投資的過程，它是企業籌集權益性資本的一種重要方式。

4. 向銀行借款

向銀行借款，即企業根據借款合同從有關銀行或非銀行金融機構借入的需要還本付息的款項。

5. 利用商業信用

利用商業信用是指商品交易中的延期付款或延期交貨形成的借貸關係，它是企業籌集短期資金的重要方式。

6. 發行債券

發行債券，即企業通過發行債券籌措債務性資本的一種籌資方式。

7. 融資租賃

融資租賃也稱資本租賃或財務租賃，是區別於經營租賃的一種長期租賃形式，是指出租人根據承租人對租賃物和供貨人的選擇或認可，將其從供貨人處取得的租賃物，按融資租賃合同的約定出租給承租人佔有、使用，並向承租人收取租金，最短租賃期限為一年的交易活動。融資租賃是企業籌集長期債務性資本的一種方式。

其中，前三種方式籌措的資金為權益資金；後四種方式籌措的資金為負債資金。

(三) 籌資渠道與籌資方式的對應關係

籌資渠道解決的是資金來源問題，籌資方式則解決通過何種方式取得資金的問題，它們之間存在一定的對應關係。一定的籌資方式可能只適用於某一特定的籌資渠道，但是同一籌資渠道的資金往往可以採用不同的方式取得，同一籌資方式又往往適用於不同的籌資渠道。它們之間的對應關係可以用表4-1表示。

表 4-1　　　　　　　　　籌資方式與籌資渠道的對應關係

籌資方式＼籌資渠道	吸收直接投資	發行股票	銀行借款	發行債券	商業信用	融資租賃
國家財政資金	√	√				
銀行信貸資金			√			
非銀行金融機構資金	√	√	√	√	√	√

表4-1(續)

籌資渠道 \ 籌資方式	吸收直接投資	發行股票	銀行借款	發行債券	商業信用	融資租賃
其他企業資金	√	√		√	√	√
居民個人資金	√	√		√		√
企業自留資金	√	√				
外商資金	√	√	√	√	√	√

三、籌資的種類

企業從不同籌資渠道和採用不同的籌資方式籌集的資金，可以按不同標準將其劃分為各種不同的類型。這些不同類型的資金構成企業不同的籌資組合，認識和瞭解籌資種類有利於幫助我們掌握不同種類的籌資對企業籌資成本與籌資風險的影響，有利於選擇合理的籌資方式。

(一) 按所籌資金的性質不同分為權益性籌資和債權性籌資

1. 權益性籌資

權益性籌資又稱自有資金，是指企業依法籌集並長期擁有、自主支配的資金，其數額就是資產負債表中的所有者權益總額，主要包括實收資本或股本、資本公積、盈餘公積和未分配利潤。權益性籌資一般通過發行股票、吸收直接投資、留存收益等方式籌集。

權益性籌資的特點是：第一，資金的所有權歸屬所有者，所有者可以參與企業經營管理，取得收益並承擔一定的責任；第二，企業及其經營者能長期佔有和自主使用，所有者無權以任何方式抽回資本，企業也沒有還本付息的壓力，財務風險小。

2. 債權性籌資

債權性籌資又稱借入資金，是指企業依法籌措並依約使用、按期償還的資金，其數額就是資產負債表中的負債總額，主要包括銀行或非銀行金融機構的各種借款、應付債券、應付票據等內容。

債權性籌資的特點是：第一，借入的資金只能在約定的期限內享有使用權，並負有按期還本付息的責任，籌資風險較大；第二，債權人有權按期索取利息或要求到期還本，但無權參與企業經營，也不承擔企業的經營風險。

企業籌資總額中自有資金與借入資金的比例稱為資金結構。合理安排自有資金和借入資金的比重，做好資金結構的決策，是企業籌資管理的核心問題之一。另外，在特定條件下，這兩類資金可以通過一定的手段予以轉化，如通過債轉股將債權轉為股權，或是可轉換債券的持有人將可轉換債券轉換為股票。

(二) 按所籌資金使用期限的長短分為短期資金和長期資金

1. 短期資金

短期資金是指使用期限在一年以內或超過一年的一個營業週期以內的資金，主要用於維持日常生產經營活動的開展。短期資金通常採用商業信用、短期借款、短期融

資融券等方式來籌集。短期資金和長期資金相比具有籌措的資金使用期限短、成本低和償債壓力大的特點。

　　2. 長期資金

　　長期資金是指使用期限在一年以上或超過一年的一個營業週期以上的資金，主要用於滿足購建固定資產、取得無形資產、進行長期投資、墊支長期佔用的資產等方面。長期資金通常採用吸收直接投資、發行股票、發行債券、長期借款、融資租賃和利用留存收益等方式來籌集。長期資金由於佔用時間長，企業可以長期、穩定地安排使用，因此相對於短期資金而言，企業的財務風險較低，但是資金成本較高。

　　可見，短期資金風險大、成本低；長期資金風險小、成本高。因此，企業在籌資決策中，除了要做好資本結構的決策外，如何適當搭配企業的長短期資金，使企業所佔用的資金期限相對較長、使用風險相對較低、資金成本相對較小，也是籌資決策的一項重要內容。

(三) 按所籌資金是否通過金融機構分為直接籌資和間接籌資

　　1. 直接籌資

　　直接籌資是指企業不經過銀行等金融機構，直接與資金供應者借貸或發行股票、債券等方式所進行的籌資活動。在直接籌資過程中，資金的供求雙方借助於融資手段直接實現資金的轉移，無須通過銀行等金融機構。

　　2. 間接籌資

　　間接籌資是指企業借助於銀行等金融機構進行的籌資，其主要形式為銀行借款、非銀行金融機構借款、融資租賃等間接籌資，間接融資是目前中國企業最為重要的籌資方式。

(四) 按所籌資金的取得方式分為內部籌資和外部籌資

　　1. 內部籌資

　　內部籌資是指在企業內部通過留存利潤而形成的資本來源，是在企業內部「自然地」形成的，主要表現為內源性的資本累積，如內部留存利潤和內部計提的折舊。

　　2. 外部籌資

　　外部籌資是指利用企業外部資金來源籌集資金，除企業內部累積外，其餘都屬於外部籌資。

四、籌資的目標和原則

(一) 籌資的目標

　　企業籌資的總目標與企業財務管理的總體目標一致，即實現股東財富最大化。籌資的目標主要包括以下幾個方面：

　　1. 滿足企業所需要的資金

　　企業持續的日常生產經營活動，需要資金來維持；企業為發展而進行對外投資活動，需要資金的支持；企業為尋求股東收益最大化而調整資本結構，也需要籌集資金。因此，企業籌資首先必須要滿足企業開展生產經營、投資和調整資本結構等各項經營活動和財務活動所需要的資金，保證企業的生存和發展。為此，企業應當充分調動和把握各種籌資渠道和方式，保證企業資金供應的及時性。

2. 降低資金成本

企業在獲取所需要的資金的同時，必須要充分考慮資金的成本因素，通過各種融資方式的組合，使所籌集資金的成本最低。

3. 控製財務風險

財務風險和資本成本是一對矛盾。財務風險低的籌資方式，如股權資本，往往資金成本較高；而資金成本低的籌資方式，如銀行借款，財務風險又較大。因此，企業籌資除了考慮資本成本因素外，控製好財務風險同樣也是十分重要的。為此，企業應當做好籌資種類的合理搭配，確定適當的資本結構，注意保持財務彈性，使企業籌資活動成為企業發展的推動力。

(二) 籌資的原則

為了正確、有效地進行籌集資金的活動，企業在籌資過程中應遵守下列原則：

1. 依法籌資原則

企業在籌資過程中，必須接受國家有關法律法規及政策的指導，依法籌資，履行約定的責任，維護投資者權益。

2. 規模適度原則

企業的籌資規模應與資金需求量相一致，既要避免因資金籌集不足，影響生產經營的正常進行，又要防止因資金籌集過多，造成資金閒置。

3. 結構合理原則

企業在籌資時，必須使企業的股權資本與借入資金保持合理的結構關係，使負債的多少與股權資本和償債能力的要求相適應，防止負債過多而增加財務風險，償債能力降低；或者沒有充分地利用負債經營，而使股權資本收益水平降低。

4. 成本節約原則

企業在籌資行為中，必須認真地選擇籌資來源和方式，根據不同籌資渠道與籌資方式的難易程度、資本成本等進行綜合考慮，並使得企業的籌資成本降低，從而提高籌資效益。

5. 時機得當原則

企業在籌資過程中，必須按照投資機會來把握籌資時機，從投資計劃或時間安排上，確定合理的籌資計劃與籌資時機，以避免因取得資金過早而造成投資前的閒置，或者取得資金的相對滯後而影響投資時機。

第二節　企業資金需要量預測

企業合理籌集資金的前提是科學地預測資金需要量。因此，企業在籌資之前，應當採用一定的方法預測資金需要量，以保證企業生產經營活動對資金的需求，同時也避免籌資過量造成資金閒置。下面介紹兩種常見的資金需要量預測方法。

一、定性預測法

定性預測法是指利用直觀的資料，依靠預測者個人的經驗和主觀分析、判斷能力，

對未來時期資金的需要量進行估計和推算的方法。其預測過程是：第一，由熟悉財務情況和生產經營情況的專家，根據過去累積的經驗進行分析判斷，提出預測的初步意見；第二，通過召開專業技術人員座談會和專家論證會等形式，對上述預測的初步意見進行修正補充。這樣經過一次或幾次以後，得出預測的最終結果。

定性預測法雖然十分重要，但是不能揭示資金需要量與有關因素之間的數量關係。預測資金需要量應和企業生產經營規模相聯繫，生產規模擴大，銷售數量增加，會引起資金需求增加；反之，則會使資金需求減少。因此，我們在此主要介紹定量預測法。

二、定量預測法

定量預測法是以歷史資料為依據，採用數學模型對未來時期資金需要量進行預測的方法。這種方法預測的結果科學而準確，有較高的可行性，但計算較為複雜，要求具有完備的歷史資料。定量預測法常用的方法有銷售百分比法和資金習性預測法。

（一）銷售百分比法

銷售百分比法是根據銷售與資產負債表和利潤表有關項目間的比例關係，預測各項目短期資金需要量的方法。這種方法有兩個基本假定：一是企業的部分資產和負債與銷售額同比例變化；二是企業各項資產、負債與所有者權益結構已達到最優。在上述假定的前提下，通過銷售百分比來確定該項目的資金需要量。在實際運用銷售百分比法時，一般是借助預計利潤表和預計資產負債表進行的。通過預計利潤表預測企業留存收益的增加額；通過預計資產負債表預測企業資金需要總額和外部融資數額。

銷售百分比法的基本思路如下：

第一，假定收入、費用、資產、負債與銷售收入之間存在穩定的百分比關係。

第二，根據預計銷售額和相應的百分比預計資產、負債和所有者權益。

第三，再確定出所需的融資數量。

1. 預計利潤表

預計利潤表是運用銷售百分比法的原理預測利潤及留存收益的一種預測方法。預計利潤表與實際利潤表的內容、格式相同。通過預計利潤表，即可以預測留存收益的數額，也可以為預計資產負債表和預測外部融資數額提供依據。

預計利潤表的編制步驟如下：

（1）取得基年實際利潤表資料，計算確定利潤表各項目與銷售額的百分比。

（2）取得預測年度銷售收入的預計數，用該預計銷售額乘以基年實際利潤表各項目與實際銷售額的百分比，計算出預測年度預計利潤表各項目的預計數，並編制預計利潤表。

（3）用預計利潤表中的預計淨利潤和預先設定的股利支付率，測算出留存收益的數額。

【例4-1】某企業2016年度利潤表如表4-2所示。

表 4-2　　　　　　　　　2016 年度利潤表（簡表）　　　　　　　　單位：萬元

項目	金額
銷售收入	3,000
減：銷售成本	2,280
銷售費用	12
管理費用	612
財務費用	6
利潤總額	90
減：所得稅*	22.5
淨利潤	67.5

*假定該企業所得稅稅率為 25%。

若該企業 2017 年度預計銷售額為 3,800 萬元，則 2017 年度預計利潤表可測算如表 4-3 所示。

表 4-3　　　　　　　　　2017 年度預計利潤表（簡表）　　　　　　　　單位：萬元

項目	金額	占銷售收入的百分比（%）	2014 年預計數
銷售收入	3,000	100.00	3,800
減：銷售成本	2,280	76.00	2,888
銷售費用	12	0.40	15.2
管理費用	612	20.40	775.2
財務費用	6	0.20	7.6
利潤總額	90	3.00	114
減：所得稅*	22.5		28.5
淨利潤	67.5		85.5

*假定該企業所得稅稅率為 25%。

若該企業預計的股利支付率為 50%，則 2017 年預測留存收益增加額為 42.75 萬元。
留存收益增加額 = 預計淨利潤 × (1 - 股利支付率)
　　　　　　　 = 85.5 × (1 - 50%)
　　　　　　　 = 42.75（萬元）

2. 預計資產負債表

預計資產負債表是運用銷售百分比法的原理預測企業外部融資額的一種方法。預計資產負債表與實際資產負債表的內容、格式相同。通過預計資產負債表，可預測資產、負債以及留存收益有關項目的數額，進而預測企業所需的外部融資數額。

在分析資產負債表項目與銷售關係時，要注意區分敏感項目與非敏感項目。所謂敏感項目，是指直接隨銷售額變動而變動的資產、負債項目，如庫存現金、應收款項、存貨等經營性資產項目，應付帳款、應付職工薪酬、應交稅費等經營性負債項目。經

營性資產一般會隨銷售收入的增減而相應增減，經營性負債會隨銷售收入的增長而自動增加。所謂非敏感項目，是指不隨銷售額變動而變動的資產、負債項目，如固定資產、長期股權投資、短期借款、應付債券、實收資本、留存收益等項目。固定資產項目是否增加，視預測期的生產經營規模是否在企業原有生產經營能力之內而定。如果在原有的生產經營能力之內，則不需要增加固定資產上的投資；如果因銷售增長，企業的生產規模超出了原有的生產能力，就需要擴充固定資產。至於其他長期資產項目，比如無形資產、對外長期投資等項目，則與銷售收入增減無關。短期借款、長期負債等籌資性負債項目一般與銷售收入增減無關。

【例4-2】假定某企業2016年度實際銷售收入3,000萬元，2017年度預測銷售收入3,800萬元。目前該公司尚有剩餘生產能力（即增加收入不需要進行固定資產方面的投資）。該公司2016年度資產負債表如表4-4所示。

表4-4　　　　　　　　　　2016年度資產負債表（簡表）　　　　　　　單位：萬元

項目	金額
資產：	
庫存現金	15
應收帳款	480
存貨	522
其他流動資產	2
固定資產淨值	57
資產總額	1,076
負債及所有者權益：	
短期借款	100
應付帳款	528
應付職工薪酬	21
應付債券	11
負債合計	660
實收資本	50
留存收益	366
所有者權益合計	416
負債及所有者權益總額	1,076

根據上述資料，編制該企業2017年預計資產負債表，如表4-5所示。

表 4-5　　　　　　　　　　2017 年預計資產負債表（簡表）　　　　　　　單位：萬元

項目	金額	2016 年銷售百分比（%）	2017 年預計數
資產：			
庫存現金	15	0.5	19
應收帳款	480	16.00	608
存貨	522	17.40	661.2
其他流動資產	2	—	2
固定資產淨值	57	—	57
資產總額	1,076	33.90	1,347.2
負債及所有者權益：			
短期借款	100	—	100
應付帳款	528	17.60	668.8
應付職工薪酬	21	0.70	26.6
應付債券	11	—	11
負債合計	660	18.30	806.4
實收資本	50	—	50
留存收益	366	—	366
所有者權益合計	416		416
負債及所有者權益總額	1,076		1,222.4

註：2017 年預計數＝各敏感項目的銷售百分比×2017 年預計銷售額；對於非敏感項目則直接取其 2016 年的金額

　　在上面的預計資產負債表中，可以看到資產≠負債＋所有者權益，而會計等式表明資產＝負債＋所有者權益。根據這個原理，參考前面資料可以計算出應籌集的資金數額。由於 2017 年預計資產負債表中，總資產＝1,347.2 萬元，而負債＋所有者權益＝1,222.4 萬元，兩者差額＝1,347.2－1,222.4＝124.8 萬元。這部分資金是 2017 年需要的資金總額。但是在 2017 年預計利潤表中知道 2014 年可以有 42.75 萬元作為未分配利潤留給企業使用，因此企業應從外部籌集資金數額為 124.8－42.75＝82.05 萬元。

　　也可以這樣理解，從表 4-5 的百分比可以看出，銷售每增加 100 元，必須增加 33.9 元的資金占用，但同時增加 18.3 元的資金來源。從 33.9% 的資金占用中減去 18.3% 的自動產生的資金來源，還剩下 15.6% 的資金需求。因此，每增加 100 元的銷售收入，該公司必須取得 15.6 元的資金來源。【例 4-2】中，銷售收入從 3,000 萬元增加到 3,800 萬元，增加了 800 萬元，按照 15.6% 的比率可預測將增加 124.8 萬元的資金需求。

　　上面介紹了如何運用預計資產負債表和預計利潤表預測資金需要量，這種方法可以利用公式計算。預測外部資金需求量的公式為：

$$對外籌資需要量 = \frac{A}{S_1}(\triangle S) - \frac{B}{S_1}(\triangle S) - EP(S_2) + M$$

式中，A 為隨銷售變化的敏感性資產，B 為隨銷售變化的敏感性負債，S_1 為基期銷售額，S_2 為預測期銷售額，$\triangle S$ 為銷售的變動額，P 為銷售淨利率，E 為留存收益比率，A/S_1 變動資產占基期銷售額的百分比，B/S_1 為變動負債占基期銷售額的百分比，M 為預測期內其他方面需要追加的資金數，如增加固定資產投資等。

根據【例 4-2】的資料，2017 年銷售增加額（$\triangle S$）為 800 萬元；2016 年敏感資產總額 A 為 1,017 萬元（15+480+522）；2016 年敏感負債總額 B 為 549 萬元（528+21）；2016 年銷售額為 3,000 萬元；2017 年留存收益增加額為 42.75 萬元。運用上述公式可計算如下：

對外籌資需要量＝800×(1,017/3,000)－800×(549/3,000)－42.75＝82.05(萬元)

需要注意的是，如果企業現有的生產能力已經飽和，銷售增長需要追加固定資產的投資，那麼固定資產增加的數額，可以直接在對外籌資額的公式中加上。

（二）資金習性預測法

資金習性預測法是指根據資金習性預測未來資金需要量的方法。這裡所說的資金習性，是指資金的變動與產銷量變動之間的依存關係。按照資金習性，可以把資金區分為不變資金、變動資金和半變動資金。

不變資金是指在一定的產銷量範圍內，不受產銷量變動的影響而保持固定不變的那部分資金。也就是說，產銷量在一定範圍內變動，這部分資金保持不變。不變資金主要包括為維持營業而占用的最低數額的現金、原材料的保險儲備、必要的成品儲備以及廠房、機器設備等固定資產占用的資金。

變動資金是指隨產銷量的變動而同比例變動的那部分資金。變動資金一般包括直接構成產品實體的原材料、外購件等占用的資金。另外，在最低儲備以外的庫存現金、存貨、應收帳款等也具有變動資金的性質。

半變動資金是指雖然受產銷量變化的影響，但不成同比例變動的資金，如一些輔助材料所占用的資金。半變動資金可以採用一定的方法劃分為不變資金和變動資金兩部分。

資金習性預測法有兩種形式：一種是根據資金占用總額同產銷量的關係來預測資金需要量；另一種是採用先分項後匯總的方式預測資金需要量。

設產銷量為自變量 x，資金占用量為因變量 y，它們之間的關係可用下式表示：

$$y = a + bx$$

式中，a 為不變資金，b 為單位產銷量所需變動資金，其數值可採用高低點法或迴歸直線法求得。

1. 高低點法

資金預測的高低點法是指根據企業一定期間資金占用的歷史資料，按照資金習性原理和 $y=a+bx$ 直線方程式，選用最高收入期和最低收入期的資金占用量之差，同這兩個收入期的銷售額之差進行對比，先求 b 的值，然後再代入原直線方程，求出 a 的值，從而估計推測資金發展趨勢。

【例 4-3】某企業 2012—2016 年的產銷量和資金占用數量的歷史資料如表 4-6 所示，該企業預計 2017 年產銷量為 90 萬件，試計算 2017 年的資金需要量。

表 4-6　　　　　　　　　　　產銷量與資金占用量資料

年份	產銷量（x）（萬件）	資金占用量（y）（萬元）
2012	15	200
2013	25	220
2014	40	250
2015	35	240
2016	55	280

根據以上資料採用高低點法計算如下：

$b = (280-200) \div (55-15) = 2$（元/件）

$a = 280 - 2 \times 55 = 170$（萬元）

或 $a = 200 - 2 \times 15 = 170$（萬元）

建立預測資金需要量的數學模型為：

$$y = 170 + 2x$$

如果 2017 年的預計產銷量為 90 萬件，則：

2017 年的資金需要量 = 170 + 2×90 = 350（萬元）

高低點法簡便易行，在企業資金變動趨勢比較穩定的情況下，較為適宜使用。

2. 迴歸直線法

迴歸直線法是根據若干期業務量和資金占用的歷史資料，運用最小平方法原理計算不變資金和單位銷售額變動資金的一種資金習性分析方法。其計算公式為：

$$b = \frac{n\sum xy - \sum x \sum y}{n\sum x^2 - (\sum x)^2}$$

在求出 b 的前提下，可以代入下式求 a：

$$a = \frac{\sum y - b\sum x}{n}$$

根據迴歸直線法，沿用【例 4-3】的資料，該企業 2017 年的資金需要量可以通過以下步驟求得：

（1）根據表 4-6 整理編製表 4-7。

表 4-7　　　　　　　　　　　迴歸直線法資料

年份	產銷量（x）	資金占用量（y）	xy	x^2
2012	15	200	3,000	225
2013	25	220	5,500	625
2014	40	250	10,000	1,600
2015	35	240	8,400	1,225
2016	55	280	15,400	3,025
n = 5	$\sum x = 170$	$\sum y = 1,190$	$\sum xy = 42,300$	$\sum x^2 = 6,700$

（2）把表 4-7 的資料代入公式：

$$b = \frac{5 \times 42,300 - 170 \times 1,190}{5 \times 6,700 - (170)^2}$$

得：$b = 2$

$$a = \frac{1,190 - 2 \times 170}{5}$$

得：$a = 170$

（3）把 $a = 170$，$b = 2$ 代入 $y = a + bx$ 求得：

$y = 170 + 2x$

（4）將 2017 年預計銷售量 90 萬件代入上式，得：

$y = 170 + 2 \times 90 = 350$（萬件）

從理論上講，迴歸直線法是一種計算結果最為精確的方法。

第三節　股權籌資

股權籌資也稱為自有資金籌資，是企業依法籌集並長期擁有、自主調配運用的資金來源，其內容包括投資者投入的資本金和留存收益。企業可以通過吸收直接投資、發行股票、內部累積（留存收益籌資）等方式籌集的資金。

一、吸收直接投資

吸收直接投資是指企業以合同、協議等形式吸收國家、其他企業、個人和外商等主體直接投入資金，形成企業自有資金的一種籌資方式。吸收直接投資不以股票為媒介，適用於非股份制企業，是非股份制企業籌集股權資本最主要的形式。

（一）吸收直接投資的方式

企業吸收的直接投資，根據投資者的出資形式可分為吸收現金投資和吸收非現金投資。

1. 吸收現金投資

吸收現金投資是企業吸收直接投資最為主要的形式之一。這是因為現金比其他出資方式所籌資本在使用上具有更強的靈活性，既可用於購置資產，也可用於費用支付。企業在籌建時吸收一定量的現金投資，將對其步入正常生產經營十分有利。因此，各國法律法規對現金在出資總額中的比例均有一定的規定。

2. 吸收非現金投資

吸收非現金投資是指企業吸收投資者投入的實物資產（包括房屋、建築物、設備等）和無形資產（包括專利權、商標權、非專有技術、土地使用權等）等非現金資產。與現金出資方式比較，非現金投資直接形成經營所需資產，因此有利於縮短企業經營籌備期，提高效率。但是企業在接受這類投資時，應注意做好資產評估、產權轉移、財產驗收等工作。對於接受的無形資產投資，企業還應該注意其數額是否符合有關無形資產出資限額的規定。

(二) 吸收直接投資的程序

1. 確定吸收直接投資的資金數額

企業吸收的直接投資屬於所有者權益，其份額達到一定規定時，就會對企業的經營控製權產生影響，對此企業必須高度重視。因此，對於吸收直接投資的數量，一方面要考慮投資需要；另一方面應考慮對投資者投資份額的控製。

2. 確定吸收直接投資的具體形式

企業各種資產的變現能力是不同的，要提高資產的營運能力，就必須使資產達到最佳配置，如流動資產與固定資產的搭配、現金資產與非現金資產的搭配等。

3. 簽署合同或協議等文件

吸收直接投資的合同應明確雙方的權利與義務，包括投資人的出資數額、出資形式、資產交付期限、資產違約責任、投資收回、收益分配或損失分攤、控製權分割、資產管理等內容。投資合同對於投資雙方都是非常重要的，應經過周密考慮和反覆協商，並應取得投資各方的認可。

4. 取得資金來源

作為被投資企業，應督促投資人按時繳付出資，以便及時辦理有關資產驗證、註冊登記等手續。

(三) 吸收直接投資的優缺點

1. 吸收直接投資的優點

(1) 有利於增強企業信譽。吸收直接投資所籌集的資金屬於自有資金，能增強企業的信譽和借款能力，對擴大企業經營規模、壯大企業實力具有重要作用。

(2) 有利於盡快形成生產能力。吸收直接投資可以直接獲取投資者的先進設備和先進技術，有利於盡快形成生產能力，盡快開拓市場。

(3) 有利於降低財務風險。吸收直接投資可以根據企業的經營狀況向投資者支付報酬，企業經營狀況好，可向投資者多支付一些報酬；企業經營狀況不好，則可不向投資者支付報酬或少支付報酬，報酬支付較為靈活，因此財務風險較小。

2. 吸收直接投資的缺點

(1) 資金成本較高。一般而言，企業是用稅後利潤支付投資者報酬的，並且視經營情況而定，因此資金成本較高。

(2) 容易分散企業控製權。採用吸收直接投資方式籌集資金，投資者一般都要求獲得與投資數量相適應的經營管理權，這是企業接受外來投資的代價之一。如果外部投資者的投資較多，則投資者會有相當大的管理權，甚至會對企業實行完全控製，這是吸收直接投資的不利因素。

二、發行股票

股票是股份有限公司為籌集資本金而發行的有價證券，是持股人擁有股份有限公司股份的憑證。股票持有人為公司股東，擁有公司部分所有權，並以所持股份對公司承擔有限責任。

(一) 股票的種類

股票的種類很多，不同的股票有不同的權利和義務，也有不同的特點，企業在利

用股票籌資時，應分清採用哪種股票。

1. 按股東權利和義務的不同，可將股票分為普通股和優先股

（1）普通股。普通股是股份有限公司發行的最基本的、最標準的股票，也是公司資本結構中最基本、數量最多的股份。普通股股東具有四個方面的權利：一是表決權，即有權參加股東大會，選舉公司董事並對公司重大問題發表意見和投票表決；二是優先認股權，即可以優先購買公司新發行的股票，以保持原來股本的佔有比例；三是公司盈利的分享權，即普通股的紅利是浮動的，隨公司淨收益的多少而波動；四是剩餘財產分配權，即在公司進行清算時，處於優先股之後分配剩餘財產。

（2）優先股。優先股是相對於普通股票而言有優先權的一種股票，其優先權主要表現在兩個方面：一是優先分配股利，優先股股東在分配股利時優先於普通股股東分配股利，而且經常是固定的股息；二是優先分配公司剩餘財產，即當公司破產或解散清算時，優先股股東優先分配公司剩餘財產。優先股除有上述優點外，同時也有某些權利的限制，如優先股一般沒有投票權和對公司的經營控製權，無權享受超過預定股息的部分利息，當公司盈利較多時，優先股的收益不如普通股。

優先股是一種具有雙重性質的證券，優先股股東的權利與普通股股東有相似之處，兩者的股利都是在稅後利潤中支付，而不能像債券利息那樣在稅前列支。同時，優先股又具有債券的某些特徵，即有固定的股利，並且對盈餘的分配和剩餘財產的求償具有優先權，也類似於債券。

2. 按股票票面是否記名，可將股票分為記名股票和無記名股票

（1）記名股票。記名股票是指在股票上載有股東姓名或名稱並將其記入公司股東名冊的股票。記名股票要同時附有股權手冊，只有同時具備股票和股權手冊，才能領取股息和紅利。記名股票的轉讓、繼承需要辦理過戶手續。

（2）無記名股票。無記名股票是指在股票上不記載股東姓名或名稱，也不將股東姓名或名稱記入公司股東名冊的股票。凡持有無記名股票者，都可成為公司股東。無記名股票的轉讓、繼承無須辦理過戶手續，只要將股票交給受讓人，就可發生轉讓效力，移交股權。

《中華人民共和國公司法》（以下簡稱《公司法》）規定，公司向發行人、國家授權投資的機構和法人發行的股票，應當為記名股票；向社會公眾發行的股票，可以為記名股票，也可以為無記名股票。

3. 按發行對象和上市地區不同，可將股票分為 A 股、B 股、H 股和 N 股等

在中國內地上市交易的股票主要有 A 股、B 股。A 股是以人民幣標明票面金額並以人民幣認購和交易的股票。B 股是以人民幣標明票面金額，以外幣認購和交易的股票。H 股是在中國香港上市的股票。N 股是在美國紐約上市的股票。

(二) 股票的發行和銷售方式

股票的發行和銷售是股份有限公司以發行股票籌集資金活動中的兩個具體環節。

1. 股票的發行方式

股份有限公司發行股票的方式一般有兩種，即公開發行和不公開發行。公開發行是依照公司法和證券法的規定，在辦理發行股票申請程序以後，公開向社會公眾發行股票；不公開發行是股份有限公司向少數特定對象直接發行股票。

採用公開發行方式發行的股票，一般由證券經營機構承銷。其具有以下優點：第一，股票發行對象多、範圍廣，而且股票的變現性強，有利於企業及時、足額募集股本；第二，股票發行的影響面大，能提高企業的知名度和擴大影響力。其缺點是手續比較複雜，發行費用比較高。

不公開發行股票的優點是手續簡便、費用較低。其缺點如下：第一，不利於企業及時、足額籌集股本；第二，不利於提高公司的知名度和影響力，而且股票變現性差。

2. 股票的銷售方式

股票的銷售方式也有兩種：一是自銷，二是委託承銷。

自銷是企業直接將股票出售給投資者，而不經過證券機構。這種銷售方式的優點是企業能控製股票的發行過程，節省發行費用。其缺點是會延長股票的發行時間，而且公司要承擔股票發行的全部風險。因此，自銷方式一般適用於發行數額不大、發行風險較小的企業。

委託承銷方式是發行公司將股票銷售業務委託給證券機構代理，證券機構是專門從事證券買賣業務的金融仲介機構，如證券公司、信託投資公司等。委託承銷又分為包銷和代銷。包銷是企業與證券仲介機構簽訂承銷協議，由證券經營機構全權辦理公司股票的發售業務，剩餘部分的股票由證券機構全部購買。包銷方式的優點是發行風險由承銷商承擔；缺點是發行費用較高。代銷是企業與證券機構簽訂承銷協議，由證券機構代理股票發售業務，如果實際募集的股份達不到發行股份數，證券機構不購買剩餘股票。採用代銷方式的發行公司承擔的風險比較高，但相應的籌資費用較低。

(三) 股票的發行價格

股票的發行價格是指企業將股票出售給投資者所採用的價格，其金額等於投資者購買股票所支付的款項。股票的發行價格是由股票面值、公司財務狀況、股市行情等因素決定的。以募集方式設立公司首次發行股票時，股票價格由發起人決定；公司增資發行新股時，股票價格由股東大會或董事會決定。

股票的發行價格一般有以下三種：

1. 平價

平價，即以股票的面值為發行價格。平價發行股票容易推銷，但發行公司不能取得股票溢價收入。其主要適用於新創立公司初次發行股票或原有股東認購新股。

2. 時價

時價是以本公司股票的現行市場價格作為發行新股票的價格。公司增資時採用時價發行股票比較符合實際，因為公司以往發行的股票的市場價格已經發生了變化，這樣有利於處理新老股東之間的利益關係。

3. 中間價

中間價是以股票面值和時價的平均值作為股票的發行價格。

股票的發行價格高於面值的發行稱為溢價發行，低於面值的發行稱為折價發行，等於面值的發行稱為平價發行。溢價發行股票所得的溢價收入列入資本公積。中國《公司法》規定，股票發行價格不得低於票面金額（即不允許折價發行）。

(四) 股票的發行程序

按中國《公司法》的規定，企業公開發行股票應按按下列程序辦理：

1. 申請

申請發行股票的企業應聘請有資格的仲介機構（會計師事務所、律師事務所）對其資信、資產、財務狀況等進行審定、評估，出具資產評估報告、審計報告和法律意見書，連同招股說明書按隸屬關係向各級人民政府或中央企業主管部門提出申請。

2. 審批

各級政府及中央主管部門，在收到企業提出的申請後，在規定的期限內做出審批決定，並抄報國務院證券管理委員會（簡稱證券委）。

3. 復審

被批准的發行申請應送證監會復審，證監會復審後抄報證券委。

4. 上市發行

經證監會復審同意後，申請人應向證券交易所上市委員會提出上市申請，經批准後即可上市發行。股票上市發行過程中的具體工作又分以下幾個步驟：

(1) 向社會公告股票發行決定。

(2) 接受股票購買申請。

(3) 辦理購買者付款手續。

(4) 向購買者交付股票。

(5) 向承銷機構支付手續費等。

(6) 辦理資本登記或資本變更登記。

(7) 公告股票發行結束。

(五) 股票上市對公司的影響

股票上市是指股份有限公司公開發行的股票經批准在證券交易所進行掛牌交易。經批准在交易所上市交易的股票稱為上市股票。中國《公司法》規定，股東轉讓其股份，即股票流通必須在依法設立的證券交易所進行。

1. 股票上市的有利影響

(1) 有助於改善財務狀況。公司公開發行股票可以籌得自有資金，能迅速改善公司財務狀況，並有條件得到利率更低的貸款。同時，公司一旦上市，就可以有更多的機會從證券市場上籌集資金。

(2) 利用股票收購其他公司。一些公司常用出讓股票而不是交付現金的方式對其他企業進行收購。被收購企業也樂意接受上市公司的股票。因為上市的股票具有良好的流通性，持股人可以很容易將股票出手而得到資金。

(3) 利用股票市場客觀評價企業。對於已上市的公司來說，每時每日的股市行情，都是對企業客觀的市場估價。

(4) 利用股票可激勵職員。上市公司利用股票作為激勵關鍵人員的有效手段。公開的股票市場提供了股票的準確價值，也可以使職員的股票得以兌現。

(5) 提高公司知名度，吸引更多顧客。股票上市公司為社會所知，並被認為經營優良，這會給公司帶來良好的聲譽，從而吸引更多的顧客，擴大公司的銷售。

2. 股票上市的不利影響

(1) 使公司失去隱私權。一家公司轉為上市公司，其最大的變化是公司隱私權的消失。國家證券管理機構要求上市公司將關鍵的經營情況向社會公眾公開。

（2）限制經理人員操作的自由度。公司上市後，其所有重要決策都需要經董事會討論通過，有些對企業至關重要的決策則必須全體股東投票決定。股東們通常以公司盈利、分紅、股價等來判斷經理人員的業績，這些壓力往往使得企業經理人員只注重短期效益而忽略長期效益。

（3）公開上市需要很高的費用。這些費用包括資產評估費用、股票承銷佣金、律師費、註冊會計師費、材料印刷費、登記費等。這些費用的具體數額取決於每一個企業的具體情況，整個上市過程的難易程度和上市融資的數額等因素。公司上市後還需花費一些費用為證券交易所、股東等提供資料，聘請註冊會計師、律師等。

（六）普通股籌資的優缺點

1. 普通股籌資的優點

（1）沒有固定股利負擔。公司有盈餘，並認為適合分配股利時，就可以分配股利；公司盈餘較少，或者雖有盈餘但資金短，或者有更有利的投資機會時，就可少支付或不支付股利。

（2）沒有固定到期日，不用償還。利用普通股籌集的是永久性的資金，只有公司清算才需償還。其對保證企業最低的資金需求有重要意義。

（3）籌資風險小。由於普通股沒有固定到期日，不用支付固定的股利，此種籌資實際上不存在不能償付的風險，因此風險最小。

（4）能增加公司的信譽。普通股本與留存收益構成公司償還債務的基本保障，因此普通股籌資既可以提高公司的信用價值，同時也為使用更多的債務資金提供了強有力的支持。

（5）籌資限制較少。利用優先股或債券籌資，通常有許多限制，這些限制往往會影響公司經營的靈活性，而利用普通股籌資則沒有這種限制。

2. 普通股籌資的缺點

（1）資金成本較高。普通股籌資的資金成本較高的原因有三：一是普通股投資風險較大，按照收益風險對等原則，普通股所要求的收益率也就較高；二是普通股的股利從稅後利潤中支付，起不到抵稅的作用；三是普通股的發行費用比舉債要高出很多。

（2）容易分散控製權。利用普通股籌資，出售了新的股票，引進了新的股東，容易導致公司控製權的分散。

（3）增發新股可能會降低每股收益。新股東有分享公司淨利潤的權利，在公司盈利不增加的情況下，會降低每股的獲利能力及每股權益，從而引起每股市價下跌。

（七）優先股籌資的優缺點

1. 優先股籌資的優點

（1）沒有固定到期日，不用償還本金。優先股從根本上說屬於權益資本，沒有到期日，是永久性資金來源，可以為公司舉債提供保證，增強了公司的舉債能力。

（2）股利支付既固定，又有一定的彈性。一般而言，優先股都採用固定股利，固定股利的支付並不構成公司的法定義務。如果財務狀況不佳，則可暫不付優先股股利，優先股股東也不能像債權人一樣迫使公司破產。

（3）可以調整資本結構。優先股的可贖回性和可轉換性使之具有調整資本結構的功能。

(4) 能發揮財務槓桿的作用。優先股股利固定，具有財務槓桿作用。

2. 優先股籌資的缺點

(1) 籌資成本高。優先股所支付的股利要從稅後淨利潤中支付，不同於債務利息可在稅前扣除。

(2) 籌資限制多。發行優先股，通常有許多限制條款，如對普通股股利支付上的限制、對公司舉債的限制等。

(3) 財務負擔重。優先股需要支付固定股利，但又不能在稅前扣除。因此，當利潤下降時，優先股的股利會成為一項較重的財務負擔，有時不得不延期支付。

三、留存收益籌資

(一) 留存收益籌資的渠道

留存收益來源渠道有以下兩個方面：

1. 盈餘公積

盈餘公積是指有指定用途的留存淨利潤，是公司按照《公司法》的規定從淨利潤中提取的累積資金，包括法定盈餘公積金和任意盈餘公積金。

2. 未分配利潤

未分配利潤是指未限定用途的留存淨利潤。這裡有兩層含義：一是這部分淨利潤沒有分給公司的股東；二是這部分淨利潤未指定用途。

(二) 留存收益籌資的優缺點

1. 留存收益籌資的優點

(1) 資金成本較普通股低。用留存收益籌資，不用考慮籌資費用，資金成本較普通股低。

(2) 保持普通股股東的控製權。用留存收益籌資，不用對外發行股票，由此增加的權益資本不會改變企業的股權結構，不會稀釋原有股東的控製權。

(3) 增強公司的信譽。留存收益籌資能夠使企業保持較大的可支配的現金流，既可以解決企業經營發展的資金需要，又能提高企業舉債的能力。

2. 留存收益籌資的缺點

(1) 籌資數額有限制。留存收益籌資最大可能的數額是企業當期的稅後利潤和上年未分配利潤之和。如果企業經營虧損，則不存在這一渠道的資金來源。此外，留存收益的比例常常受到某些股東的限制。其可能從消費需求、風險偏好等因素出發，要求股利支付比率要維持在一定水平上。留存收益過多，股利支付過少，可能會影響到今後的外部籌資。

(2) 資金使用受制約。留存收益中某些項目的使用，如法定盈餘公積金等，要受國家有關規定的制約。

第四節　債務籌資

債務籌資是通過舉債籌集資金。債務資金主要通過銀行借款、發行債券、融資租賃、商業信用等方式籌措取得的。由於負債要歸還本金和利息，因此被稱為企業的借入資金或債務資金。

一、銀行借款

銀行借款是企業根據借款合同向銀行或非銀行金融機構借入的需要還本付息的款項。銀行借款分為短期借款籌資和長期借款籌資。

(一) 短期借款籌資

短期借款是指企業向銀行和其他非銀行金融機構借入的期限在一年以內的借款。

1. 短期借款的種類

短期借款主要有生產週轉借款、臨時借款、結算借款等。按照國際通行做法，短期借款還可以依據償還方式的不同，分為一次性償還借款和分期償還借款；依據利息支付方式的不同，分為收款法借款、貼現法借款和加息法借款；依據有無擔保，分為抵押借款和信用借款。

2. 短期借款的取得

企業舉借短期借款，必須先提出申請，經審查同意後借貸雙方簽訂合同，註明借款的用途、金額、利率、期限、還款方式、違約責任等。之後，企業根據借款合同辦理借款手續。借款手續完畢，企業便可取得借款。

3. 短期借款的信用條件

按照國際通行做法，銀行發放短期借款往往帶有一些信用條件，主要如下：

(1) 信貸額度。信貸額度是金融機構對借款企業規定的無抵押、無擔保借款的最高限額。企業在信用額度以內，可隨時使用借款，但金融機構並不承擔必須提供全部信用額度的義務。如果企業信用惡化，即使在信用額度內企業也不一定能獲得借款，對此金融機構不承擔法律責任。

(2) 週轉信貸協定。週轉信貸協定是銀行從法律上承諾向企業提供不超過某一最高限額的貸款協定。在協定的有效期內，只要企業借款總額未超過最高限額，銀行必須滿足企業任何時候提出的借款要求。企業享有週轉協定，通常要對貸款限額的未使用部分付給銀行一筆承諾費。

【例4-4】某企業與銀行商定其週轉信貸額為2,000萬元，承諾費率為0.5%。借款企業年度內使用了1,400萬元，餘額為600萬元。借款企業應向銀行支付承諾費的金額為：

承諾費 = 600×0.5% = 3（萬元）

(3) 補償性餘額。補償性餘額是銀行要求借款企業在銀行中保持按貸款限額或實際借用額一定百分比（一般為10%~20%）的最低存款餘額。從銀行的角度講，補償性餘額可降低貸款風險，補償遭受的貸款損失。對於借款企業來講，補償性餘額則提

高了借款的實際利率。實際利率的計算公式為：

$$實際利率 = \frac{名義借款金額 \times 名義利率}{名義借款金額 \times (1 - 補償性餘額比例)}$$

$$= \frac{名義利率}{1 - 補償性餘額比例}$$

【例4-5】某企業按年利率8%向銀行借款100萬元，銀行要求保留20%的補償性餘額，企業實際可以動用的借款只有80萬元。該項借款的實際利率為：

$$補償性餘額貸款實際利率 = \frac{8\%}{1 - 20\%} \times 100\% = 10\%$$

（4）借款抵押。銀行向財務風險較大、信譽不好的企業發放貸款，往往需要有抵押品擔保，以減少銀行蒙受損失的風險。借款的抵押品通常是借款企業的辦公樓、廠房等。

（5）償還條件。無論何種借款，銀行一般都會規定還款的期限。根據中國金融制度的規定，貸款到期後仍無能力償還的，視為逾期貸款，銀行要照章加收逾期罰息。

4. 借款利息的支付方式

（1）利隨本清法。利隨本清法又稱收款法，是在借款到期時向銀行支付利息的方法。採用這種方法，借款的名義利率等於其實際利率。

（2）貼現法。貼現法是銀行向企業發放貸款時，先從本金中扣除利息部分，在貸款到期時借款企業再償還全部本金的一種計息方法。採用這種方法，企業可利用的貸款額只有本金減去利息部分後的差額，因此貸款的實際利率高於名義利率。其實際利率的計算公式為：

$$貼現貸款實際利率 = \frac{利息}{貸款金額 - 利息} \times 100\%$$

【例4-6】某企業從銀行取得借款200萬元，期限為1年，名義利率為10%，利息為20萬元。按照貼現法付息，企業實際可動用的貸款為180萬元（200-20）。該項貸款的實際利率為：

$$貼現貸款實際利率 = \frac{利息}{貸款金額 - 利息} \times 100\%$$

$$= \frac{20}{200 - 20} \times 100\% \approx 11.11\%$$

$$或貼現貸款實際利率 = \frac{名義利率}{1 - 名義利率} \times 100\%$$

$$= \frac{10\%}{1 - 10\%} \times 100\% \approx 11.11\%$$

（3）加息法。加息法是銀行發放分期等額償還貸款時採用的利息收取方法。由於貸款分期均衡償還，企業實際只平均使用了貸款本金的半數。因此，採用這種方法，實際利率是名義利率的2倍。

【例4-7】某企業借入（名義）年利率為12%的貸款20萬元，分12個月等額償還本息。該項貸款的實際利率為：

$$加息貸款實際利率 = \frac{貸款額 \times 利息率}{貸款額 \div 2} \times 100\%$$

$$= \frac{20 \times 12\%}{20 \div 2} \times 100\% = 24\%$$

5. 短期借款籌資的優缺點

（1）優點。短期借款籌資的優點如下：

①籌資速度快。企業獲得短期借款所需時間要比獲得長期借款短得多，因為銀行發放長期貸款前，通常要對企業進行比較全面的調查分析，花費時間較長。

②籌資彈性大。短期借款數額及借款時間彈性較大，企業可以在需要資金時借入，在資金充裕時還款，便於企業靈活安排。

（2）缺點。短期借款籌資的缺點如下：

①籌資風險大。短期資金的償還期短，在籌資數額較大的情況下，如企業資金調度不周，就有可能出現無力按期償付本金和利息，甚至被迫破產。

②與其他短期籌資方式相比，資金成本較高，尤其是在補償性餘額和附加利率情況下，實際利率通常高於名義利率。

(二) 長期借款籌資

長期借款是企業根據借款合同向銀行和其他非銀行金融機構借入的期限在一年以上的款項。

1. 長期借款的種類

（1）按提供貸款的機構不同，長期借款可分為政策性銀行貸款、商業銀行貸款等。政策性銀行貸款一般是指辦理國家政策性貸款業務的銀行向企業發放的貸款。例如，國家開發銀行主要為滿足企業承建國家重點建設項目的資金需要提供貸款；中國進出口銀行則為大型設備的進出口提供買方或賣方信貸。商業銀行貸款是指由各商業銀行向各類企業提供的貸款。這類貸款主要為滿足企業建設性項目的資金需要，企業對貸款自主決策、自擔風險、自負盈虧。此外，企業也可以從保險公司、信託公司等其他金融機構取得貸款。這類貸款一般期限較長，要求的利率也高，而且對借款企業的信用選擇比較嚴格。

（2）按是否提供擔保，長期借款可分為抵押借款和信用借款。抵押借款是指要求借款企業以實物資產或有價證券作為抵押而取得貸款。通常作為抵押品的實物資產主要是不動產、機器設備等。企業到期不能還本付息時，銀行等金融機構有權處置抵押品，以保證其貸款安全。信用借款是憑藉款企業的信用或其保證人的信用而發放的貸款。通常，銀行只向那些資信條件好的企業發放信用貸款。

（3）按借款的用途不同，長期借款可分為固定資產投資借款、更新改造借款、科技開發和新產品試製借款。

2. 長期借款的條件和程序

（1）長期借款的條件。企業申請貸款一般應具備的條件可歸納如下：

①獨立核算、自負盈虧、有法人資格。

②借款用途符合國家的產業政策和金融機構貸款辦法所規定的範圍。

③借款企業或擔保單位具有一定的財產保證。

④借款企業具有償還借款的能力。

⑤借款企業財務管理和經濟核算制度健全，經濟效益良好。

⑥借款企業在銀行開立帳戶和辦理結算。

（2）長期借款的程序。具備借款條件的企業應按下列程序辦理借款手續：

①企業提出借款申請。借款申請書要說明借款的原因、金額、用款計劃、還款期限。

②金融機構審批。審批的內容包括企業的財務狀況、信用情況、利潤水平、發展前景、投資項目的可行性分析等。

③簽訂借款合同。企業借款申請經金融機構審查同意後，借貸雙方應就貸款條件進行談判，然後簽訂借款合同。

④企業取得借款。借款合同生效以後，企業可以在借款指標範圍內，根據用款計劃和實際需要，從金融機構取得借款並轉入企業存款結算帳戶。

⑤企業償還借款。企業應按借款合同的規定按時足額歸還借款本息。如果企業不能按期歸還借款，應在借款到期之前，向銀行申請貸款展期，但是否展期，由貸款銀行根據具體情況決定。

3. 長期借款合同的內容

借款合同是規定借貸當事人雙方權利和義務的契約，具有法律約束力。當事人雙方必須嚴格遵守合同條款，履行合同規定的義務。

（1）借款合同的基本條款。借款合同應具備以下基本條款：

①貸款種類。

②借款用途。

③借款金額。

④借款利率。

⑤借款期限。

⑥還款資金來源及還款方式。

⑦保證條款。

⑧違約責任等。

（2）借款合同的限制條款。對於長期借款合同，除基本條款外，銀行都有一些限制性條款，主要包括以下三類：

①一般保護性條款。一般保護性條款包括四項限制條款：流動資本要求、現金紅利發放限制、資本支出限制以及其他債務限制。流動資本要求是指要求企業持有一定的現金及其他流動資產，保持合理的流動性及還款能力；現金紅利發放限制是指限制現金股利支出和庫存股的購入；資本支出限制是指資本性支出一般限制在一定數額內，如需要借入其他長期債務，必須經過銀行同意等；其他債務限制則旨在防止其他貸款人取得對企業資產的優先求償權。

②例行性保護條款。例行性保護條款主要是一些常規條例，如借款企業必須定期向銀行提交財務報表；不準在正常情況下出售較多資產，以保持企業正常的生產經營能力；不得為其他單位或個人提供擔保；禁止應收帳款的售讓；等等。

③特殊性保護條款。特殊性保護條款是主要針對某些特殊情況而提出的保護性措

施，主要包括貸款的專款專用、不準企業過多的對外投資、限制高級管理人員的工資和獎金支出等。

4. 長期借款的利率

一般情況下，長期借款利率高於短期借款利率，這是因為債權人把資金在較長的時間內讓渡給債務人使用具有較大的投資風險，要求獲得較高的收益。但是，對於那些財務狀況好、信譽高的企業來說，仍然可以爭取到利率較低的長期借款。長期借款利率通常分為固定利率和浮動利率兩種。對於借款企業來說，在市場利率呈上升趨勢的情況下使用固定利率有利，呈下降趨勢的情況下使用浮動利率為佳，因為這樣可以減少企業未來的利息支出。

5. 長期借款籌資的優缺點

（1）優點。長期借款籌資的優點如下：

①籌資速度快。辦理長期借款的程序和手續要比發行股票和債券簡便，所需時間較少，融資速度較快。

②借款彈性較大。企業與銀行可以直接接觸，可以通過直接商談來確定借款的時間、數量和利息。在借款期間，如果企業情況發生了變化，也可以與銀行進行協商，修改借款的數量和條件。借款到期後，如有正當理由，企業還可以延期歸還。

③資金成本較低。長期借款和利率一般低於債券利率，而且借款屬於直接融資，籌資費用也比較少。與發行股票和債券相比，長期借款的資金成本比較低。

④可以發揮財務槓桿的作用。不論企業賺錢多少，銀行只按借款合同收取利息，在投資報酬率大於借款利率的情況下，企業所有者將會因財務槓桿的作用而得到更多的收益。

（2）缺點。長期借款籌資的缺點如下：

①籌資風險較高。企業舉借長期借款，必須定期還本付息，在經營不利的情況下，可能會產生不能償付的風險，甚至會導致破產。

②限制性條款比較多。銀行為保證貸款的安全性，對借款的使用附加了很多約束性條款，這些條款在一定意義上限制了企業自主調配與運用資金的功能。

③籌資數量有限。銀行一般不願借出巨額的長期借款。因此，利用銀行借款籌資都有一定的上限。

二、發行債券

公司債券是指企業為籌集資金而發行的、向債權人承諾按期支付利息和償還本金的書面憑證。公司債券是一種要式證券，體現的是持有人與發行企業之間的債權債務關係。中國非公司制企業發行的債券稱為企業債券，公司制企業發行的債券稱為公司債券，習慣上又稱為公司債。

（一）債券的種類

1. 按債券是否記名，債券可分為記名債券與無記名債券

記名債券是指券面上記載有債權人的姓名，本息只向登記人支付，轉讓需辦理過戶手續的債券。

不記名債券是指券面上無債權人姓名，本息直接向持有人支付，可由持有人自由

轉讓的債券。

2. 按債券能否轉換為公司股票，債券可分為可轉換債券和不可轉換債券

可轉換債券是指在一定時期內，可以按規定的價格或一定比例，由持有人自由地選擇轉換為普通股的債券。當公司想發行股票籌資而又遇到股價偏低時，往往發行可轉換債券，可以在比較有利的條件下籌集到所需資金。

不可轉換債券是指不可以轉換為普通股的債券。

3. 按債券有無特定的財產擔保，債券可分為信用債券和抵押債券

信用債券是指單純憑企業信譽或信託契約而發行的、沒有抵押品作抵押或擔保人作擔保的債券。信用債券通常由那些信譽較好、財務能力較強的企業發行。

抵押債券是指以發行企業的特定財產作為抵押品的債券。根據抵押品的不同，抵押債券又分為不動產抵押債券、動產抵押債券和信託抵押債券。其中，信託抵押債券是指債券發行企業以其持有的其他有價證券作為抵押品的債券。對於抵押債券，若發行企業不能按期償還本息，持有人可以行使其抵押權，拍賣抵押品作為補償。

4. 按債券能否提前收回，債券可分為可收回債券和不可收回債券

可收回債券是指債券到期前，公司可按規定價格和期限提前贖回。發行可收回債券對公司來說是一種較有伸縮性的融資方式，當市場利率下降時，公司即可收回原債券，重新發行一種利率較低的新債券，以減少籌資成本；對某些附有限制性條款的債券，當公司資金充裕時可及時收回，以免除限制性條款的束縛。

不可收回債券是指不能依條款從債權人手中提前收回的債券，只能在證券市場上按市場價格買回，或等到債券到期後收回。

(二) 債券的發行

1. 債券的發行條件

在中國，發行公司債券必須符合《公司法》《中華人民共和國證券法》（以下簡稱《證券法》）規定的有關條件。

2. 債券的發行程序

債券發行的基本程序如下：

(1) 做出發行債券的決議。

(2) 提出發行債券的申請。

(3) 公告債券募集辦法。

(4) 委託證券機構發售。

(5) 交付債券，收繳債券款，登記債券存根簿。

(三) 債券的發行價格

債券的發行價格是指發行公司（或其承銷機構，下同）發行債券時所使用的價格，即投資者向發行公司認購債券時實際支付的價格。公司在發行債券之前，必須進行發行價格決策。

1. 影響發行價格的因素

影響發行價格的因素有債券面額、票面利率、市場利率、債券期限等。其中，債券期限決定投資風險，期限越長，投資風險越大，從而要求的投資報酬也越高，債券發行價格就可能越低；反之，期限越短，投資風險越小，從而要求的投資報酬率也相

應越低，債券發行價格就可能越高。

2. 債券發行價格確定方法

對於債券的發行價格，發行企業與投資者是從不同角度來看待的。發行人考慮的是發行收入能否補償未來所應支付的本息，投資者考慮的則是放棄資金使用權而應該獲取的收益。由於公司債券的還本期限一般在一年以上，因此確定債券發行價格時，不僅應考慮債券券面與市場利率之間的關係，還應考慮債券資金所包含的時間價值。理論上講，債券的投資價值由債券到期還本面額按市場利率折現的現值與債券各期債息的現值兩部分組成。發行價格的具體計算公式為：

$$債券發行價格 = \frac{債券面額}{(1+市場利率)^n} + \sum \frac{債券面額 \times 票面利率}{(1+市場利率)^t}$$

式中，n 為債券的期限，t 為付息期數，市場利率通常指債券發行時的市場利率。

從公式可以看出，由於票面利率與市場利率存在差異，因而債券的發行價格可能出現三種情況，即等價、溢價與折價。當票面利率高於市場利率時，債券的發行價格高於面額，即溢價發行；當票面利率等於市場利率時，債券的發行價格等於面額，即等價發行；當票面利率低於市場利率時，債券的發行價格低於面額，即折價發行。

債券之所以會存在溢價發行和折價發行，是因為資金市場上的利息率是經常變化的，而企業債券上的利息率，一經印出，便不易再進行調整。從債券的開印到正式發行，往往需要經過一段時間，在這段時間內如果資金市場上的利率發生變化，就要靠調整發行價格來使債券順利發行。但無論以哪種價格發行債券，投資者的收益都保持在與市場利率相等的水平上。

【例 4-8】某公司打算發行面值為 100 元、利息率為 8%、期限為 5 年的債券。在該公司決定發行債券時，如果市場上的利率發生變化，那麼就要調整債券的發行價格。現分如下三種情況來說明：

（1）資金市場的利率保持在 8%，該公司的債券利率為 8%，則債券可等價發行。其發行價格為：

發行價格 = 100 × 8% × (P/A, 8%, 5) + 100 × (P/F, 8%, 5)
= 100×8%×3.993+100×0.681 ≈ 100（元）

也就是說，當債券利率等於市場利率時，按 100 元的價格出售此債券，投資者可以獲得 8% 的報酬。

（2）資金市場上的利率大幅度上升到 12%，公司的債券利率為 8%，低於資金市場利率，則應採用折價發行。其發行價格為：

發行價格 = 100×8%×(P/A, 12%, 5)+100×(P/F, 12%, 5)
= 100×8%×3.605+100×0.567 = 85.54（元）

也就是說，只有按 85.54 元的價格出售，投資者才會購買此債券，以獲得與市場利率 12% 相等的報酬。

（3）資金市場上的利率大幅度下降到 5%，公司的債券利率為 8%，則應採用溢價發行。其發行價格為：

發行價格 = 100×8%×(P/A, 5%, 5)+100×(P/F, 5%, 5)
= 100×8%×4.329+100×0.784 = 113.03（元）

也就是說，投資者把 113.03 元的資金投資於該公司面值為 100 元的債券，只能獲得 5%的回報，與市場利率相同。

(四) 債券的信用等級

企業公開發行債券需要由資信評級機構評定債券信用等級。債券信用等級表示債券質量的優劣，反應發行公司還本付息能力的強弱和債券投資風險的大小。國際上流行的債券等級，一般分為九級。AAA 級為最高級，AA 級為高級，A 級為中上級，BBB 級為中級，BB 級為中下級，B 級為投機級，CCC 級為完全投機級，CC 級為最大投機級，C 級為最低級。

目前，中國尚無統一的債券等級標準，尚未建立系統的債券評級制度。根據中國人民銀行的規定，凡是向社會公開發行債券的企業，需由中國人民銀行及其授權的分行指定的資信評級機構或者公證機構進行信用評級。債券的信用等級對於發行公司和購買人都有重要影響。

(五) 債券籌資的優缺點

1. 債券籌資的優點

(1) 資金成本較低。利用債券籌資的成本要比股票籌資的成本低。這主要是因為債券的發行費用較低，債券利息在稅前支付，部分利息由政府負擔了。

(2) 保證控製權。債券持有人無權干涉企業的管理事務，如果現有股東擔心控製權旁落，則可以採用債券籌資。

(3) 可以發揮財務槓桿作用。債券利息負擔固定，在企業投資效益良好的情況下，更多的收益可用於分配給股東，增加其財富，或留歸企業以擴大經營。

(4) 可調整資本結構。在公司發行可轉換債券及提前贖回債券的情況下，公司可以主動調整資本結構。

2. 債券籌資的缺點

(1) 籌資風險高。債券有固定的到期日，並定期支付利息。利用債券籌資，要承擔還本付息的義務。在企業經營不景氣時，向債券持有人還本付息會給企業帶來更大的困難，甚至導致企業破產。

(2) 限制條件多。發行債券的契約書中往往有一些限制條款。這種限制比短期債務嚴格得多，可能會影響企業的正常發展和以後的籌資能力。

(3) 籌資額有限。利用債券籌資有一定的限度，當公司的負債比率超過一定程度後，債券籌資的成本要迅速上升，有時甚至會發行不出去。

三、融資租賃

租賃是指在約定的期間內，出租人將資產使用權讓與承租人，以獲取租金的協議。企業租入資產，意味著增加資產而不需要增加相應的投資，這與借款購買資產的效果是相同的。所以說，租賃也是企業籌集資金的一種形式。

租賃業務通常可以分為融資租賃和經營租賃兩大類。

(一) 融資租賃

融資租賃又稱財務租賃，是指實質上轉移了與資產所有權有關的全部風險和報酬的租賃。其所有權最終可能轉移，也可能不轉移。融資租賃是一種長期租賃，企業通

過融資租賃方式租入設備，主要目的是融通資金並獲得設備的使用權。採用這種方式租入設備等於出租公司為承租企業籌集了購買設備的價款，而承租企業只需要按規定繳納租金。

1. 融資租賃的形式

（1）直接租賃。出租公司出資向生產廠商購買承租企業所需要的設備，然後再租賃給承租企業。

（2）轉租租賃。出租公司從其他租賃公司或製造廠商租入設備，然後再轉租給承租企業。

（3）售後回租。承租企業將自己擁有的設備出售給出租公司，然後再從出租公司租回設備的使用權。

（4）槓桿租賃。槓桿租賃涉及承租人、出租人和資金出借者三方當事人。從承租人的角度來看，這種租賃與其他租賃形式並無區別，同樣是按合同的規定，在基本租賃期內定期支付定額租金，取得資產的使用權。但對出租人卻不同，出租人只出購買資產所需的部分資金作為自己的投資，另外以該資產作為擔保向資金出借者借入其餘資金。因此，其既是出租人又是貸款人，同時擁有對資產的所有權，既收取租金又要償付債務。如果出租人不能按期償還借款，資產的所有權就要轉歸資金的出借者。這種融資租賃方式，由於租金收入一般大於借款所支付的本息，租賃公司可從中獲得財務槓桿利益，故稱槓桿租賃。

2. 融資租賃的程序

融資租賃的程序如下：

（1）選擇租賃公司。

（2）辦理租賃委託。

（3）簽訂購貨協議。

（4）簽訂租賃合同。

（5）辦理驗貨與投保。

（6）支付租金。

（7）處理租賃期滿的設備。

3. 融資租賃租金的計算

（1）融資租賃租金的構成。

①租賃設備的購置成本，包括設備買價、運雜費和途中保險費。

②預計設備的殘值，即設備租賃期滿時預計的可變現淨值（作為租金構成的減項）。

③利息，即出租人為承租人購置設備融資而應計的利息。

④租賃手續費，即出租人辦理租賃設備的營業費用。

⑤利潤，即出租人通過租賃業務應取得的正常利潤。

其中，④⑤兩項均以手續費方式支付，因此在實務中統稱手續費。

（2）融資租賃租金的支付形式。融資租賃租金通常採用分次支付的方式，具體類型如下：

①按支付間隔期的長短，可以分為年付、半年付、季付和月付等方式。

②按支付時期先後，可以分為先付租金和後付租金兩種。

③按每期支付金額，可以分為等額支付和不等額支付兩種。

（3）融資租賃租金的計算方法。

①後付租金的計算。根據年資本回收額的計算公式，可得出後付租金方式下每年年末支付租金數額的計算公式：

$$A = P/(P/A, i, n)$$

②先付租金的計算。根據即付年金的現值公式，可得出先付等額租金的計算公式：

$$A = P/[(P/A, i, n-1) + 1]$$

【例4-9】某企業採用融資租賃方式於2017年1月1日從某租賃公司租入一臺設備，設備價款為40,000元，租期為8年，到期後設備歸企業所有，為了保證租賃公司完全彌補融資成本、相關的手續費並有一定盈利，雙方商定採用18%的折現率。試計算該企業每年年末應支付的等額租金。

解：$A = 40,000/(P/A, 18\%, 8)$
$= 40,000/4.077,6 \approx 9,809.69(元)$

【例4-10】假如【例4-9】採用先付等額租金方式，則每年年初支付的租金額可計算如下：

解：$A = 40,000/[(P/A, 18\%, 7) + 1]$
$= 40,000/(3.811,5 + 1) \approx 8,313.42(元)$

（二）經營租賃

經營租賃又稱服務租賃，是指除融資租賃以外的其他租賃。通常情況下，在經營租賃中，租賃資產的所有權不轉移，租賃期屆滿後，承租人有退租或續租的選擇權，而不存在優惠購買選擇權。經營租賃是一種短期租賃，企業通過經營租賃方式租入設備，目的在於獲得其使用權，從理財的角度來看，也能起到籌集資金的作用。

（三）融資租賃與經營租賃的區別

融資租賃與經營租賃的比較如表4-8所示。

表4-8　　　　　　　　　融資租賃與經營租賃對照表

項目	融資租賃	經營租賃
租賃程序	由承租人向出租人提出正式申請，由出租人融通資金引進承租人所需設備，然後再租給承租人使用	承租人可隨時向出租人提出租賃資產要求
租賃期限	租期一般為租賃資產壽命的一半以上	租賃期短，不涉及長期而固定的義務
合同約束	租賃合同穩定，在租期內，承租人必須連續支付租金，非經雙方同意，中途不得退租	租賃合同靈活，在合理限制條件範圍內，可以解除租賃契約
租賃期滿的資產處置	租賃期滿後，租賃資產的處置有三種方法可供選擇：將設備作價轉讓給承租人、由出租人收回、延長租期續租	租賃期滿後，租賃資產一般要歸還給出租人
租賃資產的維修保養	租賃期內，出租人一般不提供維修和保養設備方面的服務	租賃期內，出租人提供設備保養、維修、保險等服務

(四) 融資租賃籌資的優缺點

1. 融資租賃籌資的優點

(1) 籌資速度快。租賃往往比借款購置設備更迅速、更靈活，因為租賃是籌資與設備購置同時進行，可以縮短設備的購進、安裝時間，使企業盡快形成生產能力，有利於企業盡快占領市場，打開銷路。

(2) 限制條款少。如前所述，債券和長期借款都有相當多的限制條款，雖然類似的限制在租賃公司中也有，但一般比較少。

(3) 設備淘汰風險小。如今，科學技術迅速發展，固定資產更新週期日趨縮短。企業設備陳舊過時的風險很大，利用融資租賃可以減小這一風險。這是因為融資租賃的期限一般為資產使用年限的一定比例，不會像自己購買設備那樣整個期間都要承擔風險，並且多數租賃協議都規定由出租人承擔設備陳舊過時的風險。

(4) 財務風險小。租金在整個租期內分攤，不用到期歸還大量本金。許多借款都在到期日一次償還本金，這會給財務基礎較弱的公司造成相當大的困難，有時會造成不能償付的風險。而融資租賃則把這種風險在整個租期內分攤，可適當減少不能償付的風險。

(5) 稅收負擔輕。租金可在稅前扣除，具有抵免所得稅的效用。

2. 融資租賃籌資的缺點

融資租賃籌資的最主要缺點就是資金成本較高。一般來說，其租金要比舉借銀行借款或發行債券所負擔的利息高得多。在企業財務困難時，固定的租金也會構成一項較沉重的負擔。

四、商業信用

商業信用是企業在商品購銷活動過程中因延期付款或預收貨款而形成的借貸關係，是由商品交易中貨與錢在時間上與空間上的分離而形成的企業間的直接信用行為。因此，西方國家又稱之為自然籌資方式。商業信用是企業間相互提供的，在大多數情況下，商業信用籌資屬於「免費」資金。

(一) 商業信用的類型

商業信用是企業短期資金的重要來源。其主要形式有應付帳款、應付票據、預收貨款等。

1. 應付帳款

應付帳款是最典型、最常見的商業信用形式。應付帳款是由於企業賒購商品而形成的，是買方企業短期資金的一項重要來源。銷貨企業在將商品轉移給購貨方時，並不需要買方立即支付現款，而是由賣方根據交易條件向買方開出發票或帳單，買方在取得商品後的一定時期內再付清款項。這樣買方實際上以應付帳款的形式獲得了賣方提供的信貸，獲得了短期資金的來源。

2. 應付票據

應付票據是在應付帳款的基礎上發展起來的一種商業信用。為了增強收回賒銷款項的安全度，賣方企業更願意選擇商業票據這種商業信用形式。商業票據是指買賣雙

方進行賒購賒銷時開具的反應債權債務關係並憑以辦理清償的票據。

3. 預收帳款

預收帳款是指銷貨企業按照合同或協議協定，在貨物交付之前，向購貨企業預先收取部分或全部貨款的一種形式。這是買方向賣方提供的商業信用，是賣方的一種短期資金來源。這種商業信用形式通常適用於市場上比較緊俏且買方又急需的商品，或者適用於生產週期長、價格高的大型產品，如船舶、房地產等。對賣方而言，這種短期資金的籌集是極其有限的。

(二) 商業信用籌資管理

商業信用籌資管理集中體現在應付帳款管理上。從商業信用籌資量上看，其量的多少取決於信用額度多少、允許按發票面額付款的最遲期限、享有現金折扣期的長短、享有現金折扣率的大小等因素。

信用額度越大，信用期限越長，則籌資的數量也越多；同時，由於現金折扣期與現金折扣率的影響，使得企業在享有信用免費資金的同時，增加了因未享有現金折扣而產生的機會成本。因此，如何就企業在擴大籌資數量、免費使用他人資金與享有現金折扣、減少機會成本間進行比較，是信用籌資管理的重點。

1. 享有現金折扣

在這種情況下，企業可以獲得最長為現金折扣期的免費資金，並取得相應的折扣收益，其免費信用額度為扣除現金折扣後的淨購價。

2. 放棄現金折扣，在信用期內付款

在這種情況下，企業可以獲得最長為信用期的免費資金，其信用額度為商品總購價。但由於放棄現金折扣，從而增加相應的機會成本。其成本計算公式為：

$$放棄折扣成本率 = \frac{現金折扣率}{1-現金折扣率} \times \frac{300}{信用期-折扣期} \times 100\%$$

在一般情況下，企業財務人員需要將放棄現金折扣的成本率與銀行借款利率進行比較，如果成本率大於銀行借款利率，則企業放棄現金折扣的代價較大，對企業不利。這是因為如果在現金折扣期這一點上，企業用銀行借款支付貨款並享有折扣，其借款利息小於享有折扣的機會收益；反之，則反是。

3. 逾期支付

在這種情況下，企業實際上是拖欠賣方的貨款，逾期越長，籌資數量也越大，但是企業會因此而信譽下降，未來失去的機會收益也越多。因此，在市場經濟條件下，企業間應講究誠信原則，不應拖欠貨款。

【例4-11】某企業按「2/10，N/30」的條件購進一批商品，並假定商品價款為100元。情形一：企業享有現金折扣。在10天內付款，即可獲得最長為10天的免費信用，其信用額度為98元，折扣額為2元。情形二：企業放棄現金折扣。在信用期內付款，則企業可獲得最長為30天的免費信用，其信用額度為100元。由於放棄現金折扣，從而其機會成本如下：

$$放棄折扣成本率 = \frac{2\%}{1-2\%} \times \frac{360}{30-10} \times 100\% = 36.7\%$$

而銀行借款年利率無論如何也達不到這一比率。因此，除非特殊情形，企業一般

還是以享有現金折扣為好。

企業在放棄現金折扣的情況下，推遲付款的期限越長，其成本便會越小。例如，如果企業延遲50天付款，其成本如下：

$$放棄折扣成本率 = \frac{2\%}{1-2\%} \times \frac{360}{50-10} \times 100\% = 18.4\%$$

4. 利用現金折扣的決策

在附有信用條件的情況下，因為獲得不同信用要負擔不同的代價，買方企業需要進行財務決策。一般說來，如果能以低於放棄折扣的隱含利息成本（即機會成本）的利率借入資金，便應在現金折扣期內用借入的資金支付貨款，享受現金折扣。例如，與【例4-11】同期的銀行短期借款年利率為12%，則買方企業應利用更便宜的銀行借款在折扣期內償還應付帳款；反之，企業應放棄折扣。

如果在折扣期內將應付帳款用於短期投資，所得的投資收益率高於放棄折扣的隱含利息成本，則應放棄折扣而去追求更高的收益。當然，假使企業放棄折扣優惠，也應將付款推遲於信用期內的最後一天（如【例4-11】中的第30天），以降低放棄折扣的成本。

如果企業因缺乏資金而欲展延付款期（如【例4-11】中將付款日推遲到第50天），則需要在降低了的放棄折扣成本與展延付款帶來的損失之間做出選擇。展延付款帶來的損失主要是指因企業信譽惡化而喪失供應商乃至其他貸款人的信用，或日後招致苛刻的信用條件。

如果面對兩家以上提供不同信用條件的賣方，買方應選擇利益較大的一家，即選擇籌資機會成本較高的一家，這是因為這種放棄享受折扣優惠的籌資成本是一種機會成本，選擇機會成本高的方案，可以使買方所承擔的機會成本損失相對較小。

【例4-12】某企業可從甲、乙兩家賣方賒購商品，甲提供的信用條件為「1/10，N/30」，乙提供的信用條件為「2/5，n/30」，則該企業的放棄折扣成本率分別計算如下：

$$甲的放棄折扣成本率 = \frac{1\%}{1-1\%} \times \frac{360}{30-10} \times 100\% = 18.18\%$$

$$乙的放棄折扣成本率 = \frac{2\%}{1-2\%} \times \frac{360}{30-5} \times 100\% = 29.39\%$$

兩者比較，該企業應接受乙的優惠條件，即買方相應的機會成本損失較小，因此應該選擇接受乙的信用條件。

(三) 商業信用籌資的優缺點

1. 商業信用籌資的優點

（1）籌資方便。商業信用的使用權由買方自行掌握，買方什麼時候需要、需要多少等，在限定的額度內由其自行決定。多數企業的應付帳款是一種連續性的貨款，無需做特殊的籌資安排，也不需要事先計劃，隨時可以隨著購銷行為的產生而得到該項資金。

（2）限制條件少。商業信用比其他籌資方式條件寬鬆，無需擔保或抵押，選擇餘地大。

（3）成本低。大多數商業信用都是由賣方免費提供的，因此與其他籌資方式相比，成本低。

2. 商業信用籌資的缺點

（1）期限短。商業信用屬於短期籌資方式，不能用於長期資產占用。

（2）風險大。由於各種應付款項目經常發生、次數頻繁，因此需要企業隨時安排現金的調度。

第五節　混合性籌資

混合性資金是指既具有某些股權性資金的特徵又具有某些債權性資金的特徵的資金形式。企業常見的混合性資金包括可轉換債券和認股權證。

一、發行可轉換債券

可轉換債券是可轉換公司債券的簡稱，又簡稱可轉債，是一種可以在特定時間、按特定條件轉換為普通股票的特殊企業債券。可轉換債券兼具債權和期權的特徵

（一）可轉換債券的性質

可轉換債券的持有人在一定時期內，可以按規定的價格或一定比例，自由地選擇轉換為普通股的債券。發行可轉換債券籌得的資金具有債權性資金和權益性資金的雙重性質。

（二）可轉換債券籌資的優缺點

1. 可轉換債券籌資的優點

（1）可節約利息支出。由於可轉換債券賦予持有者一種特殊的選擇權，即按事先約定在一定時間內將其轉換為公司股票的選擇權，因此其利率低於普通債券，減少了利息支出。

（2）有利於穩定股票市價。可轉換債券的轉換價格通常高於公司當前股價，轉換期限較長，有利於穩定股票市價。

（3）增強籌資靈活性。可轉換債券轉換為公司股票前是發行公司的一種債務資本，可以通過提高轉換價格、降低轉換比例等方法促使持有者將持有的債券轉換為公司股票，即轉換為權益資本。在可轉換債券轉換為股票的過程中，不會受其他債權人的反對。

2. 可轉換債券籌資的缺點

（1）增強了對管理層的壓力。發行可轉換債券後，若股價低迷或發行公司業績欠佳，股價沒有按照預期的水平上升時，持有者不願將可轉換債券轉換為股票，發行公司也將面臨兌付債券本金的壓力。

（2）存在回購風險。發行可轉換債券後，公司股票價格在一定時期內連續低於轉換價格達到某一幅度時，債券持有人可以按事先約定的價格將債券出售給發行公司，從而增加了公司的財務風險。

（3）股價大幅度上揚時，存在減少籌資數量的風險。如果轉換時，股票價格大幅

上揚，公司只能以固定的轉換價格將可轉換債券轉為股票，從而減少了籌資數量。

二、發行認股權證

認股權證又稱認股證或權證，其英文名稱為「Warrant」，是一種約定該證券的持有人可以在規定的某段期間內，有權利（而非義務）按約定價格向發行人購買標的股票的權利憑證。

（一）發行認股權證籌資的特徵

有認股權證購買發行公司的股票，其價格一般低於市場價格，因此股份公司發行認股權證可以增加其發行股票對投資者的吸引力。發行依附於公司債券、優先股或短期票據的認股權證，可以起到明顯的促銷作用。

（二）認股權證的種類

（1）按允許購買的期限長短分類，可將認股權證分為短期認股權證與長期認股權證。短期認股權證的認股期限一般在90天以內；長期認股權證的認股期限通常在90天以上，更有長達數年或永久。

（2）按認股權證的發行方式分類，可將認股權證分為附帶發行認股權證與單獨發行認股權證。依附於債券、優先股、普通股或短期票據發行的認股權證為附帶發行認股權證。單獨發行認股權證是指不依附於公司債券、優先股、普通股或短期票據而單獨發行的認股權證。認股權證的發行，最常用的方式是認股權證在發行債券或優先股之後發行。這是將認股權證隨同債券或優先股一同寄往認購者。在無紙化交易制度下，認股權證將隨同債券或優先股一併由中央登記結算公司劃入投資者帳戶。

（3）按認股權證認購數量的約定方式，可將認股權證分為備兌認股權證與配股權證。備兌認股權證是每份備兌證按一定比例含有幾家公司的若干股股票。配股權證是確認老股東配股權的證書，按照股東持股比例定向派發，賦予其以優惠價格認購公司一定份數的新股。

（三）認股權證籌資的優缺點

1. 認股權證籌資的優點

（1）為公司籌集額外的資金。認股權證不論是單獨發行還是附帶發行，大多都為發行公司籌得一筆額外資金。

（2）促進其他籌資方式的運用。單獨發行的認股權證有利於將來發售股票，附帶發行的認股權證可以促進其依附證券的發行效率。而且由於認股權證具有價值，附認股權證的債券票面利率和優先股股利率通常較低。

2. 認股權證籌資的缺點

（1）稀釋普通股收益。當認股權證執行時，提供給投資者的股票是新發行的股票，而並非二級市場的股票。這樣當認股權證使用時，普通股股份增多，每股收益下降。

（2）容易分散企業的控制權。由於認股權證通常隨債券一起發售，以吸引投資者，當認股權證行使時，企業的股權結構會發生改變，稀釋了原有股東的控制權。

【本章小結】

1. 企業籌資。企業籌資是指企業作為籌資主體，根據其生產經營、對外投資和調整資本結構等需要，通過各種籌資渠道和金融市場，運用各種籌資方式，經濟有效地籌措和集中資本的財務活動。企業可以從各種來源取得資金，其中主要是股權籌資和債務籌資兩種形式。

2. 籌資規模確定。為提高籌資效率，必須首先確定籌資規模。籌資規模的確定包括定性方法和定量方法。定性方法主要是根據經驗結合企業發展實際進行估算。定量方法則包括銷售百分比法、資金習性預測法等。各種方法都有其優劣和適用基礎。

3. 股權籌資。股權籌資也稱為自有資金籌資，是企業依法籌集並長期擁有、自主調配運用的資金來源，其內容包括投資者投入的資本金和留存收益。企業可以通過吸收直接投資、發行股票、內部累積等方式籌集資金。股權籌資，由於投資者的必要報酬率較高，因此資本成本較高。籌集股權資本最廉價（按外顯的發行成本）的方法是留存收益。股票股利成本較高，因而直接向社會公眾發行股票的成本是最高的。

4. 債務籌資。債務籌資是通過舉債籌集資金，債務資金主要通過銀行借款、發行債券、商業信用、融資租賃等方式籌措取得的。由於負債要歸還本金和利息，因此被稱為企業的借入資金或債務資金。學習者應熟悉掌握各種籌資的優點及缺點，要結合實際加以靈活運用各種籌資方式，籌集企業發展所需要的資金，優化企業的資金結構，降低資金成本和籌資風險。

【復習思考題】

1. 什麼是籌資活動？企業籌資應堅持哪些原則？
2. 什麼是籌資渠道？目前企業主要有哪些籌資渠道？
3. 什麼是籌資方式？目前中國有哪些合法的籌資方式？
4. 什麼是股權籌資？各種股權籌資有什麼優點和缺點？
5. 什麼是債務籌資？各種債務籌資有什麼優點和缺點？
6. 企業資金需要量如何測算？

第五章　資本成本與資本結構

【本章學習目標】

- 瞭解資本成本的概念和作用
- 熟悉影響資本成本的因素
- 掌握個別資本成本、加權資本成本和邊際資本成本的計算
- 瞭解成本習性的概念和種類
- 掌握邊際貢獻和息稅前利潤的計算
- 熟悉經營槓桿、財務槓桿、複合槓桿的概念
- 掌握經營槓桿系數、財務槓桿系數、複合槓桿系數的計算
- 熟悉經營槓桿與經營風險、財務槓桿與財務風險、複合槓桿與複合風險之間的關係
- 瞭解資本結構的概念和現代資本結構理論
- 掌握最優資本結構決策分析方法
- 熟悉資本結構的調整

第一節　資本成本

　　資本成本是財務管理中一個重要的。資本成本概念之所以重要，有兩個原因：一是公司要做到股東財富最大化，必須使所有的投入成本最小，其中就包括資本成本的最小化，因此正確估計和合理降低資本成本是制定籌資決策的基礎。二是公司為了增加股東財富，公司投資項目的投資報酬率一定要高於其資本成本率，因此正確估計項目的資本成本率是制定投資決策的基礎。也就是說，資本成本是衡量資本結構優化程度的標準，也是對投資獲得經濟效益的最低要求，通常用資本成本率表示。企業所籌得的資本付諸使用以後，只有項目的投資報酬率高於資本成本率，才能表明所籌集的資本取得了較好的經濟效益。

一、資本成本的概念

　　資本成本是企業籌集和使用資本而承付的代價，企業籌得的資本付諸使用以後，只有投資報酬率高於資本成本，才能表明所籌集的資本取得了較好的經濟效益。這裡的資本是指企業所籌集的長期資本，包括股權資本和長期債權資本。對出資者而言，由於讓渡了資本使用權，必須要求取得一定的補償，資本成本表現為讓渡資本使用權所帶來的投資報酬。對籌資者而言，由於取得了資本使用權，必須支付一定的代價，

資本成本表現為取得資本使用權所付出的代價。用絕對數表示的資本成本，主要由以下兩個部分構成：

(一) 用資費用

用資費用指企業在生產經營、投資過程中因使用資本而付出的費用。例如，向股東支付的股利、向債權人支付的利息等。這是資本成本的主要內容。長期資金的用資費用，因使用資金數量的多少和時期的長短而變動，屬於變動性資本成本。

(二) 籌資費用

籌資費用指企業在籌集資本活動中為獲得資本而付出的費用，通常是在籌措資金時一次性支付的，在用資過程中不再發生。因此，籌資費用屬於固定性的資本成本，可視為籌資數額的一項扣除。

二、資本成本的作用

(一) 資本成本是比較和選擇籌資方式的依據

各種資本的資本成本率，是比較、評價各種籌資方式的依據。在評價各種籌資方式時，一般會考慮的因素包括對企業控製權的影響、對投資者吸引力的大小、融資的難易以及風險和資本成本的高低等，而資本成本是其中的重要因素。在其他條件相同時，企業籌資應選擇資本成本最低的方式。

(二) 平均資本成本是衡量資本結構是否合理的依據

企業財務管理目標是企業價值最大化，企業價值是企業資產帶來的未來經濟利益的現值。計算現值時採用的貼現率通常會選擇企業的平均資本成本，當平均資本成本率最小時，企業價值最大，此時的資本結構是企業理想的最佳資本結構。

(三) 資本成本是評價投資項目可行性的主要標準

資本成本通常用相對數表示，是企業對投入資本所要求的報酬率（或收益率），即最低必要報酬率。任何投資項目，如果其預期的投資報酬率超過該項目使用資金的資本成本率，則該項目在經濟上就是可行的。因此，資本成本率是企業用以確定項目要求達到的投資報酬率的最低標準。

(四) 資本成本是評價企業整體業績的重要依據

一定時期企業資本成本的高低，不僅反應企業籌資管理的水平，還可以作為評價企業整體經營業績的標準。企業的生產經營活動，實際上就是所籌集資本經過投放後形成的資產營運，企業的總資產報酬率應高於其平均資本成本率，才能帶來剩餘收益。

三、影響資本成本的因素

(一) 總體經濟環境

一個國家或地區的總體經濟環境狀況，表現在國民經濟發展水平、預期的通貨膨脹水平等方面，這些都會對企業籌資的資本成本產生影響。如果國民經濟保持健康、穩定、持續增長，整個社會經濟的資金供給和需求相對均衡且通貨膨脹水平低，資金所有者投資的風險小，預期報酬率低，籌資的資本成本率相應就比較低。相反，如果經濟過熱，通貨膨脹水平持續居高不下，投資者投資的風險大，預期報酬率高，籌資的資本成本率相應就比較高。

(二) 資本市場條件

資本市場條件包括資本市場的效率和風險。如果資本市場缺乏效率，證券的市場流動率性低，投資者投資風險大，要求的預期報酬率高，那麼通過資本市場融通的資金的成本就比較高；反之則僅是。

(三) 企業經營狀況和融資狀況

企業的經營風險和財務風險共同構成企業的總體風險。如果企業經營風險高，財務風險大，則企業總體風險水平高，投資者要求的預期報酬率高，企業籌資的資本成本相應就高。

(四) 企業對籌資規模和時限的需求

在一定時期內，國民經濟體系中資金供給總量是一定的，資本是一種稀缺資源。因此，企業一次性需要籌集的資金規模大、佔用資金時限長，資本成本就高。當然，融資規模、時限與資本成本的正向相關性並非線性關係。一般說來，融資規模在一定限度內，並不引起資本成本的明顯變化，當融資規模突破一定限度時，才引起資本成本的明顯變化。

四、個別資本成本的計算

個別資本成本是指單一融資方式的資本成本，包括銀行借款資本成本、公司債券資本成本、融資租賃資本成本、優先股資本成本、普通股資本成本和留存收益資本成本等。其中前三類是債務資本成本，後三類是權益資本成本。個別資本成本的高低，用相對數，即資本成本率表示。個別資本成本率可用於比較和評價各種籌資方式。

(一) 資本成本計算的基本模式

1. 一般模式

為了便於分析比較，資本成本通常不考慮時間價值的一般通用模型計算，用相對數，即資本成本率表示。計算時，將初期的籌資費用作為籌資額的一項扣除，扣除籌資費用後的籌資額稱為籌資淨額。通用的計算公式如下：

$$資本成本率 = \frac{每年的用資費用}{籌資總額 - 籌資費用} \times 100\%$$

$$= 每年的用資費用 / [籌資總額 \times (1-籌資費用率)]$$

2. 折現模式

對於金額大、時間超過一年的長期資本，更準確一些的資本成本計算方式是採用折現模式，即將債務未來還本付息或股權未來股利分紅的折現值與目前籌資淨額相等時的折現率作為資本成本率。

由：籌資淨額現值 - 未來資本清償額現金流量現值 = 0

得：資本成本率 = 所採用的折現率

(二) 銀行借款資本成本的計算

銀行借款資本成本包括借款利息和借款手續費用。利息費用稅前支付，可以起抵稅的作用。一般計算稅後資本成本率，稅後資本成本率與權益資本成本率具有可比性。銀行借款資本成本率按一般模式計算為：

$$K_L = \frac{I_L(1-T)}{L(1+f)} \times 100\%$$

或

$$K_L = \frac{R_L(1-T)}{(1+f)} \times 100\%$$

式中，K_L 為長期借款成本；I_L 為長期借款年利息；L 為長期借款總額，即借款本金；T 為企業所得稅率；R_L 為借款年利率；f 為籌資費用率。

對於長期借款，考慮時間價值問題，還可以用折現模式計算資本成本率。

【例5-1】某企業取得 5 年期長期借款 200 萬元，年利率為 10%，每年付息一次，到期一次還本，借款費用率為 0.2%，企業所得稅稅率為 20%。該項借款的資本成本率為：

$K_L = [200 \times 10\% \times (1-20\%)] / [200 \times (1-0.2\%)] = 8.02\%$

考慮時間價值，該項長期借款的資本成本率計算如下：

$200 \times (1-0.2\%) = 200 \times 10\% \times (1-20\%) \times (P/A, K_L, 5) + 200 \times (P/F, K_L, 5)$

按插值法計算，得：$K_L = 8.05\%$

(三) 公司債券資本成本的計算

公司債券資本成本包括債券利息和借款發行費用。債券可以溢價發行，也可以折價發行，其資本成本率按一般模式計算為：

$$K_B = \frac{I(1-T)}{B(1+f)} \times 100\%$$

式中，K_B 為債券成本；I 為債券每年支付的利息；B 為債券籌資額，按發行價格確定。

【例5-2】某企業以 1,100 元的價格溢價發行面值為 1,000 元、期限為 5 年、票面利率為 7% 的公司債券一批。每年付息一次，到期一次還本，發行費用率為 3%，所得稅稅率為 20%。該批債券的資本成本率為：

$K_B = [1,000 \times 7\% \times (1-20\%)] / [1,100 \times (1-3\%)] = 5.25\%$

考慮時間價值，該項公司債券的資本成本率計算如下：

$1,100 \times (1-3\%) = 1,000 \times 7\% \times (1-20\%) \times (P/A, K_B, 5) + 1,000 \times (P/F, K_B, 5)$

按插值法計算，得：$K_B = 4.09\%$

(四) 融資租賃資本成本的計算

融資租賃各期的租金中，包含本金每期的償還和各期手續費用（租賃公司的各期利潤），其資本成本率只能按貼現模式計算。

【例5-3】某企業於 2017 年 1 月 1 日從租賃公司租入一套設備，價值為 60 萬元，租期為 6 年，租賃期滿時預計殘值為 5 萬元，歸租賃公司所有。租賃年利率為 10%，每年租金為 131,283 元，每年年末支付。其資本成本率計算如下：

$600,000 - 50,000 \times (P/F, K_B, 6) = 13,128 \times (P/A, K_B, 6)$

得：$K_B = 10\%$

(五) 優先股資本成本的計算

公司發行優先股，既要支付籌資費用，又要定期支付股息，並且股利在稅後支付。

因此，優先股資本成本率計算公式為：

$$K_P = \frac{D_P}{P_P(1+f)} \times 100\%$$

式中，K_P為優先股資本成本率；D_P為優先股年股息，等於優先股面額乘固定股息率；P_P為優先股籌資總額，按預計的發行價格計算。

【例5-4】某公司擬發行某優先股，面值總額為100萬元，固定股息率為15%，籌資費率預計為5%。該股票溢價發行，其籌資總額為150萬元，則優先股資本成本率計算為：

$$K_P = \frac{100 \times 15\%}{150 \times (1-5\%)} \times 100\% = 10.53\%$$

(六) 普通股資本成本的計算

從理論上看，普通股籌資的成本就是普通股投資的必要報酬率，其測算方法一般有三種：股利折現模型、資本資產定價模型和無風險利率加風險溢價法。

1. 股利折現模型

股利折現模型的基本形式為：

$$P_0 = \sum_{t=1}^{n} \frac{D_t}{(1+K_c)}$$

式中，P_0為普通股籌資淨額，即發行價格扣除發行費用；D_t為普通股第t年的股利；K_c為普通股投資必要收益率，即普通股資本成本率。

運用上面的模型測算普通股籌資成本，因具體的股利政策而有所不同。如果公司採用固定股利政策，即每年分派固定的現金股利D元，則普通股資本成本率可按下式測算：

$$K_C = \frac{D}{P \times (1+f)} \times 100\%$$

【例5-5】某公司擬發行一批普通股，發行價格為12元，每股發行費用為2元，預定每年分派現金股利每股1.2元。該普通股籌資成本率為：

$$K_C = \frac{1.2}{12-2} \times 100\% = 12\%$$

如果該公司採用固定增長股利的政策，股利固定增長率為G，則資本成本率按下式測算：

$$K_C = \frac{D_1}{P \times (1+f)} \times 100\% + G$$

【例5-6】某公司準備增發普通股，每股發行價為15元，發行費用為3元，預定第一年分派現金股利每股1.5元，以後每年股利增長5%。該普通股籌資成本率為：

$$K_C = \frac{1.5}{15-3} \times 100\% + 5\% = 17.5\%$$

2. 資本資產定價模型

資本資產定價模型的含義可以簡單地描述為普通股投資的必要報酬率等於無風險報酬加上風險報酬率。其用公式表示如下：

$$K_C = R_f + \beta \times (R_m - R_f)$$

式中，R_f代表無風險報酬率，R_m代表市場報酬率或市場投資組合的期望收益率，β代表某公司股票收益率相對於市場投資組合期望收益率的變動幅度。

當整個證券市場投資組合的收益率增加1%時，如果某公司股票的收益率增加2%，那麼該公司股票的β為2，如果另外一家公司股票的收益率僅上升0.5%，則其β為0.5。

【例5-7】某股份公司普通股股票的β值為1.5，無風險利率為6%，市場投資組合的期望收益率為10%。該公司的普通股籌資成本率為：

$K_C = 6\% + 1.5 \times (10\% - 6\%) = 12\%$

3. 無風險利率加風險溢價法

該方法認為，由於普通股的求償權不僅在債權之後，而且還次於優先股，因此持有普通股股票的風險要大於持有債券的風險。這樣股票持有人就必然要求一定的風險補償。一般情況來看，通過一段時間的統計數據，可以測算出某公司普通股股票期望收益率超出無風險利率的大小，即風險溢價R_P。無風險利率R_f一般用同期國債收益率表示，這是證券市場最基礎的數據。因此，用無風險利率加風險溢價法計算普通股籌資成本的公式為：

$$K_C = R_f + R_P$$

【例5-8】假定某股份公司普通股的風險溢價估計為8%，而無風險利率為5%，則該公司普通股資本成本率為：

$K_C = 5\% + 8\% = 13\%$

（七）留存收益資本成本的計算

留存收益是企業稅後淨利潤形成的，是一種所有者權益，其實質是所有者向企業的追加投資。企業利用留存收益籌資無需發生籌資費用。如果企業將留存收益用於再投資，所獲得的收益率低於股東自己進行一項風險相似的投資項目的收益率，企業就應該將其分配給股東。留存收益的資本成本率表現為股東追加投資要求的報酬率，其計算與普通股資本成本率相同，也分為股利增長模型法和資本資產定價模型法，不同點在於留存收益資本成本率不考慮籌資費用。其計算公式為：

$$K_e = \frac{D_1}{P_0} + g$$

式中，K_e為留存收益資本成本率，D_1為預期第一年年末的股利，P_0為普通股市價，g為不變的股利年增長率。

【例5-9】某企業普通股每股市價為150元，第一年年末的股利為15元，以後每年增長5%，則其留存收益資本成本率為：

$K_e = \dfrac{15}{150} + 5\% = 15\%$

五、加權平均資本成本的計算

由於受多種因素的影響，企業不可能只使用某種單一的籌資方式，往往需要通過多種方式籌集所需資金。為進行籌資決策，就要計算確定企業全部長期資本的總成本。

綜合資本成本（Weighted Average Cost of Capital，WACC）又稱加權平均資本成本，是指企業全部長期資本成本的總成本，通常以各種資本占全部資本的比重為權數，對個別資本成本進行加權平均確定。加權平均資本成本是由個別資本成本率和各種長期資本比例這兩個因素決定的。各種長期資本比例是指一個企業各種長期資本分別占企業全部長期資本的比例，即狹義的資本結構。

(一) 加權平均資本成本的計算公式

$$WACC = \sum (K_i \times W_i)$$

式中，WACC代表加權平均資本成本，K_i代表第i種個別資本成本，W_i代表第i種個別資本占全部資本的比重。

【例5-10】某公司共有長期資本（帳面價值）1,050萬元，有關資料如表5-1所示。

表5-1　　　　　　　　　　　　某公司長期資料

資本來源	帳面金額（萬元）	權數（%）	稅後資本成本（%）
公司債券	400	38.0	10.0
銀行借款	200	19.0	6.7
普通股	300	28.5	14.5
留存收益	150	14.5	15.0
合計	1,050	100.0	

其加權平均資本成本為：

$WACC = 10\% \times 38\% + 6.7\% \times 19\% + 14.5\% \times 28.5\% + 15\% \times 14.5\% = 11.38\%$

(二) 加權平均資本成本權數價值的選擇問題

在測算加權平均資本成本時，企業資本結構或各種資本在總資本中所占的比重取決於各種資本價值的確定。各種資本價值的確定基礎主要有三種選擇，即帳面價值、市場價值和目標價值。

按帳面價值確定資本比重，即以各項個別資本的會計報表帳面價值為基礎來計算資本權數，確定各類資本占總資本的比重。其優點是資料容易取得，可以直接從資產負債表中得到，而且計算結果比較穩定。其缺點是當債券和股票的市場價值與帳面價值差距較大時，導致按帳面價值計算出來的資本成本不能反應目前從資本市場上籌集資本的現時機會成本，不適合評價現時的資本結構，從而不利於加權平均資本成本的測算和籌資管理的決策。

按市場價值確定資本比重是指債券和股票等以現行資本市場價值為基礎確定其資本比重，即以各項個別資本的現行市場價值為基礎來計算資本權數，確定各類資本占總資本的比重。其優點是能夠反應現時的資本成本水平，有利於進行資本結構決策。但現行市場價值處於經常變動之中，不容易取得，而且現行市場價值反應的只是現時的資本結構，不適用未來的籌資決策。這樣計算的加權平均資本成本雖然能反應企業目前的實際情況，但是證券市場價格變動頻繁，為彌補證券市場價格變動頻繁的不便，

也可選用平均價格。

按目標價值確定資本比重是指債券和股票等以未來預計的目標市場價值確定其資本比重，即以各項個別資本預計的未來價值為基礎來確定資本權數，確定各類資本占總資本的比重。目標價值是目標資本結構要求下的產物，是公司籌措和使用資本對資本結構的一種要求。對於公司籌措新資本，需要反應期望的資本結構來說，目標價值是有益的，適用於未來的籌資決策，但目標價值的確定難免具有主觀性。

以目標價值為基礎計算資本權重，能體現決策的相關性。目標價值權數的確定，可以選擇未來的市場價值，也可以選擇未來的帳面價值。選擇未來的市場價值，與資本市場現狀聯繫比較緊密，能夠與現時的資本市場環境狀況結合起來。目標價值權數的確定一般以現時市場價值為依據。市場價值波動頻繁，可行方案是選用市場價值的歷史平均值，如 30 日均價、60 日均價、120 日均價等。

總之，目標價值權數是主觀願望和預期的表現，依賴於財務經理的價值判斷和職業經驗。這種權數能夠反應企業期望的資本結構，而不是像按帳面價值和市場價值確定的權數那樣只反應過去和現在的資本結構。因此，按目標價值權數計算得出的加權平均資本成本更適用於企業籌措新資本。然而，企業很難客觀合理地確定證券的目標價值，有時這種計算方法不易推廣。

在實務中，通常以帳面價值為基礎確定的資本價值計算加權平均資本成本。

六、邊際資本成本的計算

邊際資本成本是企業追加籌資的成本。企業的個別資本成本和平均資本成本是企業過去籌集的單項資本的成本和目前使用的全部資本的成本。然而，企業在追加籌資時，不能僅僅考慮目前所使用的資本的成本，還要考慮新籌集資本的成本，即邊際資本成本。邊際資本成本是企業進行追加籌資的決策依據。籌資方案組合時，邊際資本成本的權數採用目標價值權數。

【例 5-11】某公司設定的目標資本結構為：銀行借款 20%、公司債券 15%、普通股 65%。現擬追加籌資 300 萬元，按此資本結構來籌資。個別資本成本率預計分別為：銀行借款 7%，公司債券 12%，普通股 15%。追加籌資 300 萬元的邊際資本成本如表 5-2 所示。

表 5-2　　　　　　　　　　邊際資本成本計算表

資本種類	目標資本結構（%）	追加籌資額（萬元）	個別資本成本（%）	邊際資本成本（%）
銀行借款	20	60	7	1.4
公司債券	15	45	12	1.8
普通股	65	195	15	9.75
合計	100	300	—	12.95

第二節　財務槓桿

「槓桿」一詞是來自於物理學中的力學概念，槓桿效應是指人們通過利用槓桿，可以用較小的力量移動較重物體的現象。財務管理中存在著類似於物理學中的槓桿效應，表現為由於特定固定支出或費用的存在，導致當某一財務變量以較小幅度變動時，另一相關變量會以較大幅度變動。槓桿效應既可以產生槓桿利益，也可能帶來槓桿風險。

財務管理中的槓桿效應有三種形式，即經營槓桿、財務槓桿和複合槓桿，要瞭解這些槓桿的原理，需要首先瞭解成本習性、邊際貢獻和息稅前利潤等相關術語的概念。

一、成本習性、邊際貢獻與息稅前利潤

(一) 成本習性及其分類

所謂成本習性，是指成本總額與業務量之間在數量上的依存關係。成本習性是經營槓桿的概念基礎。成本按習性分為固定成本、變動成本和混合成本三類。

1. 固定成本

固定成本是指其總額在相關範圍內，不直接受業務量變動的影響而固定不變的成本，如廠房、設備的折舊、廣告費、管理人員的工資、辦公費等項目。由於固定成本在相關範圍內總額保持不變，因此業務量的增加意味著固定成本將分配給更多數量的產品，也就是說，每單位產品的固定成本將隨業務量的增加而逐漸減少。

固定成本還可以進一步區分為約束性固定成本和酌量性固定成本兩類。

（1）約束性固定成本。約束性固定成本屬於企業經營能力成本，是企業為維持一定的業務量所必須負擔的最低成本，如廠房、機器設備折舊費、長期租賃費等。企業的經營能力一經形成，在短期內很難有重大改變，因此這部分成本具有很大的約束性，管理當局的決策行動不能輕易改變其數額。要想降低約束性固定成本，只能從合理利用經營能力入手。

（2）酌量性固定成本。酌量性固定成本屬於企業經營方針成本，是企業根據經營方針確定的一定時期（通常為一年）的成本，如廣告費、研究與開發費、職工培訓費等。這部分成本的發生，可以隨企業經營方針和財務狀況的變化，斟酌其開支情況。因此，要降低酌量性固定成本，就要在預算時精打細算，合理確定這部分成本的數額。

應當指出的是，固定成本總額只是在一定時期和業務量的一定範圍內保持不變。這裡所說的一定範圍，通常為相關範圍。超過了相關範圍，固定成本也會發生變動。因此，固定成本必須和一定時期、一定業務量聯繫起來進行分析。從較長時間來看，所有的成本都在變動，沒有絕對不變的固定成本。

2. 變動成本

變動成本是指其總額會隨業務量的變動而成正比例變動的成本，如直接材料成本和直接人工成本就是變動成本。但單位產品的變動成本則不隨業務量變動的影響而固定不變。

與固定成本相同，變動成本也存在相關範圍，即只有在一定範圍之內，產量和成

本才能完全成同比例變化，即完全的線性相關，超過了一定的範圍，這種關係就不存在了。例如，當一種新產品還是小批量生產時，由於生產還處於不熟練階段，直接材料和直接人工耗費可能較多，隨著產量的增加，工人對生產過程逐漸熟練，可使單位產品的材料和人工費用降低。在這一階段，變動成本不一定與產量完全成同比例變化，而是表現為小於產量增減幅度。在這以後，生產過程比較穩定，變動成本與產量成同比例變動，這一階段的產量便是變動成本的相關範圍。然而，當產量達到一定程度後，再大幅度增產可能會出現一些新的不利因素，使成本的增長幅度大於產量的增長幅度。

3. 混合成本

有些成本雖然也隨業務量的變動而變動，但不成同比例變動，不能簡單地歸入變動成本或固定成本，這類成本稱為混合成本。混合成本按其與業務量的關係又可分為半變動成本和半固定成本。

（1）半變動成本。半變動成本通常有一個初始量，類似於固定成本，在這個初始量的基礎上隨產量的增長而增長，又類似於變動成本。企業的電話費就屬於半變動成本。

（2）半固定成本。半固定成本隨產量的變化而呈階梯形增長，產量在一定限度內，這種成本不變，當產量增長到一定限度後，這種成本就跳躍到一個新水平。化驗員、質量檢查人員的工資就屬於這類成本。

4. 總成本習性模型

通過以上分析我們知道，成本按習性可分為變動成本、固定成本和混合成本三類，但混合成本又可以按一定方法分解成變動部分和固定部分，那麼總成本習性模型可以表示為：

$$y = a + bx$$

式中，y 代表總成本，a 代表固定成本，b 代表單位變動成本，x 代表業務量（如產銷量，這裡假定產量與銷量相等，下同）。

顯然，若能求出公式中 a 和 b 的值，就可以利用這個直線方程來進行成本預測、成本決策和其他短期決策。

(二) 邊際貢獻及其計算

邊際貢獻是指銷售收入減去變動成本以後的差額。其計算公式為：

邊際貢獻＝銷售收入－變動成本
　　　　＝(銷售單價－單位變動成本)×產銷量
　　　　＝單位邊際貢獻×產銷量

若以 M 表示邊際貢獻，p 表示銷售單價，b 表示單位變動成本，x 表示產銷量，m 表示單位邊際貢獻，則上式可表示為：

$$M = px - bx = (p - b)x = mx$$

(三) 息稅前利潤及其計算

息稅前利潤是指企業支付利息和繳納所得稅前的利潤。其計算公式為：

息稅前利潤＝銷售收入總額－變動成本總額－固定成本
　　　　　＝(銷售單價－單位變動成本)×產銷量－固定成本
　　　　　＝邊際貢獻總額－固定成本

若以 $EBIT$ 表示息稅前利潤，a 表示固定成本，則上式可表示為：
$$EBIT = px - bx - a = (p - b)x - a = M - a$$
顯然，不論利息費用的習性如何，上式的固定成本和變動成本中不應包括利息費用因素。息稅前利潤也可以用利潤總額加上利息費用求得。

【例5-12】某公司當年年底的所有者權益總額為1,000萬元，普通股為600萬股。目前的資本結構為長期負債佔60%，所有者權益佔40%，沒有流動負債。假設該公司的企業所得稅稅率為33%，預計繼續增加長期債務不會改變目前11%的平均利率水平。該公司董事會在討論明年資金安排時提出：

（1）計劃年度分配現金股利0.05元/股。
（2）擬為新的投資項目籌集200萬元的資金作為資本。
（3）計劃年度維持目前的資本結構，並且不增發新股。

要求：測算實現董事會上述要求所需要的息稅前利潤。

（1）因為計劃年度維持目前的資本結構，所以計劃年度增加的所有者權益為200×40%＝80（萬元）。

因為計劃年度不增發新股，所以增加的所有者權益全部來源於計劃年度分配現金股利之後剩餘的淨利潤。

因為發放現金股利所需稅後利潤＝0.05×600＝30（萬元），所以計劃年度的稅後利潤＝30+80＝110（萬元）。

計劃年度的稅前利潤＝$\dfrac{110}{1-33\%}$＝164.18（萬元）

（2）因為計劃年度維持目前的資本結構，所以需要增加的長期負債＝200×60%＝120（萬元）。

（3）因為原來的所有者權益總額為1,000萬元，資本結構為所有者權益佔40%，所以原來的資本總額＝$\dfrac{1,000}{40\%}$＝2,500萬元。因為資本結構中長期負債佔60%，所以原來的長期負債＝2,500×60%＝1,500（萬元）。

（4）因為計劃年度維持目前的資本結構，所以計劃年度不存在流動負債，計劃年度借款利息＝長期負債利息＝（原長期負債+新增長期負債）×利率＝（1,500+120）×11%＝178.2（萬元）。

（5）因為息稅前利潤＝稅前利潤+利息，所以計劃年度息稅前利潤＝164.18+178.2＝342.38（萬元）。

二、經營槓桿

(一) 經營槓桿的概念

經營槓桿是指由於固定性經營成本的存在，而使得企業的資產報酬（息稅前利潤）變動率大於業務量變動率的現象。經營槓桿反應了資產報酬的波動性，用以評價企業的經營風險。用息稅前利潤表示資產總報酬，則：

$$EBIT = S - V - F = (P - V_c)Q - F = M - F$$

式中，$EBIT$ 為息稅前利潤，S 為銷售額，V 為變動性經營成本，F 為固定性經營成

本，Q 為產銷業務量，P 為銷售單價，V_c 為單位變動成本，M 為邊際貢獻。

上式中，影響 $EBIT$ 的因素包括產品售價、產品需求、產品成本等因素。當產品成本中存在固定成本時，如果其他條件不變，產銷業務量的增加雖然不會改變固定成本總額，但會降低單位產品分攤的固定成本，從而提高單位產品利潤，使息稅前利潤的增長率大於產銷業務量的增長率，進而產生經營槓桿效應。當不存在固定性經營成本時，所有成本都是變動性經營成本，邊際貢獻等於息稅前利潤，此時息稅前利潤變動率與產銷業務量的變動率完全一致。

(二) 經營槓桿系數

只要企業存在固定性經營成本，就存在經營槓桿效應。但不同的產銷業務量，其槓桿效應的大小程度是不一致的。測算經營槓桿效應程度，常用指標為經營槓桿系數。經營槓桿系數是息稅前利潤變動率與產銷業務量變動率的比。其計算公式為：

$$DOL = 息稅前利潤變動率 / 產銷量變動率$$

$$DOL = \frac{\Delta EBIT / EBIT}{\Delta Q / Q}$$

式中，DOL 為經營槓桿系數，$\Delta EBIT$ 為息稅前利潤變動額，$EBIT$ 為變動前息稅前利潤，ΔQ 為銷售變動量（額），Q 為變動前（或基期）銷售量（額）。

設 S 為銷售額，V_c 為變動成本，F 為固定成本，上述公式可變換為：

$$DOL = \frac{S - V_c}{S - V_c - f}$$

即

$$DOL = \frac{基期邊際貢獻}{基期息稅前利潤}$$

$$= M / [M - F] = [EBIT + F] / EBIT$$

【例 5-13】泰華公司產銷某種服裝，固定成本為 500 萬元，變動成本率為 70%。年產銷額為 5,000 萬元時，變動成本為 3,500 萬元，固定成本為 500 萬元，息稅前利潤為 1,000 萬元；年產銷額為 7,000 萬元時，變動成本為 4,900 萬元，固定成本仍為 500 萬元，息稅前利潤為 1,600 萬元。可以看出，該公司產銷量增長了 40%，息稅前利潤增長了 60%。其經營槓桿系數為：

$$DOL = \frac{\Delta EBIT / EBIT}{\Delta Q / Q}$$

$$= (600 / 1,000) / (2,000 / 5,000) = 1.5$$

$$DOL = M / EBIT = 5,000 \times 30\% / 1,000 = 1.5$$

(三) 經營槓桿與經營風險

經營風險是指企業由於生產經營上的原因而導致的資產報酬波動的風險。引起企業經營風險的主要原因是市場需求和生產成本等因素的不確定性，經營槓桿本身並不是資產報酬不確定的根源，只是資產報酬波動的表現。但是，經營槓桿放大了市場和生產等因素變化對利潤波動的影響。經營槓桿系數越高，表明資產報酬等利潤波動程度越大，經營風險也就越大。根據經營槓桿系數的計算公式，有：

$$DOL = (EBIT + F) / EBIT = 1 + F / EBIT$$

上式表明，在企業不發生經營性虧損、息稅前利潤為正的前提下，經營槓桿系數

最低為1，不會為負數；只要有固定性經營成本存在，經營槓桿系數總是大於1。

從上式可知，影響經營槓桿的因素包括企業成本結構中的固定成本比重和息稅前利潤水平。其中，息稅前利潤水平又受產品銷售數量、銷售價格、成本水平（單位變動成本和固定成本總額）高低的影響。固定成本比重越高、成本水平越高、產品銷售數量和銷售價格水平越低，經營槓桿效應越大，反之亦然。

【例5-14】某企業生產A產品，固定成本100萬元，變動成本率60%，當銷售額分別為1,000萬元、500萬元、250萬元時，經營槓桿系數分別為：

$DOL_{1,000} = (1,000 - 1,000 \times 60\%)/(1,000 - 1,000 \times 60\% - 100) = 1.33$

$DOL_{500} = (500 - 500 \times 60\%)/(500 - 500 \times 60\% - 100) = 2$

$DOL_{250} = (250 - 250 \times 60\%)/(250 - 250 \times 60\% - 100) \to \infty$

上例計算結果表明：在其他因素不變的情況下，銷售額越小，經營槓桿系數越大，經營風險也就越大，反之亦然。銷售額為1,000萬元時，經營槓桿系數為1.33；銷售額為500萬元時，經營槓桿系數為2。顯然後者的不穩定性大於前者，經營風險也大於前者。在銷售額處於盈虧臨界點250萬元時，經營槓桿系數趨於無窮大，此時企業銷售額稍有減少便會導致更大的虧損。

二、財務槓桿

（一）財務槓桿的概念

財務槓桿是指由於固定性資本成本的存在，而使得企業的普通股收益（或每股收益）變動率大於息稅前利潤變動率的現象。財務槓桿反應了股權資本報酬的波動性，用以評價企業的財務風險。用普通股收益或每股收益表示普通股權益資本報酬，則：

$$TE = (EBIT - I)(1 - T)$$

$$EPS = (EBIT - I)(1 - T)/N$$

式中，TE為全部普通股淨收益，EPS為每股收益，I為債務資本利息，T為所得稅稅率，N為普通股股數。

上式中，影響普通股收益的因素包括資產報酬、資本成本、所得稅稅率等因素。當有固定利息費用等資本成本存在時，如果其他條件不變，息稅前利潤的增加雖然不改變固定利息費用總額，但會降低每一元息稅前利潤分攤的利息費用，從而提高每股收益，使得普通股收益的增長率大於息稅前利潤的增長率，進而產生財務槓桿效應。當不存在固定利息、股息等資本成本時，息稅前利潤就是利潤總額，此時利潤總額變動率與息稅前利潤變動率完全一致。如果兩期所得稅稅率和普通股股數保持不變，每股收益的變動率與利潤總額變動率也完全一致，進而與息稅前利潤變動率一致。

（二）財務槓桿系數

只要企業融資方式中存在固定性資本成本，就存在財務槓桿效應。固定利息、固定融資租賃費等的存在，都會產生財務槓桿效應。在同一固定的資本成本支付水平上，不同的息稅前利潤水平，對固定的資本成本的承受負擔是不一樣的，其財務槓桿效應的大小程度是不一致的。測算財務槓桿效應程度，常用指標為財務槓桿系數。財務槓桿系數是每股收益變動率與息稅前利潤變動率的倍數。其計算公式為：

$$DFL = \frac{\Delta EPS/EPS}{\Delta EBIT/EBIT}$$

式中，DFL 為財務槓桿系數，ΔEPS 為普通股每股收益變動額或普通股稅後利潤變動額，EPS 為基期每股收益或基期普通股稅後利潤，$\Delta EBIT$ 為息稅前利潤變動額，$EBIT$ 為基期息稅前利潤。

財務槓桿系數的計算公式可進一步簡化。

假設 I 為債務年利息，D 為優先股股利，T 為所得稅稅率，N 為流通在外普通股股數。

上式中基期每股利潤或基期普通股稅後利潤可表示如下：

$$EPS = [(EBIT - I)(1 - T) - D]/N$$

由於資本結構不變，利息費用、優先股股利相對不變，因此可得到：

$$\Delta EPS = \Delta EBIT(1 - T)/N$$

則：

$$DFL = \frac{EBIT}{EBIT - I - \frac{D}{(1 - T)}}$$

就未發行優先股的企業而言，其財務槓桿系數的計算公式可簡化為：

$$DFL = \frac{EBIT}{EBIT - I} = \frac{基期息稅前利潤}{基期息稅前利潤 - 基期利息}$$

【例 5-15】某企業資產總額為 100 萬元，負債與自有資本的比例為 3：7，借款年利率為 10%，企業基期息稅前利潤率為 15%，企業預計計劃期息稅前利潤率將由 15% 增長到 20%，所得稅稅率為 30%，請問資本利潤率將增長多少？

計算結果如表 5-3 所示。

息稅前利潤增長率 = (20% - 15%) ÷ 15% = 33.33%
資本利潤率增長率 = (17% - 12%) ÷ 12% = 41.67%

表 5-3　　　　　　　　　　　資本利潤率計算表　　　　　　　　金額單位：萬元

項目	基期	計劃期
息稅前利潤	15	20
利息	3	3
稅前利潤	12	17
所得稅	3.6	5.1
稅後利潤	8.4	11.9
資本利潤率	12%	17%

財務槓桿系數 = 41.67% ÷ 33.33% = 1.25

從表 5-3 中可以看出，息稅前利潤率的增長會帶來資本利潤率的成倍增長。息稅前利潤率增長引起資本利潤率增長的幅度越大，財務槓桿效用就越強。為取得財務槓桿利益，如果企業加大舉債比重，其財務槓桿系數也會相應提高，但同時會增加企業還本付息的壓力，引起財務風險相應增大。所以說，企業利用財務槓桿，可能產生好

的效果，也可能產生壞的效果。

【例5-16】有 A、B、C 三個公司，資本總額均為 1,000 萬元，所得稅稅率均為 30%，每股面值均為 1 元。A 公司資本全部由普通股組成；B 公司債務資本 300 萬元（利率 10%），普通股 700 萬元；C 公司債務資本 500 萬元（利率 10.8%），普通股 500 萬元。三個公司 2016 年息稅前利潤均為 200 萬元，2017 年息稅前利潤均為 300 萬元，息稅前利潤增長了 50%。三個公司有關財務指標如表 5-4 所示。

表 5-4　　　　　　　　　普通股收益及財務槓桿的計算　　　　　　金額單位：萬元

利潤項目		A 公司	B 公司	C 公司
普通股股數		1,000 萬股	700 萬股	500 萬股
利潤總額	2016 年	200	170	146
	2017 年	300	270	246
	增長率	50%	58.82%	68.49%
淨利潤	2016 年	140	119	102.2
	2017 年	210	189	172.2
	增長率	50%	58.82%	68.49%
普通股收益	2016 年	140	119	102.2
	2017 年	210	189	172.2
	增長率	50%	58.82%	68.49%
每股收益	2016 年	0.14 元	0.17 元	0.20 元
	2017 年	0.21 元	0.27 元	0.34 元
	增長率	50%	58.82%	68.49%
財務槓桿系數		1.000	1.176	1.370

可見，資本成本固定型的資本所占比重越高，財務槓桿系數就越大。A 公司由於不存在固定資本成本的資本，沒有財務槓桿效應；B 公司存在債務資本，其普通股收益增長幅度是息稅前利潤增長幅度的 1.176 倍；C 公司存在債務資本，並且債務資本的比重比 B 公司高，其普通股收益增長幅度是息稅前利潤增長幅度的 1.370 倍。

(三) 財務槓桿與財務風險

財務風險是指企業由於籌資原因產生的資本成本負擔而導致的普通股收益波動的風險。引起企業財務風險的主要原因是資產報酬的不利變化和資本成本的固定負擔。由於財務槓桿的作用，當企業的息稅前利潤下降時，企業仍然需要支付固定的資本成本，導致普通股剩餘收益以更快的速度下降。財務槓桿放大了資產報酬變化對普通股收益的影響，財務槓桿系數越高，表明普通股收益的波動程度越大，財務風險也就越大。只要有固定性資本成本存在，財務槓桿系數總是大於 1。

在企業資本結構中，債務相對於股東權益的比重越大，企業支付能力降低的風險越大，為此投資者所要求的收益率就越高，從而使資本成本上升。由於財務槓桿有正

財務槓桿和負財務槓桿之分，在資本結構中，債務所占的比例越高，財務槓桿的作用就越大，財務風險也越大。

財務風險具體表現如下：

第一，舉債程度方面，企業舉債程度越高，財務風險增大，資本成本越高。

第二，債務清償順序方面，某個投資者對企業的資產擁有優先權，對其他投資者便構成財務風險。因為投資者的債權排列順序越靠後，收回本利的可能性就越小，投資者必然要求更高的收益率，從而使資本成本增高。

第三，收支匹配方面，如果企業的現金流量與債務本利的支付不相匹配，財務風險就會上升。

財務風險是企業唯一能控製的、影響資本成本的內部主觀因素。

從前面的計算公式中我們得知，影響財務槓桿的因素包括企業資本結構中債務資本比重、普通股收益水平、所得稅稅率水平。其中，普通股收益水平又受息稅前利潤、固定資本成本（利息）高低的影響。債務成本比重越高、固定的資本成本支付額越高、息稅前利潤水平越低，財務槓桿效應越大，反之亦然。

【例5-17】在【例5-16】中，三個公司2016年的財務槓桿系數分別為A公司1.000、B公司1.176、C公司1.370。這意味著，如果息稅前利潤下降時，A公司的每股收益與之同步下降，而B公司和C公司的每股收益會以更大的幅度下降。導致各公司每股收益不為負數的息稅前利潤最大降幅如表5-5所示。

表5-5

公司	財務槓桿系數	每股收益降低	息稅前利潤降低
A	1.000	100%	100%
B	1.176	100%	85.03%
C	1.370	100%	72.99%

上述結果意味著，2017年在2016年的基礎上，息稅前利潤降低72.99%，C公司普通股收益會出現虧損；息稅前利潤降低85.03%，B公司普通股收益會出現虧損；息稅前利潤降低100%，A公司普通股收益會出現虧損。顯然，C公司不能支付利息、不能滿足普通股股利要求的財務風險遠高於其他公司。

三、複合槓桿

（一）複合槓桿的概念

經營槓桿和財務槓桿可以獨立發揮作用，也可以綜合發揮作用，複合槓桿是用來反應兩者之間共同作用結果的，即權益資本報酬與產銷業務量之間的變動關係。由於固定性經營成本的存在，產生經營槓桿效應，導致產銷業務量變動對息稅前利潤變動有放大作用。同樣，由於固定性資本成本的存在，產生財務槓桿效應，導致息稅前利潤變動對普通股收益有放大作用。兩種槓桿共同作用，將導致產銷業務量的變動引起普通股每股收益更大的變動。

複合槓桿是指由於固定經營成本和固定資本成本的存在，導致普通股每股收益變

動率大於產銷業務量的變動率的現象。

(二) 複合槓桿系數

只要企業同時存在固定性經營成本和固定性資本成本，就存在總槓桿效應。產銷量變動通過息稅前利潤的變動，傳導至普通股收益，使得每股收益發生更大的變動。通常用複合槓桿系數表示複合槓桿效應程度。複合槓桿系數是經營槓桿系數和財務槓桿系數的乘積，是普通股每股收益變動率相當於產銷量變動率的倍數。其計算公式為：

$$DTL = 普通股每股收益變動率/產銷量變動率$$

$$DTL = \frac{\Delta EPS/EPS}{\Delta Q/Q}$$

複合槓桿系數與經營槓桿系數、財務槓桿系數之間的關係可用下式表示：

$$DTL = DOL \times DFL$$

複合槓桿系數也可以直接按以下實務公式計算：

$$DTL = \frac{M}{EBIT - I} = \frac{S - VC}{S - VC - F - I} = \frac{EBIT + F}{EBIT - I}$$

【例 5-18】某企業 2016 年和 2017 年有關資料如表 5-6 所示。

表 5-6　　　　　某企業 2016 年和 2017 年經營情況表　　　　單位：元

項目	2016 年	2017 年	槓桿形式
銷售收入	1,500,000	1,800,000	經營槓桿
固定成本	600,000	600,000	
變動成本	500,000	600,000	
息稅前利潤	400,000	600,000	
利息	120,000	120,000	財務槓桿
稅前利潤	280,000	480,000	
所得稅（30%）	84,000	144,000	
稅後利潤	196,000	336,000	
股票數量	10,000	10,000	
每股收益	19.60	33.60	

根據表 5-6 的資料，綜合槓桿系數計算如下：

每股收益增長率 = (33.60 - 19.60) ÷ 19.60 = 71.43%

銷售額增長率 = (1,800,000 - 1,500,000) ÷ 1,500,000 = 20%

複合槓桿系數 = 71.43% ÷ 20% = 3.57

複合槓桿系數為 3.57 表明每股利潤變動是銷售額變動的 3.57 倍。

如果按實務公式計算，2016 年的綜合槓桿系數計算結果如下：

$$DTL = \frac{1,500,000 - 500,000}{1,500,000 - 500,000 - 600,000 - 120,000} = 3.57$$

計算結果與第一種方法的計算結果相同。

【例 5-19】B 企業年銷售額為 1,000 萬元，變動成本率為 60%，息稅前利潤為 250 萬元，全部資本為 500 萬元，負債比率為 40%，負債平均利率為 10%。

要求：
(1) 計算 B 企業的經營槓桿系數、財務槓桿系數和總槓桿系數。
(2) 如果預測期 B 企業的銷售額將增長 10%，計算息稅前利潤及每股收益的增長幅度。

(1) B 企業的經營槓桿系數、財務槓桿系數和複合槓桿系數計算如下：

$$DOL = \frac{1,000 - 1,000 \times 60\%}{250} = 1.6$$

$$DFL = \frac{250}{250 - 500 \times 40\% \times 10\%} = 1.087$$

$DTL = 1.6 \times 1.087 = 1.739, 2$

(2) 息稅前利潤及每股收益的增長幅度計算如下：
息稅前利潤增長幅度 = 1.6×10% = 16%
每股收益增長幅度 = = 1.739,2×10% = 17.39%

(三) 複合槓桿與複合風險

從上面的分析可以看到，在複合槓桿的作用下，當企業的銷售前景樂觀時，每股收益額會大幅度上升；當企業的銷售前景不好時，每股收益額又會大幅度下降。企業複合槓桿系數越大，每股收益的波動幅度越大，反之亦然。由於複合槓桿作用使普通股每股收益大幅度波動而造成的風險，稱為複合風險。複合風險直接反應企業的整體風險。在其他因素不變的情況下，複合槓桿系數越大，複合風險越大；複合槓桿系數越小，複合風險越小。

複合風險包括企業的經營風險和財務風險。複合槓桿系數反應了經營槓桿和財務槓桿之間的關係，用以評價企業的整體風險水平。在複合槓桿系數一定的情況下，經營槓桿系數與財務槓桿系數此消彼長。複合槓桿效應的意義在於：第一，能夠說明產銷業務量變動對普通股收益的影響，據以預測未來的每股收益水平；第二，揭示了財務管理的風險管理策略，即要保持一定的風險狀況水平，需要維持一定的複合槓桿系數，經營槓桿和財務槓桿可以有不同的組合。

一般來說，固定資產比較重大的資本密集型企業，經營槓桿系數高，經營風險大，企業籌資主要依靠權益資本，以保持較小的財務槓桿系數和財務風險；變動成本比重較大的勞動密集型企業，經營槓桿系數低，經營風險小，企業籌資主要依靠債務資本，以保持較大的財務槓桿系數和財務風險。

一般來說，在企業初創階段，產品市場佔有率低，產銷業務量小，經營槓桿系數大，此時企業籌資主要依靠權益資本，在較低程度上使用財務槓桿。在企業擴張成熟期，產品市場佔有率高，產銷業務量大，經營槓桿系數小，此時企業資本結構中可擴大債務資本，在較高程度上使用財務槓桿。

第三節 資本結構

一、資本結構的含義

資本結構是指企業各種資本的構成及其比例關係。資本結構是企業籌資決策的核心問題，在籌資管理過程中，採用適當的方法以確定最佳資本結構是籌資管理的主要任務之一。

在企業籌資管理活動中，資本結構有廣義和狹義之分。廣義的資本結構又稱財務結構，是指全部資本的來源構成，不但包括長期資本，還包括短期負債。狹義的資本結構是指長期資本（長期債務資本與股權資本）的構成及其比例關係，而將短期債務資本列入營運資本進行管理。本書採用狹義的資本結構的概念。

企業資本結構是由企業採用的各種籌資方式籌集資本而形成的，各種籌資方式不同的組合類型決定著企業資本結構及其變化。企業籌資方式有很多，但總體來看分為負債資本和權益資本兩類，因此資本結構問題總體來說是負債資本的比例問題，即負債在企業全部資本中所占的比重。

二、現代資本結構理論

自20世紀50年代以來，西方經濟學家對資本結構展開了廣泛的研究，先後出現過淨收入理論、折中理論和現代資本結構理論，其中影響最大的現代資本結構理論主要是指MM理論及其發展，如權衡理論、激勵理論、非對稱信息理論等。

（一）MM理論和權衡理論

早期的MM理論認為，由於所得稅法允許債務利息費用在稅前扣除，在某些嚴格的假設下，負債越多，企業的價值越大。這一理論並非完全符合現實情況，只能作為進一步研究的起點。此後提出的權衡理論認為，負債公司可以為企業帶來稅額庇護利益，但各種負債成本隨負債比率增大而上升，當負債比率達到某一程度時，息稅前盈餘會下降，同時企業負擔代理成本與財務拮據成本的概率會增加，從而降低企業的市場價值。因此，企業融資應當是在負債價值最大和債務上升帶來的財務拮據成本與代理成本之間選擇最佳點。

（二）激勵理論

激勵理論研究的是資本結構與經理人員行為之間的關係，該理論認為債權融資比股權融資具有更強的激勵作用。因為債務類似一項擔保機制，由於存在無法償還債務的財務危機風險甚至破產風險，經理人員必須做出科學的投資決策，努力工作以避免或降低風險。相反，如果不發行債券，企業就不會有破產風險，經理人員擴大利潤的積極性就會喪失，市場對企業的評價也相應降低，企業資本成本也會上升。因此，應當激勵企業舉債，使經理人員努力工作以避免企業破產。

（三）非對稱信息理論

非對稱信息理論由美國經濟學家羅斯（Ross）首先引入到資本結構理論中的。羅

斯假定經理人員對企業的未來收益和投資風險有內部信息,而投資者缺乏這種信息,投資者只知道對經理人員的激勵制度,只能通過經理人員輸出的信息間接評價企業的市場價值。資產負債率或債務比例就是將內部信息傳遞給市場的工具,負債比例上升表明經理人員對企業的未來收益有較高的期望,對企業充滿信心,同時負債也會促使經理人員努力工作,外部投資者會把較高的負債視為企業高質量的一個信號。

邁爾斯(Myess)和麥吉勒夫(Majluf)進一步考察發現,企業發行股票融資時會被市場誤解,認為其前景不佳,因此新股發行總會使股價下跌。但是,多發債券又會使企業受財務危機的制約。因此,企業資本的融資順序應是:先內部籌資,然後發行債券,最後才是發行股票。這一「先後順序論」在美國、加拿大等國家1970—1985年的企業融資實踐中得到了證實。

從以上有關權衡理論、激勵理論、非對稱信息理論的分析可以看出,當負債引起的成本費用未超過稅收節餘價值時,採用債券融資對企業是有利的,還能減少企業控製權的損失,這與MM理論是一致的。

三、最佳資本結構決策

(一) 最佳資本結構的含義

所謂最佳資本結構,是指企業在一定期間內,使加權平均資本成本最低、企業價值最大時的資本結構。其判斷標準有三個:

(1) 有利於最大限度地增加所有者財富,能使企業價值最大化。
(2) 企業加權平均資本成本最低。
(3) 資產保持適宜的流動性,並使資本結構具有彈性。其中,加權資本成本最低是其主要標準。

從以上分析可以看出,負債籌資具有節稅、降低資本成本等作用和功能,因此對外負債是企業採用的主要籌資方式。但是,隨著負債籌資比例的不斷擴大,負債利率趨於上升,破產風險加大。因此,如何找出最佳的負債點(即最佳資本結構),使得負債籌資的優點得以充分發揮,同時又避免其不足,是籌資管理的關鍵。財務管理上將最佳負債點的選擇稱為資本結構決策。

(二) 最佳資本結構決策的方法

1. 比較資本成本法

比較資本成本法是通過計算不同資本結構的加權平均資本成本,並以此為標準,選擇其中加權平均資本成本最低的資本結構。比較資本成本法以資本成本高低作為確定最佳資本結構的唯一標準,在理論上與股東或企業價值最大化時相一致,在實踐上則表現為簡單實用。其決策過程如下:

(1) 確定各方案的資本結構。
(2) 確定各結構的加權資本成本。
(3) 進行比較,選擇加權資本成本最低的結構為最優結構。

【例5-20】某企業擬籌資規模確定為300萬元,有三個備選方案,其資本結構分別如下:

方案A:長期借款50萬元、債券150萬元、股本100萬元。

方案 B：長期借款 70 萬元、債券 80 萬元、股本 150 萬元。
方案 C：長期借款 100 萬元、債券 120 萬元、股本 80 萬元。
相對應的個別資本成本如表 5-7 所示。

表 5-7　　　　　　　　　　個別資本成本資料　　　　　　　　單位：萬元

籌資方式	方案 A 籌資額	方案 A 資本成本	方案 B 籌資額	方案 B 資本成本	方案 C 籌資額	方案 C 資本成本
長期借款	50	6%	70	6.5%	100	7%
債券	150	9%	80	7.5%	120	8%
普通股	100	15%	150	15%	80	15%
合計	300		300		300	

計算各方案的綜合資本成本如下：

$$WACC(A) = \frac{50}{300} \times 6\% + \frac{150}{300} \times 9\% + \frac{100}{300} \times 15\% = 10.5\%$$

$$WACC(B) = \frac{70}{300} \times 6.5\% + \frac{80}{300} \times 7.5\% + \frac{150}{300} \times 15\% = 11.02\%$$

$$WACC(C) = \frac{100}{300} \times 7\% + \frac{120}{300} \times 8\% + \frac{80}{300} \times 15\% = 9.53\%$$

進行計算與比較，方案 C 的資本成本最低，因此選擇長期借款 100 萬元、債券 120 萬元、普通股票 80 萬元的資本結構最為可行。

此方法通俗易懂，計算過程也不是十分複雜，是確定資本結構的一種常用方法。因為擬定的方案數量有限，所以有把最優方案漏掉的可能。同時，比較資本成本法僅以資本成本率最低為決策標準，沒有具體測算財務風險因素，其決策目標實質上是利潤最大化而不是公司價值最大化，一般適用於資本規模較小、資本結構較為簡單的非股份制企業。

2. 每股收益無差異點分析法

所謂無差別點，是指使不同資本結構的每股收益相等時的息稅前利潤點。企業合理的資本結構對企業的盈利能力和股東財富產生了一定的影響，因此將息稅前利潤和每股收益作為分析確定企業資本結構的兩大因素。每股收益無差異點分析法就是將息稅前利潤和每股收益這兩大要素結合起來，分析資本結構與每股收益之間的關係，進而確定最佳資本結構的方法。其決策程序為：第一步，計算每股收益無差異點；第二步，作每股收益無差異點圖；第三步，選擇最佳籌資方式。

該方法測算每股收益無差異點的計算公式為：

$$\frac{(EBIT - I_1)(1 - T) - D_1}{N_1} = \frac{(EBIT - I_2)(1 - T) - D_2}{N_2}$$

式中，$EBIT$ 為每股收益無差異點處的息稅前利潤，I_1、I_2 為兩種籌資方式下的年利息，T 為企業所得稅稅率，D_1、D_2 為兩種籌資方式下的優先股股利，N_1、N_2 為兩種籌資方式下的流通在外的普通股股數。

每股收益無差異點的息稅前利潤計算出來以後，可以與預期的息稅前利潤進行比較，據以選擇籌資方式。當預期的息稅前利潤大於無差異點息稅前利潤時，應採用負債籌資方式；當預期的息稅前利潤小於無差異點息稅前利潤時，應採用普通股籌資方式。

【例5-21】某公司欲籌集新資本400萬元以擴大生產規模。籌集新資本的方式可以用增發普通股或長期借款方式。若增發普通股，則計劃以每股10元的價格增發40萬股；若採用長期借款，則以10%的年利率借入400萬元。已知該公司現有資產總額為2,000萬元，負債比率為40%，年利率為8%，普通股為100萬股。假定增加資本後預期息稅前利潤為500萬元，所得稅稅率為30%，試採用每股收益無差異點分析法計算分析應選擇何種籌資方式？

(1) 計算每股收益無差異點。根據資料計算如下：

$$\frac{(EBIT-64)\times(1-30\%)}{100+40}=\frac{(EBIT-64+40)\times(1-30\%)}{100}$$

$EBIT = 204$（萬元）

無差異點的每股收益為：

$$EPS = \frac{(204-64)\times(1-30\%)}{100+40} = 0.7 \text{（元）}$$

(2) 計算預計增資後的每股收益（見表5-8），並選擇最佳籌資方式。

表5-8　　　　　　　　預計增資後的每股收益　　　　　　　　單位：萬元

項目	增發股票	增加長期借款
預計息稅前利潤	500	500
減：利息	64	64+40
稅前利潤	436	396
減：所得稅	130.8	118.8
稅後利潤	305.2	277.2
普通股股數（萬股）	140	100
每股利潤	2.18	2.77

由表5-8計算得知，預期息稅前利潤為500萬元時，追加負債籌資的每股收益較高（為2.77元），應選擇負債方式籌集資本。

由此表明，當息稅前利潤等於204萬元時，採用負債或發行股票方式籌資都是一樣的；當息稅前利潤大於204萬元時，採用負債方式籌資更有利；當息稅前利潤小於204萬元時，則應採用發行股票方式籌資。該公司預計息稅前利潤為500萬元，大於無差異點的息稅前利潤，故採用長期借款的方式籌資較為有利，此結論也可通過分析圖（見圖5-1）加以證明。

（3）繪製 EBIT-EPS 分析圖（如圖 5-1 所示）。

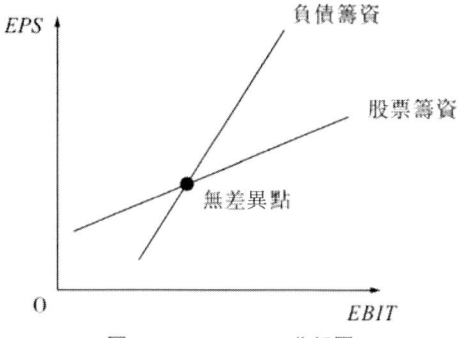

圖 5-1　EBIT-EPS 分析圖

由圖 5-9 可以看出，當 EBIT 為 204 萬元時，兩種籌資方式的 EPS 相等；當 EBIT 大於 204 萬元時，採用負債籌資方式的 EPS 大於普通股籌資方式的 EPS，故應採用負債籌資方式；當 EBIT 小於 204 萬元時，採用普通股籌資方式的 EPS 大於負債籌資方式的 EPS，故應採用普通股籌資方式。

每股收益無差異點分析法確定最佳資本結構以每股收益最大為分析起點，直接將資本結構與企業財務目標、企業市場價值等相關因素結合起來，因此是企業在追加籌資時經常採用的一種決策方法。

上述所介紹的兩種方法雖然集中考慮了資本成本與財務槓桿效益，但是沒有考慮資本結構彈性、財務風險大小及其相關成本等因素，其決策目標實際上是每股收益最大化而不是公司價值最大化，因此在具體應用時必須審慎鑑別、靈活使用。這種方法一般可用於資本規模不大、資本結構不太複雜的股份有限公司。

3. 公司價值分析法

以上兩種方法都是從帳面價值的角度進行資本結構優化分析，沒有考慮市場反應，也沒有考慮風險因素。公司價值分析法是在考慮市場風險的基礎上，以公司市場價值為標準，進行資本結構優化，即能夠提升公司價值的資本結構，就是合理的資本結構。這種方法主要用於對現有資本結構進行調整，適用於資本規模較大的上市公司資本結構優化分析。同時，在公司價值最大的資本結構下，公司的平均資本成本率也是最低的。

V 表示公司價值，B 表示債務資本價值，S 表示權益資本價值。公司價值應該等於資本的市場價值，即：

$$V = S + B$$

為簡化分析，假設公司各期的息稅前利潤保持不變，債務資本的市場價值等於其面值，權益資本的市場價值可以通過下式計算：

$$S = (EBIT - I) \times (1 - T)/K_s$$

且

$$K_s = R_s = R_f + \beta(R_m - R_f)$$

此時

$$K_w = K_b(B/V)(1-T) + K_S(S/V)$$

【例5-22】某公司息稅前利潤為400萬元，資本總額帳面價值為1,000萬元。假設無風險報酬率為6%，證券市場平均報酬率為10%，所得稅稅率為40%。經測算，不同債務水平下的權益資本成本率和債務資本成本率如表5-9所示。

表5-9　　　　　不同債務水平下的債務資本成本率和權益資本成本率　　　金額單位：萬元

債務市場價值（B）	稅前債務利息率（K_b）	股票β係數	權益資本成本率（R_s）
0		1.50	12.0%
200	8.0%	1.55	12.2%
400	8.5%	1.65	12.6%
600	9.0%	1.80	13.2%
800	10.0%	2.00	14.0%
1,000	12.0%	2.30	15.2%
1,200	15.0%	2.70	16.8%

根據表5-9資料，可以計算出不同資本結構下的企業總價值和綜合資本成本，如表5-10所示。

表5-10　　　　　　　　　公司價值和平均資本成本率　　　　　金額單位：萬元

債務市場價值	股票市場價值	公司總價值	債務稅後資本成本	普通股資本成本	平均資本成本
0	2,000	2,000	——	12.0%	12.0%
200	1,889	2,089	4.80%	12.2%	11.5%
400	1,743	2,143	5.10%	12.6%	11.2%
600	1,573	2,173	5.40%	13.2%	11.0%
800	1,371	2,171	6.00%	14.0%	11.1%
1,000	1,105	2,105	7.20%	15.2%	11.4%
1,200	786	1,986	9.00%	16.8%	12.1%

可以看出，在沒有債務資本的情況下，公司的總價值等於股票的帳面價值。當公司增加一部分債務時，財務槓桿開始發揮作用，股票市場價值大於其帳面價值，公司總價值上升，平均資本成本率下降。在債務達到600萬元時，公司總價值最高，平均資本成本率最低。債務超過600萬元後，隨著利息率的不斷上升，財務槓桿作用逐步減弱，甚至出現副作用，公司總價值下降，平均資本成本率上升。因此，債務為600萬元時的資本結構是該公司的最優資本結構。

四、資本結構的調整

（一）影響資本結構變動的因素

資本結構的變動，除受資本成本、財務風險等因素影響外，還要受到其他因素的

影響，這些因素主要如下：

1. 企業因素

企業因素主要是指企業內部影響資本結構變動的經濟變量，主要包括以下三個方面：

（1）管理者的風險態度。如果管理者對風險極為厭惡，則企業資本結構中負債的比重相對較小；相反，如果管理者以取得高報酬為目的而比較願意承擔風險，則資本結構中負債的比重相對要大。

（2）企業獲利能力。息稅前利潤是用以還本付息的根本來源。息稅前利潤越大，即總資產報酬率大於負債利率，則利用財務槓桿能取得較高的淨資產收益率；反之則相反。可見，獲利能力是衡量企業負債能力強弱的基本依據。

（3）企業經濟增長。增長快的企業，總是期望通過擴大籌資來滿足其資本需要，而在股權資本一定的情況下，擴大籌資即意味著對外負債。從這裡也可以看出，負債籌資及負債經營是促進企業經濟增長的主要方式之一。

2. 環境因素

環境因素主要是指制約企業資本結構的外部經濟變量，主要包括以下四個方面：

（1）銀行等金融機構的態度。雖然企業都是希望通過負債籌資來取得淨資產收益率的提高，但銀行等金融機構的態度在企業負債籌資中起到決定性的作用。在這裡，銀行等金融機構的態度就是商業銀行的經營規則，即考慮貸款的安全性、流動性與收益性。

（2）信用評估機構的意見。信用評估機構的意見對企業的對外籌資能力起著舉足輕重的作用。

（3）稅收因素。債務利息從稅前支付，從而具有節稅功能。一般認為，企業所得稅稅率越高，債務利息的節稅功能越強，從而舉債好處越多。因此，稅率變動對企業資本結構變動具有某種導向作用。

（4）行業差別。不同行業所處的經濟環境、資產構成及營運效率、行業經營風險等是不同。因此，上述各種因素的變動直接導致行業資本結構的變動，從而體現其行業特徵。

（二）資本結構調整的原因

儘管影響資本結構變動的因素很多，但就是某一具體企業來講，資本結構變動或調整有其直接的原因。這些原因歸納起來如下：

1. 成本過高

成本過高，即原有資本結構的加權資本成本過高，從而使得利潤下降。這是資本結構調整的主要原因之一。

2. 風險過大

雖然負債籌資能降低成本、提高利潤，但風險較大。如果籌資風險過大，以至於企業無法承擔，企業可預見的破產成本會直接抵減因負債籌資而取得的現時槓桿收益，企業此時也需要進行資本結構調整。

3. 彈性不足

所謂彈性，是指企業在進行資本結構調整時原有結構應有的靈活性。其包括籌資

期限彈性、各種籌資方式間的轉換彈性等。其中，期限彈性針對負債籌資方式是否具有展期性、提前收兌性等而言；轉換彈性針對負債與負債間、負債與資本間、資本與資本間是否具有可轉換性而言。彈性不足的企業，其財務狀況將是脆弱的，其應變能力也相對較差。彈性大小是判斷企業資本結構是否健全的標誌之一。

4. 約束過嚴

不同的籌資方式，投資者對籌資方的使用約束是不同的。約束過嚴，一定意義上有損企業財務自主權，有損企業靈活調度與使用資金。正因為如此，有時企業寧願承擔較高的代價而選擇那些使用約束相對較寬鬆的籌資方式。這也是促使企業進行資本結構調整的動因之一。

(三) 資本結構調整的方法

針對這些調整可能性與時機，資本結構調整的方法可歸納如下：

1. 存量調整

所謂存量調整，是指在不改變現有資產規模的基礎上，根據目標資本結構的要求，對現有資本結構進行必要的調整。其具體方式如下：

(1) 在債務資本過高時，將部分債務資本轉化為股權資本。例如，將可轉換債券轉換為普通股票。

(2) 在債務資本過高時，將長期債務收兌或提前歸還，同時籌集相應的股權資本額。

(3) 在股權資本過高時，通過減資並增加相應的負債額，來調整資本結構（這只是一種理論上的說法，在現實中，這種方法是較少採用的）。

2. 增量調整

增量調查是指通過追加籌資量，從而增加總資產的方式來調整資本結構。其具體方式如下：

(1) 在債務資本過高時，通過追加股權資本投資來改善資本結構，如將公積金轉換為資本，或者直接增資。

(2) 在債務資本過低時，通過追加負債籌資規模來提高負債籌資比重。

(3) 在股權資本過低時，可通過籌措股權資本來擴大投資，提高股權資本比重。

3. 減量調整

減量調整是通過減少資本總額的方式來調整資本結構。其具體方式如下：

(1) 在股權資本過高時，通過減資來降低其比重（股份公司則可以回購部分普通股票）。

(2) 在債務資本過高時，利用稅後留存歸還債務，用以減少總資產，並相應減少債務比重。

【本章小結】

1. 資本成本是企業籌資活動中必須考慮的財務變量之一，是指企業為籌措和使用資金而付出的代價。資本成本問題包括個別資本成本、綜合資本成本和邊際資本成本等的預測與估算問題。

2. 資本結構問題涉及最佳資本結構的標準、現代資本結構理論、影響資本結構的因素、資本結構決策的方法、資本結構的彈性和調整等。

3. 企業大體上面臨著經營風險和財務風險兩種風險。這兩種風險一般用經營槓桿系數和財務槓桿系數來測量。經營槓桿系和財務槓桿系數的乘積構成了複合槓桿系數，它可以用來測量企業總風險。

【復習思考題】

1. 如何理解資本成本的含義和作用？
2. 如何計算個別資本成本與加權平均資本成本？
3. 為什麼要計算邊際資本成本？
4. 什麼是成本習性？按成本習性成本可以分為哪些類別？
5. 簡述固定成本和變動成本的特點。
6. 如何計算邊際貢獻和息稅前利潤？
7. 如何理解經營槓桿效應、財務槓桿效應和複合槓桿效應？
8. 簡述槓桿系數與對應風險之間的關係。
9. 什麼是資本結構？現代資本結構理論有哪些？
10. 如何理解最優資本結構的決策方法？

第六章　證券投資管理

【本章學習目標】

- 瞭解證券投資的概念、目的、種類和程序
- 熟悉證券投資的風險和收益
- 瞭解債券投資的目的和特點
- 掌握債券投資的決策
- 熟悉股票投資的目的和特點
- 掌握股票投資的決策
- 瞭解基金投資的概念、種類和優缺點
- 熟悉基金投資的價值和估價
- 瞭解證券投資組合的概念和目的
- 熟悉證券投資組合的策略和方法
- 掌握證券投資組合收益的計算

第一節　證券投資概述

一、證券投資的概念與目的

（一）證券投資的概念

證券是指各類記載並代表了一定權利的法律憑證。證券用以證明持有人有權依其所持憑證記載的內容而取得應有的權益。證券的特點如下：

(1) 證券體現了法律特徵。
(2) 證券是一種金融工具（商品）。
(3) 有價證券是一種可以交易的商品。

證券可以分成無價證券和有價證券。無價證券又稱憑證證券，是指具有證券的某一特定功能，但不能作為財產使用的書面憑證。由於這類證券不能流通，因此不存在流通價值和價格。無價證券的特徵是政府或國家法律限制其在市場上廣泛流通，並不得通過流通轉讓來增加持券人的收益。無價證券的典型代表為借據、收據和供應證。有價證券是指標有票面金額，用於證明持有人或該證券指定的特定主體對特定財產擁有所有權或債權的憑證。有價證券是虛擬資本的一種形式，其本身沒價值，但有價格。廣義的有價證券按其所表明的財產權利的不同性質，可以分為三類，即商品證券、貨幣證券以及資本證券；狹義的有價證券指的是資本證券。本章講述的證券投資為狹義

的證券投資，是指企業或個人購買資本證券的投資。證券投資是指投資者（法人或自然人）購買股票、債券、基金等有價證券以及這些有價證券的衍生產品以獲取紅利或利息的投資行為，是直接投資的重要形式。

(二) 證券投資的目的

1. 分散資金投向，降低投資風險

投資分散化，即將資金投資於多個相關程度較低的項目，實行多元化經營，能夠有效地分散投資風險。當某個項目經營不景氣而利潤下降甚至導致虧損時，其他項目可能會獲取較高的收益。將企業的資金分成內部經營投資和對外證券投資兩個部分，實現了企業投資的多元化。與對內投資相比，對外證券投資不受地域和經營範圍的限制，投資選擇面非常廣，投資資金的退出和收回也比較容易，是多元化投資的主要方式。

2. 利用閒置資金，增加企業收益

企業在生產經營過程中，由於各種原因有時會出現資金閒置、現金結餘較多的情況。這些閒置的資金可以投資於股票、債券等有價證券上，獲取投資收益，這些投資收益主要表現在股利收入、債息收入、證券買賣差價等方面。同時，有時企業資金的閒置是暫時性的，可以投資於在資本市場上流通性和變現能力較強的有價證券，這類證券能夠隨時變賣，收回資金。

3. 穩定客戶關係，保障生產經營

企業生產經營環節中，供應和銷售是企業與市場相聯繫的重要通道。沒有穩定的原材料供應來源，沒有穩定的銷售客戶，都會使企業的生產經營中斷。為了保持與供銷客戶良好而穩定的業務關係，可以對業務關係鏈的供銷企業進行投資，保持對它們一定的債權或股權，甚至控股。這樣能夠以債權或股權對關聯企業的生產經營施加影響和控製，保障本企業的生產經營順利進行。

4. 提高資產的流動性，增強償債能力

資產流動性強弱是影響企業財務安全性的主要因素。除現金等貨幣資產外，有價證券投資是企業流動性最強的資產，是企業速動資產的主要構成部分。在企業需要支付大量現金，而現有現金儲備又不足時，可以通過變賣有價證券迅速取得大量現金，保證企業的及時支付。

二、證券投資的種類

證券投資按照不同的分類標準可以分為以下幾類：

(一) 按照證券投資的對象分類

1. 股票投資

股票投資是指投資者將資金投向於股票，通過股票的買賣獲取收益的投資行為。通常情況下，股票投資收益較高，風險也比較大。

2. 債券投資

債券投資是指投資者購買債券以取得資金收益的一種投資活動。與股票投資比較，債券投資收益相對較穩定，風險較小。

3. 基金投資

基金投資是指投資者通過購買基金股份或收益憑證來獲取收益的投資方式。這種方式可使投資者享受專家服務，有利於分散風險，獲得較高的、較穩定的投資收益。

4. 期貨投資

期貨投資是投資者通過買賣期貨合約躲避價格風險或賺取利潤的一種投資方式。期貨合約是在交易所達成的標準化的、受法律約束的，並規定在將來某一特定地點和時間交割某一特定商品的合約。該合約規定了商品的規格、品種、質量、重量、交割月份、交割方式、交易方式等，與合同既有相同之處，又有本質的區別。該合約與合同的根本區別在於是否標準化。我們把標準化的「合同」稱為「合約」。該合約唯一可變的是價格，其價格是在一個有組織的期貨交易所內通過競價而產生的。

5. 期權投資

期權投資是指為了實現盈利目的或者規避風險而進行期權買賣的一種投資方式。期權是指在未來一定時期可以買賣的權力，是買方向賣方支付一定數量的金額（指權利金）後擁有的在未來一段時間內（指美式期權）或未來某一特定日期（指歐式期權）以事先規定好的價格（指履約價格）向賣方購買或出售一定數量的特定標的物的權力，但不負有必須買進或賣出的義務。根據期權買進賣出的性質劃分，期權投資可以分為看漲期權、看跌期權和雙向期權的投資；根據期權合同買賣的對象劃分，期權投資又可分為商品期權、股票期權、債券期權、期貨期權等的投資。

6. 證券組合投資

證券組合投資是指企業將資金同時投資於多種證券。例如，既投資於企業債券，又投資於企業股票，還投資於基金。證券組合投資是企業等法人單位進行證券投資時常用的投資方式，可以有效地分散證券投資風險。

(二) 按照證券的發行主體分類

1. 政府債券投資

政府債券投資是指企業投資於政府債券的行為。政府債券是指中央政府或者地方政府為集資而發行的證券，包括公債、國庫券等。政府債券和其他債券相比，最大的特點是交易費用小、收益固定、信譽高、風險小。

2. 金融債券投資

金融債券投資是指投資者投資於金融債券的行為。金融債券是指銀行或其他金融機構為籌集資金而向投資者發行的借貸憑證。發行金融債券的目的在於籌集中長期貸款的資金來源，利率略高於同期定期儲蓄存款利率，一般由金融債券的發行機構經中央銀行批准後，在金融機構的營業網點以公開出售的方式發行。

3. 企業債券和股票投資

企業債券和股票投資是指企業購買其他企業債券或股票的行為。企業債券投資屬於債權性投資，投資人有權要求發債企業按期償付本息，否則可以通過法律程序要求補償。股票投資屬於權益性投資，投資人有權參與被投資企業的經營管理和按所占股份分享利潤，當被投資企業發生經營虧損或破產時，投資人需以出資額為限承擔其損失。

三、證券投資的程序

企業證券投資不能只理解為企業在證券市場上買賣證券的單項活動。相反，它是由一系列動態過程組成的活動系列。這些動態過程就構成了企業證券投資程序。

(一) 準備工作

企業在尚未購買證券前，需做一系列的證券投資準備工作。這些工作分為以下幾項基本程序：

1. 籌集證券投資資金

資金是企業從事證券投資的基礎。企業一旦確定要投資於證券，就要通過儲蓄累積或是借貸關係籌措一定數量的資金。沒有證券投資資金的籌措，也就不可能有證券投資活動的發生。

2. 充分認識和準備承擔證券投資風險

企業從事證券投資，不可避免要承擔一定風險。企業對此必須要有充分的思想準備和財力保證，一旦出現風險，企業就應採取相應的對策與措施予以補救。這是證券投資企業從風險角度對證券投資所做的關鍵性決策。

3. 做好證券市場的調查研究

企業要通過證券市場瞭解與證券投資有關的如下內容：

(1) 瞭解參與證券投資的條件。目前，中國從中央到地方各級政府對證券交易都有一些具體的明文規定，企業在進行證券投資時，必須對有關規定有清楚的瞭解，從而保證企業能夠依法進行證券投資。同時，企業也可以避免因不瞭解具體投資條件而遭受損失。

(2) 瞭解證券市場上究竟有多少種股票和債券及其各自特點。

(3) 瞭解證券市場主要機構的有關情況，如證券發行主體、證券投資者、證券經紀商、證券市場場所等。

(4) 熟悉並掌握證券交易的有關技術性問題，如證券登記、過戶、結算等。

4. 證券投資分析

企業在對證券市場做了比較全面深入的調查研究後，還需要對證券投資做出分析。所謂證券投資分析，是指企業以有價證券作為投資對象，對投資有關問題所做的一種可行性研究。其具體內容包括投資環境分析、投資對象分析和投資時機分析等。

5. 證券投資決策

企業在充分做好上述準備工作的基礎上，便可以按照有關投資方法對證券投資做出決策。決策內容包括企業用於證券投資的資金數額、選擇理想的投資方式或投資組合、選定有關證券交易所和證券商等。

(二) 具體程序

對於證券投資企業來說，它們一般是不能直接進入證券交易所進行直接證券投資的。企業在做好第一階段的各項準備工作後，需要通過證券商，即證券經紀公司進行證券投資。企業在證券交易所進行證券投資的基本程序是：開戶→發出委託指令→執行委託指令→清算與交割→過戶。現分別闡述如下：

1. 開戶

企業在證券交易所從事證券交易，首先必須開戶。所謂開戶，是指證券投資企業委託證券商代為買賣證券，必須先與證券商簽訂委託買賣契約，這種簽訂委託買賣契約的手續一般稱為開戶。如同企業在銀行開設帳戶一樣，開戶主要有兩個過程：一是名冊登記，目的是便於證券商與委託者之間的日常業務聯繫；二是開立資金專戶和證券專戶。開立資金專戶後，企業用於證券投資的資金可由證券商代為轉存銀行，利息自動轉入資金專戶。當企業通知證券商購買證券時，證券商便可按委託指令購買證券，免去攜帶大量現鈔交易的麻煩，同時也符合證券投資的安全性和流動性原則。開立證券專戶的目的是讓證券商代為保管投資企業的證券，當發生證券買賣活動時，證券商只要分別從資金專戶和證券專戶中做相應的扣減和添加款項即可。證券商為企業代為保管證券是免費的。

2. 發出委託指令

企業在證券交易所開戶後，即可向證券商發出委託代理買賣證券的指令。企業常用的委託買賣方式，一般只有當面委託和電話委託兩種。其他委託方式，如電報委託、償還委託和傳真委託等很少被採用。採用當面委託，企業必須親自填寫委託書，並且在成交後，經紀商的營業員和委託者都要在委託書上蓋章，以增強相互信任感。採用電話委託方式，一般適用那些大額有價證券的買賣活動。委託指令一般包括以下四項內容：

（1）交易種類指令。交易種類指令，即企業在委託指令中需說明當日交易、普通日交易和約定交易中的一種。當日交易是買賣成交的當天，成交各方進行清算交割。普通日交易是指證券買賣成交後，成交各方於成交後第四個營業日進行清算交割。約定日交易是指在證券買賣成交後的15日內，成交各方約定日期進行清算交割。

（2）委託價格指令。委託價格指令是指證券投資企業委託證券商進行證券買賣的價格，可分為限價指令和市價指令兩種。限價指令是指投資企業自定證券的買入價或賣出價，證券經紀商按照證券投資企業指定的價格申報掛牌買入或賣出證券的一種委託指令。市價指令又稱為市場指令，是一種證券經紀商根據企業委託，以最優市價立即購買或出售一定數量的某種證券的指令。

（3）證券交易數額指令。證券交易數額一般以交易單位來衡量，每一交易單位簡稱為「一手」。例如，《深圳市股票發行與管理暫行辦法》第九條規定：「股票原則上實行一手一票制，每股的面值為一元。」按不同的股票分別確定若干股為一手，上海證券交易所規定，股票每100元面額為一手，而債券一手的面值為1,000元。

（4）委託有效期指令。委託有效期包括當日有效、五日有效、長期有效和撤銷前有效四種。企業必須在委託指令中說明選擇的是哪一種委託有效期限。

3. 執行委託指令

證券商接受證券投資企業的委託指令後，便通過各種有效途徑與其派駐在證券交易所內的證券業務員取得聯繫，之後，證券業務員便按照企業委託指令中的各項內容開始執行委託指令，從事證券的買賣活動。

4. 交割與清算

所謂交割，是指證券買賣雙方成交後，買方需付款收到證券，賣方需交出證券收

到現金，這種證券交易成交後的收付活動稱為交割。交割有多種形式，如當日交割，即買賣雙方在成交日內就辦完收付手續；次日交割，即從成交後的下一天算起，在第二個營業日正午前辦完收付手續的交割（次日交割若遇有公休日，可往下順延）；例行交割，即從成交日算起，在第五個營業日以內辦完收付手續等。

當一項證券交易成交後，證券投資企業應盡量早一點辦理交割手續，以方便證券商的作業。同時，當企業收到證券商遞交的確認書後，應及時查看確認書上所記載的有關證券名稱、成交日期、交割日期、成交數量、成交價格等是否與買進的證券相符。

清算是指證券交易做成後，證券投資企業向證券商支付其借方餘額或從證券商那裡獲得銷售利潤的行為。在實際證券交易過程中，不是證券買賣成交後都交割，只是通過清算制度，將交易的買進額與賣出額相互衝銷後對其淨差額進行交割。清算的目的是減少實際交割的證券和款項，以節省人力、物力、財力和時間。可見，從程序上看，證券的交割只有在清算之後才得以進行。

5. 過戶

過戶是指證券證書轉給新的所有人。證券成交後，如果證券持有企業發生了變化，新的證券合法持有人為了得到持有證券應享有的權利，必須申請更換戶頭。

四、證券投資的風險與收益

(一) 證券投資的風險

由於證券資產的市價波動頻繁，證券投資的風險往往較大。獲取投資收益是證券投資的主要目的，證券投資的風險是投資者無法獲得預期投資收益的可能性。按風險性質劃分，證券投資的風險分為系統性風險和非系統性風險兩大類別。

1. 系統性風險

證券資產的系統性風險是指由於外部經濟環境因素變化引起整個資本市場不確定性加強，從而對所有證券都產生影響的共同性風險。系統性風險影響到資本市場上的所有證券，無法通過投資多元化的組合而加以避免，也稱為不可分散風險。

系統性風險波及所有證券資產，最終會反應在資本市場平均利率的提高上，所有的系統性風險幾乎都可以歸結為利率風險。利率風險是由於市場利率變動引起證券資產價值變化的可能性。市場利率反應了社會平均報酬率，投資者對證券資產投資報酬率的預期總是在市場利率基礎上進行的，只有當證券資產投資報酬率大於市場利率時，證券資產的價值才會高於其市場價格。一旦市場利率提高，就會引起證券資產價值的下降，投資者就不易得到超過社會平均報酬率的超額報酬。市場利率的變動會造成證券資產價格的普遍波動，兩者呈反向變化：市場利率上升，證券資產價格下降；市場利率下降，證券資產價格上升。

(1) 價格風險。價格風險是指由於市場利率上升，而使證券資產價格普遍下跌的可能性。價格風險來自於資本市場買賣雙方資本供求關係的不平衡，資本需求量增加，引起市場利率上升；資本供應量增加，引起市場利率下降。

資本需求量增加，引起市場利率上升，也意味著證券資產發行量的增加，引起整個資本市場所有證券資產價格的普遍下降。需要說明的是，這裡的證券資產價格波動並不是指證券資產發行者的經營業績變化而引起的個別證券資產的價格波動，而是由

於資本供應關係引起的全體證券資產的價格波動。

當證券資產持有期間的市場利率上升時，證券資產價格就會下跌，證券資產期限越長，投資者遭受的損失越大。到期風險附加率就是對投資者承擔利率變動風險的一種補償，期限越長的證券資產，要求的到期風險附加率就越大。

（2）再投資風險。再投資風險是由於市場利率下降，而造成的無法通過再投資而實現預期收益的可能性。根據流動性偏好理論，長期證券資產的報酬率應當高於短期證券資產，這是因為：第一，期限越長，不確定性就越強。證券資產投資者一般喜歡持有短期證券資產，因為它們較易變現而收回本金。因此，投資者願意接受短期證券資產的低報酬率。第二，證券資產發行者一般喜歡發行長期證券資產，因為長期證券資產可以籌集到長期資金，而不必經常面臨籌集不到資金的困境。因此，證券資產發行者願意為長期證券資產支付較高的報酬率。

為了避免市場利率上升的價格風險，投資者可能會投資於短期證券資產，但短期證券資產又會面臨市場利率下降的再投資風險，即無法按預定報酬率進行再投資而實現所要求的預期收益。

（3）購買力風險。購買力風險是指由於通貨膨脹而使貨幣購買力下降的可能性。在持續而劇烈的物價波動環境下，貨幣性資產會產生購買力損益。當物價持續上漲時，貨幣性資產會遭受購買力損失；當物價持續下跌時，貨幣性資產會帶來購買力收益。

證券資產是一種貨幣性資產，通貨膨脹會使證券資產投資的本金和收益貶值，名義報酬率不變而實際報酬率降低。購買力風險對具有收款權利性質的資產影響很大，債券投資的購買力風險遠大於股票投資。如果通貨膨脹長期延續，投資人會把資本投向實體性資產以求保值，對證券資產的需求量減少，引起證券資產價格下跌。

2. 非系統性風險

證券資產的非系統性風險是指由於特定經營環境或特定事件變化引起的不確定性，從而對個別證券資產產生影響的特有性風險。非系統性風險源於每個公司自身特有的營業活動和財務活動，與某個具體的證券資產相關聯，同整個證券資產市場無關。非系統性風險可以通過持有證券資產的多元化來抵消，也稱為可分散風險。

非系統性風險是公司特有風險，從公司內部管理的角度考察，公司特有風險的主要表現形式是公司經營風險和財務風險。從公司外部的證券資產市場投資者的角度考察，公司經營風險和財務風險的特徵無法明確區分，公司特有風險是以違約風險、變現風險、破產風險等形式表現出來的。

（1）違約風險。違約風險是指證券資產發行者無法按時兌付證券資產利息和償還本金的可能性。有價證券資產本身就是一種契約性權利資產，經濟合同的任何一方違約都會給另一方造成損失。違約風險是投資於收益固定型有價證券資產的投資者經常面臨的，多發生於債券投資中。違約風險產生的原因可能是公司產品經銷不善，也可能是公司現金週轉不靈。

（2）變現風險。變現風險是指證券資產持有者無法在市場上以正常的價格平倉出貨的可能性。持有證券資產的投資者，可能會在證券資產持有期限內出售現有證券資產而投資於另一項目，但在短期內找不到願意出合理價格的買主，投資者就會喪失新的投資機會或面臨降價出售的損失。在同一證券資產市場上，各種有價證券資產的變

現力是不同的，交易越頻繁的證券資產，其變現能力越強。

(3) 破產風險。破產風險是指在證券資產發行者破產清算時投資者無法收回應得權益的可能性。當證券資產發行者由於經營管理不善而持續虧損、現金週轉不暢而無力清償債務或其他原因導致難以持續經營時，其可能會申請破產保護。破產保護會導致債務清償的豁免、有限責任的退資，使得投資者無法取得應得的投資收益，甚至無法收回投資的本金。

(二) 證券投資的收益

證券投資收益包括經常收益和當前收益，前者指債券按期發付的債息收入或股票按期支付的股息、紅利收入；後者指證券交易現價與原價的差價所帶來的證券本金升值或減值。證券投資收益的高低是影響證券投資的主要因素。證券投資收益有絕對數和相對數兩種表示方法。在財務管理中通常用相對數，即以投資收益額占投資額的百分比來表示，稱為投資收益率。

1. 短期證券投資收益率

因為短期證券投資期限短，所以短期證券收益率的計算比較簡單，一般不考慮時間價值因素。其基本計算公式為：

$$K = \frac{S_1 - S_0 + P}{S_0} \times 100\%$$

式中，K 為證券投資收益率，S_1 為證券出售價格，S_0 為證券購買價格，P 為證券投資報酬 (股利或利息)。

【例6-1】甲公司於2016年3月6日以90元的價格購入100張面值為100元、票面利率為8%、每年付息一次的折價債券，持有到2017年3月5日以98元的市價出售。甲公司該項對外投資的年收益率是多少？

$$K = \frac{(98-90) + 100 \times 8\%}{90} \times 100\% = 17.78\%$$

2. 長期證券投資收益率

因為長期證券投資涉及的時間比較長，所以收益率計算比較複雜，要考慮資金時間價值的因素。

(1) 債券投資收益率的計算。企業進行債券投資，一般每年都能獲得固定的利息，並在債券到期時收回本金或在中途出售而收回資金。債券投資收益就是使債券利息的年金現值和債券到期收回本金複利現值之和等於債券買入價格的貼現率。其計算公式為：

$$V = \frac{I}{(1+i)^1} + \frac{I}{(1+i)^1} + \cdots + \frac{I}{(1+i)^n} + \frac{F}{(1+i)^n}$$
$$= I \cdot (P/A, i, n) + F \cdot (P/F, i, n)$$

式中，V 為債券的購買價格，I 為每年獲得的固定利息，F 為債券到期收回的本金或途中出售收回的資金，i 為債券投資的收益率，n 為投資期限。

【例6-2】B公司2016年5月1日以1,100元購買面值為1,000元的債券，其票面利率為8%，每年5月1日計算並支付利息一次，並於5年後的4月30日到期，按面值收回本金。試計算該債券的收益率。

$I = 1,000 \times 8\% = 80(元)$

$F = 1,000(元)$

$V = 80 \times (P/A, i, 5) + 1,000 \times (P/F, i, 5) = 1,100(元)$

解方程要用試錯法。

設 $i=8\%$，則：

$80 \times (P/A, 8\%, 5) + 1,000 \times (P/F, 8\%, 5) = 80 \times 3.993 + 1,000 \times 0.684$
$= 1,000.44$（元）

可見，如果是平價發行的每年付一次利息的債券，其收益率基本等於票面利率。由於利率與現值呈反向變化，現值越大，利率越小。債券的買價為 1,100 元，收益率一定低於 8%。降低貼現率進一步測試。

設 $i=6\%$，則：

$80 \times (P/A, 6\%, 5) + 1,000 \times (P/F, 6\%, 5) = 80 \times 4.212 + 1,000 \times 0.747$
$= 1,083.96(元)$

由於貼現結果仍小於 1,100 元，還應進一步降低貼現率測試。

設 $i=5\%$，則：

$80 \times (P/A, 5\%, 5) + 1,000 \times (P/F, 5\%, 5) = 80 \times 4.330 + 1,000 \times 0.784$
$= 1,130.44(元)$

貼現結果大於 1,100 元，可以判斷，收益率應該介於 5%~6% 之間。用插值法計算近似值如下：

$$i = 5\% + \frac{1,130.40 - 1,100}{1,130.40 - 1,083.96} \times (6\% - 5\%) = 5.65\%$$

上述試誤法比較麻煩，可以用下面的簡便算法求得近似結果：

$$i = \frac{I + (M - P) \div N}{(M + P) \div 2} \times 100\%$$

式中，I 為每年的利息，M 為到期歸還的本金，P 為買價，N 為年數。

式中的分母是平均資金占用，分子是每年平均收益。根據【例6-2】數據計算得：

$$i = \frac{80 + (1,000 - 1,100) \div 5}{(1,000 + 1,100) \div 2} \times 100\% = 5.71\%$$

從上例可以看出，如果買價和面值不等，則收益率和票面利率不同。

債券收益率是企業進行債券投資決策的基本標準，可以反應債券投資按複利計算的真實收益率。如果高於投資人要求的報酬率，則應買進該債券；否則就應放棄此項投資。

（2）股票投資收益率的計算。企業進行股票投資，每年可以獲得不同的股利，而出售股票時，也可以收回一定資金。股票收益率就是能使未來現金流入量的現值，即股利的複利現值與股票售價的複利現值之和，等於目前購買價格的貼現率。

$$V = \sum_{j=1}^{n} \frac{D_j}{(1+i)^j} + \frac{F}{(1+i)^n}$$

式中，V 為股票的購買價格，D_j 為股票投資報酬（各年獲得的股利），F 為股票售價，i 為股票投資的收益率，n 為投資期限。

【例6-3】C公司於2014年4月1日投資600萬元購買某種股票100萬股，在2015年、2016年和2017年的3月31日分得每股現金股利分別為0.5元、0.8元和1元，並於2017年3月31日以每股8元的價格將股票全部出售。試計算該項股票投資的收益率。

按逐步測試法計算，先用20%的收益率進行測算：

$$V = \frac{0.5 \times 100}{(1+20\%)} + \frac{0.8 \times 100}{(1+20\%)^2} + \frac{1 \times 100}{(1+20\%)^3} + \frac{8 \times 100}{(1+20\%)^3}$$

$$= 50 \times 0.833 + 80 \times 0.694 + 900 \times 0.579$$

$$= 618.27(萬元)$$

由於618.27萬元大於600萬元，說明要提高收益率測算。用22%的收益率進行計算：

$$V = \frac{0.5 \times 100}{(1+22\%)} + \frac{0.8 \times 100}{(1+22\%)^2} + \frac{1 \times 100}{(1+22\%)^3} + \frac{8 \times 100}{(1+22\%)^3}$$

$$= 50 \times 0.820 + 80 \times 0.672 + 900 \times 0.551$$

$$= 590.66(萬元)$$

該項投資的收益率應該介於20%~22%之間。用插值法計算如下：

$$i = 20\% + \frac{61,827 - 600}{61,827 - 590.66} \times (22\% - 20\%) = 21.32\%$$

該項股票投資的收益率為21.32%。

第二節　債券投資

一、債券投資的目的與特點

(一) 企業投資的目的

企業的債券投資有短期債券投資和長期債券投資。企業進行短期債券投資的目的主要是為了合理利用暫時閒置資金，調節現金餘額，使現金餘額達到合理的水平。當企業現金餘額太多時，便投資於短期債券，使現金餘額降低；反之，當現金餘額太少時，則出售債券，收回現金，提高現金餘額。企業進行長期債券投資的目的主要是為了獲得穩定的收益。

(二) 債券投資的特點

與股票投資相比，債券投資具有以下特點：

1. 投資風險較低

債券發行單位必須按規定的期限向債券投資者還本付息，因此債券投資風險較低。但是不同的發行主體發行的債券的風險也不相同，如中央政府發行的國庫券由政府財政擔保，本息的安全性非常高，通常被視為無風險債券。金融債券也由於金融機構的實力雄厚，本息的安全性也比較高。企業債券的發行者一般也是資信情況和經營狀況比較好的單位，即使是企業破產，債券投資者具有比股東優先的求償權，因此本息損

失的風險也比較小。

2. 投資收益穩定性較強

債券票面一般都標有固定的利息率，債券的發行者有按時支付利息的法定義務。因此，在正常情況下，投資者都能按期獲得穩定的收入，而不受債券發行單位經濟狀況好壞的影響。

3. 選擇性較大

債券按照發行單位可分為政府債券、金融債券和企業債券；按照是否可轉換為股票可分為可轉換債券和不可轉換債券。不同的債券，其利率、期限、風險、收益等也各不相同。企業可以根據自身的情況，權衡債券的風險和收益，選擇合適的債券或債券組合進行投資，以獲取較高的投資收益。

4. 投資者沒有經營管理權

債券投資屬於債權性投資，投資者是債券發行單位的債權人，而不是所有者。在各種投資方式中，債券投資者的權利最小，無權參與被投資企業的經營管理，只擁有按約定取得利息、到期收回本金的權利。

二、債券投資決策

債券的價值是由其未來現金流入量的現值決定的，影響債券價值的主要因素是債券面值、票面利率和市場利率。由於債券面值和票面利率在發行時就已經給定，因此債券價值的高低主要由市場利率水平決定。市場利率越高，債券價值越低；市場利率越低，債券價值越高。

企業進行債券投資之前要對債券進行估價，確定債券的內在價值，在此基礎上做出債券的投資決策。只有債券的價值大於其購買價格時，才值得投資；否則，就不值得投資。下面介紹幾種常用的債券估價模型：

(一) 債券估價的基本模型

一般情況下，債券是採取固定不變的利率，每年按複利計算並支付利息，到期歸還本金。這樣債券的內在價值就是等於各年的利息的現值與本金的現值之和。其計算公式為：

$$V = \sum_{t=1}^{n} \frac{i \cdot P}{(1+K)^t} + \frac{P}{(1+K)^n}$$

$$V = I \cdot (P/A, K, n) + P \cdot (P/F, K, n)$$

式中，V 為債券價值，i 為債券票面利息率，F 為債券面值，K 為市場利率或投資人要求的必要投資收益率，I 為每年利息，n 為付息總期數。

【例6-4】某公司擬購買一種面值為1,000元、票面利率為10%、每年付息一次、期限為5年的債券。當前市場利率是12%時，該債券的價格是多少時該公司才能進行投資？

$V = 1,000 \times 10\% \times (P/A, 12\%, 5) + 1,000 \times (P/F, 12\%, 5)$

$ = 100 \times 3.605 + 1,000 \times 0.567 = 927.50 (元)$

說明只有當債券的市場價格低於927.50元時，該債券才值得購買，因為在這種情況下，該公司才能獲得高於12%的收益率。

(二) 到期一次還本付息的債券估價模型

到期一次還本付息債券的特點是等到債券到期時一次性支付債券本金和利息。中國發行的國庫券就屬於這種債券。這種債券的內在價值就是到期本息之和的現值。其計算公式為：

$$V = \frac{P + P \cdot i \cdot n}{(1+K)^n}$$

$$V = (P + P \cdot i \cdot n) \cdot (P/F, K, n)$$

式中符號含義與前面「債券估價的基本模型」公式中符號含義一致。

【例6-5】某公司擬購買政府發行的國庫券，該債券面值為1,000元，票面利率為10%，期限為5年，單利計算利息。當市場利率為4%時，該國庫券的市場價格是多少時，該公司才能購買？

$$V = \frac{1,000 + 1,000 \times 10\% \times 5}{(1+4\%)^5} = 1,233 \text{（元）}$$

說明只有當該國庫券的市場價格低於1,233元時，該公司才能購買。

(三) 折現發行的債券估價模型

有些債券以折現方式發行，沒有票面利率，到期按面值償還，也稱為零票面利率債券。這種債券的內在價值就是到期時票面價值的現值。其計算公式為：

$$V = \frac{P}{(1+K)^n} = P \cdot (P/F, K, n)$$

式中符號含義與前面「債券估價的基本模型」公式中符號含義一致。

【例6-6】某公司發行的債券面值為1,000元，期限為3年，以折現方式發行，期內不計利息，到期按面值償還。當市場利率為12%時，其價格為多少時，才值得購買？

$$V = 1,000 \times (P/F, 12\%, 3) = 1,000 \times 0.712 = 712(\text{元})$$

說明只有當該公司的債券市場價格低於712元的時候，才值得購買。

第三節　股票投資

一、股票投資的目的與特點

(一) 股票投資的目的

企業進行股票投資的目的主要有兩個：一是獲利，即作為一般的證券投資，獲取股利收入及股票買賣差價；二是控股，即通過購買某一企業的大量股票達到控製該企業的目的。在第一種情況下，企業僅將某種股票作為其證券組合的一個部分，不應冒險將大量資金投資於某一企業的股票上。而在第二種情況下，企業應集中資金投資於被控製企業的股票上，這時考慮更多的不是目前利益——股票投資收益的高低，而應是長遠利益——佔有多少股權才能達到控製的目的。

(二) 股票投資的特點

股票投資相對於債券投資而言，具有以下特點：

1. 股票投資是權益性投資

股票是代表所有權的憑證，股票的投資者是公司的股東，有權參與公司的經營決策。

2. 股票投資收益較高

股票投資收益主要包括股利和資本利得。股票股利的多少取決於發行公司的經營狀況、盈利水平和股利政策。一般情況下，股利要高於債券的利息。資本利得是企業通過低價購進高價賣出而獲取的買賣價差收益。

3. 股票投資的風險較大

股票沒有固定的到期日，股票投資收益由於受發行公司經營狀況、盈利水平等多種因素的影響從而具有很大的不確定性。而且投資股票後，企業不能要求股份公司償還本金，只能在證券市場上轉讓，因此股票投資者至少面臨兩大風險：一是股票發行公司經營不善所形成的風險；二是股票市場價格變動所形成的價差損失風險。

4. 股票投資流動性強

在股票交易市場上，股票可以作為買賣對象或抵押品隨時轉讓。當股票投資者需要現金時，可以將其持有的股票轉讓換取現金，滿足其對現金的要求，同時將股東的身分以及各種權益讓渡給受讓者；當企業能夠籌集到股票投資所需的現金時，也可以隨時購進股票，作為股票投資者以獲取投資收益。

二、股票投資決策

在企業進行股票投資之前，需要對股票進行估價，以確定股票的內在價值，並將其與股票市場價格進行比較，視其低於、高於或等於市價，決定買入、賣出或繼續持有股票。下面介紹幾種最常見的股票估價模型。

(一) 短期持有、未來準備出售的股票估價模型

在一般情況下，投資者投資於股票，不僅希望得到股利收入，還希望在未來出售股票時從股票價格的上漲中獲取買賣價差收入。那麼，在短期持有、未來準備出售的條件下，股票投資者的未來現金流入包括持有時期內每期獲取的股利收入和出售股票時的收入，股票的內在價值就等於股利現值和股價現值之和。其計算公式如下：

$$V = \sum_{t=1}^{n} \frac{D_t}{(1+K)^t} + \frac{V_n}{(1+K)^n}$$

式中，V 為股票的價值，V_n 為未來出售時預計的股票價格，K 為投資人要求的必要投資收益率，D_t 為第 t 期的預期股利，n 為預計持有股票的期數。

【例6-7】某企業準備購入甲公司股票，目前市場上的價格為每股50元，預計每年可獲利6元/股，準備3年後出售。預計出售價格為60元/股，預期報酬率為15%。該企業是否應該投資？

$V = 6 \times (P/A, 15\%, 3) + 60 \times (P/F, 15\%, 3) = 6 \times 2.283 + 60 \times 0.658$
$\quad = 53.18(元)$

該股票的內在價值大於目前的市場價格，因此該企業應該投資。

(二) 零成長股票估價模型

在長期持有、股票價格穩定不變的情況下，預期每年年末股利的增長率為零的情

況下，我們可以將每年年末的股利看成永續年金的形式。此時，股利估價模型可以簡化為：

$$V = \frac{D}{K}$$

式中，V 為股票內在價值，D 為每年固定股利，K 為投資人要求的必要投資收益率。

【例6-8】假設某企業股票預期每年股利為每股 5 元，若投資人要求的投資必要收益率為10%，則該股票的每股內在價值是多少？

$$V = \frac{5}{10\%} = 50（元）$$

說明當該股票的市場價格低於每股 50 元時，才值得購買。

(三) 固定成長股票的估價模型

在無限期持有股票的條件下，如果發行公司預期每年的股利以一個固定的比率增長，這種股票稱固定成長股票。設每年股利增長率為 g，上年股利為 D_0，則股利估價模型為：

$$V = \sum_{t=1}^{\infty} \frac{D_0 \times (1+g)^t}{(1+K)^t}$$

代入等比數列前 n 項求和公式，當 $n \to \infty$ 時，普通股的價值為：

$$V = \frac{D_0 \times (1+g)}{K-g} = \frac{D_1}{K-g}$$

式中，D_1 為第一年的股利。

【例6-9】A 公司上一年每股支付利息為 3 元，預計未來每年以 5%的增長率增長，B 公司要求獲得 15%的必要報酬率。A 公司股票價格為多少時，B 公司才會購買該股票？

$$V = \frac{3 \times (1+5\%)}{15\%-5\%} = 31.5（元）$$

也就是，當市場上 A 公司的股票價格低於每股 31.5 元時，B 公司才會購買。

(四) 非固定成長股票的估價模型

在現實中，大多數公司的股票的股利並不是固定不變或者以固定不變的比率增長，而是處於不斷變動之中的，這種股票被稱為非固定成長股票。這類股票的估價比較複雜，我們通常將企業股票價值分段進行計算，主要有四個步驟：第一，將股利現金流分為兩部分，即開始時的非固定成長階段和其後的永久性固定增長階段；第二，計算非固定增長階段預期股利的現值；第三，在非固定增長期末，也就是固定增長期開始時，計算股票的價值，並將該數值折現；第四，將兩部分現值相加，即為股票的現時價值。

【例6-10】某公司正處於高速發展期。預計未來 4 年內股利以 10%的速度增長，在此後轉為正常增長，股利年增長率為 5%，該公司上年支付的每股股利為 2 元。若投資者要求的必要報酬率為 15%，則該股票的內在價值應為多少？

首先，計算非正常增長時期的股利現值，如表 6-1 所示。

表6-1　　　　　　　　　　股利現值表　　　　　　　　　　單位：元

年份	股利	複利現值系數（$i=15\%$）	現值
第1年	$2\times(1+10\%)=2.2$	0.870	1.914
第2年	$2\times(1+10\%)^2=2.42$	0.756	1.830
第3年	$2\times(1+10\%)^3=2.66$	0.658	1.750
第4年	$2\times(1+10\%)^4=2.93$	0.572	1.676
合計			7.170

其次，計算第4年年末時的普通股價值：

$$V=\frac{D_5}{K-g}=\frac{D_4(1+5\%)}{15\%-5\%}=30.765(元)$$

再次，計算其現值：

$$\frac{30.765}{(1+15\%)^4}=15.136（元）$$

最後，計算股票目前的價值：

$V=30.765+15.136=45.90$（元）

說明當該公司股票的市場價格低於45.90元時，該股票才值得購買。

除此之外，我們還可以通過簡單的市盈率法來估價。這是一種粗略的衡量股票價值的方法，由於計算相對比較簡單、易於掌握，被許多投資者使用。市盈率是股票市價和每股收益之比。

$$市盈率=每股市價/每股收益$$
$$股票價格=該股市盈率\times該股票每股收益$$
$$股票價值=行業平均市盈率\times該股票每股收益$$

根據證券機構或刊物提供的同類股票過去若干年的平均市盈率，乘以當前該股票每股收益，可以得出股票的公平價值。用它和當前市價比較，可以看出所付價格是否合理。

【例6-11】某公司的股票每股收益為3元，市盈率為10元，行業股票的平均市盈率為11。請問是否應該投資。

股票價格=$10\times3=30$（元）

股票價值=$11\times3=33$（元）

股票價值>股票價格，說明市場對該股票的價值略有低估，股票基本正常，有一定的吸引力。

第四節　基金投資

一、投資基金的含義

所謂投資基金，就是一種利益共享、風險共擔的集合投資制度。投資基金是通過

發行基金證券，集中投資者的資金，交由專業性投資機構管理，主要投資於股票、債券等金融工具，獲得收益後按投資基金持有比例進行分配的一種間接投資方式。投資基金的基本功能就是匯集眾多投資者的資金，交由專門的投資機構管理，由證券分析專家和投資專家具體操作運用，根據設定的投資目標，將資金分散投資於特定的投資組合，投資收益歸原投資者所有。

二、投資基金的分類

投資基金可以按照不同的標準進行分類，隨著證券投資基金的發展，投資基金的種類在不斷創新，目前常見的分類主要有以下幾種：

(一) 根據組織形態的不同劃分

根據組織形態的不同，投資基金可以分為契約型投資基金和公司型投資基金。

1. 契約型投資基金

契約型投資基金又稱為單位信託基金，是指把受益人 (投資者)、管理人、託管人三者作為基金的當事人，由管理人與託管人通過簽訂信託契約的形式發行收益憑證而設立的一種基金。契約型基金由基金管理人負責基金的管理操作；由基金託管人作為基金資產的名義持有人，負責基金資產的保管和處置，對基金管理人的動作實施監督。

2. 公司型投資基金

公司型投資基金又稱為共同基金，是指按照公司法的規定以公司形態組成的，通過發行股票或受益憑證的方式來籌集資金。投資者購買了該公司的股票，就成為該公司的股東，憑股票領取股息或紅利、分享投資所獲得的收益。

3. 契約型投資基金與公司型投資基金的比較

(1) 資金的性質不同。契約型投資基金的資金是信託資產，而公司型投資基金的資金是公司法人資本。

(2) 投資者的地位不同。契約型投資基金的投資者購買受益憑證後成為基金契約的當事人之一，即受益人；而公司型投資基金的投資者購買基金公司的股票後成為該公司的股東，以股利或紅利形式取得收益，並有權通過股東大會和董事會參與基金公司的管理。

(3) 基金的營運依據不同。契約型投資基金依據基金契約營運基金，而公司型投資基金依據基金公司章程營運基金。

(4) 發行憑證不同。契約型投資基金在募集資金時，必須依據基金契約，其發行的是基金受益憑證；而公司型投資基金在募集資金資產時，必須依據普通股股票發行的條件及程序，其發行憑證是基金公司的股票。

(二) 根據變現方式的不同劃分

根據變現方式的不同，投資基金可以分為封閉式基金和開放式基金。

1. 封閉式基金

封閉式基金是指基金的發起人在設立基金時，限定了基金單位的發行總額，籌足總額後，基金即宣告成立，並進行封閉，在一定時期內不再接受新的投資。基金單位的流通採取在證券交易所上市的辦法，投資者日後買賣基金單位，都必須通過證券經紀商在二級市場上進行競價交易。

2. 開放式基金

開放式基金是指基金發起人在設立基金時，基金單位或股份總規模不固定，可視投資者的需求，隨時向投資者出售基金單位或股份，並可應投資者要求贖回發行在外的基金單位或股份的一種基金運作方式。投資者既可以通過基金銷售機構購買基金使得基金資產和規模由此相應增加，也可以要求發行機構按基金的資產淨值贖回基金單位以收回現金使得基金資產和規模相應減少。

3. 封閉式基金與開放式基金的比較

（1）期限不同。封閉式基金通常有固定的封閉期限；而開放式基金沒有固定期限，投資者可以隨時向基金管理人贖回。

（2）基金單位的發行規模要求不同。封閉式基金在招募說明書中列明基金規模，而開放式基金沒有發行規模限制。

（3）基金單位轉讓方式不同。封閉式基金的基金單位在封閉期限內不能要求基金公司贖回，只能尋求在證券交易場所出售或在櫃臺市場上出售給第三者；開放式基金的投資者可以在首次發行結束一段時間（多為3個月）後，隨時向基金管理人或仲介機構提出購買或贖回申請。

（4）基金單位的交易價格計算標準不同。封閉式基金的買賣價格受市場供求關係的影響，並不必然反應公司的淨資產；開放式基金的交易價格則取決於基金的每單位資產淨值的大小，基本不受市場供求關係的影響。

（5）投資策略不同。封閉式基金的基金單位數不變，資本不會減少，因此基金可以進行長期投資；開放式基金因基金單位可以隨時贖回，為應付投資者隨時贖回兌現，基金資產不能全部用來投資，更不能把全部資本用來進行長期投資，必須保持基金資產的流動性。

(三) 根據投資對象的不同劃分

根據投資對象的不同，投資基金可以分為股票基金、債券基金、貨幣基金、期貨基金、期權基金、認股權證基金等。

1. 股票基金

股票基金是指以股票為投資對象的投資基金，其投資對象通常包括普通股和優先股，其風險程度較個人投資股票市場要低得多，並且具有較強的變現性和流動性，因此也是一種比較受歡迎的基金類型。

2. 債券基金

債券基金是指投資管理公司為穩健型投資者設計的，投資於政府債券、市政公債、企業債券等各類債券品種的投資基金。債券基金一般情況下定期派息，其風險和收益水平較股票基金低。

3. 貨幣基金

貨幣基金是指以國庫券、大額銀行可轉讓存單、商業票據、公司債券等貨幣市場短期有價證券為投資對象的投資基金。這類基金投資風險小、投資成本低、安全性和流動性較高，屬於低風險的安全基金。

4. 期貨基金

期貨基金是指以各類期貨品種為主要投資對象的投資基金。期貨是一種合約，只

需一定的保證金（一般為5%~10%）即可買進合約。期貨可以用來套期保值，也能夠以小博大，如果預測準確，短期能夠獲得很高的投資回報；如果預測不準，遭受的損失也很大，具有高風險和高收益的特點。因此，期貨基金也是一種高風險的基金。

5. 期權基金

期權基金是指以能分配股利的股票期權為投資對象的投資基金。期權也是一種合約，是指在一定時期內按約定的價格買入或賣出一定數量的某種投資標的的權利。如果市場價格變動對期權購買者履約有利，期權購買者就會行使這種買入和賣出的權利，即行使期權；反之，期權購買者可以放棄期權而聽任合同過期作廢。作為對這種權利佔有的代價，期權購買者需要向期權出售者支付一筆期權費（期權的價格）。期權基金的風險較小，適合於收入穩定的投資者。其投資目的是為了獲取最大的當期收入。

6. 認股權證基金

認股權證基金是指以認股權證為投資對象的投資基金。認股權證是指由股份有限公司發行的，能夠按照特定的價格，在特定的時間內購買一定數量該公司股票的選擇權憑證。由於認股權證的價格是由公司的股份決定的，一般來說，認股權證的投資風險較通常的股票大得多。因此，認股權證基金也屬於高風險基金。

(四) 根據投資風險與收益的不同劃分

根據投資風險與收益的不同，投資基金可以分為成長型投資基金、收益型投資基金和平衡型投資基金。

1. 成長型投資基金

成長型投資基金是以基金資產價值不斷成長為主要目的，重視投資對象的成長潛力，風險較高，以股票為主要投資對象的投資基金。

2. 收益型投資基金

收益型投資基金是指以追求投資的當期收益為主，重視投資對象的當期股利和利息，以債券為主要投資對象的投資基金。

3. 平衡型投資基金

平衡型投資基金是指以追求投資的當期收入和追求資本的長期成長為目的的投資基金。

三、投資基金的價值與估價

(一) 投資基金的價值

投資基金和其他證券一樣，也是一種證券，但是基金的內在價值卻與股票、債券等其他證券有很大的區別。

基金的價值取決於基金淨資產的現在價值。由於投資基金不斷更換投資組合，未來收益較難預測，再加上資本利得是投資基金的主要收益來源，變幻莫測的證券價格使得資本利得的準確預計非常困難，因此基金的價值主要由基金的現有市場價格去決定，基金投資者關注的是基金資產的現有市場價值。

(二) 基金單位淨值

基金單位淨值也稱單位資產淨值或單位淨資產值，是指某一時點每一基金單位（或基金股份）具有的市場價值。基金單位淨值是評價基金業績最基本和最直觀的指

標，也是開放型基金申購價格、贖回價格以及封閉式基金上市交易價格確定的重要依據。其計算公式為：

$$基金單位淨值 = \frac{基金淨資產價值總額}{基金單位總份額}$$

式中，基金淨資產價值總額等於基金資產總額減去基金負債總額。基金資產總額不是資產總額的帳面價值，而是資產總額的市場價值，是決定基金淨資產價值總額的主要因素。基金的負債除了以基金名義對外的融資借款以外，還包括應付給投資者的分紅、應付給基金經理公司的首次認購費和經理費用等。

【例6-12】假設某基金持有的三種股票的數量分別為20萬股、50萬股和80萬股，每股的市價分別為35元、20元和20元，銀行存款為1,000萬元。該基金負債有兩項：對管理人應付報酬為400萬元、應付稅金為500萬元。已售出基金單位為2,000萬份。試計算該基金單位淨值。

根據基金單位淨值的計算公式可得：

$$基金單位淨值 = \frac{20 \times 35 + 50 \times 20 + 80 \times 20 + 1,000 - 400 - 500}{2,000} = 1.7（元）$$

(三) 基金的報價

從理論上來說，基金的報價是由基金的價值決定的。基金單位淨值越高，基金的交易價格也越高。具體而言，封閉式基金在二級市場上競價交易，交易價格由供求關係和基金業績決定，圍繞著基金單位淨值上下波動；開放式基金的櫃臺交易價格則完全以基金單位價值為基礎，通常有兩種報價：認購價（賣出價）和贖回價（買入價）。其計算公式為：

$$基金認購價 = 基金單位淨值 + 首次認購費$$
$$基金贖回價 = 基金單位淨值 - 基金贖回費$$

式中，基金認購價是指基金管理公司的賣出價，首次認購費是指支付給基金管理公司的發行佣金，基金贖回價是指基金管理公司的買入價，基金贖回費是指基金贖回時的各種費用。

(四) 基金收益率

基金收益率是反應基金增值情況的指標，通過基金淨資產的價值變化來衡量。基金資產的價值是以市價計量的，基金資產的市場價值增加，意味著基金的投資收益增加，基金投資者的權益也隨之增加。基金收益率的計算公式為：

$$基金收益率 = \frac{年末持有份數 \times 年末基金單位淨值 - 年初持有份數 \times 年初基金單位淨值}{年初持有份數 \times 年初基金單位淨值}$$

式中，持有份數是指基金單位的持有份數，年初的基金單位淨值相當於購買基金的本金投資。

【例6-13】某基金公司發行的是開放式基金，2016年的相關資料如表6-2所示。假設該基金公司收取認購費和贖回費分別為基金淨值的5%和8%。

(1) 計算年初的下列指標：基金單位淨值、基金認購價、基金贖回價。
(2) 計算年末的下列指標：基金單位淨值、基金認購價、基金贖回價。
(3) 計算2016年基金的收益率。

表 6-2　　　　　　　　某開放式基金 2016 年相關資料　　　　金額單位：萬元

項目	年初	年末
基金資產帳面淨值	1,000	1,200
負債帳面淨值	300	320
基金市場價值	1,500	2,000
基金單位	500 萬單位	600 萬單位

（1）年初有關指標計算如下：

基金單位淨值 $= \dfrac{1,500-300}{500} = 2.4$（元）

基金認購價 $= 2.4 + 2.4 \times 5\% = 2.52$（元）

基金贖回價 $= 2.4 - 2.4 \times 8\% = 2.21$（元）

（2）年末有關指標計算如下：

基金單位淨值 $= \dfrac{2,000-320}{600} = 2.8$（元）

基金認購價 $= 2.8 + 2.8 \times 5\% = 2.94$（元）

基金贖回價 $= 2.8 - 2.8 \times 8\% = 2.58$（元）

（3）2016 年基金的收益率 $= \dfrac{600 \times 2.8 - 500 \times 2.4}{500 \times 2.4} \times 100\% = 40\%$

四、基金投資的優缺點

(一) 基金投資的優點

基金投資的最大優點是能夠在不承擔太大風險的情況下獲得較高收益，因為基金投資能夠發揮專家理財的作用，具有資金規模優勢。具體而言，投資基金的優點體現在以下幾個方面：

1. 有利於小額資金持有者的資金投資

投資基金要求的資金起點一般都比較低，投資者用少量的資金就可以投資於基金，然後基金再將大量的投資者的資金集中起來投入證券市場，投資者通過基金的分紅來享有投資收益。因此，基金投資是有利於小額資金持有者的資金投資。

2. 專家理財，投資效率高

基金的操作一般都是由熟悉專業的基金經理或投資顧問來進行，他們一般都實際操作經驗豐富，對國內外的宏觀經濟形勢、產業發展和政策、上市公司的基本情況都很瞭解。同時，其信息渠道比較廣泛，並能夠利用研究方面的優勢，及時對信息進行處理，做出正確的投資決策。也就是說，投資者通過基金投資，能享受到專家理財的好處，大大提高了投資效率。

3. 有效控製風險，獲得規模報酬

基金管理人憑藉自身的專業知識，能夠較為準確地判斷投資面臨風險的種類、性質、大小，採取相應措施以分散投資風險或控制投資風險。同時，投資基金匯集眾多

小投資者的資金，形成一定規模的大額資金，在參與證券投資時能享有規模效益。因此，基金投資是一種風險相對較小，而收益卻較高投資方式。

(二) 基金投資的缺點

基金投資一般無法獲得很高的投資收益，因為投資基金在投資組合過程中，在降低風險的同時，也喪失了獲得巨大收益的機會。在大盤整體大幅度下跌的情況下，進行基金投資也可能會損失很多，投資者可能承擔較大的風險。

第五節　證券投資組合

一、證券投資組合的概念與目的

證券投資組合又叫證券組合，是指在進行證券投資時，不是將所有的資金都投向單一的某種證券，而是有選擇地投向一組證券。這種同時投資多種證券的做法稱為證券投資組合。由於證券投資存在著較高的風險，而各種證券的風險大小又不相同，因此企業在進行證券投資時，不應將所有的資金都集中投資於一種證券，而應同時投資於多種證券，這就形成了證券投資組合。

證券投資組合的目的主要表現在兩個方面：一方面是為了降低投資風險。由多種證券構成的投資組合，會降低風險，即收益率高的證券會抵消掉那些收益率低的證券。一般情況下，證券投資組合的風險會隨著組合所包含的證券數量的增加而降低，各種證券之間的相關程度越低的證券構成的證券組合降低可分散風險的效應越大。另一方面是為了提高投資收益。理性的投資者都厭惡風險，但是同時又追求收益的最大化。根據風險與收益均衡的原理，投資的期望收益越高，承擔的風險也就越大。投資者可以通過進行有效的投資組合從而在風險既定的情況下，可使收益率達到最高；或在收益率既定的情況下，可使風險達到最低。

二、證券投資組合的風險與收益

(一) 證券投資組合的風險

證券投資組合的風險根據風險是否可以通過投資多樣化方法加以迴避及消除，分為系統性風險和非系統性風險，其中非系統性風險是可以通過有效的證券投資組合分散的風險，而系統性風險是不可以通過有效的證券投資組合分散的風險。

系統性風險雖然不能通過證券投資組合來分散，但是當整個市場收益率變動時，有的證券收益率變動大，有的證券收益率變動小，也就是單個證券所承擔系統性風險的大小是不相同的。我們通常用 β 系數來衡量個別證券相對於市場上全部證券的平均收益的變動程度。

$$\beta = \frac{個別證券的系統性風險}{市場上全部證券的系統性風險}$$

假設整個證券市場的風險系數為 1。若某種證券的 β 系數等於 1，說明其風險與證券市場的風險相一致；若某種證券的 β 系數大於 1，說明其風險大於整個證券市場的風

險;若某種證券的 β 系數小於 1,說明其風險小於整個證券市場的風險。

對於證券投資組合而言,其系統性風險也可以用 β 系數來衡量。投資組合的 β 系數是個別證券 β 系數的加權平均數,權數為各種證券在投資組合中所占的比重。其計算公式為:

$$\beta_p = \sum_{i=1}^{n} W_i \cdot \beta_i$$

式中,β_p 為證券投資組合的風險系數,W_i 為第 i 項證券在投資組合總體中所占的比重,β_i 為第 i 項證券的風險系數,n 為投資組合中證券的種類數。

(二) 證券投資組合的收益

證券投資組合的收益是指投資組合中單項資產預期收益率的加權平均數。其計算公式為:

$$R_p = \sum_{i=1}^{n} W_i \cdot R_i$$

式中,R_p 為投資組合的期望收益率,W_i 為第 i 項證券在投資組合總體中所占的比重,R_i 為第 i 項證券的期望收益率,n 為投資組合中證券的種類數。

【例 6-14】某投資組合中包括 A、B、C 三種股票,其期望收益率分別為 15%、20%、18%。在這個組合中,A、B、C 三種股票的投資額分別是 40 萬元、40 萬元、20 萬元。這個投資組合的期望收益率是多少?

$$R_p = \frac{40}{40+40+20} \times 15\% + \frac{40}{40+40+20} \times 20\% + \frac{20}{40+40+20} \times 18\% = 17.6\%$$

(三) 證券投資組合的風險收益率

投資者進行證券投資組合與進行單項投資一樣,都要求對承擔的風險進行補償,證券的風險越大,要求的收益率越高。但是,與單項投資不同,證券投資組合要求補償的風險只是不可分散風險,而不要求對可分散風險進行補償。因為證券投資組合所包含的可分散風險能通過有效的證券組合分散掉,可分散風險的影響是微不足道的,不可分散風險就成為投資者尤為關注的風險。這類風險越大,投資者要求的風險補償越高。證券投資組合的風險收益是指投資者因承擔不可分散風險而要求的超過資金時間價值(無風險收益率)的那部分額外收益,通常用風險收益率表示。其計算公式為:

$$R_p = \beta_p \cdot (R_M - R_F)$$

式中,R_p 為證券投資組合的風險收益率;β_p 為證券投資組合的 β 系數;R_M 為所有股票的平均收益率,也就是市場上所有股票組成的證券組合的收益率,簡稱市場收益率;R_F 為無風險收益率,一般用國債利率來衡量。

【例 6-15】某企業共持有 100 萬元的 A、B、C 三種股票,其構成投資組合。經測算,三種股票的 β 系數分別為 1.5、1.5、0.8。三種股票在投資組合中所占的比重分別為 20%、40%、40%,若股票市場平均收益率為 16%,無風險收益率為 12%。試計算該證券組合的風險收益率和風險收益額。

(1) 該證券組合的 β 系數為:

$\beta_p = 20\% \times 1.5 + 40\% \times 1.5 + 40\% \times 0.8 = 1.22$

（2）該證券組合的風險收益率為：

$R_p = 1.22 \times (16\% - 12\%) = 4.88\%$

（3）該證券組合的風險收益額為：

風險收益額 = 100×4.88% = 4.88（萬元）

從以上計算可以看出，在其他因素不變的情況下，風險收益的大小主要取決於證券投資組合的 β 系數，β 系數越大，風險收益就越大；β 系數越小，風險收益就越小。

（四）證券投資組合的必要收益率

上述風險收益率的計算是在假設投資組合中所有的資產均為風險性資產的情況下，只考慮承擔不可分散風險而要求的、超過資金時間價值（無風險收益率）的那部分額外收益。事實上，市場上可供選擇的投資工具除了風險性資產外，還有大量的無風險性資產，如政府債券等。因此，證券投資組合的必要收益率是指在證券投資組合下考慮不可分散風險而要求的預期收益率，包括無風險收益率和風險收益率兩部分。其計算公式為：

$$K_i = R_F + \beta_p \cdot (R_M - R_F)$$

式中，K_i 為證券投資組合的必要收益率，R_F 為無風險收益率，β_p 為證券投資組合的 β 系數，R_M 為所有股票或所有證券的平均收益率。

【例6-16】某企業持有由 A、B、C 三種股票組成的證券組合，該組合中三種股票所占的比例分別為 50%、30%、20%，β 系數分別為 0.5、1.5、2。若股票市場的平均收益率為 14%，無風險收益率為 9%，求該證券組合的 β 系數和必要收益率。

β_p = 50%×0.5+30%×1.5+20%×2 = 1.1

K_i = 9% + 1.1 × (14% - 9%) = 14.5%

三、證券投資組合的策略與方法

（一）證券投資組合的策略

在現實生活中，企業的決策者可以通過證券投資組合分散風險，獲取較高的收益。然而不同的投資者有不同的投資策略，在證券投資組合理論的發展過程中，形成了各種各樣的派別，以下介紹幾種常見的證券投資組合策略。

1. 保守型策略

這種策略購買盡可能多的證券，以便分散掉全部可分散的風險，得到與市場所有證券的平均收益同樣的收益。根據證券投資組合理論，只要證券投資組合的數量達到充分多，便可分散大部分可分散風險。因此，這種策略是最簡單的策略，其優點是能分散掉全部可分散風險，不需要高深的證券投資的專業知識，證券投資管理費用比較低。因為這種策略下的投資組合收益不高，不會高於證券市場上所有證券的平均收益，而且風險也不大，所以稱為保守型策略。

2. 冒險型策略

這種策略認為，只要投資組合做得好，就能擊敗市場或超越市場，取得遠遠高於市場平均收益的收益。在這種策略下，投資者主要投資於一些高收益、高風險的成長型的股票，而很少選擇低風險、低收益的證券。另外，這種投資者一般都頻繁變動其組合，冒險性較大。因為該策略收益高、風險大，所以被稱為冒險型策略。

3. 適中型策略

這種策略介於保守型策略與冒險型策略之間。採用這種策略的人一般都善於對證券進行分析，如宏觀經濟形勢分析、行業分析、企業經營狀況分析等，通過分析，選擇高質量的股票和債券組成投資組合。適中型策略認為，市場上股票價格一時沉浮並不重要，只要企業經營業績好，股票一定會升到其本來的價值水平。因此，這種組合的投資者必須具備豐富的投資經驗並擁有進行證券投資的各種專業知識。這種策略風險不太大，收益卻比較高，是一種比較常見的投資組合策略。各種金融機構和企事業單位在進行證券投資時一般都採用這種策略。

(二) 證券投資組合的方法

進行證券投資組合的方法很多，但是最常見的方法通常有以下幾種：

1. 選擇足夠多的證券進行投資組合

根據證券投資組合的理論，證券投資組合中的證券種類越多，投資組合的可分散風險越小，當組合證券數目足夠多時，大部分可分散風險會分散掉。實際工作中使用這一方法時，不需要有目的的組合，只要隨機選擇證券進行投資組合就可以了。據投資專家的估計，在美國紐約證券市場上，隨機地購買 40 種股票，其大部分可分散風險都能被分散掉。

2. 把投資收益呈負相關的證券放在一起進行組合

一種股票的收益上升而另一種股票的收益下降的兩種股票，稱為負相關股票。呈負相關關係的證券進行投資組合能更有效地分散可分散風險。因此，在進行投資時，應盡可能尋找呈負相關關係的證券進行投資組合。例如，某企業同時持有一家汽車製造公司的股票和一家石油公司的股票，當石油價格大幅度上升時，這兩種股票便呈負相關關係。因為油價上漲，石油公司的收益會增加，但是油價的上升，會影響汽車的銷量，使汽車公司的收益降低。只要選擇得當，這樣的組合對降低風險就有十分重要的意義。不過在現實中，呈負相關關係的證券是十分少見的。

3. 把風險大、風險中等、風險小的證券放在一起進行組合

這種組合又叫 1/3 法，即把證券投資組合中全部資金的 1/3 投資於風險較大的證券，1/3 投資於風險中等的證券，1/3 投資於風險較小的證券。一般而言，風險較大的證券對經濟形勢的變化比較敏感，當經濟處於繁榮時期，風險較大的證券獲得較高的收益；當經濟衰退時，風險較大的證券會遭受巨額損失。相反，風險較小的證券對經濟形勢變化不十分敏感，一般能獲得穩定收益，而不致遭受損失。中等風險的證券投資收益對宏觀經濟狀況變動的敏感程度介於風險較大的證券和風險較小的證券之間。這種方法收益不高，但是風險也不大，不至於承擔巨大的損失。

【本章小結】

1. 本章對證券投資的主要形式，債券投資和股票投資的基本含義、特點、風險收益等進行瞭解釋，對股價模型和投資決策進行了闡述。

2. 本章明確了基金投資的基本概念和分類，分析了基金投資的估價和基金投資收益，說明了基金投資的優缺點。

3. 本章闡述了證券投資組合的概念與目的，分析了證券投資組合的收益與風險，並介紹了通常使用的證券投資組合的策略與方法。

【復習思考題】

1. 證券投資一般有哪些風險？如何規避？
2. 債券投資和股票投資分別有哪些優缺點？
3. 對債券和股票如何進行估價？
4. 什麼是基金投資？基金投資有哪些類型和特點？
5. 如何進行基金投資估價？
6. 為什麼要進行證券投資組合？
7. 如何計算證券投資組合的風險與收益？
8. 證券投資組合有哪些策略和方法？

第七章　項目投資管理

【本章學習目標】

- 瞭解投資的概念、特點和種類
- 瞭解項目投資的概念、意義和程序
- 熟悉項目投資的特點和要素
- 瞭解項目投資現金流量的概念和作用
- 熟悉項目投資現金流量的內容和估算方法
- 掌握項目投資現金流量的計算方法和技巧
- 瞭解各種項目投資決策分析方法的優缺點
- 掌握淨現值、現值指數、內含報酬率、投資回收期等評價指標的含義及其計算方法
- 掌握項目投資決策分析方法的運用

第一節　項目投資概述

一、投資的含義與種類

(一) 投資的含義

投資是指特定經濟主體（包括國家、企業和個人）為了在未來可預見的時期內獲得收益或使資金增值，在一定時期向一定領域的標的物投放足夠數額的資金或實物等貨幣等價物的經濟行為。從特定企業角度看，投資就是企業為獲取收益而向一定對象投放資金的經濟行為。

1. 對投資的定義的理解

(1) 投資是現在投入一定價值量的經濟活動。從靜態的角度來說，投資是現在墊付一定量的資金，其來源是閒置資金，或者是以一定代價融入的資金。

(2) 投資具有時間性。投資是一個行為過程，從現在投入到將來獲得報酬需要耗費或長或短的時間。

(3) 投資的目的在於得到報酬（即收益）。投資活動以犧牲現在價值為手段，以賺取未來價值為目標。未來價值超過現在價值，投資者方能得到正報酬。投資時間越長，發生不可預測事件的可能性就越大，未來報酬獲得的不確定性就越大，投資風險越高。

(4) 投資具有風險性。現在投入的價值是確定的，而未來可能獲得的收益是不確定的，這種收益的不確定性即為投資風險。

財務管理中的投資與會計中的投資的含義不完全一致，通常會計上的投資是指對外投資，而財務管理中的投資既包括對外投資，也包括對內投資。

2. 企業投資的根本目的是為了謀求利潤，增加企業價值

企業能否實現這一目標，關鍵在於企業能否在風雲變幻的市場環境下抓住有利的時機，做出合理的投資決策。為此，企業在投資時必須堅持以下原則：

(1) 認真進行市場調查，及時捕捉投資機會。捕捉投資機會是企業投資活動的起點，也是企業投資決策的關鍵。在市場經濟條件下，投資機會是不斷變化的，要受到諸多因素的影響，最主要的是受到市場需求變化的影響。企業在投資之前必須認真進行市場調查和市場分析，尋找最有利的投資機會。市場是不斷變化發展的，對於市場和投資機會的關係也應從動態的角度加以把握。正是由於市場不斷變化和發展才有可能產生一個又一個新的投資機會。隨著經濟不斷發展，人民收入水平不斷增加，人們對消費的需求也發生了很大了變化，無數的投資機會正是在這種變化中產生的。

(2) 建立科學的投資決策程序，認真進行投資項目的可行性分析。在市場經濟條件下，企業的投資決策都會面臨一定的風險。為了保證投資決策的正確有效，必須按科學的投資決策程序，認真進行投資項目的可行性分析。投資項目的可行性分析的主要任務是對投資項目技術上的可行性和經濟上的有效性進行論證，運用各種方法計算出有關指標，以便合理確定不同項目的優劣。財務部門是對企業的資金進行規劃和控製的部門，財務人員必須參與投資項目的可行性分析。

(3) 及時足額地籌集資金，保證投資項目的資金供應。企業的投資項目，特別是大型投資項目，建設週期長、所需資金多，一旦開工就必須有足夠的資金供應，否則就會使工程建設中途下馬，出現「半截子工程」，造成很大的損失。因此，在投資項目上馬之前必須科學預測投資所需資金的數量和時間，採用適當的方法籌措資金，保證投資項目順利完成，盡快產生投資效益。

(4) 認真分析風險和收益的關係，適當控製企業的投資風險。收益和風險是共存的。一般而言，收益越多，風險也越大，收益的增加是以風險的增大為代價的。而風險的增加將會引起企業價值的下降，不利於財務管理目標的實現。企業在進行投資時必須在考慮收益的同時認真考慮風險情況，只有在收益和風險達到最優的均衡時才有可能不斷增加企業價值，實現財務管理目標。

(二) 投資的種類

投資可分為以下幾種類型：

1. 按照投資行為的介入程度，分為直接投資和間接投資

直接投資是指不借助金融工具，由投資人直接將資金轉移交付給被投資對象使用的投資，包括企業內部直接投資和對外直接投資。前者形成企業內部直接用於生產經營的各項資產，如各種貨幣資金、實物資產、無形資產等；後者形成企業持有的各種股權性資產，如持有子公司或聯營公司股份等。

間接投資又稱證券投資，是指通過購買被投資對象發行的金融工具，如企業購買特定投資對象發行的股票、債券、基金等，而將資金間接轉移交付給被投資對象使用的投資。隨著中國金融市場的完善和多渠道籌資的形成，企業間接投資將越來越廣泛。

2. 按照投資的領域不同，分為生產性投資和非生產性投資

生產性投資是指將資金投入生產、建設等物質生產領域中，並能夠形成生產能力或可以產出生產資料的一種投資，又稱為生產資料投資。這種投資的最終成果將形成各種生產性資產，包括形成固定資產的投資、形成無形資產的投資、形成其他資產的投資和流動資金的投資。其中，前三項屬於墊支資本投資，最後一項屬於週轉資本投資。

非生產性投資是指將資金投入非物質生產領域中，不能形成生產能力，但能形成社會消費或服務能力，滿足人民的物質文化生活需要的一種投資。這種投資的最終成果是形成各種非生產性資產。

3. 按照投資的方向不同，分為對內投資和對外投資

從企業的角度看，對內投資就是項目投資，是指企業將資金投放於為取得供本企業生產經營使用的固定資產、無形資產、其他資產和墊支流動資金而形成的一種投資。

對外投資是指企業為購買國家及其他企業發行的有價證券或其他金融產品（包括期貨與期權、信託、保險），或者以貨幣資金、實物資產、無形資產向其他企業（如聯營企業、子公司等）注入資金而發生的投資。

4. 按照投資期限長短不同，分為長期投資與短期投資

短期投資又稱流動資產投資，是指 1 年以內收回的投資，主要指對現金、應收帳款、存貨、短期有價證券等的投資。

長期投資是指 1 年以上才能收回的投資，主要指對廠房、機器設備等固定資產的投資，也包括對無形資產和長期有價證券的投資。由於長期投資的回收期長、耗資多，因而變現能力差。長期投資的投向是否合理不僅影響到企業當期的財務狀況，而且對以後各期損益及經營狀況都能產生重要影響。

投資還可以按照投資的內容不同，分為固定資產投資、無形資產投資、流動資金投資、房地產投資、有價證券投資、期貨與期權投資、信託投資和保險投資等多種形式。

二、項目投資的概念、特點和意義

(一) 項目投資的概念

項目投資是投資中的一種，是指以特定建設項目為投資對象，為了新增或更新生產經營能力的長期資本資產的投資行為。

項目投資的對象是項目，一般包括新建項目與更新改造項目。

新建項目是指以新增生產能力為目的的投資項目，屬於外延式擴大再生產類型，更新改造項目是指以恢復和改善生產能力為目的的投資項目，屬於內涵式擴大再生產類型。其中，新建項目又可以進一步分為單純固定資產項目和完整工業項目。單純固定資產項目只涉及購建固定資產投資，一般不涉及週轉性流動資產投資；完整工業項目則不僅涉及購建固定資產投資，而且涉及週轉性流動資產投資，甚至還涉及無形資產、開辦費用等其他長期資產項目。

因此，不能將項目投資簡單地等同於固定資產投資。

(二) 項目投資的特點

與其他形式的投資相比，項目投資具有以下特點：

1. 投資數額多

項目投資屬於資本投資，一般需要集中大量的資本投放，其投資額往往是企業及其投資人多年的資金累積並且會直接改變企業的現金流量和財務狀況，如果決策發生失誤則必定導致損失慘重。

2. 影響時間長

項目投資屬於長期投資，項目發揮作用的時間比較長，需要幾年、十幾年，甚至幾十年才能收回投資。因此，項目投資對企業今後長期的經濟效益，甚至對企業的命運都起著決定性的影響。

3. 發生頻率低

與企業的短期投資和長期性金融投資相比，項目投資的發生次數不太頻繁，特別是新增生產經營能力的戰略性項目投資更是如此。這就使財務部門有必要也有比較充分的時間對此進行可行性研究。

4. 變現能力差

項目投資的結果是固化成企業的長期經營性資產，具有投資剛性特徵，不打算也不可能在短時間內變現。項目投資一旦實施或完成，也就決定了企業的經營方向，要想改變是相當困難的，不是無法實現，而是代價高昂。

5. 決策風險大

因為影響項目投資未來收益的因素特別多，加上投資數額多、回收時間長和變現能力差，因此其投資風險比其他投資大。當不利狀況出現時，項目投資先天性的決定性及無法逆轉的損失足以削減企業的價值，甚至摧毀一個企業。

與其他形式的投資相比，項目投資具有投資內容獨特（每個項目都至少涉及一項形成固定資產的投資）、投資數額多、影響時間長（至少一年或一個營業週期以上）、發生頻率低、變現能力差和決策風險大的特點。

(三) 項目投資的意義

從宏觀角度看，項目投資有以下兩方面積極意義：

（1）項目投資是實現社會資本累積功能的主要途徑，也是擴大社會再生產的重要手段，有助於促進社會經濟的長期可持續發展。

（2）增加項目投資，能夠為社會提供更多的就業機會，提高社會總供給量，不僅可以滿足社會需求的不斷增長，而且會最終拉動社會消費的增長。

從微觀角度看，項目投資有以下三個方面積極意義：

（1）增強投資者的經濟實力。投資者通過項目投資，可以擴大其資本累積規模，提高其收益能力，增強其抵禦風險的能力。

（2）提高投資者的創新能力。投資者通過自主研發和購買知識產權，結合投資項目的實施，實現科技成果的商品化和產業化，不僅可以不斷地獲得技術創新，而且能夠為科技轉化為生產力提供更好的業務操作平臺。

（3）提升投資者市場競爭能力。市場競爭不僅是人才的競爭、產品的競爭，也是投資項目的競爭。一個不具備核心競爭能力的投資項目是註定要失敗的。無論是投資

實踐的成功經驗還是失敗的教訓，都有助於促進投資者自覺按市場規律辦事，不斷提升其市場競爭力。

三、項目投資的基本程序、可行性研究與決策約束條件

企業項目投資的制定與實施需要一個組織化的過程，特別是擴充型的重大投資工程，如新設企業、新建分廠、新增經營項目等，其決策應進行全程式跟蹤管理，全面納入項目投資程序。當然，對於投資較少、影響較小的個別設備更新等投資項目可適當簡化。

(一) 項目投資的基本程序

1. 項目投資的提出

提出項目是項目投資程序的第一步，是根據企業的長遠發展戰略、中長期投資計劃和投資環境的變化，在發現和把握良好投資機會的情況下提出的。它可以由企業管理當局或高層管理人員提出，也可以由企業的各級管理部門和相關部門領導提出。任何項目投資建議都必須與企業的戰略設計保持一致性，盡力避免對那些與企業戰略相矛盾的投資項目進行不必要的分析論證。

2. 項目投資可行性分析

項目投資特別是重大建設項目投資涉及的因素很多，而且各因素之間相互聯繫，牽一發而動全身。項目投資前必須進行可行性研究，從環境、市場、技術、資金、效益五個方面進行全面系統的論證研究，以便提高投資成功概率，降低投資風險。可行性研究的最終成果應體現為可行性研究報告，為項目投資決策提供可靠的依據。

3. 項目投資決策評價

投資項目評價的重點是算經濟帳，是可行性研究內容的專題性深入和細化。其包括如下內容：

(1) 對投資項目的投入、產出進行測算，進而估計方案的相關現金流量。

(2) 計算投資項目的價值指標，如淨現值、內含報酬率、投資回收期等。

(3) 將有關價值指標與可接受標準進行比較，選擇可執行的方案。

要科學準確地完成這一步的工作是一件相當不簡單的事情，所有的數據都建立在一定假設基礎之上，是對未來的預測、估算，和現實可能會有較大出入，必須慎重對待並納入專業化軌道考量。

4. 項目投資的選定與實施

項目評價完成之後，應按分權管理的決策權限由企業高層管理人員或相關部門經理做最後決策，對於特別重大的項目投資還需要由董事會或股東大會批准形成決策。決策形成後，應編制資本預算，積極組織實施。對工程進度、工程質量、施工成本和預算執行等進行監督、控製、審核。注意防止工程建設中的舞弊行為，確保工程質量，保證按時完成，當有新情況出現而造成偏差時，應及時反饋和修正，確保資本預算的先進性和可行性。

5. 項目投資再評價

對於已實施的投資項目應進行跟蹤審計。其作用在於：

(1) 發現原有預測評價的偏差，明白在什麼地方脫離了實際。

（2）提供改善財務控制的線索，弄清在執行中哪些方面出了問題。

（3）產生決策糾錯機制，如在環境、需求、設備、財力等出現重大變化的條件下，得出哪類項目值得繼續實施或不值得實施的評價意見。

如果情況發生重大變化，確實使原來的投資決策變得不合理，就要進行是否終止投資和怎樣終止投資的決策，以避免更大損失。當然，終止投資本身的損失就可能很慘重，人們都力求避免這種「痛苦的決策」，但事實上不可能完全避免。

（二）項目投資的可行性研究

1. 可行性研究的概念

可行性是指一項事物可以做到的、現實行得通的、有成功把握的可能性。就企業投資項目而言，其可行性就是指對環境的不利影響最小，技術上具有先進性和適應性，產品在市場上能夠被容納或被接受，財務上具有合理性和較強的盈利能力以及對國民經濟有貢獻，能夠創造社會效益。

廣義的可行性研究是指在現代環境中，組織一個長期投資項目之前，必須進行的有關該項目投資必要性的全面考察與系統分析以及有關該項目未來在技術、財務乃至國際經濟等方面能否實現其投資目標的綜合論證與科學評價。可行性研究是有關決策人（包括宏觀投資管理當局與投資當事人）做出正確可靠投資決策的前提與保證。

狹義的可行性研究專指在實施廣義可行性研究過程中，與編制相關研究報告相聯繫的有關工作。

廣義的可行性研究包括機會研究、初步可行性研究和最終可行性研究三個階段，具體又包括環境與市場分析、技術與生產分析和財務可行性評價等主要分析內容。

2. 環境與市場分析

（1）建設項目的環境影響評價。在可行性研究中，必須開展建設項目的環境影響評價。所謂建設項目的環境，是指建設項目所在地的自然環境、社會環境和生態環境的統稱。建設項目的環境影響報告書應當包括下列內容：

①建設項目概況。

②建設項目周圍環境現狀。

③建設項目對環境可能造成影響的分析、預測和評估。

④建設項目的環境保護措施及其技術、經濟論證。

⑤建設項目對環境影響的經濟損益分析。

⑥對建設項目實施環境監測的建議。

⑦環境影響評價的結論。

建設項目的環境影響評價屬於否決性指標，凡未開展或沒通過環境影響評價的建設項目，不論其經濟可行性和財務可行性如何，一律不得上馬。

（2）市場分析。市場分析又稱市場研究，是指在市場調查的基礎上，通過預測未來市場的變化趨勢，瞭解擬建項目產品的未來銷路而開展的工作。

進行投資項目可行性研究，必須要從市場分析入手。因為一個投資項目的設想，大多來自市場分析的結果，或是源於某一自然資源的發現和開發，或是某一新技術、新設計的應用。即使是後兩種情況，也必須把市場分析放在可行性研究的首要位置。如果市場對於項目的產品完全沒有需求，項目仍不能成立。

市場分析要提供未來營運期不同階段的產品年需求量和預測價格等預測數據，同時要綜合考慮潛在或現實競爭產品的市場佔有率和變動趨勢以及人們的購買力及消費心理的變化情況。這項工作通常由市場行銷人員或委託的市場分析專家完成。

3. 技術與生產分析

（1）技術分析。技術是指在生產過程中由系統的科學知識、成熟的實踐經驗和操作技藝綜合而成的專門學問和手段。技術經常與工藝統稱為工藝技術，但工藝是指為生產某種產品所採用的工作流程和製造方法，不能將兩者混為一談。

廣義的技術分析是指在構成項目組成部分及發展階段上，與技術問題有關的分析論證與評價。它貫穿於可行性研究的項目確立、廠址選擇、工程設計、設備選型和生產工藝確定等各項工作，成為與財務可行性評價相區別的技術可行性評價的主要內容。

狹義的技術分析是指對項目本身所採用的工藝技術、技術裝備的構成以及產品內在的技術含量等方面內容進行的分析研究與評價。技術可行性研究是一項十分複雜的工作，通常由專業工程師完成。

（2）生產分析。生產分析是指在確保能夠通過項目對環境影響評價的前提下，進行的廠址選擇分析、資源條件分析、建設實施條件分析、投產後生產條件分析等一系列分析論證工作的統稱。廠址選擇分析包括選點和定址兩個方面的內容。前者主要是指建設地區的選擇，主要考慮生產力佈局對項目的約束；後者則是指項目具體地理位置的確定。在廠址選擇時，應通盤考慮自然因素（包括自然資源和自然條件）、經濟技術因素、社會政治因素和運輸及地理位置因素。生產分析涉及的因素多，問題複雜，需要組織各方面專家分工協作才能完成。

4. 財務可行性分析

財務可行性分析是指在已完成相關環境與市場分析、技術與生產分析的前提下，圍繞已具備技術可行性的建設項目而開展的有關該項目在財務方面是否具有投資可行性的一種專門分析評價。

(三) 項目投資決策約束條件

1. 項目投資規模及資本成本

項目投資總會涉及投資的規模大小、投入的資本成本以及獲得資本的難易程度等問題。資本成本是投資者應得的必要報酬，而資本的可獲得性程度和可利用量規模決定了投資機會能否轉變為現實的投資行為，是投資決策中具有前提意義的財務約束條件。

2. 項目預期報酬和現金流量

以資本成本為最低限額，項目的預期報酬和現金流量是否能補償資本成本，決定了項目投資金額能否在以後期間得以收回。報酬水平的高低又決定了在資本有限情況下多個互斥項目之間的選擇問題。因此，預期報酬和現金流量是項目投資決策中具有核心意義的效益約束條件。

3. 項目投資風險與投資主體的承受意願和能力

項目投資的長期性、固化性、剛性、不可逆性、先天性等特性表明其風險性不可輕視，這是客觀存在的，人們總得權衡風險與收益，考量風險是否能在收益中得到補償，並將投資項目的風險納入必要報酬率的確定之中。因此，在進行項目投資時必須

考慮企業承擔風險的意願和能力。在某種程度上，對待風險的態度和承擔風險的能力決定了項目投資成功與否的可能性。可見，項目本身的風險大小和投資主體是否願意冒風險、願意冒多大風險，是投資決策中具有挑戰意義的風險約束條件。

四、項目投資要素

項目投資的要素包括項目計算期、項目投資額和項目投資方式等。

（一）項目計算期

項目計算期是指項目從投資建設開始到最終清理結束整個過程的全部時間，包括建設期和經營期。項目計算期通常以年為計算單位。

一個完整的項目計算期是由建設期與經營期兩部分構成的。其中，建設期是指項目資金正式投入開始到項目建成投產為止所需要的時間，建設期的第一年年初稱為建設起點，建設期的最後一年年末稱為投產日。可見，建設期是項目建設起點到投產日所需的全部時間。經營期是指從項目投產日到項目最終清算結束的時間。經營期開始於項目投產日，結束於項目最終清算結束日，包括試產期和達產期。經營期的最後一年年末，即項目計算期的最後一年年末稱為終結點。項目計算期、建設期和經營期之間有以下關係：

$$N = s + p$$

式中，n 為項目計算期，s 為建設期，p 為經營期。

【例7-1】A公司購置一臺新設備，該設備需要安裝後才能投入使用，從建設初期歷經一年後投產使用，預計使用壽命為10年。計算A公司的項目計算期。

根據上述資料可知：

建設期 $s=1$（年）

經營期 $p=10$（年）

因此，項目計算期為：

$n=1+10=11$（年）

（二）項目投資額

項目投資額是投入到項目建設和經營中的投資數額，在項目構建完成後形成固定資產原值。

項目投資額包括原始投資額和建設期資本化利息。原始投資額又稱初始投資額，是指項目建成並投產所投入的全部現實資金額，包括建設投資和流動資金投資。建設投資是指建設期內按一定生產經營規模和建設內容進行的投資；流動資金投資又稱墊支流動資金，是指項目投產前後分次或一次投入的營運資金。原始投資額不包括建設期資本化利息，而項目投資額不僅包括全部原始投資，而且包括建設期資本化利息。建設期資本化利息是指在項目建設期內發生的與項目投資有關的各種構建長期資產的借款利息。

項目投資中各種投資之間的關係為：

原始投資=建設投資+流動資金投資

項目投資額=原始投資+建設期資本化利息

【例7-2】B公司擬投資新建項目，建設期為2年，預計經營期為10年。建設投資

分 3 次投入：建設起點投入 200 萬元，建設期第二年年初投入 500 萬元，建設期期末投入 100 萬元。流動資產在建設起點投入 50 萬元。建設期資本化利息總額為 150 萬元。計算該項目的建設投資、流動資產投資、原始投資和投資總額分別是多少？

根據上述資料可知，有關項目投資額分為：

建設投資＝200+500+100＝800（萬元）

流動資產投資＝50（萬元）

原始投資＝800+50＝850（萬元）

項目投資額＝850+150＝1,000（萬元）

(三) 項目投資方式

項目投資的方式分為一次投入和分次投入。一次投入是指集中在項目計算期第一年年初或年末投入，分次投入是指分別在兩個或兩個以上年度分次投入。若只涉及一個年度但分次在該年的年初和年末發生的投入，也屬於分次投入方式。

第二節　現金流量估算

一、現金流量的概念和作用

(一) 現金流量的概念

現金流量也稱現金流動數量，簡稱現金流，在投資決策中是指一個項目引起的企業現金流出和現金流入增加的數量。這裡的現金是廣義的現金，不僅包括各種貨幣資金，還包括項目需要投入的企業現有非貨幣資源的變現價值。例如，一個項目需要使用原有的廠房、設備和材料等，則相關的現金流量是指它們的變現價值，而不能用它們的帳面價值來表示其現金流量。

現金流量是評價一個投資項目是否可行時必須事先計算的一個基礎性數據。對於一個具體的投資項目而言，其現金流出量是指該項目投資等引起的企業現金支出增加的數量，現金流入量是指該項目投產營運等引起的企業現金收入增加的數量。無論是流出量還是流入量，都強調現金流量的特定性，它是特定項目的現金流量，與別的項目或企業原先的現金流量不可混淆。這裡還強調現金流量的增量性，即項目的現金流量是由於採納特定項目而引起的現金支出或收入增加的數量。

無論是出於對現金流量概念的理解，還是用於對現金流量實際的計量，都必須認識和把握現金流量的這種廣義性、特定性、增量性的特性，使其正確無誤。

(二) 現金流量的作用

項目投資決策中之所以採用現金流量信息，原因如下：

（1）現金流量揭示的未來期間投資項目貨幣資金收支運動，可以序時動態地反應投資的流向與回收的投入產出關係，便於投資者完整全面地評價投資的效益。

（2）利用現金流量指標代替利潤指標作為反應投資項目效益的信息，可以避免在利潤計算中受不同固定資產折舊方法、存貨估價方法等影響而造成的信息相關性、可比性差的缺陷。

(3) 利用現金流量信息，排除了非現金收付內部週轉的資本運動形式，從而簡化了有關投資決策評價指標的計算過程。

(4) 現金流量信息與項目計算期的各個時點相結合，有助於運用資金時間價值對投資項目進行動態投資效果的綜合評價。

二、分析確定現金流量的要點

在確定投資項目的相關現金流量時，應遵循的基本原則是只有增量現金流量才是與投資項目相關的現金流量。增量現金流量是指接受或拒絕某個投資項目時，企業總的現金流量因此而發生的變動，而不僅僅是該項目的現金流量所發生的變動。只有那些由於採納某個項目引起的整個企業現金支出增加額，才是該項目的現金流出；也只有那些由於採納某個項目而引起的整個企業的現金流入增加額，才是該項目的現金流入。為了正確計算投資方案的增量現金流量，需要正確判斷哪些因素會引起現金流量的變動，哪些因素不會引起現金流量的變動。在進行這種分析判斷時，特別要注意以下問題：

（一）區分相關成本和非相關成本

相關成本是指與特定決策有關的、在分析評價時必須加以考慮的成本。與此相反，與特定決策無關的、在分析評價時不必加以考慮的成本是非相關成本。

在估計項目現金流量時，要以投資對企業所有經營活動產生的整體效果為基礎進行分析，而不是孤立地考察新上項目。例如，某公司決定開發一種新型機床，預計該機床上市後，銷售收入為5,000萬元，但會衝擊原來的普通機床，使其銷售收入減少800萬元。因此，在投資分析時，新型機床的增量現金流入量從公司全局的角度應計為4,200萬元，而不是5,000萬元。

應當注意的是，不能將市場變化（如競爭對手生產和銷售這種新型機床而擠占了該公司普通機床的銷售）納入這種關聯效應中來，因為無論公司是否生產和銷售新型機床，這種損失都會發生，它們屬於與項目無關的成本。

（二）不要忽視機會成本

在投資方案的選擇中，如果選擇了一個投資方案，則必須放棄投資於其他途徑的機會。而其他投資機會可能取得的收益就是實行本方案的一種代價，因此被稱為這項投資方案的機會成本。機會成本不是我們通常意義上的成本，它不是一種實際發生的支出或費用，而是一項失去的收益。

投資項目的機會成本是一種相關成本，特指企業現有的經濟資源用於特定投資項目的擇機代價，表現為該經濟資源用於某個投資項目而放棄投資於其他投資項目的機會。那麼，其他投資項目可能取得的收益就成為投資於這個投資項目的機會成本。例如，某建造生產車間需占用本公司的一塊土地，如果將該塊土地出售，可獲得淨收入40萬元。由於決定用於建造生產車間，公司喪失這40萬元的土地變現收入，這部分喪失的收入就是建造生產車間的機會成本，是該投資項目總成本的組成之一。同時，應當明確，不管這塊土地原先是花多少代價獲得的，都應以現行變現市價作為機會成本。

（三）與投資決策無關的沉沒成本

沉沒成本是指過去已經發生，無法由現在或將來的任何決策所能改變的成本。沉

沒成本是與決策無關的成本，因此在決策中不予考慮。例如，某公司在 2016 年打算建造一個生產車間，請了一家諮詢公司做過可行性分析，為此支付了 3 萬元的諮詢費。後來由於種種原因，該項目沒有實施。當 2017 年再次進行該項投資分析時，這筆諮詢費就是沉沒成本。因為這筆支出已經發生，無論公司是否決定現在投資建造該生產車間，它都無法收回，因此它與公司未來的現金流量無關。如果將沉沒成本納入投資成本總額中，則原本有利的投資項目可能會變得無利可圖，從而造成決策失敗。

（四）對淨營運資金的影響

在一般情況下，當公司開辦一項新業務並使銷售額提高後，對於存貨和應收帳款等流動資產的需求也會增加，公司必須籌措新的資金以滿足這種額外需求。公司擴充的結果使應付帳款與一些應付費用等流動負債也會同時增加，從而降低公司流動資金的實際需要。所謂淨營運資金的需要，是指增加的流動資產與增加的流動負債之間的差額。

三、現金流量的內容

現金流量是項目投資評價決策的基本前提，可以從兩種不同的角度去考量，一是從現金流量產生的時間先後去考量，二是從現金流量的流動方向去考量。兩者的考量對象相同，可以相互鉤稽和印證。

（一）現金流量按時間先後的劃分

現金流量按其產生的時間先後，可劃分為初始現金流量、營業現金流量和終結現金流量三個部分。

1. 初始現金流量

初始現金流量是指開始投資時發生的現金流量，通常包括固定資產投資（這些投資可能是一次性進行的，也可能是分次進行的）、開辦費投資、流動資金投資和原有固定資產的變價收入等。其中以現金流出為主，但不排除會涉及一些現金流入的發生。總體來看，初始現金流量的流出會大於流入，即表現為淨流出。

2. 營業現金流量

營業現金流量是指投資項目完工投入營運後，在其發揮作用的壽命週期內，由生產經營所帶來的現金流入和現金流出的數量。這種現金流量一般按年度進行計算。這裡的現金流入主要是指營業現金收入，而現金流出則主要是指營業現金支出和繳納的稅金。通常情況下，營業現金流量的現金收入會大於現金支出，因此一般表現為淨流入。

3. 終結現金流量

終結現金流量是指項目完結時所發生的現金流量，主要包括資產的最後淨殘值收入和初始墊付流動資產在終結時的收回等。終結現金流量相對於初始現金流量而言，初始現金流量表現為淨流出，而終結現金流量則表現為淨流入。

（二）現金流量按流動方向的劃分

現金流量按其流動方向，可劃分為現金流出量、現金流入量和現金淨流量三項內容。項目投資的現金流量包括現金流出量（Cash Outflows）、現金流入量（Cash Inflows）和現金淨流量（Net Cash Flow，NCF），如表 7-1 所示。

表 7-1　　　　　　　　　　　現金流量構成表

現金流出量（a）	（1）建設投資
	（2）流動資金投資
	（3）經營成本
	（4）各項稅款
	（5）其他現金流出量
現金流入量（b）	（1）營業收入
	（2）回收固定資產餘值
	（3）回收流動資金投資
現金淨流量（c）	（c）=（b）-（a）

1. 現金流出量

現金流出量是指項目投資所引起的企業現金支出的增加額。現金流出量主要包括建設投資、流動資金投資、經營成本、各項稅款和其他現金流出量等。

（1）建設投資。建設投資是建設期發生的主要現金流出量，包括固定資產投資、無形資產投資和開辦費投資等。其中，固定資產投資是建設投資的主要部分，隨著建設進程的進行而一次或分次投入。

（2）流動資金投資。流動資金投資是為保證建設投資形成生產能力而追加的投資，主要是保證生產經營活動正常進行所必需的存貨儲備占用的資金等。流動資金投資屬於墊支性質的投資，當項目投資終結時，一般會全部收回，並形成現金流入量的內容。

（3）經營成本。經營成本又稱付現成本，是指項目投資經營期內為保證生產經營活動正常進行而需要動用現實貨幣資金支付的成本。經營成本主要是會引起現金流量變化的成本費用，如以現金支付的購貨成本等。經營成本是項目經營期內的主要現金流出量。經營成本需要現金支付，與之對應的非付現成本是指不需要現金支付的成本，一般包括固定資產的折舊、無形資產的攤銷、開辦費的攤銷以及經營期發生的借款利息支出等。

（4）各項稅款。各項稅款是項目投產後依法繳納的、單獨列示的各項稅費，如消費稅、所得稅等。

（5）其他現金流出量。其他現金流出量是除上述建設投資、流動資金投資、經營成本和各項稅費以外的現金流出量，如項目所需投入的非貨幣資產的變現價值等。

2. 現金流入量

現金流入量是指項目投資引起的企業現金收入的增加額。現金流入量主要包括營業收入、回收固定資產餘值、回收流動資金投資等。

（1）營業收入。營業收入是項目投產後每年實現的經營收入，如銷售收入、業務收入等。營業收入是項目經營期內的主要現金流入量。

（2）回收固定資產餘值。回收固定資產餘值是項目終結時的固定資產淨殘值。項目投資終結時，固定資產經過清理會形成殘值出售收入等現金收入，同時發生清理人

員報酬等清理費用，現金收入扣除清理費用的淨額即為回收固定資產餘值。

（3）回收流動資金投資。回收流動資金投資是項目終結時將原來的流動資金投資收回形成的現金流入量。

3. 現金淨流量

現金淨流量也稱為淨現金流量，是指一定時期內現金流入量與現金流出量的差額。當現金流入量大於現金流出量時，現金淨流量為正值；反之，現金淨流量為負值。在項目建設期內，現金淨流量為負值；在經營期內，現金淨流量一般為正值。進行資本投資決策時，應考慮不同時期的現金淨流量，即計算每年的現金淨流量。其公式為：

$$現金淨流量(NCF) = 現金流入量(CI) - 現金流出量(CO)$$

四、現金流量的基本假設和估算

（一）現金流量的基本假設

確定項目的現金流量是在收付實現制的基礎上，預計並反應現實貨幣資本在項目計算期內未來各年中的收支情況。但是確定現金流量存在一定的困難，如相關因素的不確定性。因此，有必要做出相關的基本假設。

1. 全投資假設

通常在評價和分析投資項目的現金流量時，將投資決策與融資分開，假設全部投入資金都是企業的自有資金，即全投資設定。實際上，在對項目現金流量進行折現時，採用的折現率已經隱含了該項目的融資成本（計入項目的資本化利息除外），若將項目投入使用後的利息支出計入該期現金流出量，就出現了重複計算。因此，無論項目投資的資金是通過發股融資取得的還是通過發債融資取得的，這樣設定才具有一致性和可比性。

2. 流量時點假設

為了便於資本預算的計算處理，現金流量無論是流入還是流出，都設定為只發生在年初或年末兩個時點上。投資都假設在年初或年末投入，墊付流動資金是在項目建設期末發生，營業現金流入確認於年末實現，終結回收發生在項目經營期結束時等。

3. 全現金假設

在各種現金流量，特別是營業現金流量的計算中，通常設定收入均為現金，購貨均支付了現金。雖然每年的收入不一定全部都收到了現金，購貨也不一定全都支付了現金，但在整個營業期內應假設是收訖銷貨款和付訖購貨款的。

4. 墊支假設

墊支假設，即假定流動資金投入可以在項目營業期終結時如數收回。同時應當明確，擴展營業會引起流動資金需求增加，應付帳款等流動負債也會同時增加（稱為自然融資），因此為項目墊付的是所謂的淨營運資本，也就是新增流動資產與新增流動負債的差額。

5. 稅後假設

進行項目投資分析依據的是稅後現金流量，而不是稅前現金流量。一個不考慮所得稅的項目可能是個很好的項目，但考慮所得稅後可能就變得不可取了。在各種現金流量中，項目的營業現金流量是受所得稅影響最大的。由於所得稅的大小取決於利潤

的大小和稅率的高低，而利潤的大小又受折舊方法的影響，因此折舊對現金流量產生影響的原因也是受所得稅的影響。

項目現金流量的估算是一項複雜而重要的工作，要充分發揮企業各相關部門的信息優勢。例如，行銷部門測算收入和市場變化後果、產品開發和技術部門測算投資支出、生產部門測算生產成本等。財務部門一是要為估算建立共同的基本假設條件，如物價水平、貼現率、資金等資源限制條件等；二是要協調各方測算，使之銜接與配合，防止預測者因個人偏好或部門利益而高估或低估收入和成本。

(二) 現金流量的估算

1. 現金流入量的估算

（1）營業收入的估算。營業收入應按照項目在經營期內生產產品或提供勞務的各年預計單價和預測銷售量進行估算。在按總價法核算現金折扣和銷售折讓的情況下，營業收入是指不包括折扣和折讓的淨額。此外，作為經營期現金流入量的主要項目，本應按當期現銷收入額與回收以前應收帳款的合計數確認。但為簡化起見，可假定正常經營年度內每期發生的賒銷額與回收的應收帳款大體相等。

（2）回收固定資產餘值的估算。由於已經假設主要固定資產的折舊年限等於生產經營期，因此對於建設項目來說，只要按主要固定資產的原值乘以其法定淨殘值率，即可估算出在終結點發生的回收固定資產餘值。在生產經營期內提前回收的固定資產餘值，可根據其預計淨殘值估算。對於更新改造項目，往往需要估算兩次：第一次估算在建設起點發生的回收餘值，即根據提前變賣的舊設備可變現淨值來確認；第二次仿照建設項目的辦法估算在終結點發生的回收餘值。

（3）回收流動資金的估算。假定在經營期不發生提前回收流動資金，則在終結點一次回收的流動資金應等於各年墊支流動資金投資額的合計數。

2. 現金流出量的估算

（1）建設投資的估算。其中固定資產投資又稱固定資產原始投資，主要應當根據項目規模和投資計劃所確定的各項工程費用、設備購置成本、安裝工程費用和其他費用來估算。

對於無形資產投資和開辦費投資，應根據需要和可能，逐項按有關的資產評估方法和計價標準進行估算。

固定資產投資與固定資產原值的數量關係如下：

$$固定資產原值 = 固定資產投資 + 資本化利息$$

上式中的資本化利息是指在建設期發生的全部借款利息，可以根據建設期長期借款本金、建設期和借款利息率按複利方法計算。

（2）流動資金投資的估算。首先應根據與項目有關的經營期每年流動資產需用額和該年流動負債需用額的差額來確定本年流動資金需用額，然後用本年流動資金需用額減去截至上年年末的流動資金占用額（即以前年度已經投入的流動資金累計數），來確定本年的流動資金增加額。實際上這項投資行為既可以發生在建設期末，又可能發生在試產期，而不像建設投資大多集中在建設期發生。為簡化分析，假定在建設期末已將全部流動資金投資籌措到位並投入新建項目。在實務中，企業也會因生產經營期內資金週轉速度的提高而發生某年流動資金增加額為負值的情況，即提前回收流動資

金。本章假設不會發生這種情況。

(3) 經營成本的估算。與項目相關的某年經營成本等於當年的總成本費用（包括期間費用）扣除該年折舊額、無形資產等攤銷額以及財務費用中的利息支出等項目後的差額。這是因為總成本費用中包含了一部分非現金流出的內容，這些項目大多與固定資產、無形資產等長期資產的價值轉移有關，不得動用現實貨幣資金。而從企業主體（全部投資）的角度看，支付給債權人的利息與支付給所有者的利潤的性質是相同的，既然後者不作為現金流出量的內容，前者也不應納入這一範圍。

項目每年總成本費用可在經營期內一個標準年份的正常自銷量和預計消耗水平的基礎上進行測算；年折舊額、年攤銷額可根據本項目的固定資產原值、無形資產和開辦費投資以及這些項目的折舊或攤銷年限進行估算。項目投產後長期借款的利息應列入財務費用。因此，應根據具體項目的借款以還本付息方式來估算這項內容（在項目投資決策中，通常假定長期借款的還本付息方式有每年等額支付本息、每年等額還本付利息和每年付息到期一次還本三種類型）。如果假設短期借款於年初發生，並於當年年末一次還本付息，與此相關的利息可按借款本金和年利息率直接估算。

經營成本的節約相當於本期現金流入的增加，但為統一現金流量的計量口徑，在實務中仍按其性質將節約的經營成本以負值計入現金流出量項目，而並非列入現金流入量項目。

(4) 各項稅款的估算。在進行新建項目投資決策時，通常只估算所得稅；更新改造項目還需要估算因變賣固定資產發生的增值稅。必須指出的是，如果從國家投資主體的立場出發，就不應將企業所得稅作為現金流出量項目看待。只有從企業或法人投資主體的角度出發，才將所得稅列作現金流出。如果在確定現金流入量時，已將增值稅銷項稅額與進項稅額之差列入有關現金流入量項目，則本項內容中就應當包括應繳增值稅；否則，就不應包括這一項內容。

3. 現金淨流量的估算

上述對現金流量（現金流入量和現金流出量）的估算，目的是服務於現金淨流量的計算。現金淨流量又稱淨現金流量，是項目計算期內每年現金流入量與同年現金流出量之間的差額，它是計算項目投資決策評價指標的直接依據。現金淨流量具有以下兩個特徵：第一，無論是在經營期內還是在建設期內都存在淨現金流量；第二，由於項目計算期不同階段的現金流入和現金流出發生的可能性不同，使得各階段上的淨現金流量在數值上表現出不同的特點，即建設期內的淨現金流量一般小於或等於零，在經營期內的淨現金流量則多為正值。

五、現金流量的計算方法

現金流量的計算是進行項目投資決策分析的前提。在實際工作中，經常使用列表計算法、簡化計算法和差量計算法等方法按年計算現金流量。

(一) 列表計算法

列表計算法是通過編制項目投資的現金流量表來計算項目計算期各年現金淨流量的方法。該方法一般適用於完整工業項目現金流量的計算。項目投資的現金流量表是反應投資項目在計算期內每年的現金流入量、現金流出量和現金淨流量的表格。項目

投資的現金流量表與財務會計中的現金流量表在作用、格式等方面都不同，它是項目投資決策中專用的表格形式。

在項目投資現金流量表中，有關項目的數量關係為：

現金流入量＝營業收入＋回收固定資產餘值＋回收墊支的流動資金

現金流出量＝建設投資＋墊支的流動資金＋經營成本＋各項稅款＋其他現金流出

【例7-3】A公司擬新建固定資產，該投資項目需要在建設初期一次性投入400萬元，資金來源為銀行借款，年利率為10%，建設期為1年。該固定資產可使用10年，按直線法計提折舊，期滿有淨殘值40萬元。該固定資產投入使用後，可使經營期第1~7年每年產品銷售收入（不含增值稅）增加320萬元，第8~10年每年產品銷售收入（不含增值稅）增加280萬元，同時使第1~10年每年的經營成本增加150萬元。假設該企業的所得稅稅率為40%，不享受減免稅優惠。投產後第7年年末，該企業用淨利潤歸還借款的本金，在還本之前的經營期內每年年末支付借款利息40萬元，連續支付7年。

要求：根據上述資料採用列表計算法計算該項目各年的現金淨流量（如表7-2所示）。

表7-2　　　　　　　　項目投資的現金流量表　　　　　　　　單位：萬元

項目計算期（第t年）	建設期							合計
	0	1	2	…	8	9	10	11	
一、現金流入量									
1. 營業收入	0	0	320	…	320	280	280	280	3,080
2. 回收固定資產餘值	0	0	0	…	0	0	0	40	40
3. 現金流入量合計	0	0	320	…	320	280	280	320	3,120
二、現金流出量									
1. 建設投資	400	0	0	…	0	0	0	0	400
2. 經營成本	0	0	150	…	150	150	150	150	1,500
3. 所得稅	0	0	36	…	36	36	36	36	360
4. 現金流出量合計	400	0	186	…	186	186	186	186	2,260
三、現金淨流量	−400	0	134	…	134	94	94	134	860

在表7-2中，項目計算期＝1＋10＝11（年）

固定資產原值＝400＋400×40%＝440（萬元）

固定資產年折舊額＝(440−40)÷10＝40（萬元）

經營期第1~7年每年總成本＝150＋40＋40＝230（萬元）

經營期第8~10年每年總成本＝150＋40＝190（萬元）

經營期第1~7年每年營業利潤＝320−230＝90（萬元）

經營期第8~10年每年營業利潤＝280−190＝90（萬元）

每年應納所得稅＝90×40%＝36（萬元）

每年淨利潤＝90-36＝54（萬元）

(二) 簡化計算法

在實際工作當中一般採用簡化計算公式的形式計算現金淨流量，即根據項目計算期不同階段上的現金流入量和現金流出量的具體內容，直接計算各階段的現金淨流量。

1. 建設期現金淨流量的簡化計算公式

若原始投資均在建設期內投入，則建設期淨現金流量可按以下簡化公式計算：

建設期某年的淨現金流量＝-該年發生的原始投資額

2. 經營期現金淨流量的簡化計算公式

經營期現金淨流量可按以下簡化公式計算：

經營期某年現金淨流量＝該年淨利潤+該年折舊+該年攤銷額+該年利息費用
　　　　　　　　　　+該年回收額

營業現金流入＝營業收入-付現成本-所得稅
　　　　　　＝營業收入-(成本-折舊)-所得稅
　　　　　　＝營業利潤-所得稅+折舊
　　　　　　＝淨利潤+折舊

受所得稅的影響，現金流量並不等於項目實際的收支金額。

稅後付現成本＝付現成本×(1-所得稅稅率)

稅後營業收入＝營業收入×(1-所得稅稅率)

折舊抵稅金額＝折舊額×所得稅稅率

營業現金流入＝稅後營業收入-稅後付現成本+折舊抵稅金額

3. 終結回收流入

在生產線使用壽命期滿的最後那一年，除了當年產生的營業現金流入之外，還將發生兩項終結回收的現金流入量：一是該生產線出售（報廢）時的淨殘值收入，這部分回收的收入是當初投資該生產線引起的，應當作為其現金流入；二是原先墊付流動資金的收回，這筆資金墊付的使命結束，收回後可再用於別處。

【例7-4】B公司某投資項目需要原始投資500萬元，其中固定資產投資400萬元，開辦費投資20萬元，流動資金投資80萬元。建設期為1年，建設期資本化利息為40萬元。固定資產投資和開辦費在建設起點投入，流動資金於完工時投入。該項目壽命期為10年，固定資產按直線法計提折舊，期滿有40萬元淨殘值。開辦費自投產年份起分5年攤銷完畢。預計投產後第1年獲20萬元淨利潤，以後每年遞增10萬元；從經營期第1年起連續4年歸還借款利息20萬元，流動資金於終結點一次回收。

要求：根據上述資料計算該項目各年的現金淨流量。

項目計算期＝1+10＝11（年）

固定資產原值＝400+40＝440（萬元）

固定資產年折舊額＝(440-40)÷10＝40（萬元）

開辦費年攤銷額＝20÷5＝4（萬元）

投產後每年的淨利潤分別為20萬元、30萬元、40萬元、50萬元、60萬元、70萬元、80萬元、90萬元、100萬元、110萬元（共10年）。

終結點回收額＝40+80＝120（萬元）

因此，項目計算期各年的現金淨流量分別為：

$NCF_0 = -(400+20) = -420$（萬元）

$NCF_1 = -80$（萬元）

$NCF_2 = 20+40+4+20 = 84$（萬元）

$NCF_3 = 30+40+4+20 = 94$（萬元）

$NCF_4 = 40+40+4+20 = 104$（萬元）

$NCF_5 = 50+40+4+20 = 114$（萬元）

$NCF_6 = 60+40+4 = 104$（萬元）

$NCF_7 = 70+40 = 110$（萬元）

$NCF_8 = 80+40 = 120$（萬元）

$NCF_9 = 90+40 = 130$（萬元）

$NCF_{10} = 100+40 = 140$（萬元）

$NCF_{11} = 110+40+120 = 270$（萬元）

（三）差量計算法

差量計算法是根據項目計算期不同階段的現金流入量和現金流出量的差量計算項目計算期各年現金淨流量差量的方法。該方法一般適用於固定資產更新改造項目現金流量的計算。差量計算法是利用項目投資現金流量的差量作為現金淨流量，計算現金淨流量差量前必須計算各現金流量具體項目的差量，包括投資額的增加、經營期每年折舊、每年總成本、營業利潤、淨利潤的變動額等。

現金淨流量差量的計算公式為：

建設期各年現金淨流量差量＝-該年發生的原始投資差量

經營期各年現金淨流量差量＝該年淨利差量+該年折舊差量

【例7-5】C公司打算變賣一套尚可使用5年的舊設備，另行購置一套新設備來替換它。取得新設備的投資額為72萬元，舊設備的變價淨收入為32萬元，到第5年年末新設備與繼續使用舊設備屆時的預計淨殘值相等。使用新設備可使企業在5年內每年增加營業收入28萬元，並增加經營成本10萬元。設備採用直線法計提折舊，新舊設備的替換不會妨礙企業的正常經營（更新設備的建設期為零）。假定企業所得稅稅率為40%。

要求：根據上述資料計算該項目各年的現金淨流量。

更新設備比繼續使用舊設備增加的投資額=72-32=40（萬元）

經營期每年折舊的變動額=40÷5=8（萬元）

經營期每年總成本的變動額=10+8=18（萬元）

經營期每年營業利潤的變動額=28-18=10（萬元）

經營期每年所得稅的變動額=10×40%=4（萬元）

經營期每年淨利潤的變動額=10-4=6（萬元）

因此，項目計算期各年的現金淨流量分別為：

$NCF_0 = -40$（萬元）

$NCF_{1\sim5} = 6+8 = 14$（萬元）

第三節　項目投資評價方法

項目投資方案的決策一般是通過一些經濟評價方法來判斷的。評價長期投資方案的方法有兩類：一類是貼現方法，即考慮了時間價值因素的方法，主要包括淨現值法、現值指數法和內含報酬率法；另一類是非貼現方法，即沒有考慮時間價值因素的方法，主要包括投資回收期法、平均報酬率法和會計收益率法。

一、貼現的分析評價方法

貼現的分析評價方法是指考慮時間價值的分析方法，也被稱為貼現現金流量分析技術。主要包括以下三種方法：

(一) 淨現值法

淨現值（Net Present Value，NPV）是指特定方案未來現金流入量的現值與未來現金流出量現值之間的差額。或者說淨現值是指投資方案實施後，未來能獲得的各種報酬按資金成本或必要報酬率折算的總現值與歷次投資額資金成本按必要的報酬率折算的總現值的差額。淨現值的計算公式如下：

$$NPV = \frac{NCF_1}{(1+k)^1} + \frac{NCF_2}{(1+k)^2} + \cdots + \frac{NCF_n}{(1+k)^n} - C$$

$$= \sum_{t=1}^{n} \frac{NCF_t}{(1+k)^t} - C$$

式中，NPV 為淨現值，NCF_t 為第 t 年的淨現金流量，K 為貼現率（資金成本或企業要求的必要報酬率），n 為預計使用年限，C 為初始投資額或投資額總現值。

淨現值可表達為：

淨現值＝未來報酬的總現值－投資總現值
　　　＝現金流入總現值－現金流出總現值

按照淨現值法，所有的未來現金流入和現金流出都要按預定貼現率折算為現值，然後再計算它們的差額。

如果淨現值為正數，即貼現後的現金流入大於流出，說明該項目的投資報酬率大於預定的貼現率，也就是該投資方案的實際報酬率大於資金成本或必要報酬率，投資於該方案是有利可圖的。如果淨現值為零，即貼現後現金流入等於現金流出，說明該項目的投資報酬率相當於貼現率，也就是該投資方案的實際報酬率等於資金成本或必要報酬率，投資於該方案是保本的，企業償付借款本息後將一無所獲。如果淨現值為負數，即貼現後現金流入小於現金流出，說明該項目的投資報酬率小於貼現率，也就是該投資方案的實際報酬率小於資金成本或必要報酬率，投資於該方案不但連成本都收不回來，還要虧損。

淨現值法的決策規則：一是在只有一個備選方案的是否採納決策時，淨現值為正值的可採納，否則放棄；二是在多個備選方案的互斥選擇決策時，取淨現值為正值中

的淨現值最大的方案。

【例 7-6】某企業現有兩項投資機會，資金成本率為 10%，有關數據如表 7-3 所示。

表 7-3　　　　　　　　　　　　淨現值計算資料表　　　　　　　　　單位：萬元

期間	A 方案 淨收益	A 方案 淨現金流量	B 方案 淨收益	B 方案 淨現金流量
0		-18,000		-24,000
1	-3,600	2,400	1,200	9,200
2	6,000	12,000	1,200	9,200
3	6,000	12,000	1,200	9,200
合計	8,400	8,400	3,600	3,600

A、B 兩個方案的淨現值計算如下：

$NPV(A) = 2,400 \times PVIF_{10\%,1} + 12,000 \times PVIF_{10\%,2} + 12,000 \times PVIF_{10\%,3} - 18,000$

$= 2,400 \times 0.909 + 12,000 \times 0.826 + 12,000 \times 0.751 - 18,000$

$= 310.6 (萬元)$

$NPV(B) = 9,200 \times PVIF_{10\%,3} - 24,000$

$= 9,200 \times 2.487 - 24,000$

$= -1,120 (萬元)$

以上計算結果表明：A 方案的淨現值大於零，說明 A 方案的報酬率超過 10%。若該企業的資本成本或要求的投資報酬率為 10%，A 方案是有利的，可以採納；而 B 方案的淨現值為負數，說明該方案的報酬率達不到 10%，因此應該放棄。

淨現值法的主要優點是理論較完善，有廣泛的適用性。該方法考慮了資金的時間價值，能夠反應各種投資方案的淨收益，其實際反應的是投資方案貼現後的淨收益，因此是一種較好的、適用性較強的方法。在互斥項目的選擇中，利用淨現值法進行決策是最好的選擇。

淨現值法的主要缺點有三個：一是不能揭示實際報酬率。淨現值法能說明評估方案的實際報酬率與貼現率之間的大小關係，但是不能說明該方案的實質報酬率是多少。二是貼現率不好確定，實際上淨現值法應用的關鍵是如何確定貼現率。其有兩種確定方法：一種是根據企業資金成本來確定，另一種是根據企業要求的最低資金利潤率來確定，三是在投資規模不等的項目投資決策時，不能做出判斷。

(二) 現值指數法

現值指數（Present Value Index，PI）又稱獲利指數、利潤指數以及貼現的收益率。概括地說，現值指數是指未來現金流入現值與現金流出現值之比。具體地說，現值指數是指投資項目未來報酬的總現值與全部投資額的總現值之比。其計算公式如下：

$$PI = \frac{\left[\dfrac{NCF_1}{(1+i)^1} + \dfrac{NVF_2}{(1+i)^2} + \cdots + \dfrac{NCF_n}{(1+i)^n}\right]}{C}$$

$$= \sum_{t=1}^{n} \frac{NCF_t}{(1+i)^t} / C$$

即：

$$現值指數 = \frac{未來報酬的總現值}{全部投資的總現值}$$

或：

$$現值指數 = \frac{現金流入總現值}{現金流出總現值}$$

現值指數說明了每 1 元現值投資額可以獲得多少現值報酬，或者說，現值指數的實際是每 1 元原始投資可望獲得的現值淨收益。現值指數是一個相對數，反應投資的效率；而淨現值是一個絕對數，反應投資的效益，因此現值指數更適合在投資規模不同的方案之間的比較。

現值指數法的決策規則：一是在只有一個備選方案的採納與否決策中，選現值指數大於 1 的，否則放棄；二是在多個方案的互斥選擇決策中，取現值指數大於 1 且該指數最大的那個方案。

仍以【例 7-6】的資料為例，A 和 B 兩個方案的現值指數計算如下：

$$PI(A) = \frac{2,400 \times PVIF_{10\%, 1} + 12,000 \times PVIF_{10\%, 2} + 12,000 \times PVIF_{10\%, 3}}{18,000}$$

$$= \frac{21,106}{18,000} = 1.17$$

$$PI(B) = \frac{9,200 \times PVIFA_{10\%, 5}}{24,000} = 0.95$$

從以上計算結果可以看出，A 方案的現值指數大於 1，說明其投資收益超過成本，即投資報酬率超過預計的貼現率。換句話講，A 方案每 1 元原始投資額可帶來 1.17 元的淨收益，所以 A 方案可行；B 方案的現值指數小於 1，說明其報酬率沒有達到預定的貼現率，報酬額小於成本，所以 B 方案不應採納。

現值指數法的優點在於：一是真實地反應了投資項目的盈虧程度。由於現值指數法考慮了資金的時間價值因素，因此能真實地反應投資項目的盈虧程度。二是便於獨立方案的比較。由於現值指數是用相對數來表示投資效益的，因此可以在初始額不同或全部投資額不同的方案之間進行比較、優選。

現值指數法的缺點在於：一是現值指數的概念不好理解；二是未能揭示投資方案本身具有的真實報酬率。

現值指數法和淨現值法都考慮了資金的時間價值，但兩者反應的內容不同，淨現值是絕對數，反應投資的效益；現值指數是相對數，反應投資的效率。在決策中，這兩種方法可以結合使用。

(三) 內含報酬率法

內含報酬率 (Internal Rate of Reture，IRR) 又稱內部收益率，概括地說，是指能夠使未來現金流入量的現值等於現金流出量現值的貼現率；具體地說，是指使投資項目的淨現值等於零時的貼現率。其計算公式為：

$$\frac{NCF_1}{(1+r)^1} + \frac{NCF_2}{(1+r)^2} + \cdots + \frac{NCF_n}{(1+r)^n} - C = 0$$

即：

$$\sum_{i=1}^{n} \frac{NCF_t}{(1+r)^t} - C = 0$$

未來報酬總現值－全部投資總現值＝0

能使上述等式成立的「r」，就是該方案的內含報酬率。前面研究的淨現值法和現值指數法雖然考慮了時間價值，可以說明投資方案高於或低於某一特定的投資報酬率，但是它們都沒有揭示方案本身可以達到的具體的報酬率是多少，而內含報酬率是根據方案的現金流量計算得出的，是方案本身的投資報酬率。因此，內含報酬率實際反應了投資項目的真實報酬率，使得決策根據該項指標的大小，即可對投資項目進行評價。

內含報酬率法的決策規則：一是在只有一個備選方案的採納與否決策中，取大於或等於必要報酬率的方案，否則放棄；二是在多個方案的互斥選擇決策中，從大於或等於必要報酬率的方案中取內含報酬率最大的方案。

內含報酬率的計算方法分為兩種：

1. 第一種方法

若淨現金流呈等額均勻分佈，可直接按年金求現值的方法計算。其計算公式如下：

投資額總現值＝每年淨現金流量× $PVIFA_{i,n}$

$$年金現值係數 = \frac{投資額總現值}{年淨現金流量}$$

仍以【例 7-6】的資料為例，B 方案的內含報酬率計算如下：

$$24,000 = 9,200 \times PVIFA_{i,3}$$

$$PVIFA_{i,3} = \frac{24,000}{9,200} = 2.609$$

查「年金現值係數表」可知，$n=3$ 時係數 2.609 所指的利率 i，結果與 2.609 接近的現值係數為 2.624 和 2.577，分別指向 7% 和 8%，說明該方案的內含報酬率在 7%～8% 之間，可用內插法進一步確定 B 方案的內含報酬率。

以 $\dfrac{x - 7\%}{8\% - 7\%} = \dfrac{2.609 - 2.624}{2.577 - 2.624}$

$$x = 7\% + 1\% \times \left(\frac{-0.015}{-0.047}\right) = 7.32\%$$

以上計算結果表明 B 方案的內含報酬率只有 7.32%，小於貼現率（10%），所以該方案是虧損的，應該放棄。

2. 第二種方法

若現金流量呈不均勻分佈，需採用逐步測試法計算。其步驟如下：

第一步，估計一個貼現率，用它來計算淨現值。若淨現值為正數，說明方案本身的報酬率超過估計的貼現率，應提高貼現率後再測試；若淨現值為負數，說明方案本身的報酬率低於估計的貼現率，應降低貼現率後進一步測試。

第二步，經過反覆測算，找到由負到正兩個比較接近於零的淨現值，從而確定內

含報酬率的區間範圍（兩個相鄰的貼現率）。

第三步，用插值法求其精確值，從而計算出方案的實際內含報酬率。

仍以【例7-6】的資料為例，根據前面的計算得知，A方案的淨現值為正數，說明它的投資報酬率大於10%，應提高貼現率進一步測試。若以18%為貼現率測試，其結果淨現值為負數（-44），降到16%再測試，結果淨現值為正值（676），可以判定A方案的內含報酬率在16%~18%之間，測試過程如表7-4所示。

表7-4　　　　　　　　　　A方案內含報酬率測試表　　　　　　　　單位：萬元

年份	淨現金流量	貼現率18%		貼現率16%	
		貼現系數	現值	貼現系數	現值
0	-18,000	1	-18,000	1	-18,000
1	2,400	0.847	2,032	0.862	2,068
2	12,000	0.718	8,616	0.743	8,916
3	12,000	0.609	7,308	0.641	7,692
淨現值			-44		676

用插值法來求A方案內含報酬率的精確值如下：

$$內含報酬率(A) = 16\% + 2\% \times \frac{676}{44 + 676} = 17.88\%$$

計算結果表明，A方案的內含報酬率為17.88%，大於貼現率10%，投資於該方案是有利可圖的，可淨得7.88%的報酬率，因此A方案可以採納。

內含報酬率法的優點是考慮了時間價值，反應了投資項目的真實報酬率，有實用價值；缺點是計算過於複雜，不易掌握，尤其是每年淨現金流量不相等的投資項目，一般要經過多次測算才能確定。

二、非貼現的分析評價方法

非貼現的分析評價方法是指不考慮時間價值，把不同時間的貨幣收支都看成等效的。目前，在企業投資決策中該類方法只起輔助作用。該類方法主要有投資回收期法、平均報酬率法和會計收益率法。

（一）投資回收期法

投資回收期是回收初始投資所需的時間，一般以年為單位。投資回收期法是一種使用很廣泛、時間很長久的投資決策方法，計算結果表示收回投資所需要的年限，回收年限越短，方案越有利。其計算方法分為以下兩種情況：

1. 第一種情況

當投資額期初一次支出，每年淨現金流量相等時，其計算公式如下：

$$投資回收期 = \frac{原始投資}{年淨現金流量}$$

【例7-6】中B方案就屬於這種情況。

$$回收期(B) = \frac{24,000}{92,000} = 2.61(年)$$

2. 第二種情況

投資額分幾年投入，每年淨現金流量不相等時，其計算公式如下：

$$投資回收期 = (n-1)期 + \frac{第(n-1)年年末回收額}{第n年現金流入量}$$

【例7-6】中A方案就屬於這種情況。

$$回收期(A) = (3-1) + \frac{18,000 - 2,400 - 12,000}{12,000} = 2.3(年)$$

兩個方案的回收期相比，A方案回收期短，因此應選A方案。

投資回收期法的優點是計算簡便、容易為決策人理解和使用，受投資者歡迎，而且該指標可以從一定程度上反應企業投資方案的風險；缺點是沒有考慮資金的時間價值，也沒有考慮回收期以後的收益。因此，回收期法是傳統財務管理中進行投資決策經常使用的方法，但是在現代財務管理中，它只能作為一種輔助方法來使用。

(二) 平均報酬率法

平均報酬率法是指投資項目壽命週期內平均的年投資報酬率。其計算公式如下：

$$平均報酬率 = \frac{平均現金流量}{初始投資額} \times 100\%$$

仍以【例7-6】資料為例，A、B兩個項目的平均報酬率計算如下：

$$平均報酬率(A) = \frac{(2,400 + 12,000 + 12,000) \div 3}{18,000} \times 100\% = 48.89\%$$

$$平均報酬率(B) = \frac{9,200}{24,000} \times 100\% = 38.33\%$$

在採用平均報酬率法進行決策時，企業應事先確定一個要求達到的平均報酬率，在只有一個備選方案的採納與否決策時，只有高於這個平均報酬率的項目才能入選，而在多個方案的互斥選擇決策時，應選用平均報酬率最高的方案。計算公式的分母也可使用平均投資額，如此計算的結果可能會高一些，但是不會改變方案的優先次序。

平均報酬率法的優點是簡明、易算和易懂；缺點是沒有考慮資金的時間價值，將不同時點上的現金流量看成等值的，因此在期限較長、後期收益率較高的項目投資決策時，有時會得出錯誤的結論。

(三) 會計收益率法

會計收益率是指企業淨利潤（淨收益）與投資額的比率。因為會計收益率在計算時要使用會計報表數字及會計中的收益和成本的概念，所以稱為會計收益率法。其計算公式如下：

$$平均收益率 = \frac{年平均淨收益}{原始投資額} \times 100\%$$

仍以【例7-6】的資料為例，A、B兩個項目的會計收益率計算如下：

$$會計收益率(A) = \frac{(-3,600 + 6,000 + 6,000) \div 3}{18,000} \times 100\% = 15.60\%$$

會計收益率(B) = $\dfrac{1,200}{24,000} \times 100\% = 5\%$

會計收益率法的優點是決策所需資料直接來自核算數據，容易取得，計算方法簡單明了；缺點是沒有考慮資金時間價值的因素。

第四節　項目投資決策評價方法的應用

一、使用年限相同的固定資產更新決策

隨著科學技術的發展，固定資產更新的週期越來越短，企業經常會面臨是否重購機器設備的決策問題。在實際工作中，做出這個決策要考慮許多方面的影響因素，其中最重要的是算清經濟帳，即更新固定資產是否合算。這就要求更新的結果必須符合經濟原則，要有經濟效益。決策的具體方法可以使用差量分析法。

差量分析法就是通過計算一個方案與另一個方案增減的現金流量差額，來判斷方案是否可行。差量分析法用「△」表示增減額，即差量。

【例7-7】甲公司現有一臺舊設備，尚能繼續使用4年，預計4年後淨殘值為3,000元，目前出售可獲得現金30,000元。使用該設備每年可獲得收入600,000元，經營成本為400,000元。市場上有一種同類新型設備，價值100,000元，預計4年後淨殘值為6,000元。使用新設備將使每年的經營成本減少30,000元。甲公司適用的企業所得稅稅率為33%，基準折現率為19%。

要求（按直線法計提折舊）：
(1) 確定新、舊設備的原始投資及其差額。
(2) 計算新、舊設備的年折舊額及其差額。
(3) 計算新、舊設備的年淨利潤及其差額。
(4) 計算新、舊設備淨殘值的差額。
(5) 計算新、舊設備的年淨現金流量 NCF。
(6) 對該企業是否更新設備做出決策。

下面從新設備的角度來計算兩個方案的差額現金流量。
(1) 新設備原始投資額 = 100,000（元）
舊設備原始投資額 = 30,000（元）
兩者差額 = 100,000 - 30,000 = 70,000（元）
(2) 新設備折舊額 = (100,000 - 6,000)/4 = 23,500（元）
舊設備折舊額額 = (30,000 - 3,000)/4 = 6,750（元）
兩者差額 = 23,500 - 6,750 = 16,750（元）
(3) 新設備利潤額 = 138,355（元）
舊設備利潤額額 = 129,477.5（元）
兩者差額 = 138,355 - 129,477.5 = 8,877.5（元）
(4) 新舊設備的殘值差額 = 6,000 - 3,000 = 3,000（元）

(5) 新設備 $NCF_0 = -10,000$（元） $NCF_{1\sim3} = 161,855$（元） $NCF_4 = 167,855$（元）

舊設備 $NCF_0 = -30,000$（元） $NCF_{1\sim3} = 136,227.5$（元） $NCF_4 = 139,227.5$（元）

差額 $\triangle NCF_0 = -70,000$（元） $\triangle NCF_{1\sim3} = 25,627.5$（元） $\triangle NCF_4 = 28,627.5$（元）

(6) 測試 $irr = 18\%$ 時，$NVP = 487.93$（元）

$irr = 20\%$ 時，$NVP = -2,208.63$（元）

用插值法算得 $irr = 18\% + 487.93/(487.93+2,208.63) = 18.36\% < 19\%$

因此使用舊設備。

（二）使用年限不同的固定資產更新決策

【例7-7】所研究的固定資產投資方案的選擇都是假定在各投資項目的壽命期相等的前提下的。實務中，投資項目不同，壽命期也不相同。由於項目的壽命期不同，就不能簡單地運用淨現值、內含報酬率和獲利指數進行投資項目間的比較分析。否則，將可能得出錯誤的結論。

【例7-8】ABC企業計劃更新生產線，現有兩個方案可供選擇：甲方案初始投資額為200萬元，每年產生95萬元的淨現金流量，項目的使用壽命為4年，4年後必須更新並且期滿無殘值；乙方案的初始投資額為340萬元，每年可產生100萬元的淨現金流量，項目的壽命期為8年，8年後必須更新並且期滿無殘值。企業的資本成本為15%，應選擇哪個投資項目？

兩個項目的淨現值計算如下：

$NPV_甲 = NCF_甲 \times PVIFA(K, N) - C = 95 \times PVIFA(15\%, 4) - 200$
$= 95 \times 2.855 - 200 = 71.23$（萬元）

$NPV_乙 = NCF_乙 \times PVIFA(K, N) - C = 100 \times PVIFA(15\%, 8) - 340$
$= 100 \times 4.487 - 340 = 108.7$（萬元）

項目的淨現值表明乙項目優於甲項目，應選擇乙項目進行投資。但是這種分析並不全面，因為這種分析沒有考慮到兩個方案的壽命期不同。如果選擇乙項目，需要歷經8年才能得到108.70萬元的收益；而如果選擇甲方案，歷經4年就可以得到71.23萬元的收益，第4年年末還有其他投資機會可供選擇。因此，引出了兩種專門用於比較壽命期不等的投資方案優劣的分析方法——最小公倍壽命法和年資本回收額法。

1. 最小公倍壽命法

最小公倍壽命法就是通過對投資項目的壽命週期進行延展，以使兩投資項目的壽命週期相一致的方法。延展的原則是假定在後續的延展依舊重複原投資項目，並且在延展期內項目的各年現金流動與首次投資完全一致。仍以【例7-8】中ABC企業的投資方案為例，甲、乙兩投資項目的最小公倍壽命期為8年。由於乙項目的淨現值原來就是按8年計算的，所以不必再做調整。但是甲項目的淨現值是按4年計算的，要將其壽命期延展至8年，按最小公倍壽命法的延展原則假定從第4年年末開始重新再次投資。具體分析過程如表7-5所示。

表 7-5　　　　　　　　　　　甲投資項目的現金流量表　　　　　　　單位：萬元

年份 項目	0	1	2	3	4	5	6	7	8
首次投資的現金流量	-200	95	95	95	95				
再次投資的現金流量					-200	95	95	95	95
兩次投資合併的現金流量	-200	95	95	95	-105	95	95	95	95

該項目 8 年的淨現值如下：

$NPV_{甲}$ = 首次投資的淨現值 + 再次投資(第 4 年年末)的淨現值 × $PVIF(15\%, 4)$
　　　= 71.23 + 71.23 × 0.572 = 111.97(萬元)

經過上述分析，可以將兩個項目的淨現值進行比較了。由於甲項目的淨現值為 111.97 萬元，乙項目的淨現值為 108.70 萬元，因此應選擇甲項目。

2. 年資本回收額法

年資本回收額法是把項目的淨現值轉化為項目每年的平均淨現值，也稱為年均淨現值。其計算公式為：

$$ANPV = \frac{NPV}{PVIFA_{k,n}}$$

式中，$ANPV$ 為年資本回收額，NPV 為淨現值，$PVIFA_{k,n}$ 為年金現值係數。

仍以【例 7-8】中 ABC 企業甲、乙兩投資方案為例，甲、乙兩投資方案的年資本回收額分別為：

$ANPV_{甲}$ = 71.23 ÷ $PVIF(15\%, 4)$ = 71.23 ÷ 2.855 = 24.95(萬元)

$ANPV_{乙}$ = 108.70 ÷ $PVIF(15\%, 8)$ = 108.70 ÷ 4.487 = 24.23(萬元)

上述計算表明：甲項目的年資本回收額大於乙項目的年資本回收額，因此應選擇甲項目進行投資。

ABC 企業的甲、乙兩個投資項目的最小公倍壽命週期為 8 年，而其中乙方案的壽命期剛好為 8 年，所以只需要對甲方案進行調整即可。但有時兩個投資方案的最小公倍壽命週期並非其中某一個投資項目的壽命週期。例如，兩投資項目的壽命週期分別為 3 年和 11 年，那麼最小公倍壽命週期為 33 年，要對兩個投資項目進行合理的比較分析，則必須對兩個投資項目都進行延展，這樣勢必計算量較大。這是最小公倍壽命法不可避免的缺點。換句話說，最小公倍壽命法一般適用於一個投資項目的壽命週期是另一個投資項目的壽命週期的倍數時的情形。相對來講，年資本回收額法顯得比較簡單合理。一般情況下，兩種方法會得出相同的結果，但當兩個投資項目按最小公倍壽命週期法求得的淨現值相差不大時，運用兩種方法可能會得出相反的結論，如果再投資風險較大、收益較低，應以年資本回收額法為準。

(三) 資本限量決策

企業在進行投資決策時，往往有兩種情況會限制投資的數量和規模：一種是缺乏技術力量、管理人才、經營能力，這種限制被稱為軟資源配額，它屬於經營管理的範疇；另一種情況是由於資金不足，不可能投資於所有可供選擇的項目，不得不在一定

的資金範圍內進行選擇投資，這種限制被稱為硬資金配額，它屬於財務管理研究的問題。

在資金有限的情況下，公司如何選擇最好的方案，是特殊條件下的決策問題。為了獲得最大的經濟效益，應將有限資金投資於一組最佳的投資組合方案，其選擇標準是淨現值最大和現值指數最大。相應地，其決策方法有兩種：現值指數法和淨現值法。

採用現值指數法的計算步驟：計算各項目的現值指數→選出現值指數≥1的所有項目→計算加權平均的現值指數→取現值指數最大的一組。

採用淨現值法的計算步驟：計算各項目的淨現值→選出淨現值≥0的所有項目→計算各組合的淨現值總額→取淨現值總額最大的一組。

【例7-9】某公司只有400萬元資金供投資，有6種投資方案供選擇，資料如表7-6所示。

表7-6　　　　　　　　　　　各方案情況表　　　　　　　　　　　單位：萬元

方案	A	B	C	D	E	F
投資額	100	100	400	300	200	200
淨現值	20	22.5	58.5	42.5	25.4	22.8
現值指數	1.2	1.23	1.15	1.14	131	1.11

計算結果如表7-7所示。

表7-7　　　　　　　　　　　各方案計算情況表　　　　　　　　　單位：萬元

順序	項目組合	初始投資	加權平均現值指數	淨現值總額
1	A、B、E	400	1.173	67.9
2	A、B、F	400	1.163	65.3
3	B、D	400	1.163	65
4	A、D	400	1.155	62.5
5	C	400	1.55	58.5
6	E、F	400	1.22	48.2

加權平均現值指數為：

$$PI_w = \sum_{i=1}^{n} PI_i x_i$$

式中，PI_w為加權平均現值指數，PI_i為某項目的平均現值指數，x_i為某項目投資額占總投資額的比重。

表中A、B、E組合的加權現值指數的計算方法如下：

$$加權平均現值指數 = \frac{100}{400} \times 1.2 + \frac{100}{400} \times 1.23 + \frac{200}{400} \times 1.130 = 1.173$$

上述計算表明，在上述六種組合中，A、B、E的組合方案為最佳組合，它的現值指數和淨現值總額都是最大的。但是，如果其中A、B兩個方案是互斥的，即不相容

的，選 A 就不能 B，表 7-7 中的第一個和第二個組合方案都不能成立，應選第三個組合方案，即 B、D 組合方案，它的淨現值指數與第二個組合方案相同。

(四) 投資開發時機決策

投資開發時機決策主要研究礦藏開發時機的問題，在礦藏儲量一定的前提條件下，隨著開採量的增加、儲存量的減少，礦產品的價格會呈現一種不斷上升的趨勢。也就是說，早開發的收入少，晚開發的收入多。但是，受資金時間價值的影響，早開發所得的 100 萬元比 10 年後或晚開發所得的 100 萬元的價值大，究竟應該何時開發最為有利，就是現在要研究的問題。

投資開發時機決策的基本規則也是尋找使淨現值最大的方案。但是，由於兩個方案的時間不一樣，因此不能把淨現值簡單地相比，而需要把晚開發的淨現值再一次折現，即換算為早開發的第一期期初時的現值，然後將兩個方案進行比較，取其中的淨現值為正且該值最大的開發方案。

【例 7-10】根據預測得知某礦產品價格 5 年後將上升 40%，不論當前還是 5 年後開發，初始投資額均為 100 萬元，建設期為 1 年，從第二年開始投產，5 年可全部採完，擁有該礦產開發權的某公司，欲確定最佳開發時機。現金流量資料如表 7-8 所示，企業資金成本為 15%。

表 7-8   現金流量表   單位：萬元

方案 \ 時間（年）	0	1	2~5	6
立即開發	−100	0	90	100
5 年後開發	−100	0	130	140

現在開發的淨現值：

$NPV = 90 \times PVIFA_{15\%, 4} \times PVIF_{15\%, 1} + 100 \times PVIF_{15\%, 6} - 100$

　　　$= 90 \times 2.855 \times 0.870 + 100 \times 0.432 - 100$

　　　$= 166.75$（萬元）

5 年後開發的淨現值：

$NPV = (130 \times PVIFA_{15\%, 4} \times PVIF_{15\%, 1} + 140 \times PVIF_{15\%, 6} - 100) \times PVIF_{15\%, 5}$

　　　$= (130 \times 2.855 \times 0.870 + 140 \times 0.432 - 100) \times 0.497$

　　　$= 140.84$（萬元）

因為現在開發的淨現值大（166.75 萬元），所以應該立即開發。

(五) 投資期決策

從開始投資至投入生產所需要的時間稱為投資期。縮短投資期，可以使項目提前投入運行，早日獲得現金流入量和經濟效益，從資金時間價值這方面考慮是合理的。但是，縮短投資期，需要集中施工力量，交叉作業，加班加點，因此往往需要增加投資額，增加項目現金的流出量。因此，究竟是否縮短建設期、建設期縮短多長時間為宜，應採用一定的方法進行分析，把這筆經濟帳算清楚，從而決定最佳的投資期。進行投資期決策的方法有兩種：差量分析法和淨現值分析法。

1. 差量分析法

根據縮短投資期與正常投資期相比的 △現金流量來計算 △淨現值。若 △淨現值為正，說明縮短投資期比較有利；若 △淨現值為負，則說明縮短投資期得不償失。

△NPV>0→有利→縮短投資期。

△NPV<0→不利→正常投資期。

【例7-11】某公司進行一項投資，正常投資期為4年，欲縮短為2年，公司資金成本為15%，正常投資期為4年，每年投資100萬元，4年共計400萬元，第5~15年每年現金淨流量為150萬元；若縮短為2年，每年需投資220萬元，2年共需投資440萬元；投產後的項目壽命和每年現金淨流量不變，期末無殘值，不用墊支營運資金。

要求：根據上述資料，分析判斷是否應縮短投資期（具體資料如表7-9所示）。

表7-9　　　　　　　　　　　現金流量表　　　　　　　　　　單位：萬元

時間（年）項目	0	1	2	3	4	5~13	14	15
縮短投資期的現金流量	−220	−220	0	150	150	150		
正常期的現金流量	−100	−100	−100	−100	0	150	150	150
△現金流量	−120	−120	100	250	150	0	−150	−150

縮短投資期的 △淨現值計算如下：

$$\Delta NPV = -120 - 120 \times PVIF_{15\%,1} + 100 \times PVIF_{15\%,2} + 250 \times PVIF_{15\%,3}$$
$$+ 150 \times PVIF_{15\%,4} - 150 \times PVIFA_{15\%,2} \times PVIF_{15\%,13}$$
$$= -120 - 120 \times 0.870 + 100 \times 0.756 + 250 \times 0.658$$
$$+ 150 \times 0.572 - 150 \times 1.626 \times 0.163$$
$$= 61.74(萬元)$$

計算結果表明：縮短投資期可增加淨現值61.74萬元，因此應該採納縮短投資期的方案。

2. 淨現值分析法

淨現值分析法先分別計算正常投資期和縮短投資期的淨現值，然後進行比較分析，若縮短投資期與正常投資期淨現值的差額為正，可採納縮短投資期的方案；否則，應放棄該方案。

以【例7-11】的資料為例，兩個方案的淨現值計算如下：

正常投資期的淨現值為：

$$NPV = -100 - 100 \times PVIF_{15\%,3} + 150 \times PVIFA_{15\%,11} \times PVIF_{15\%,4}$$
$$= -100 - 100 \times 2.283 + 150 \times 5.234 \times 0.572$$
$$= 120.78(萬元)$$

縮短投資期的淨現值為：

$$NPV = -220 - 220 \times PVIF_{15\%,1} + 150 \times PVIFA_{15\%,11} \times PVIF_{15\%,2}$$
$$= -220 - 220 \times 0.870 + 150 \times 5.234 \times 0.756$$
$$= 182.1(萬元)$$

縮短投資期與正常投資期淨現值的差額為：
ΔNPV = 182.10 − 120.78 = 61.32（萬元）

計算結果表明：縮短投資期可增加淨現值 61.32 萬元，因此應該採納縮短投資期的方案。

【本章小結】

1. 項目投資。投資是指特定經濟主體（包括國家、企業和個人）為了在未來可預見的時期內獲得收益或使資金增值，在一定時期向一定領域的標的物投放足夠數額的資金或實物等貨幣等價物的經濟行為。從特定企業角度看，投資就是企業為獲取收益而向一定對象投放資金的經濟行為。學習中應瞭解項目投資的特點、項目投資所遵循的從項目提出到可行性分析、項目評價、項目選擇、項目實施和控製等一系列程序。

2. 現金流量。現金流量也稱現金流動數量，簡稱現金流，在投資決策中是指一個項目引起的企業現金流出和現金流入增加的數量。這裡的現金是廣義的現金，不僅包括各種貨幣資金，還包括項目需要投入的企業現有非貨幣資源的變現價值。現金流量是評價一個投資項目是否可行時必須事先計算的一個基礎性數據。現金流出量是指該項目投資等引起的企業現金支出增加的數量，現金流入量是指該項目投產營運等引起的企業現金收入增加的數量。無論是流出量還是流入量，都強調現金流量的特定性，它是特定項目的現金流量，與別的項目或企業原先的現金流量不可混淆。這裡還強調現金流量的增量性，即項目的現金流量是由於採納特定項目而引起的現金支出或收入增加的數量。通過本章的學習，應掌握投資項目的現金流量計算。

3. 項目投資評價方法。評價長期投資方案的方法有兩類：一類是貼現方法，即考慮了時間價值因素的方法，主要包括淨現值法、現值指數法和內含報酬率法；另一類是非貼現方法，即沒有考慮時間價值因素的方法，主要包括投資回收期法、平均報酬率法和會計收益率法。通過本章的學習，應掌握各種方法的應用。

【復習思考題】

1. 簡述投資的概念和種類。
2. 簡述項目投資的概念、特點、意義和基本程序。
3. 項目投資的影響因素有哪些？如何理解？
4. 如何理解項目投資現金流量的概念？它有哪些作用？
5. 項目投資現金流量的內容構成有哪些？應如何計算？
6. 項目投資決策評價分析方法有哪些？應如何計算和運用？

第八章　營運資金管理

【本章學習目標】

- 瞭解營運資金的特點、管理的原則和管理的策略
- 瞭解持有現金的動機、成本和管理的目標及內容
- 熟悉現金日常管理的方法
- 掌握最佳現金持有量的計算方法
- 瞭解應收帳款的功能和成本
- 熟悉應收帳款的信用政策內容、監控和日常管理
- 掌握應收帳款信用政策的決策
- 瞭解存貨的功能和成本
- 熟悉存貨的日常控製方法
- 掌握存貨經濟訂貨量確定及存貨保險儲備量的決策

第一節　營運資金概述

一、營運資金的概念和特點

(一) 營運資金的概念

營運資金是指流動資產減去流動負債後的餘額。營運資金的管理既包括流動資產的管理，也包括流動負債的管理。

1. 流動資產

流動資產是指可以在一年以內或超過一年的一個營業週期內變現或運用的資產，流動資產具有佔用時間短、週轉快、易變現等特點。企業擁有較多的流動資產，可在一定程度上降低財務風險。流動資產按不同的標準可以進行不同的分類，常見分類方式如下：

（1）按佔用形態不同，流動資產可以分為現金、交易性金融資產、應收及預付款項和存貨等。

（2）按在生產經營過程中所處的環節不同，流動資產可以分為生產領域中的流動資產、流通領域中的流動資產以及其他領域中的流動資產。

2. 流動負債

流動負債是指需要在一年或者超過一年的一個營業週期內償還的債務。流動負債又稱短期負債，具有成本低、償還期短的特點。流動負債按不同的標準可以進行不同

的分類，常見分類方式如下：

（1）以應付金額是否確定為標準，流動負債可以分為應付金額確定的流動負債和應付金額不確定的流動負債。應付金額確定的流動負債是指那些根據合同或法律規定到期必須償付，並且有確定金額的流動負債。應付金額不確定的流動負債是指那些要根據企業生產經營狀況，到一定時期或具備一定條件才能確定的流動負債，或應付金額需要估計的流動負債。

（2）以流動負債的形成情況為標準，可以分為自然性流動負債和人為性流動負債。自然性流動負債是指不需要正式安排，由於結算程序或有關法律法規的規定等原因而自然形成的流動負債。人為性流動負債是指財務人員根據企業對短期資金的需求情況，通過人為安排形成的流動負債。

（3）以是否支付利息為標準，流動負債可以分為有息流動負債和無息流動負債。

(二) 營運資金的特點

為了有效地管理企業的營運資金，必須研究營運資金的特點，以便有針對性地進行管理。營運資金一般具有如下特點：

1. 營運資金的來源具有靈活多樣性

與籌集長期資金的方式相比，企業籌集營運資金的方式較為靈活多樣，通常有銀行短期借款、短期融資券、商業信用、應繳稅金、應交利潤、應付工資、應付費用、預收貨款、票據貼現等多種在內外部融資方式。

2. 營運資金的數量具有波動性

流動資產的數量會隨企業內外部條件的變化而變化，時高時低，波動很大。季節性企業如此，非季節性企業也如此。隨著流動資產數量的變動，流動負債的數量也會相應發生變動。

3. 營運資金的週轉具有短期性

企業占用在流動資產上的資金，通常會在一年或一個營業週期內收回。根據這一特點，營運資金可以用商業信用、銀行短期借款等短期籌資方式來加以解決。

4. 營運資金的實物形態具有變動性和易變現性

企業營運資金的實物形態是經常變化的，一般按照現金、材料、在產品、產成品、應收帳款、現金的順序轉化。為此，在進行流動資產管理時，必須在各項流動資產上合理配置資金數額，做到結構合理，以促進資金週轉順利進行。此外，短期投資、應收帳款、存貨等流動資產一般具有較強的變現能力，如果遇到意外情況，企業出現資金週轉不靈、現金短缺時，便可以迅速變賣這些資產以獲取現金。這對財務上應付臨時性資金需求具有重要意義。

二、營運資金的管理原則

企業的營運資金在全部資金中佔有相當大的比重，而且週轉期短，形態易變，是企業財務管理工作的一項重要內容。實證研究也表明，財務經理的大量時間都用於營運資金的管理。企業進行營運資金管理，應遵循以下原則：

(一) 保證合理的資金需求

企業應認真分析生產經營狀況，合理確定營運資金的需求數量。企業營運資金的

需求數量與企業生產經營活動有直接關係。一般情況下，當企業產銷兩旺時，流動資產會不斷增加，流動負債也會相應增加；而當企業產銷量不斷減少時，流動資產和流動負債也會相應減少。營運資金的管理必須把滿足正常合理的資金需求作為首要任務。

(二) 提高資金使用效率

加速資金週轉是提高資金使用效率的主要手段之一。提高營運資金使用效率的關鍵就是採取得力措施，縮短營業週期，加速變現過程，加快營運資金週轉。因此，企業要千方百計地加速存貨、應收帳款等流動資產的週轉，以便用有限的資金，服務於更大的產業規模，為企業取得更好的經濟效益提供條件。

(三) 節約資金使用成本

在營運資金管理中，必須正確處理保證生產經營需要與節約資金使用成本兩者之間的關係。要在保證生產經營需要的前提下，遵守勤儉節約的原則，盡力降低資金使用成本。一方面，要挖掘資金潛力，盤活全部資金，精打細算地使用資金；另一方面，要積極拓展融資渠道，合理配置資源，籌措低成本資金，服務於生產經營。

(四) 保持足夠的短期償債能力

償債能力的高低是企業財務風險高低的標誌之一。合理安排流動資產與流動負債的比例關係，保持流動資產結構與流動負債結構的適配性，保證企業有足夠的短期償債能力是營運資金管理的重要原則之一。流動資產、流動負債以及兩者之間的關係能較好地反應企業的短期償債能力。流動負債是在短期內需要償還的債務，而流動資產則是在短期內可以轉化為現金的資產。因此，如果一個企業的流動資產比較多，流動負債比較少，說明企業的短期償債能力較強；反之，則說明企業的短期償債能力較弱。但如果企業的流動資產太多，流動負債太少，也不是正常現象，這可能是因流動資產閒置或流動負債利用不足所致。

三、營運資金管理策略

企業需要評估營運資金管理中的風險與收益，制定流動資產的投資策略和融資策略。實際上，財務管理人員在營運資金管理方面必須做兩項決策：一是需要擁有多少流動資產；二是如何為需要的流動資產融資。在實踐中，這兩項決策一般同時進行，並且相互影響。

(一) 流動資產的投資策略

由於銷售水平、成本、生產時間、存貨補給時從訂貨到交貨的時間、顧客服務水平、收款和支付期限等方面存在不確定性，流動資產的投資決策至關重要。企業經營的不確定性和風險忍受程度決定了流動資產的存量水平，表現為在流動資產帳戶上的投資水平。流動資產帳戶通常隨著銷售額的變化而立即變化。銷售的穩定性和可預測性反應了流動資產投資的風險程度。銷售額越不穩定，越不可預測，則投資於流動資產上的資金就應越多，以保證有足夠的存貨和應收帳款占用來滿足生產經營和顧客的需要。

穩定性和可預測性的相互作用非常重要。即使銷售額是不穩定的，但可以預測，如屬於季節性變化，那麼將沒有顯著的風險。然而，如果銷售額不穩定而且難以預測，就會存在顯著的風險，從而必須維持一個較高的流動資產存量水平，保持較高的流動

資產與銷售收入比率。如果銷售既穩定又可預測，則只需維持較低的流動資產投資水平。

一個企業必須選擇與其業務需要和管理風格相符合的流動資產投資策略。如果企業管理政策趨於保守，就會選擇較高的流動資產水平，保證更高的流動性（安全性），但盈利能力也更低；如果管理者偏向於為了更高的盈利能力而願意承擔風險，那麼企業將保持一個低水平的流動資產與銷售收入比率。

流動資產的投資策略有以下兩種基本類型：

1. 緊縮的流動資產投資策略

在緊縮的流動資產投資策略下，企業維持低水平的流動資產與銷售收入比率。需要說明的是，這裡的流動資產通常只包括生產經營過程中產生的存貨、應收款項以及現金等生產性流動資產，而不包括股票、債券等金融性流動資產。

緊縮的流動資產投資策略可以節約流動資產的持有成本，如節約持有資金的機會成本。但與此同時可能伴隨著更高的風險，這些風險表現為更緊的應收帳款信用政策和較低的存貨占用水平以及缺乏現金用於償還應付帳款等。但是，只要不可預見的事件沒有損壞企業的流動性而導致嚴重的問題發生，緊縮的流動資產投資策略就會提高企業效益。

採用緊縮的流動資產投資策略，無疑對企業的管理水平有較高的要求。因為一旦管理失控，由於流動資產的短缺，會對企業的經營活動產生重大影響。根據最近幾年的研究，美國、日本等一些發達國家的流動資產比率呈現越來越小的趨勢。這並不意味著企業對流動性的要求越來越低，而主要是因為在流動資產管理方面，尤其是應收帳款與存貨管理方面，取得了一些重大進展。存貨控制的 JIT（Just In Time）系統，又稱為適時管理系統，便是其中的一個突出的代表。

2. 寬鬆的流動資產投資策略

在寬鬆的流動資產投資策略下，企業通常會維持高水平的流動資產與銷售收入比率。也就是說，企業將保持高水平的現金和有價證券、高水平的應收帳款（通常給予客戶寬鬆的付款條件）和高水平的存貨（通常源於補給原材料或不願意因為產成品存貨不足而失去銷售）。在這種策略下，由於較高的流動性，企業的財務與經營風險較小。但是，過多的流動資產投資，無疑會承擔較大的流動資產持有成本，提高企業的資金成本，降低企業的收益水平。

3. 如何制定流動資產投資策略

制定流動資產投資策略時，首先需要權衡的是資產的收益性與風險性。增加流動資產投資會增加流動資產的持有成本，降低資產的收益性，但會提高資產的流動性；反之，減少流動資產投資會降低流動資產的持有成本，增加資產的收益性，但資產的流動性會降低，短缺成本會增加。因此，從理論上來說，最優的流動資產投資應該是使流動資產的持有成本與短缺成本之和最低。

制定流動資產投資策略時還應充分考慮企業經營的內外部環境。通常，銀行和其他借款人對企業流動性水平非常重視，因為流動性是這些債權人確定信用額度和借款利率的主要依據之一。它們還會考慮企業應收帳款和存貨的質量，尤其是當這些資產被用來當成一項貸款的抵押品時。

有些企業因為融資困難，通常採用緊縮的流動資產投資策略。此外，一個企業的流動資產投資策略可能還受產業因素的影響。在銷售邊際毛利較高的產業，如果從額外銷售中獲得的利潤超過額外應收帳款所增加的成本，寬鬆的信用政策可能為企業帶來更為可觀的收益。流動資產占用具有明顯的行業特徵。在機械行業，存貨居於流動資產項目中的主要位置，通常占用全部流動資產的50%左右。其他行業的流動資產占用往往與機械行業會有重大的不同。例如，在商業零售行業，其流動資產占用要超過機械行業。

流動資產投資策略的一個影響因素是那些影響企業政策的決策者。保守的決策者更傾向於寬鬆的流動資產投資策略，而風險承受能力較強的決策者則傾向於緊縮的流動資產投資策略。營運經理通常喜歡高水平的原材料，以便滿足生產所需。銷售經理通常喜歡高水平的產成品存貨以便滿足顧客的需要，而且喜歡寬鬆的信用政策以便刺激銷售。相反，財務管理人員喜歡使存貨和應收帳款最小化，以便使流動資產融資的成本最低。

(二) 流動資產的融資策略

一個企業對流動資產的需求數量，一般會隨著產品銷售的變化而變化。例如，產品銷售季節性很強的企業，當銷售處於旺季時，流動資產的需求一般會更旺盛，可能是平時的幾倍；當銷售處於淡季時，流動資產需求一般會減弱，可能是平時的幾分之一。即使當銷售處於最低水平時，也存在對流動資產最基本的需求。在企業經營狀況不發生大的變化的情況下，流動資產最基本的需求具有一定的剛性和相對穩定性，我們可以將其界定為流動資產的永久性水平。當銷售發生季節性變化時，流動資產將會在永久性水平的基礎上增加。因此，流動資產可以被分解為兩部分：永久性部分和波動性部分。永久性流動資產是指滿足企業長期最低需求的流動資產，其佔有量通常相對穩定；波動性流動資產或稱臨時性流動資產是指那些由於季節性或臨時性的原因而形成的流動資產，其占用量隨當時的需求而波動。與流動資產的分類相對應，流動負債也可以分為臨時性負債和自發性負債。一般來說，臨時性負債又稱為籌資性流動負債，是指為了滿足臨時性流動資金需要所發生的負債，如商業零售企業春節前為滿足節日銷售需要，超量購入貨物而舉借的短期銀行借款。臨時性負債一般只能供企業短期使用。自發性負債又稱為經營性流動負債，是指直接產生於企業持續經營中的負債，如商業信用籌資和日常營運中產生的其他應付款以及應付職工薪酬、應付利息、應交稅費等，自發性負債可供企業長期使用。

一般來說，流動資產的永久性水平具有相對穩定性，需要通過長期負債融資或權益性資金解決；而波動性部分的融資則相對靈活，最經濟的辦法是通過低成本的短期融資解決，如採用一年期以內的短期借款或發行短期融資券等融資方式。

融資決策主要取決於管理者的風險導向，此外它還受短期、中期、長期負債的利率差異的影響。根據資產的期限結構與資金來源的期限結構的匹配程度差異，流動資產的融資策略可以劃分為期限匹配融資策略、保守融資策略和激進融資策略三種基本類型。

1. 期限匹配融資策略

在期限匹配融資策略中，永久性流動資產和非流動資產以長期融資方式（負債或

股東權益）融通，波動性流動資產用短期來源融通。這意味著，在給定的時間，企業的融資數量反應了當時的波動性流動資產的數量。當波動性資產擴張時，信貸額度也會增加，以便支持企業的擴張；當資產收縮時，就會釋放出資金，以償付短期借款。

資金來源的有效期與資產的有效期的匹配，只是一種戰略性的觀念匹配，而不要求實際金額完全匹配。實際上，企業也做不到完全匹配。其原因是：第一，企業不可能為每一項資產按其有效期配置單獨的資金來源，只能分為短期來源和長期來源兩大類來統籌安排籌資。第二，企業必須有所有者權益籌資，它是無限期的資本來源，而資產總是有期限的，不可能完全匹配。第三，資產的實際有效期是不確定的，而還款期是確定的，必然會出現不匹配。

2. 保守融資策略

在保守融資策略中，長期融資支持非流動資產、永久性流動資產和部分波動性流動資產。企業通常以長期融資來源為波動性流動資產的平均水平融資，短期融資僅用於融通剩餘的波動性流動資產，融資風險較低。這種策略通常最小限度地使用短期融資，但由於長期負債成本高於短期負債成本，就會導致融資成本較高，收益較低。

如果長期負債以固定利率為基礎，而短期融資方式以浮動或可變利率為基礎，則利率風險可能降低。因此，這是一種風險低、成本高的融資策略。

3. 激進融資策略

在激進融資策略中，企業以長期負債和權益為所有的固定資產融資，僅對一部分永久性流動資產使用長期融資方式融資。短期融資方式支持剩下的永久性流動資產和所有的臨時性流動資產。在這種策略下，企業通常使用更多的短期融資。

短期融資方式通常比長期融資方式具有更低的成本。然而，過多地使用短期融資會導致較低的流動比率和較高的流動性風險。

由於經濟衰退、企業競爭環境的變化以及其他因素，企業必須面對業績慘淡的經營年度。當銷售下跌時，存貨將不會那麼快就能轉換成現金，這將導致現金短缺。曾經及時支付的顧客可能會延遲支付，這進一步加劇了現金短缺。企業可能會發現其對應付帳款的支付已經超過信用期限。由於銷售下降，會計利潤將降低。

在這種環境下，企業需要與銀行重新簽訂短期融資協議，但此時企業對於銀行來說似乎很危險。銀行可能會向企業索要更高的利率，從而導致企業在關鍵時刻籌集不到急需的資金。

企業依靠大量的短期負債來解決目前的困境，這會導致企業每年都必須更新短期負債協議進而產生更多的風險。簽訂協議可以弱化這種風險。例如，多年期（通常為3~5年）滾動信貸協議，這種協議允許企業以短期為基礎進行借款。這種類型的借款協議不像傳統的短期借款那樣會降低流動比率。另外，企業還可以利用衍生融資產品來對緊縮投資政策的風險進行套期保值。

第二節　現金管理

現金有廣義和狹義之分。廣義的現金是指在生產經營過程中以貨幣形態存在的資

金,包括庫存現金、銀行存款和其他貨幣資金等。狹義的現金僅指庫存現金。這裡所講的現金是指廣義的現金。

一、持有現金的動機

保持合理的現金水平是企業現金管理的重要內容。現金是變現能力最強的資產,可以用來滿足生產經營開支的各種需要,也是還本付息和履行納稅義務的保證。擁有足夠的現金對於降低企業的風險、增強企業資產的流動性和債務的可清償性有著重要的意義。但庫存現金是唯一的不創造價值的資產,對其持有量不是越多越好。即使是銀行存款,其利率也非常低。因此,現金存量過多,其提供的流動性邊際效益便會隨之下降,從而使企業的收益水平下降。

除了應付日常的業務活動之外,企業還需要擁有足夠的現金償還貸款、把握商機、以備不時之需。企業必須建立一套管理現金的方法,持有合理的現金數額,使其在時間上繼起、在空間上並存。企業必須編制現金預算,以衡量企業在某段時間內的現金流入量與流出量,以便在保證企業經營活動所需現金的同時,盡量減少企業的現金數量,提高資金收益率。

持有現金是出於三種需求:交易性需求、預防性需求和投機性需求。

(一) 交易性需求

企業的交易性需求是企業為了維持日常週轉及正常商業活動所需持有的現金額。企業每日都在發生許多支出和收入,這些支出和收入在數額上不相等及時間上不匹配使企業需要持有一定現金來調節,以使生產經營活動能持續進行。

在許多情況下,企業向客戶提供的商業信用條件與其從供應商那裡獲得的信用條件不同,使企業必須持有現金。例如,供應商提供的信用條件是 30 天付款,而企業迫於競爭壓力,則向顧客提供 45 天的信用期,這樣企業必須籌集夠 15 天的營運資金來維持企業運轉。

另外,企業業務的季節性要求企業逐漸增加存貨以等待季節性的銷售高潮。這時,一般會發生季節性的現金支出,企業現金餘額下降,隨後又隨著銷售高潮到來,存貨減少,而現金又逐漸恢復到原來的水平。

(二) 預防性需求

預防性需求是指企業需要維持充足的現金,以應對突發事件。這種突發事件可能是政治環境變化,也可能是企業的某些大客戶違約導致企業突發性償付等。儘管財務主管試圖利用各種手段來較準確地估算企業需要的現金數,但這些突發事件會使原本很好的財務計劃失去效用。因此,企業為了應付突發事件,有必要維持比日常正常運轉所需金額更多的現金。

為應付意料不到的現金需要,企業掌握的現金額取決於:

(1) 企業願冒缺少現金風險的程度。
(2) 企業預測現金收支可靠的程度。
(3) 企業臨時融資的能力。

希望盡可能減少風險的企業傾向於保留大量的現金餘額,以應付其交易性需求和大部分預防性需求。另外,企業會與銀行維持良好的關係,以備現金短缺之需。

(三) 投機性需求

投機性需求是企業為了抓住突然出現的獲利機會而持有的現金，這種機會大都是稍縱即逝的，如證券價格的突然下跌，企業若沒有用於投機的現金，就會錯過這一機會。

除了上述三種基本的現金需求以外，還有許多企業是將現金作為補償性餘額來持有的。補償性餘額是企業同意保持的帳戶餘額，它是企業對銀行所提供借款或其他服務的一種補償。

二、持有現金的成本

企業持有現金的成本通常由持有成本、轉換成本和短缺成本三個部分組成。

(一) 持有成本

持有成本是指企業因保留一定現金餘額而增加的管理費用及喪失的再投資收益。持有成本包括管理費用和機會成本。管理費用具有固定成本的性質，在一定範圍內，它一般與所持現金的數量沒有密切的關係。機會成本屬於變動成本，它與現金的持有量存在正比例關係。

(二) 轉換成本

轉換成本是指企業用現金購入有價證券及轉讓有價證券換取現金所付出的交易費用。固定性證券轉換成本與現金持有量成反比例變動關係。

(三) 短缺成本

短缺成本是指在現金持有量不足而又無法及時通過有價證券變現加以補充而給企業造成的損失。短缺成本與現金持有量存在反方向變動關係。

三、現金管理的目標及內容

(一) 現金管理的目標

現金是流動性最強的資產，也是獲利能力最低的資產。因此，現金管理的目的就是要在資產的流動性和獲利能力之間做出抉擇，以獲得最大的長期利潤。

(二) 現金管理的內容

(1) 編制現金收支計劃，以便合理估計未來的現金需求。

(2) 對日常的現金收支進行控製，力求加速收款，延緩付款。

(3) 用特定的方法確定最佳現金餘額，當企業實際現金餘額與最佳現金餘額不一致時，採用短期融資策略或歸還借款和投資於有價證券策略來達到理想狀況。現金管理的內容如圖8-1所示。

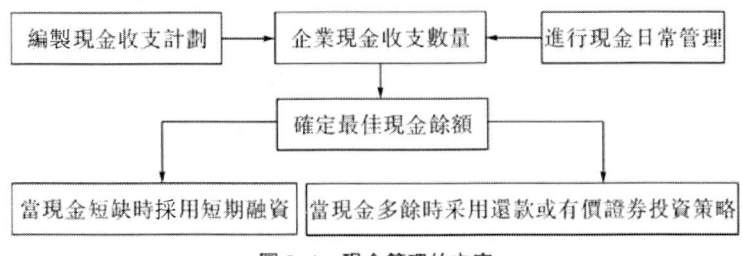

圖 8-1 現金管理的內容

四、最佳現金持有量的確定方法

現金管理除了做好日常管理、加速現金週轉外，還需要控制好現金的規模。企業的現金持有不足，則可能影響企業正常的生產經營；企業的現金持有過多，則會降低企業的整體盈利水平。因此，確定最佳的現金持有量，可以指導現金管理實踐，為企業創造良好的經濟效益。最佳現金持有量是指既能將企業的不能支付風險控制在較低水平，又能避免過多地占用現金，使持有現金的總成本最低的現金持有量。常用的確定最佳現金持有量的方法有：成本分析模式、存貨模式、現金週轉模式和隨機模式等。

（一）成本分析模式

成本分析模式是根據現金持有的相關成本，分析、預測其總成本最低時現金持有量的一種方法。

在影響現金持有的相關成本因素中，成本分析模式只考慮持有一定數量的現金而發生的管理成本、機會成本和短缺成本，而不考慮轉換成本。其中，管理成本具有固定成本的性質，與現金持有量不存在明顯的線性關係。機會成本（因持有現金而喪失的再投資收益）與現金持有量存在正比例變動變化，機會成本＝現金持有量×有價證券利率（或報酬率）。短缺成本同現金持有量負相關，現金持有量越多，現金短缺成本越小；反之，現金持有量越少，現金短缺成本越大。這些成本同現金持有量之間的關係可以從圖8-2中反應出來。

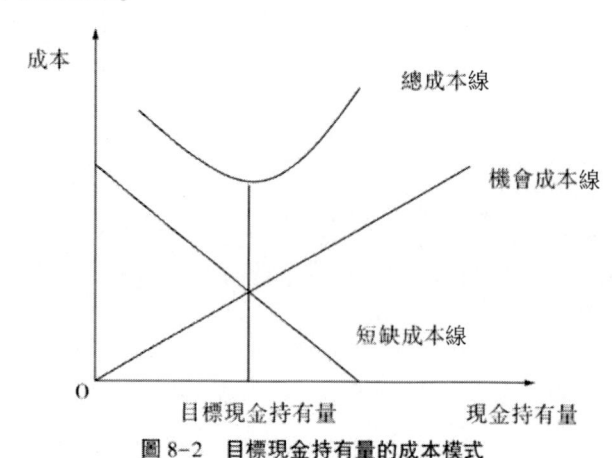

圖8-2　目標現金持有量的成本模式

從圖8-2中可以看出，由於各項成本同現金持有量的變動關係不同，使得現金持有總成本呈拋物線形，拋物線的最低點即為成本最低點，該點所對應的現金持有量便是最佳現金持有量，此時總成本最低。

在實際工作中運用該模式確定最佳現金持有量的具體步驟如下：
（1）根據不同現金持有量測算並確定有關成本數值。
（2）按照不同現金持有量及其有關成本資料編制最佳現金持有量測算表。
（3）在測算表中找出總成本最低時的現金持有量，即最佳現金持有量。

【例8-1】某企業現有A、B、C、D四種現金持有方案，有關成本資料如表8-1

所示。

表 8-1　　　　　　　　　　　　　現金持有量備選方案表　　　　　　　　　　單位：元

項目	A	B	C	D
現金持有量	40,000	50,000	60,000	70,000
機會成本	8%	8%	8%	8%
管理費用	1,200	1,200	1,200	1,200
短缺成本	3,200	2,200	1,100	0

根據表 8-1 編制該企業最佳現金持有量測算表，如表 8-2 所示。

表 8-2　　　　　　　　　　　　　最佳現金持有量測算表　　　　　　　　　　單位：元

方案	現金持有量	機會成本	管理費用	短缺成本	總成本
A	40,000	3,200	1,200	3,200	7,600
B	50,000	4,000	1,200	2,200	7,400
C	60,000	4,800	1,200	1,100	7,100
D	70,000	5,600	1,200	0	6,800

通過比較表 8-2 中各方案的總成本可知，D 方案的相關總成本最低，因此 70,000 元為企業的最佳現金持有量。

(二) 存貨模式

存貨模式來源於存貨的經濟批量模型，即認為企業現金持有量在許多方面與存貨相似，存貨經濟批量模型可用於確定目標現金持有量。在存貨模式中，只需考慮機會成本和轉換成本。凡是能夠使現金管理的機會成本與轉換成本之和保持最低的現金持有量，即為最佳現金持有量。

假設：T 為一定期間內現金總需求量，F 為每次轉換有價證券的固定成本（即轉換成本），C 為最佳現金持有量（每次證券變現的數量），K 為有價證券利息率（機會成本），TC 為現金管理總成本。

則：現金管理總成本＝機會成本＋轉換成本

即：$TC = \frac{1}{2}C \times K + \frac{T}{C} \times F$

現金管理總成本與持有機會成本、轉換成本的關係如圖 8-3 所示。

從圖 8-3 中可以看出，現金管理的總成本與現金持有量呈現凹形曲線關係。持有現金的機會成本與證券變現的交易成本相等時，現金管理的總成本最低，此時的現金持有量為最佳現金持有量，即：

$$C^* = \sqrt{\frac{2TF}{K}}$$

最低現金管理總成本 $TC(C^*)$ 的計算公式為：

$$TC(C^*) = \sqrt{2TFK}$$

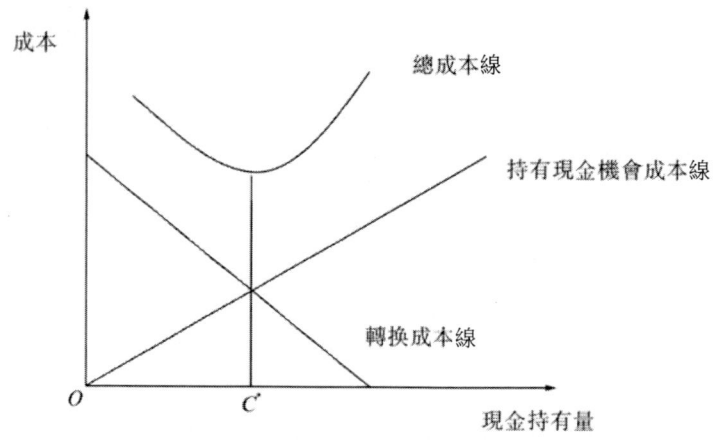

圖 8-3　目標現金持有量的存貨模式

【例 8-2】某企業現金收支狀況比較穩定，預計全年（按 360 天計算）需要現金 900,000 元，現金與有價證券的轉換成本為每次 450 元，有價證券的年利率為 10%，則：

最佳現金持有量 $(C) = \sqrt{2TF/K}$

$= \sqrt{2 \times 900,000 \times 450/10\%} = 90,000$（元）

最低現金管理相關總成本為：

$TC(C^*) = \sqrt{2TFK} = \sqrt{2 \times 900,000 \times 450 \times 10\%} = 9,000$（元）

轉換成本 $= (900,000 \div 90,000) \times 450 = 4,500$（元）

持有機會成本 $= (90,000 \div 2) \times 10\% = 4,500$（元）

有價證券交易次數 $(T/Q) = 900,000/90,000 = 10$（次）

存貨模式確定最佳現金持有量建立於未來期間現金流量穩定均衡、呈週期性變化的基礎之上。實際工作中，準確預測現金流量不易做到。通常，在預測值與實際發生值相差不是太大時，實際持有量可在上述公式確定的最佳現金持有量基礎上，稍微再提高一些。

(三) 現金週轉模式

現金週轉模式是從現金週轉的角度出發，根據現金的週轉速度來確定最佳現金持有量的一種方法。利用這一模式確定最佳現金持有量，包括以下三個步驟：

1. 計算現金週轉期

現金週轉期是指企業從購買材料支付現金到銷售商品收回現金的時間。

現金週轉期 = 應收帳款週轉期 - 應付帳款週轉期 + 存貨週轉期

(1) 應收帳款週轉期是指從應收帳款形成到收回現金所需要的時間。

(2) 應付帳款週轉期是指從購買材料形成應付帳款開始直到以現金償還應付帳款為止所需要的時間。

(3) 存貨週轉期是指從以現金支付購買材料款開始直到銷售產品為止所需要的時間。

2. 計算現金週轉率

現金週轉率是指一年中現金的週轉次數,其計算公式為:

$$現金週轉率 = \frac{360}{現金週轉次數}$$

3. 計算最佳現金持有量

其計算公式為:

最佳現金持有量 = 年現金需求額 ÷ 現金週轉率

(四) 隨機模式

隨機模式是在企業未來的流量呈不規則波動、無法準確預測的情況下採用的一種確定最佳現金餘額的方法。其基本原理為:制定一個現金控製區域,定出上限與下限,即現金持有量的最高點與最低點。當餘額達到上限時將現金轉換為有價證券,當餘額降至下限時將有價證券換成現金。隨機模式主要適用於企業未來現金流量呈不規則波動、無法準確預測的情況。

圖 8-4 中,H 為上限,L 為下限,Z 為目標控製線。現金餘額升至 H 時,可購進 (H-Z) 的有價證券,使現金餘額回落到 Z 線;現金餘額降至 L 時,可出售 (Z-L) 金額的有價證券,使現金餘額回落到 Z 線的最佳水平。

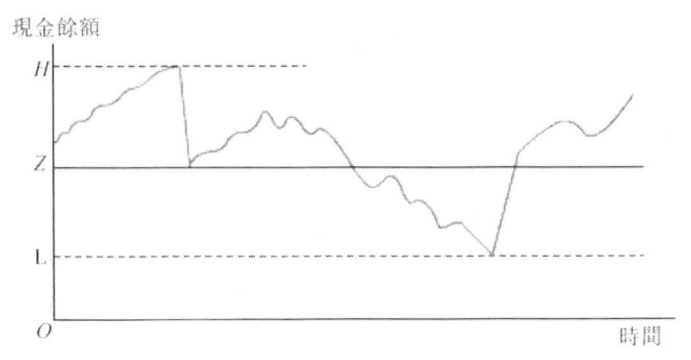

圖 8-4 現金持有量的隨機模式圖

目標現金餘額 Z 線的確定,可按現金總成本最低,即持有現金的機會成本和轉換有價證券的固定成本之和最低的原理,並結合現金餘額可能波動的幅度考慮。

按照以上分析,在隨機模式下現金餘額 Z 的計算公式為:

$$Z = \sqrt[3]{\frac{3FQ^2}{4K}} + L$$

$$H = 3Z - 2L$$

式中,F 為轉換有價證券的固定成本,Q^2 為日現金淨流量的方差,K 為持有現金的日機會成本(證券日利率)。

【例 8-3】某企業每次轉換有價證券的固定成本為 100 元,有價證券的年利率為 9%,日現金淨流量的標準差為 900 元,現金餘額下限為 2,000 元。若一年以 360 天計算,求該企業的現金最佳持有量和上限值。

$$Z = \sqrt[3]{\frac{3 \times 100 \times 900^2}{4 \times 0.09/360}} + 2,000 = 8,240 \text{（元）}$$

$$H = 3 \times 8,240 - 2 \times 2,000 = 20,720 \text{（元）}$$

該企業現金最佳持有量為8,240元，當現金餘額升到20,720元時，則可購進12,480元的有價證券（20,720-8,240=12,480）；而當現金餘額下降到2,000元時，則可售出6,240元的有價證券（8,240-2,000=6,240）。

五、現金日常控製的應用方法

（一）加速現金收款

企業帳款的收回包括三個階段，即客戶開出支票、企業收到支票、銀行清算支票。企業帳款收回的時間包括支票郵寄時間、支票在企業停留時間以及支票結算的時間。

要盡快地使這些付款轉化為可用現金必須滿足如下要求：第一，減少客戶付款的郵寄時間；第二，減少企業收到客戶開來支票與支票兌現之間的時間；第三，加速資金存入企業往來銀行的過程。為達到以上要求，可採用以下措施：

1. 集中銀行

集中銀行是指通過設立多個收款中心來代替通常在公司總部設立的單一收款中心，以加速帳款回收的一種方法。其目的是縮短從顧客寄出帳款到現金收入企業帳戶這一過程的時間。其具體做法為：

（1）企業以服務地區和各銷售區的帳單數量為判斷依據，在收款額比較集中的地區設立若干收款中心，並指定一個收款中心（通常是設在公司總部所在地的收款中心）的帳戶為集中銀行。

（2）公司通知客戶將貨款送到最近的收款中心，客戶收到帳單後直接匯款給當地收款中心，而不必送到公司總部所在地的收款中心。

（3）收款中心將每天收到的貨款存到當地銀行，然後再把多餘的現金從地方銀行匯入集中銀行——公司開立的主要存款帳戶的商業銀行。

設立集中銀行能夠大大縮短帳單和貨款郵寄的時間，並且在一定程度上縮短了支票兌現時間。但是，由於每個收款中心的地方銀行都要求有一定的補償餘額，這種補償是一種閒置而不能使用的資金，若開設的收款中心越多，補償金額也就越大，閒置的資金也越多，更何況收款中心本身需要一定的人力物力，花費就更大了。正是由於集中銀行的收款方法利弊皆存，因此財務主管在決定採用集中銀行收款時，應在權衡利弊得失的基礎上，通過計算分散收帳收益淨額做出是否採用銀行集中法的決策。分散收帳收益淨額的具體計算如下：

分散收帳收益淨額=[（分散收帳前應收帳款餘額-分散收帳後應收帳款餘額）-各收款中心補償餘額之和]×企業綜合資金成本率-因增設收帳中心每年增加費用額

當分散收帳收益淨額為正時，則應分設收帳中心；相反，則不應分設收帳中心。

2. 鎖箱系統

鎖箱系統是通過在各主要城市租用專門的郵政信箱，以縮短從收到顧客付款到存入當地銀行的時間的一種現金管理辦法。鎖箱系統的具體做法為：

(1) 在業務比較集中的地區租用當地加鎖的專用郵政信箱，並開立分行存款戶。
(2) 通知顧客把付款郵寄到指定的郵政信箱。
(3) 授權公司郵政信箱所在地的開戶行，每天收取郵政信箱的匯款並存入公司帳戶，然後將扣除補償餘額以後的現金及一切附帶資料定期送往公司總部。這就免除了公司辦理收帳、貨款存入銀行的一切手續。

3. 其他方法

除以上兩種方法外，還有一些加速收現的方法。例如，對於金額較大的貨款可採用電匯、直接派人前往收取支票並送存銀行的方法，以加速收款；對於各銀行之間以及公司內部各單位之間的現金往來也要嚴加控製，以防有過多的現金閒置在各部門；減少不必要的銀行帳戶；等等。

(二) 控製支出

現金支出管理的主要任務是盡可能延緩現金的支出時間，當然這種延緩必須是合理合法的，否則企業延期支付帳款所得到的收益將遠遠低於由此而遭受的損失。控製現金支出的方法有以下幾種：

1. 運用「浮遊量」

所謂現金「浮遊量」，是指企業帳戶上存款餘額與銀行帳戶上所示的存款餘額之間的差額。有時，企業帳戶上的現金餘額已為零或負數，而銀行帳戶上的該企業的現金餘額還有很多，這是因為有些企業已經開出的付款票據尚處在傳遞過程中，銀行尚未付款出帳。如果能正確預測「浮遊量」並加以利用，可以節約大量現金。在使用「浮遊量」時，必須控製好使用額度和使用時間。

2. 推遲支付應付款

企業可以在不影響企業信譽的情況下，盡可能推遲應付款的支付期，充分運用供貨方提供的信用優惠。如遇企業急需現金，甚至可以放棄供貨方的折扣優惠，在信用期的最後一天支付貨款。當然，這需要權衡折扣優惠與急需現金之間的利弊得失而定。

3. 採用匯票結算方式付款

在使用支票付款時，只要受票人將支票存入銀行，付款人就要無條件地付款。但匯票不是「見票即付」的付款方式，在受票人將匯票送達銀行後，銀行要將匯票交付款人承兌，並由付款人將一筆相當於匯票金額的資金存入銀行，銀行才會付款給受票人，這樣就有可能合法地延期付款。

(三) 現金綜合管理

1. 力爭實現現金流量同步

一般來說，企業的現金流入與現金流出往往並不同步。作為企業的財務管理人員，應該想方設法使企業的現金流入與現金流出發生的時間趨於一致。這樣就可以將企業交易性現金持有量降到最低水平，從而提高企業現金的使用效率。

2. 健全現金的內部控製制度

企業在現金管理中，應實行出納管錢、會計管帳、財務主管管印章的相互牽制制度；實行定期輪崗制度；明確現金支出的批准權限；做好收支憑證的管理及帳目的核對工作。

3. 遵循國家現金管理的規定

企業要按照規定的範圍使用庫存現金（現鈔）：職工工資、津貼；個人勞動報酬；根據國家規定頒發給個人的科學技術、文化藝術、體育等各種獎金；各種勞保、福利費用以及國家規定的對個人的其他支出；向個人收帳農副產品和其他物資的價款；出差人員必須隨身攜帶的差旅費；結算起點（1,000元）以下的零星支出；中國人民銀行確定需要支付的其他支出。企業不得超限持有庫存現金；企業庫存現金，由其開戶銀行根據企業的實際需要核定限額，一般以3~5天的零星開支額為限。現金收入應及時送存開戶銀行，不得坐支。企業不得出租、出借銀行帳戶；不得簽發空頭支票和遠期支票；不得套取銀行信用；不得公款私存；等等。

4. 適當進行閒置現金的投資

企業在籌資和經營時，會取得大量的現金，這些現金在用於資本投資或其他業務活動之前，通常會閒置一段時間。這些現金頭寸可用於短期證券投資以獲取利息收入或資本利得，如果管理得當，可為企業增加相當可觀的淨收益。

第三節　應收帳款管理

應收帳款是企業因對外銷售商品、提供勞務而應向客戶單位收取的款項。應收帳款的存在一方面可增加銷售收入，另一方面又因形成應收帳款而增加經營風險。作為對應收帳款的財務管理，其基本目標是：在發揮應收帳款強化競爭、擴大銷售功能的同時，盡可能降低投資的機會成本、壞帳損失與管理成本，最大限度地發揮應收帳款投資的效益。

一、應收帳款的功能及成本

（一）應收帳款的功能

1. 增加銷售

在激烈的市場競爭中，企業通過提供賒銷可以有效地促進銷售。因為企業提供賒銷不僅向顧客提供了商品，也在一定時間內向顧客提供了購買該商品的資金，顧客將從賒銷中得到好處。因此，賒銷會帶來企業銷售收入和利潤的增加，賒銷是一種重要的促銷手段，對於企業擴大產品銷售、開拓並占領市場、增強企業競爭力都具有重要意義。

2. 減少存貨

企業持有一定產成品存貨時，會相應地占用資金，形成倉儲費用、管理費用等，產生成本，而賒銷則可以避免這些成本的產生。因此，當企業的產成品存貨較多時，一般會採用優惠的信用條件進行賒銷，將存貨轉化為應收帳款，節約支出。賒銷可以加速產品銷售的實現，加快產成品向銷售收入的轉化速度，從而對降低存貨中的產成品數額有著積極的影響。

（二）應收帳款的成本

應收帳款作為企業為增加銷售和盈利進行的投資，必然會發生一定的成本。應收

帳款的成本主要有以下幾個方面：

1. 機會成本

應收帳款的機會成本主要是指資金由於投放在應收帳款上而不能用於其他投資時所喪失的收益，如有價證券的利息收入等。

作為應收帳款的機會成本，一方面與應收帳款金額掛勾，另一方面又與資金成本掛勾。因此，應收帳款的機會成本是維持賒銷業務所需資金數量與該資金成本率的乘積，即應收帳款的機會成本可以按照以下步驟進行計算：

（1）計算應收帳款週轉次數。

應收帳款週轉次數＝日曆天數÷應收帳款週轉天數

（2）計算應收帳平均餘額。

應收帳款平均餘額＝賒銷收入淨額÷應收帳款週轉次數

（3）計算維護賒銷業務所需要的資金。

維持賒銷業務所需要的資金＝應收帳款平均餘額×(變動成本÷銷售收入)
　　　　　　　　　　　＝應收帳款平均餘額×變動成本率

（4）計算應收帳款的機會成本。

應收帳款的機會成本＝維持賒銷業務所需要的資金數量×資金成本率

上式中資金成本率一般可按有價證券利息率計算。

【例8-4】假使某企業預測的年度賒銷收入淨額為3,000,000元，應收帳款週轉期為60天，變動成本率為60%，資金成本率為10%，計算應收帳款機會成本。

應收帳款週轉率＝360÷60＝6（次）

應收帳款平均餘額＝3,000,000÷6＝500,000（元）

維持賒銷業務所需資金＝500,000×60%＝300,000（元）

應收帳款機會成本＝300,000×10%＝30,000（元）

2. 管理成本

管理成本是指企業對應收帳款進行管理而耗費的開支，是應收帳款成本的重要組成部分，主要包括對客戶的資信調查費用、收集各種信息的費用、應收帳款帳簿記錄費用、收帳費用以及其他費用。

3. 壞帳成本

在賒銷交易中，債務人由於種種原因無力償還債務，債權人就有可能無法收回應收帳款而發生損失，這種損失就是壞帳成本。可以說，企業發生壞帳成本是不可避免的，而此項成本一般與應收帳款發生的數量成正比。其計算公式為：

壞帳成本＝年賒銷額×壞帳損失率

二、應收帳款的信用政策及其決策

信用政策是指企業為對應收帳款投資進行規劃與控制而確立的基本原則與行為規範。其包括信用標準、信用條件、收帳政策（信用期間、折扣條件）三個方面內容。

（一）信用標準

信用標準代表企業願意承擔的最大的付款風險的金額，是客戶獲得企業商業信用所應具備的最低條件。如果企業執行的信用標準過於嚴格，可能會降低對符合可接受

信用風險標準客戶的賒銷額，因此會限制企業的銷售機會；如果企業執行的信用標準過於寬鬆，可能會對不符合可接受信用風險標準的客戶提供賒銷，因此會增加隨後還款的風險，並增加壞帳費用。

1. 信息來源

信息既可以從企業內部收集，也可以從企業外部收集。無論信用信息從哪兒收集，都必須將成本與預期的收益進行對比。企業內部產生的最重要的信用信息來源是信用申請人執行信用申請（協議）的情況和企業自己保存的有關信用申請人還款歷史的記錄。

企業可以使用各種外部信息來源來幫助其確定申請人的信譽。申請人的財務報表是該種信息主要來源之一。無論是經過審計的還是沒有經過審計的財務報表，因為可以將這些財務報表及其相關比率與行業平均數進行對比，因此財務報表都提供了有關信用申請人的重要信息。

獲得申請人付款狀況的第二個信息來源是一些商業參考資料或申請人過去獲得賒銷的供貨商。另外，銀行或其他貸款機構（如商業貸款機構或租賃公司）可以提供申請人財務狀況和可使用信息額度方面的標準化信息。一些地方性和全國性的信用評級機構會收集、評價和報告有關申請人信用狀況的歷史信息。這些信用報告包括諸如以下內容的信息：還款歷史、財務信息、最高信用額度、可獲得的最長信用期限和所有未了結的債務訴訟。由於還款狀況的信息是以自願為基礎提供給評級機構的，因此評級機構所使用的樣本量可能較小或不能準確反應企業還款歷史的整體狀況。

2. 5C信用評價系統

信用評價取決於可以獲得的信息類型、信用評價的成本與收益。傳統的信用評價主要考慮以下五個因素：

（1）品質（Character）。品質是指個人申請人或企業申請人管理者的誠實和正直表現。品質反應了個人或企業在過去的還款中所體現的還款意圖和願望。

（2）能力（Capacity）。能力反應的是企業或個人在其債務到期時可以用於償債的當前和未來的財務資源。可以使用流動比率和現金流預測等方法評價申請人的還款能力。

（3）資本（Capital）。資本是指如果企業或個人當前的現金流不足以還債，其在短期和長期內可供使用的財務資源。

（4）抵押（Collateral）。抵押是指當企業或個人不能滿足還款條款時，可以用於債務擔保的資產或其他擔保物。

（5）條件（Condition）。條件是指影響顧客還款能力和還款意願的經濟環境，對申請人的這些條件進行評價以決定是否給其提供信用。

3. 信用的定量分析

進行商業信用的定量分析可以從考察信用申請人的財務報表開始。通常使用比率分析法評價顧客的財務狀況。常用的指標有流動性和營運資本比率（如流動比率、速動比率以及現金對負債總額比率）、債務管理和支付比率（利息保障倍數、長期債務對資本比率、帶息債務對資產總額比率以及負債總額對資產總額比率）和盈利能力指標（銷售回報率、總資產回報率和淨資產收益率）。

將這些指標和信用評級機構及其他協會發布的行業標準進行比較可以洞察申請人的信用狀況。定量信用評價法常被像百貨商店這樣的大型零售信用提供商使用。信用評分包括以下四個步驟：

（1）根據信用申請人的月收入、尚未償還的債務和過去受雇傭的情況將申請人劃分為標準的客戶和高風險的客戶。

（2）對符合某一類型申請人的特徵值進行加權平均以確定信譽值。

（3）確定明確的同意或拒絕給予信用的門檻值。

（4）對落在同意給予信用的門檻值或拒絕給予信用的門檻值之間的申請人進行進一步分析。

這些定量分析方法符合成本效益原則，並且也符合消費者信用方面的法律規定。判斷分析是一種規範的統計分析方法，可以有效確定區分按約付款或違約付款顧客的因素。

（二）信用條件

信用條件是銷貨企業要求賒購客戶支付貨款的條件，由信用期限和現金折扣兩個要素組成。規定信用條件包括設計銷售合同或協議來明確規定在什麼情形下可以給予信用。企業必須建立信息系統，或者購買軟件對應收帳款進行監控，以保證信用條款的執行，並且查明顧客還款方式在總體和個體方面可能發生的變化。

1. 約束信用政策的因素

有許多因素影響企業的信用政策。在許多行業，信用條件和政策已經成為標準化的慣例，因此某一家企業很難採取與其競爭對手不同的信用條件。企業還必須考慮提供商業信用對現有貸款契約的影響。因為應收帳款的變化可能會影響流動比率，可能會導致違反貸款契約中有關流動比率的約定。

2. 對流動性的影響

公司的信用條件、銷售額和收帳方式決定了其應收帳款的水平。應收帳款的占用必須要有相應的資金來源，因此企業對客戶提供信用的能力與其自身的借款能力相關。不適當地管理應收帳款可能會導致顧客延期付款，從而導致流動性問題。然而，當應收帳款用於抵押貸款、作為債務擔保工具或出售時，應收帳款也可以成為流動性的來源。

3. 提供信用的收益和成本

因為提供信用可以增加銷售額，所以商業信用可能會增加企業的收益。賒銷的一個潛在的收益來源是從分期收款銷售安排中獲得利息收益。利息可能是一塊很大的利潤來源，尤其是零售型企業通過自己私有品牌的信用卡或分期收款合同向顧客提供直接融資時更是如此。

提供信用也有成本。應收帳款的主要成本是持有成本。一般來說，企業根據短期借款的邊際成本或加權平均成本來確定應收帳款的持有成本。營運和維持企業信用部門的成本也是非常高的，其成本包括人員成本、數據處理成本、還款處理成本、信用評估成本和從第三方購買信用信息的成本。

（三）信用期間

監管逾期帳款和催收壞帳的成本影響企業的利潤。根據相關會計準則的規定，不

能收回的應收帳款應該確認為壞帳損失。多數企業根據過去的收款情況來估計壞帳損失的數額並建立「壞帳準備」帳戶，同時將壞帳費用計入當期損益。信用政策的一個重要方面就是確定壞帳費用和註銷壞帳費用的時間和金額。

催收逾期帳款的成本可能很高。企業可以通過購買各種類型的補償壞帳損失的保險來降低壞帳的影響。在評價賒銷潛在的盈利能力時，必須對保險費進行成本效益分析。

信用期間是企業允許顧客從購貨到付款之間的時間，或者說是企業給予顧客的付款期間。例如，若某企業允許顧客在購貨後的50天內付款，則信用期為50天。信用期過短，不足以吸引顧客，在競爭中會使銷售額下降。信用期過長，對銷售額增加固然有利，但只顧及銷售增長而盲目放寬信用期，所得到的收益有時會被增長的費用抵消，甚至造成利潤減少。因此，企業必須慎重研究，確定出恰當的信用期。

信用期的確定主要是分析改變現行信用期對收入和成本的影響，延長信用期，會使銷售額增加，產生有利影響。與此同時，應收帳款、收帳費用和壞帳損失增加，會產生不利影響。當銷售額增加大於應收帳款、收帳費用和壞帳損失增加時，可以延長信用期，否則不宜延長信用期。如果縮短信用期，情況與此相反。

信用期間的決策方法歸納如表8-3所示。

表8-3　　　　　　　　　　　　決策方法

總額分析法	差量分析法
(1) 計算各個方案的收益＝銷售收入－變動成本＝邊際貢獻＝銷售量×單位邊際貢獻 注意：固定成本如有變化應予以考慮	(1) 計算收益的增加＝增加的銷售收入－增加的變動成本－增加的固定成本＝增加的邊際貢獻－增加的固定成本
(2) 計算各個方案實施信用政策的成本： 第一，計算占用資金的機會； 第二，計算收帳費用和壞帳損失； 第三，計算折扣成本（若提供現金折扣時）	(2) 計算實施信用政策成本的增加： 第一，計算占用資金的機會成本增加； 第二，計算收帳費用和壞帳損失增加； 第三，計算折扣成本的增加（若提供現金折扣時）
計算各方案稅前損益＝收益－成本費用	計算改變信用期的增加稅前損益＝收益增加－成本費用增加
決策原則：選擇稅前損益最大的方案為優	決策原則：如果改變信用期增加的稅前損益大於0，可以改變

【例8-5】A公司現在採用30天按發票金額付款的信用政策，擬將信用期放寬至60天，仍按發票金額付款，即不給折扣。假設等風險投資的最低報酬率為15%，其他有關的數據如表8-4所示。

表8-4　　　　　　　A公司信用期放寬的有關資料表　　　　　　金額單位：元

信用期項目	30天	60天
銷售量（件）	100,000	120,000
銷售額（單價5元）	500,000	600,000
銷售成本		

表8-4(續)

信用期項目	30 天	60 天
變動成本（每件 4 元）	400,000	480,000
固定成本	50,000	50,000
毛利	50,000	70,000
發生的收帳費用	3,000	4,000
可能發生的壞帳損失	5,000	9,000

（1）計算收益的增加。

收益的增加＝增加的銷售收入－增加的變動成本－增加的固定成本
　　　　　＝100,000－80,000＝20,000（元）

（2）計算占用資金的機會成本。

計算應收帳款占用資金的機會成本增加。

30 天信用期機會成本＝(500,000÷360)×30×(400,000÷500,000)×15%
　　　　　　　　　＝5,000(元)

60 天信用期機會成本＝(600,000÷360)×60×(480,000÷600,000)×15%
　　　　　　　　　＝12,000(元)

機會成本增加＝12,000－5,000＝7,000(元)

（3）收帳費用和壞帳損失增加。

收帳費用增加＝4,000－3,000＝1,000（元）

壞帳損失增加＝9,000－5,000＝4,000（元）

（4）改變信用期的稅前損益。

稅前損益＝收益增加－成本費用增加＝20,000－（7,000＋1,000＋4,000）＝8,000（元）

由於收益的增加大於成本費用的增加，最後還可以獲得稅前收益 8,000 元，所以改變信用期限由 30 天變為 60 天是可行的。

【例 8-6】續【例 8-5】的資料，現假定信用期由 30 天改為 60 天，由於銷售量的增加，平均存貨水平將從 9,000 件上升到 20,000 件，每件存貨成本按變動成本 4 元計算，其他情況依舊。

存貨增加而多占用資金的機會成本＝(20,000－9,000)×4×15%＝6,600(元)

稅前損益＝收益增加－成本費用增加
　　　　＝20,000－(7,000＋6,600＋1,000＋4,000)＝1,400(元)

因為仍然可以獲得稅前收益，所以儘管會增加平均存貨，還是應該採用 60 天的信用期。

更進一步的細緻分析，還應考慮存貨增加引起的應付帳款的增加。這種負債的增加會節約企業的營運資金，減少營運資金的機會成本。因此，信用期變動的分析，一方面要考慮對利潤表的影響（包括收入、成本和費用）；另一方面要考慮對資產負債表的影響（包括應收帳款、存貨、應付帳款），並且要將對資金占用的影響用資本成本轉

化為機會成本，以便進行統一的得失比較。

此外，還有一個值得注意的細節，即應收帳款占用資金應當按應收帳款平均餘額乘以變動成本率計算確定。

(四) 折扣條件

如果公司給顧客提供現金折扣，那麼顧客在折扣期付款少付的金額產生的「成本」將影響公司收益。當顧客利用了公司提供的折扣，而折扣又沒有促使銷售額增長時，公司的淨收益則會下降。當然上述收入方面的損失可能會全部或部分地由應收帳款持有成本的下降來補償。寬鬆的信用政策可能會提高銷售收入，但是也會使應收帳款的服務成本、收帳成本和壞帳損失增加。

現金折扣是企業對顧客在商品價格上的扣減。向顧客提供這種價格上的優惠，主要目的在於吸引顧客為享受優惠而提前付款，縮短企業的平均收款期。另外，現金折扣也能招攬一些視折扣為減價出售的顧客前來購貨，借此擴大銷售量。

折扣的表示常用如「5/10、3/20、N/30」「5/10」表示 10 天內付款，可享受 5% 的現金折扣，即只需支付貨款的 95%，如貨款為 10,000 元，只需支付 9,500 元；「3/20」表示 20 天內付款，可享受 3% 的現金折扣，即只需支付貨款的 97%，若貨款為 10,000元，則只需支付 9,700 元；「N/30」表示付款的最後期限為 30 天，此時付款無折扣優惠。

企業採用什麼程度的現金折扣，要與信用期間結合起來考慮。例如，要求顧客最遲不超過 30 天付款，若希望顧客 20 天、10 天付款，能給予多大折扣？或者給予 5%、3%的折扣，能吸引顧客在多少天內付款？不論是信用期間還是現金折扣，都可能給企業帶來收益，但也會增加成本。現金折扣帶給企業的好處前面已經講過，它使企業增加的成本則指的是價格折扣損失。當企業給予顧客某種現金折扣時，應當考慮折扣所能帶來的收益與成本孰高孰低，權衡利弊。

因為現金折扣是與信用期間結合使用的，所以確定折扣程度的方法與程序實際上與前述確定信用期間的方法與程序一致，只不過要把所提供的延期付款時間和折扣綜合起來，計算各方案的延期與折扣能取得多大的收益增量，再計算各方案帶來的成本變化，最終確定最佳方案。

【例 8-7】沿用上述信用期決策的數據，假設該公司在放寬信用期的同時，為了吸引顧客盡早付款，提出了「0.8/30，N/60」的現金折扣條件，估計會有一半的顧客（按 60 天信用期所能實現的銷售量計算）將享受現金折扣優惠。

(1) 計算收益的增加。

收益的增加=增加的銷售收入−增加的變動成本−增加的固定成本
=（600,000−500,000）−80,000=20,000（元）

(2) 計算應收帳款占用資金的機會成本增加。

30 天信用期機會成本=（500,000÷360）×30×（400,000÷500,000）×15%
=5,000（元）

平均收現期=30×50%+60×50%=45（天）

提供現金折扣的機會成本=（600,000÷360）×45×（480,000÷600,000）×15%
=9,000（元）

機會成本增加＝9,000－5,000＝4,000（元）
(3) 計算收帳費用和壞帳損失增加。
收帳費用增加＝4,000－3,000＝1,000（元）
壞帳損失增加＝9,000－5,000＝4,000（元）
(4) 計算估計現金折扣成本的變化。
現金折扣成本增加＝新的銷售水平×新的現金折扣率×享受現金折扣的顧客比例
　　　　　　　　－舊的銷售水平×舊的現金折扣率×享受現金折扣的顧客比例
　　　　　　　＝600,000×0.8%×50%－500,000×0×0＝2,400（元）
(5) 計算提供現金折扣後的稅前損益。
稅前損益＝收益增加－成本費用增加＝20,000－（4,000+1,000+4,000+2,400）
　　　　＝8,600（元）
由於可獲得稅前收益，因此應當放寬信用期，提供現金折扣。

三、應收帳款的監控

實施信用政策時，企業應當監督和控製每一筆應收帳款和應收帳款總額。例如，可以運用應收帳款週轉天數衡量企業需要多長時間收回應收帳款，可以通過帳齡分析表追蹤每一筆應收帳款，可以採用 ABC 分析法來確定重點監控的對象等。

監督每一筆應收帳款的理由如下：
第一，在開票或收款過程中可能會發生錯誤或延遲。
第二，有些客戶可能故意拖欠到企業採取追款行動才付款。
第三，客戶財務狀況的變化可能會改變其按時付款的能力，並且需要縮減該客戶未來的賒銷額度。

企業也必須對應收帳款的總體水平加以監督，因為應收帳款的增加會影響企業的流動性，還可能導致額外融資的需要。此外，應收帳款總體水平的顯著變化可能表明業務方面發生了改變，這可能影響公司的融資需要和現金水平。企業管理部門需要分析這些變化以確定其起因並採取糾正措施。可能引起重大變化的事件包括銷售量的變化、季節性、信用標準政策的修改、經濟狀況的波動以及競爭對手採取的促銷等行動。最後，對應收帳款總額進行分析還有助於預測未來現金流入的金額和時間。

（一）帳齡分析表

帳齡分析表將應收帳款劃分為未到信用期的應收帳款和以 30 天為間隔的逾期應收帳款，這是衡量應收帳款管理狀況的一種方法。企業既可以按照應收帳款總額進行帳齡分析，也可以分顧客進行帳齡分析。帳齡分析可以確定逾期應收帳款，隨著逾期時間的增加，應收帳款收回的可能性變小。假定信用期限為 30 天，表 8-5 帳齡分析表反應出 30% 的應收帳款為逾期收款。

表 8-5　　　　　　　　　　　　　帳齡分析表

帳齡（天）	應收帳款金額（元）	占應收帳款總額的百分比（%）
0～30	1,750,000	70

表8-5(續)

帳齡（天）	應收帳款金額（元）	占應收帳款總額的百分比（%）
31~60	375,000	15
61~90	250,000	10
91以上	125,000	5
合計	250,000	100

帳齡分析表比計算應收帳款週轉天數更能揭示應收帳款變化趨勢，因為帳齡分析表給出了應收帳款分佈的模式，而不僅僅是一個平均數。應收帳款週轉天數有可能與信用期限相一致，但是有一些帳戶可能拖欠很嚴重。因此，應收帳款週轉天數不能明確地表現出帳款拖欠情況。當各個月之間的銷售額變化很大時，帳齡分析表和應收帳款週轉天數都可能發出類似的錯誤信號。

(二) 應收帳款帳戶餘額的模式

帳齡分析表可以用於建立應收帳款餘額的模式，這是重要的現金流預測工具。應收帳款餘額的模式反應一定期間（如一個月）的賒銷額在發生賒銷的當月月末及隨後的各月仍未償還的百分比。企業收款的歷史決定了其正常的應收帳款餘額的模式。企業管理部門通過將當前的模式和過去的模式進行對比來評價應收帳款餘額模式的任何變化。企業還可以運用應收帳款帳戶餘額的模式來進行應收帳款金額水平的計劃，衡量應收帳款的收帳效率及預測未來的現金流。

【例8-8】表8-6說明了1月份的銷售在3月末應收帳款為50,000元。

表8-6　　　　　　　各月份銷售及收款情況　　　　　　　單位：元

1月份銷售：			250,000
1月份收款（銷售額的5%）	0.05×250,000	=	12,500
2月份收款（銷售額的40%）	0.4×250,000	=	100,000
3月份收款（銷售額的35%）	0.35×250,000	=	87,500
收款合計：			200,000
1月份銷售仍未收回的應收帳款	250,000−200,000	=	50,000

計算未收回應收帳款的一個方法是將銷售3個月後未收回銷售額的百分比（20%）乘以銷售額250,000元，即：

0.2×250,000=50,000（元）

然而，在現實生活中，有一定比例的應收帳款會逾期或者會發生壞帳是可能的。對應收帳款帳戶餘額的模式稍做調整可以反應這些項目。

【例8-9】為了簡便體現，假設沒有壞帳費用，收款模式如表8-7所示。

(1) 銷售的當月收回銷售額的5%。

(2) 銷售後的第一個月收回銷售額的40%。

(3) 銷售後的第二個月收回銷售額的35%。

（4）銷售後的第三個月收回銷售額的 20%。

表 8-7　　　　　　　　各月份應收帳款帳戶餘額模式

月份	銷售額（元）	月銷售中於 3 月底未收回的金額（元）	月銷售中於 3 月底仍未收回的百分比（%）
1 月	250,000	50,000	20
2 月	300,000	165,000	55
3 月	400,000	380,000	95
4 月	500,000		

3 月末應收帳款餘額合計 = 50,000 + 165,000 + 380,000 = 595,000（元）

4 月份現金流入估計 = 4 月份銷售額的 5% + 3 月份銷售額的 40% + 2 月份銷售額的 35% + 1 月份銷售額的 20%

估計的 4 月份現金流入 = 500,000 × 5% + 400,000 × 40% + 300,000 × 35% + 250,000 × 20%

= 340,000（元）

（三）ABC 分析法

ABC 分析法是現代經濟管理中廣泛應用的一種「抓重點、照顧一般」的管理方法，又稱重點管理法。ABC 分析法是將企業的所有欠款客戶按其金額的多少進行分類排隊，然後分別採用不同的收帳策略的一種方法。ABC 分析法一方面能加快應收帳款收回，另一方面又能將收帳費用與預期收益聯繫起來。

【例 8-10】某企業應收帳款逾期金額為 260 萬元，為了及時收回逾期貨款，企業採用 ABC 分析法來加強應收帳款回收的監控。具體數據如表 8-8 所示。

表 8-8　　　　　　　欠款客戶 ABC 分類法（共 50 家客戶）

顧客	逾期金額（萬元）	逾期期限逾期	金額所占比重（%）	類別
A	85	4 個月	32.69	
B	46	6 個月	17.69	A
C	34	3 個月	13.08	
小計	165		63.46	
D	24	2 個月	9.23	
E	19	3 個月	7.31	
F	15.5	2 個月	5.96	B
G	11.5	55 天	4.42	
H	10	40 天	3.85	
小計	80		30.77	

表8-8(續)

顧客	逾期金額（萬元）	逾期期限逾期	金額所占比重（％）	類別
I	6	30 天	2.31	
J	4	28 天	1.54	C
…	…	…	…	
小計	15		5.77	
合計	260		100	

ABC 分析法先按所有客戶應收帳款逾期金額的多少分類排隊，並計算出逾期金額所占比重。從表 8-8 中可以看出，應收帳款逾期金額在 25 萬元以上的有 3 家，占客戶總數的 6％，逾期總額為 165 萬元，占應收帳款逾期金額總額的 63.46％，我們將其劃入 A 類，這類客戶作為催款的重點對象。應收帳款逾期金額在 10 萬~25 萬元的客戶有 5 家，占客戶總數的 10％，其逾期金額占應收帳款逾期金額總數的 30.77％，我們將其劃入 B 類。欠款在 10 萬元以下的客戶有 42 家，占客戶總數的 84％，但其逾期金額僅占應收帳款逾期金額總額的 5.77％，我們將其劃入 C 類。

對這三類不同的客戶，應採取不同的收款策略。例如，對 A 類客戶，可以發出措辭較為嚴厲的信件催收，或派專人催收，或委託收款代理機構處理，甚至可以通過法律途徑解決；對 B 類客戶則可以多發幾封信函催收，或打電話催收；對 C 類客戶只需要發出通知其付款的信函即可。

五、應收帳款日常管理

應收帳款的管理難度比較大，在確定合理的信用政策之後，還要做好應收帳款的日常管理工作，包括對客戶的信用調查和分析評價、應收帳款的催收工作等。

(一) 調查客戶信用

信用調查是指收集和整理反應客戶信用狀況的有關資料的工作。信用調查是企業應收帳款日常管理的基礎，是正確評價客戶信用的前提條件。企業對顧客進行信用調查主要通過下面兩種方法：

1. 直接調查

直接調查是指調查人員通過與被調查單位進行直接接觸，通過當面採訪、詢問、觀看等方式獲取信用資料的一種方法。直接調查可以保證收集資料的準確性和及時性，但也有一定的局限，往往獲得的是感性資料，若不能得到被調查單位的合作，則會使調查工作難以開展。

2. 間接調查

間接調查是以被調查單位及其他單位保存的有關原始記錄和核算資料為基礎，通過加工整理獲得被調查單位信用資料的一種方法。這些資料主要來自以下幾個方面：

（1）財務報表。通過財務報表分析，可以基本掌握一個企業的財務狀況和信用狀況。

（2）信用評估機構。因為專門的信用評估部門的評估方法先進、評估調查細緻、

評估程序合理，所以可信度較高。

（3）銀行。銀行是信用資料的一個重要來源，許多銀行都設有信用部，為其顧客服務，並負責對其顧客信用狀況進行記錄、評估。但銀行的資料一般僅願意在內部及同行間進行交流，而不願向其他單位提供。

（4）其他途徑。其他途徑如財稅部門、工商管理部門、消費者協會等機構都可能提供相關的信用狀況資料。

(二) 評估客戶信用

收集好信用資料以後，就需要對這些資料進行分析、評價。企業一般採用「5C」系統來評價，並對客戶信用進行等級劃分。在信用等級方面，目前主要有兩種：一種是「三類九等」，即將企業的信用狀況分為 AAA、AA、A、BBB、BB、B、CCC、CC、C「三類九等」，其中 AAA 為信用最優等級，C 為信用最低等級。另一種是三級制，即分為 AAA、AA、A 三個信用等級。

(三) 收款的日常管理

應收帳款發生後，企業應採取各種措施，盡量爭取按期收回款項，否則會因拖欠時間過長而發生壞帳，使企業蒙受損失。因此，企業必須在對收帳的收益與成本進行比較分析的基礎上，制定切實可行的收帳政策。通常企業可以採取寄發帳單、電話催收、派人上門催收、法律訴訟等方式進行催收應收帳款，然而催收帳款要發生費用，某些催款方式的費用還會很高。一般說來，收帳的花費越大，收帳措施越有力，可收回的帳款越多，壞帳損失也就越小。因此，制定收帳政策，又要在收帳費用和所減少壞帳損失之間做出權衡。制定有效得當的收帳政策在很大程度上靠有關人員的經驗。從財務管理的角度講，也有一些數量化的方法可以參照。根據應收帳款總成本最小化的原則，可以通過比較各收帳方案成本的大小對其加以選擇。

(四) 應收帳款保理

保理是保付代理的簡稱，是指保理商與債權人簽訂協議，轉讓其對應收帳款的部分或全部權利與義務，並收取一定費用的過程。

保理又稱托收保付，是指賣方（供應商或出口商）與保理商之間存在的一種契約關係，根據契約，賣方將其現在或將來的基於其與買方（債務人）訂立的貨物銷售（服務）合同所產生的應收帳款轉讓給保理商，由保理商提供下列服務中的至少兩項：貿易融資、銷售分戶帳管理、應收帳款的催收、信用風險控製與壞帳擔保。可見，保理是一項綜合性的金融服務方式，其同單純的融資或收帳管理有本質區別。

應收帳款保理是企業將賒銷形成的未到期應收帳款在滿足一定條件的情況下，轉讓給保理商，以獲得銀行的流動資金支持，加快資金的週轉。保理可以分為有追索權保理（非買斷型）和無追索權保理（買斷型）、明保理和暗保理、折扣保理和到期保理。

有追索權保理是指供應商將債權轉讓給保理商，供應商向保理商融通資金後，如果購貨商拒絕付款或無力付款，保理商有權向供應商要求償還預付的現金，如購貨商破產或無力支付，只要有關款項到期未能收回，保理商都有權向供應商進行追索，因而保理商具有全部追索權，這種保理方式在中國採用較多。無追索權保理是指保理商將銷售合同完全買斷，並承擔全部的收款風險。

明保理是指保理商和供應商需要將銷售合同被轉讓的情況通知購貨商，並簽訂保理商、供應商、購貨商之間的三方合同。暗保理是指供應商為了避免讓客戶知道自己因流動資金不足而轉讓應收帳款，並不將債權轉讓情況通知客戶，貨款到期時仍由銷售商出面催款，再向銀行償還借款。

折扣保理又稱為融資保理，即在銷售合同到期前，保理商將剩餘未收款部分先預付給銷售商，一般不超過全部合同額的 70%～90%。到期保理是指保理商並不提供預付帳款融資，而是在賒銷到期時才支付，屆時不管貨款是否收到，保理商都必須向銷售商支付貨款。

應收帳款保理對於企業而言，其理財作用主要體現在以下幾個方面：

（1）融資功能。應收帳款保理，其實質也是一種利用未到期應收帳款這種流動資產作為抵押，從而獲得銀行短期借款的一種融資方式。對於那些規模小、銷售業務少的公司來說，向銀行貸款將會受到很大的限制，而自身的原始累積又不能支撐企業的高速發展，通過保理業務進行融資可能是企業較為明智的選擇。

（2）減輕企業應收帳款的管理負擔。推行保理業務是市場分工思想的運用，面對市場的激烈競爭，企業可以把應收帳款讓與專門的保理商進行管理，使企業從應收帳款的管理之中解脫出來，由專業的保理公司對銷售企業的應收帳款進行管理。專業的保理公司具備專業技術人員和業務運行機制，會詳細地對銷售客戶的信用狀況進行調查，建立一套有效的收款政策，及時收回帳款，使企業減輕財務管理負擔，提高財務管理效率。

（3）減少壞帳損失，降低經營風險。企業只要有應收帳款就有發生壞帳的可能性，以往應收帳款的風險都是由企業單獨承擔，而採用應收帳款保理後，一方面可以提供信用風險控製與壞帳擔保，幫助企業降低其客戶違約的風險，另一方面可以借助專業的保理商去催收帳款，能夠在很大程度上降低壞帳發生的可能性，有效地控製壞帳風險。

（4）改善企業的財務結構。應收帳款保理業務是將企業的應收帳款與貨幣資金進行置換。企業通過出售應收帳款，將流動性稍弱的應收帳款置換為具有高度流動性的貨幣資金，增強了企業資產的流動性，提高了企業的債務清償能力和盈利能力。

改革開放以後，中國開始試行保理服務業務，然而從整體上看，應收帳款保理業務的發展在中國仍處於起步階段，目前只有少數銀行（如中國銀行、交通銀行、光大銀行以及中信銀行等商業銀行）公開對外宣稱提供保理業務。隨著市場的需要和競爭的加劇，保理業務在國內將會得到更好的發展。

第四節　存貨管理

一、存貨的功能和成本

（一）存貨的功能

存貨是指企業在生產經營過程中為銷售或者耗用而儲備的物資，包括材料、燃料、

低值易耗品、在產品、半成品、產成品、協作件、商品等。存貨管理水平的高低直接影響著企業的生產經營能否順利進行，並最終影響企業的收益、風險等狀況。因此，存貨管理是財務管理的一項重要內容。存貨管理的目標，就是要盡力在各種存貨成本與存貨效益之間做出權衡，在充分發揮存貨功能的基礎上，降低存貨成本，實現兩者的最佳組合。存貨的功能是指存貨在企業生產經營過程中起到的作用。具體包括以下幾個方面：

1. 防止停工待料

適量的原材料存貨和在產品、半成品存貨是企業生產正常進行的前提和保障。就企業外部而言，供貨方的生產和銷售往往會因某些原因而暫停或推遲，從而影響企業材料的及時採購、入庫和投產。就企業內部而言，有適量的半成品儲備，能使各生產環節的生產調度更加合理，各生產工序步調更為協調，聯繫更為緊密，不至於因等待半成品而影響生產。可見，適量的存貨能有效防止停工待料事件的發生、維持生產的連續性。

2. 適應市場變化

存貨儲備能增強企業在生產和銷售方面的機動性以及適應市場變化的能力。企業有了足夠的庫存產成品，能有效地供應市場，滿足顧客的需要。相反，若某種暢銷產品庫存不足，將會坐失目前的或未來的推銷良機，並有可能因此而失去顧客。在通貨膨脹時，適當地儲存原材料存貨，能使企業獲得因市場物價上漲而帶來的好處。

3. 獲取規模效益

企業如果批量採購原材料，可以獲取價格上的優惠，也可以降低管理及採購費用；批量組織生產，可以使生產均衡，降低生產成本；批量組織銷售，可以及時滿足客戶對產品的需求，有利於銷售規模的迅速擴大。

(二) 存貨的成本

在存貨決策中，通常需要考慮以下幾項成本：

1. 取得成本

取得成本是指為取得某種存貨而支出的成本。取得成本又可分為：

（1）訂貨成本，即取得訂單的成本，訂貨成本中有一部分與訂貨次數無關，如常設採購機構的基本開支等，稱為訂貨的固定成本，用 F_1 表示；另一部分與訂貨次數有關，如差旅費、郵資等，稱為訂貨的變動成本，每次訂貨的變動成本用 K 表示，訂貨次數等於存貨年需求量 D 與每次進貨量 Q 之商。

（2）購置成本，即存貨本身的價值，經常用存貨數量與單價的乘積來確定。年需要量用 D 表示，單價用 U 表示，則購置成本為 DU。

訂貨成本加上購置成本，就等於存貨的取得成本（TC_a），其公式可表示為：

$$取得成本 = 訂貨成本 + 購置成本$$

$$TC_a = F_1 + D/Q \cdot K + DU$$

2. 儲存成本

儲存成本是指為保持存貨而發生的成本，儲存成本也分為固定成本和變動成本。固定成本與存貨數量的多少無關，如倉庫折舊、倉庫職工的固定月工資等，常用 F_2 表示；變動成本與存貨的數量有關，如存貨獎金的應計利息、存貨的破損和變質損失、

存貨的保險費用等，單位變動成本用 K_c 表示。因此，儲存成本（TC_c）的計算公式為：

$$儲存成本 = 儲存固定成本 + 儲存變動成本$$
$$TC_c = F_2 + K_c \cdot Q/2$$

3. 短缺成本

短缺成本是指由於存貨儲備不能滿足生產和銷售的需要而造成的損失，如停工的損失、喪失銷售機會的損失、經濟信譽的損失、緊急採購的額外開支等。短缺成本用 TC_s 表示。

存貨儲存的總成本表現為取得成本、儲存成本、短缺成本三者之和，用 TC 表示儲備存貨的總成本。其計算公式為：

$$TC = TC_a + TC_c + TC_s$$
$$= F_1 + D/Q \cdot K + DU + F_2 + K_c \cdot Q/2 + TC_s$$

二、存貨控製的基本方法

經濟批量控製是最基本的存貨定量控製方法，包括經濟訂貨批量模型及其擴展模型兩方面內容。經濟訂貨批量模型（Economic Ordering Quantity Model，EOQ）是指在保證生產經營需要的前提下能使一定時期內存貨相關總成本最低的採購批量。經濟訂貨批量模型有許多形式，但各種形式的模型都是以基本經濟訂貨批量模型為基礎發展起來的。基本經濟訂貨批量模型使用了許多假設條件，有些條件與現實相距甚遠，但是它們卻為經濟訂貨批量的確定奠定了良好的理論基礎，而其他模型一般是在基本模型的基礎上，通過放寬某些假設條件而得到的，因此稱為基本模型的擴展模型。

（一）基本經濟訂貨批量模型

基本經濟訂貨批量模型，通常是建立在如下基本假設基礎上的：

（1）企業能夠及時補充存貨，所需的存貨市場供應充足，在需要存貨時可以立即取得。

（2）存貨集中到貨，而不是陸續入庫。

（3）不允許缺貨，即無缺貨成本。

（4）一定時期的存貨需求量能夠確定，即需求量為常量。

（5）存貨單價不變，不考慮現金折扣，單價為已知常量。

（6）企業現金充足，不會因現金短缺而影響進貨。

基於上述假設，存貨相關總成本的公式簡化為：

$$TC = TC_a + TC_c$$

即：
$$TC = F_1 + D/Q \cdot K + DU + F_2 + K_c \cdot Q/2$$

式中，TC 為存貨相關總成本，D 為存貨年需求量，Q 為每次進貨批量，K 為每次訂貨的變動成本，K_c 為存貨的單位儲存變動成本，F_1 為訂貨固定成本，F_2 為儲存固定成本，U 為單位購置成本。

根據上述公式，為了求出存貨總成本 TC 的最小值，從數學角度，只要對上述公式求一階導數即可得：

$$Q^* = \sqrt{\frac{2KD}{K_c}}$$

這就是經濟訂貨批量的基本模型，由此求出的每次訂貨量 Q^* 就是使存貨成本最小的訂貨批量。這個基本模型還可以演變成其他形式：

經濟批量下的存貨總成本：

$$TC(Q^*) = \sqrt{2KDK_c}$$

最佳訂貨次數：

$$N^* = \frac{D}{Q} = \sqrt{\frac{DK_c}{2K}}$$

最佳訂貨週期：

$$t^* = \frac{1}{N^*}$$

經濟批量占用的資金：

$$I^* = \frac{Q^*}{2} \times U$$

【例 8-11】某企業每年耗用甲材料 3,600 千克，材料單價為 80 元，一次訂貨成本為 50 元，每千克材料的年儲存變動成本為 4 元。根據上述資料，計算甲材料的經濟訂貨批量、年最佳採購次數以及經濟訂貨批量下的最低總成本。

依據公式可得，甲材料的經濟訂貨批量為：

$$Q^* = \sqrt{\frac{2 \times 50 \times 3,600}{4}} = 300(千克)$$

甲材料年最佳採購次數為：

$N^* = 3,600 \div 300 = 12$（次）

經濟訂貨批量下的最低總成本為：

$TC(Q^*) = \sqrt{2 \times 50 \times 3,600 \times 4} = 1,200$（元）

基本經濟訂貨批量與相關成本之間的關係可用圖 8-5 來表示。在圖 8-5 中，儲存變動成本與一次訂貨規模成正比例，而訂貨變動成本與一次訂貨規模成反比例，由此決定相關總成本線的變化。因此，Q^* 點即為可使存貨總成本最低的經濟訂貨批量。

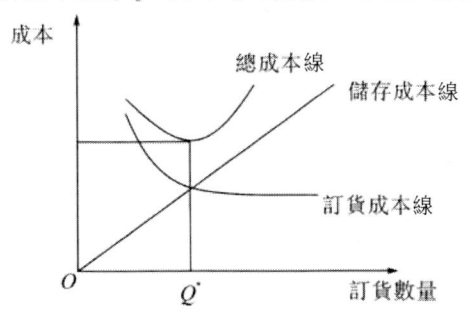

圖 8-5　基本經濟訂貨批量與相關成本關係圖

(二) 經濟訂貨批量模型的擴展

經濟訂貨批量模型是建立在一定的假設條件基礎上的，而現實生活中能同時滿足上述假設條件的情況相當罕見。為了使基本模型更接近於實際情況，具有較高的實用價值，需要適當放寬假設條件，同時改進基本模型。

1. 訂貨提前期與再訂貨點

基本經濟訂貨批量模型中假定「需要存貨時可以立即取得」是不符合實際情況的。現實中，企業從訂貨到收到貨物往往需要若干天，為了避免停工待料情況的發生，企業不能等到存貨全部用完再去訂貨，而需要在存貨沒有用完之前提前訂貨。因此，企業需要計算自訂貨至收到貨物所需的天數，此天數稱為訂貨提前期，用 L 來表示。在提前訂貨的情況下，企業再次發出訂貨單時，尚有存貨的庫存量，稱為再訂貨點，用 R 表示。它的數量等於訂貨提前期（L）和每日平均需用量（d）的乘積，即：

$R = L \times d$

【例8-12】續【例8-11】，假定企業訂貨日至到貨期的時間為 15 天，每日存貨需用量為 5 千克，則再訂貨點為：

$R = L \times d = 15 \times 5 = 75$（千克）

當甲材料的存貨降至 75 千克時，企業就應當再次訂貨，等到訂貨到達時，原有庫存剛好用完。此時有關存貨的每次訂貨批量、訂貨次數、訂貨間隔時間等並無變化，與瞬時補充時相同。這就是說，訂貨提前期對經濟訂貨批量並無影響，可仍以原來瞬時補充情況下的 300 千克為經濟訂貨批量，只不過在達到再訂貨點（庫存 75 千克）時即發出訂貨單罷了。

2. 存貨陸續供應和使用的經濟訂貨批量模型

在建立基本模型時，我們假定存貨一次全部入庫。事實上，存貨可能陸續入庫，庫存量也陸續增加。尤其是產成品和在製品的轉移，幾乎都是陸續供應和陸續耗用的。這時，需要對基本模型進行一些修改。

假設每批的訂貨量為 Q，由於每日送貨量為 p，則該批存貨全部送達所需日數為 Q/p，稱為送貨期。因為存貨每日耗用量為 d，所以送貨期內的全部耗用量為 $Q/p \cdot d$。因為存貨邊送邊用，所以每批存貨送完時，最高庫存量已經小於 Q，即最高庫存量為 $Q - Q/p \cdot d$，平均存貨量則為 $\frac{1}{2}(Q - Q/p \cdot d)$。這樣與批量有關的存貨總成本為：

$$TC(Q^*) = D/Q \cdot K + \frac{1}{2}(Q - Q/p \cdot d) \cdot K_c$$

$$= D/Q \cdot K + \frac{Q}{2}(1 - d/p) \cdot K_c$$

對上式求一階導數，或者建立全年訂貨變動成本等於全年儲存變動成本的等式，得到存貨陸續供應和使用的經濟訂貨量公式為：

$$Q^* = \sqrt{\frac{2KD}{K_c}} \cdot \sqrt{\frac{P}{P-d}}$$

相應地，存貨陸續供應和使用經濟批量的相關總成本為：

$$TC(Q^*) = \sqrt{2KDK_c \cdot (1 - \frac{d}{p})}$$

【例8-13】某企業對 A 零件的年需求量為 2,500 件，每日送貨量為 20 件，每日耗用量為 10 件，單位價格為 20 元，一次訂貨成本為 25 元，年單位儲存變動成本為 4 元，則 A 零件的經濟訂貨批量和經濟訂貨批量下的相關總成本分別為多少？

依據公式可得，A 零件的經濟訂貨批量為：

$$Q^* = \sqrt{2 \times 25 \times 2,500/4 \times \frac{20}{20 - 10}} = 250(元)$$

經濟訂貨批量下的相關總成本為：

$$TC(Q^*) = \sqrt{2 \times 25 \times 2,500 \times 4 \times (1 - \frac{10}{20})} = 500(元)$$

陸續供應和使用的經濟訂貨批量模型還可以用於自製和外購的選擇決策。自製零件屬於邊送邊用的情況，平均庫存量較少，單位生產成本可能較低，但是每批零件投產的生產準備成本比一次訂貨的成本可能高出很多。外購零件的單位成本可能較高，平均庫存量也較高，但是其訂貨成本則較低。要在自製零件還是外購零件之間做出選擇，需要全面衡量它們各自的相關總成本。

3. 存在商業折扣的經濟訂貨批量模型

在經濟訂貨批量的基本模型中，假定商品的價格是不變的。但在現實生活中，許多企業在銷售時都有批量折扣（商業折扣），即對大批量採購的企業往往在價格上給予一定的優惠。因此，在這種情況下，存貨相關總成本除了考慮訂貨變動成本和變動儲存成本外，還應考慮購置成本（因為購置成本隨著訂貨批量的變化而發生變化，構成了存貨批量決策的相關成本）。這時：

存貨相關總成本＝訂貨變動成本＋變動儲存成本＋購置成本

$$TC = \frac{D}{Q}K + K_C\frac{Q}{2} + DU(1 - 折扣率)$$

考慮商業折扣情況下確定經濟訂貨批量的步驟如下：

(1) 確定無商業折扣條件下的經濟批量和存貨相關總成本。
(2) 加進不同批量的進價成本差異因素。
(3) 比較不同批量下的存貨相關總成本，找出存貨相關總成本最低的訂貨批量。

【例8-14】某公司 W 零件的年需求量為 7,200 件，該零件單位標準價格為 50 元，已知每次訂貨成本為 25 元，單位零件年儲存變動成本為 4 元。該公司從銷售單位獲悉的銷售政策為：一次訂貨量為 1,000 件以內的執行標準價；一次訂貨量為 1,000~3,000 件（含 1,000 件）的給予 2% 的批量折扣；一次訂貨量為 3,000 件以上（含 3,000 件）的給予 3% 的批量折扣。請根據以上資料確定企業的最佳訂貨批量。

(1) 沒有價格優惠的最佳訂貨批量為：

$$Q^* = \sqrt{\frac{2 \times 25 \times 7,200}{4}} = 300(件)$$

300 件訂貨批量的存貨相關總成本為：

存貨相關總成本＝7,200÷300×25+300÷2×4+7,200×50=361,200（元）

（2）1,000件訂貨批量的存貨相關總成本為：

存貨相關總成本＝7,200÷1,000×25+1,000÷2×4+7,200×50×(1-2%)=354,980（元）

（3）3,000件訂貨批量的存貨相關總成本為：

存貨相關總成本＝7,200÷3,000×25+3,000÷2×4+7,200×50×(1-3%)
＝355,260（元）

通過對上述三種訂貨批量下的存貨相關總成本的比較，可以看出1,000件訂貨批量為最佳，因為其相關總成本最低。

4. 存在缺貨的經濟訂貨批量模型

基本模型中假定不允許缺貨，從而杜絕了缺貨成本。但在實際生活中，經常會因供貨方或運輸部門的問題導致所採購的材料無法及時到達企業，發生缺貨損失的現象，這時就必須將缺貨成本加以考慮（因為缺貨成本已存在，並且隨訂貨批量的變動而變化）。在這種情況下，使訂貨變動成本、儲存變動成本和缺貨成本總和最低的採購批量，才是最佳的訂貨批量。

存貨相關總成本＝訂貨變動成本＋儲存變動成本＋缺貨成本

設S為單位缺貨年均成本，利用導數求解的方式，所確定的存在缺貨條件下的經濟批量的公式為：

$$Q^* = \sqrt{\frac{2KD \cdot (K_c + S)}{K_c \cdot S}}$$

最低的相關總成本為：

$$TC(Q^*) = \sqrt{\frac{2KDK_cS}{K_c + S}}$$

【例8-15】某企業R材料年需求量為2,000千克，每次訂貨成本為50元，單位材料年儲存變動成本為2元，單位缺貨年均成本為4元，則材料的經濟訂貨批量及最低的相關總成本為多少？

依據公式計算，存在缺貨情況的經濟訂貨批量為：

$$Q^* = \sqrt{\frac{2 \times 50 \times 2,000 \times (2+4)}{2 \times 4}} \approx 387(千克)$$

最低相關總成本為：

$$TC(Q^*) = \sqrt{\frac{2 \times 50 \times 2,000 \times (2 \times 4)}{2+4}} \approx 516（元）$$

三、存貨控製的其他方法

（一）ABC控製法

ABC控製法是由義大利經濟學家巴累托於19世紀在研究人口與收入的關係規律時提出來的，之後經過不斷的發展與完善，現已廣泛地應用於現代企業的存貨管理與控製。ABC控製法是根據各種存貨在全部存貨中的重要程度對存貨進行分類、排隊、分

等級、有重點地管理和控制的一種方法。其具體的操作步驟如下：

(1) 計算每一種存貨在一定時間內（一般為一年）的資金占用額。

(2) 計算每一種存貨資金占用額占全部資金占用額的百分比，並按大小順序排列，編成表格。

(3) 根據事先測定好的標準，把最重要的存貨劃為 A 類，把一般存貨劃為 B 類，把不重要的存貨劃為 C 類，並畫圖表示出來。

(4) 對 A 類存貨進行重點規劃和控制，對 B 類存貨進行次重點管理，對 C 類存貨只進行一般管理。

把存貨劃分成 A、B、C 三大類，目的是對存貨占用資金進行有效的管理。A 類存貨種類雖然少，但占用的資金多，應集中主要力量管理，對其經濟批量要進行認真規劃，對收入、發出要進行嚴格控制；C 類存貨雖然種類繁多，但占用的資金不多，不必耗費大量人力、物力、財力去管理，這類存貨的經濟批量可憑經驗確定，不必花費大量時間和精力去進行規劃和控制；B 類存貨介於 A 類存貨和 C 類存貨之間，也應給予相當的重視，但不必像 A 類存貨那樣進行非常嚴格的控制。

表 8-9　　　　　　　　　　存貨管理的 ABC 控制法

項目	A 類存貨	B 類存貨	C 類存貨
占存貨總數量的比例	5%～20%	20%～30%	60%～70%
占存貨總價值的比例	60%～80%	15%～30%	5%～15%
控制程度	嚴格控制	一般控制	粗獷控制
制定定額方法	詳細計算	根據過去記錄	低了就進貨
儲備情況記錄	詳細記錄	有記錄	不設明細帳
庫存監督方式	經常檢查	定期檢查	不檢查
安全儲備	低	較多	靈活

(二) 零庫存管理

1. 存貨對企業經營的負面影響

(1) 企業持有存貨，必然擠占流動資金，從而產生機會成本。

(2) 企業持有存貨，會發生倉儲成本。

(3) 企業持有存貨，可能掩蓋生產質量問題，掩蓋了生產的低效率，增加企業信息系統的複雜性。

2. 零庫存管理的基本思想

零庫存管理認為，按需要組織生產和銷售同樣能使生產準備成本和儲存成本最小化。零庫存管理是在不接受生產準備成本或是訂貨成本的前提下，試圖使這些成本趨於零。措施是縮減生產準備的時間和簽訂與供貨商的長期合同。

3. 零庫存管理的實施

要想順利實施庫存管理，達到理想的管理效果，必須先解決兩個問題：

第一，如何能夠實現很低的存貨水平，甚至是零存貨。

第二，在存貨水平很低，甚至是零存貨的情況下，如何能保持生產的連續性。

為此，可以採取以下措施：

（1）在產品市場狀況表現為供過於求（或供等於求）時，採用拉動式的生產系統，以銷定產；而如果產品市場狀況表現為供小於求時，則可以採用推動式的生產系統，以產促銷。

（2）改變材料採購策略。

（3）建立無庫存生產的製造單元。

（4）減少不附加價值成本，縮短生產週期。

（5）快速滿足客戶需求。

（6）保證生產順利進行，實施全面質量管理。

（三）現代存貨的控製方法：JIT

JIT 是起源於日本的「Just-In-Time」（準時生產）系統的簡稱，最早是由日本豐田汽車公司的副總裁大野耐一（Taiichi Okno）提出的。該系統最初被稱為「看板系統」，「看板」的字面含義是「卡片」或「標誌」，在這裡，「看板」是告訴供應商發送更多存貨的信號。JIT 庫存管理的思想是：企業應持有最低水平的庫存，保證生產的不中斷不是依靠企業自己持有庫存，而應依靠供應商的「準時」供應。這與傳統的庫存管理思想形成鮮明的對比，傳統的庫存管理要求企業持有可靠的安全庫存水平以保證生產不中斷。由於 JIT 要求最大限度地降低存貨，甚至使存貨為零，這樣就降低了存貨的資金占用，並避免了產品積壓、過時變質等浪費，也減少了裝卸、搬運以及庫存等費用，從而降低了各項存貨成本，提高了企業的經濟效益。目前，許多公司都採用了JIT 存貨控製系統，最典型的例子就是戴爾計算機公司在產成品方面應用了該系統。由於戴爾公司只在接到訂單後才開始組裝計算機，因此產成品庫存為零。在 1982—1994 年，美國公司的庫存在總資產中所占的比例下降了 34%，JIT 存貨控製系統起了很大的作用。雖然 JIT 存貨控製系統對企業非常有益，但實施起來卻並不容易，它要求供應商能夠提供迅速的、高質量的服務，供應商距離的遠近，是否有足夠的、接收迅速的、高質量的服務，是否有足夠的接收庫存的通道（如裝貨碼頭）等因素都限制了該系統的成功實施。

【本章小結】

1. 從體系上說，流動資產投資屬於投資體系的內容。伴隨著流動資產的發生，流動負債也必然發生。流動資產減去流動負債後的餘額就是營運資金。流動資產的特點是投資回收期短、流動性強、具有並存性和波動性。流動負債的特點是速度快、彈性高、成本低和風險大。

2. 企業進行生產經營活動需要持有現金，以滿足交易動機、預防動機、投機動機的需要，與此同時現金的成本會產生。現金的成本包括持有成本（機會成本、管理費用）、轉換成本、短缺成本。因此，持有現金應有一個最佳的量。最佳現金持有量的確定方法有成本分析模式、存貨模式等。

3. 應收帳款有促進銷售、減少存貨的功能，但應收帳款的機會成本、管理成本、壞帳成本會增加，因此在應收帳款管理中必然要制定信用政策。信用政策是企業對應收帳款進行規劃和控製而確定的基本原則與行為規範，由信用標準、信用條件和收帳

政策構成。信用標準是客戶獲得企業商業信用所應具備的最低條件，通常以預期的壞帳損失率表示。信用條件包括信用期限、折扣期限各為多少合適，是否給予現金折扣及現金折扣率為多少。收帳政策是指客戶違反信用條件，拖欠甚至拒絕付款時企業所採取的收帳策略與措施。

4. 存貨的功能是防止停工待料、適應市場的變化、降低進貨成本、維持均衡生產、促進產品銷售等。為了發揮存貨的功能，企業必須儲備一定的存貨，由此發生進貨成本（包括進價成本和進貨費用）、儲存成本、缺貨成本。持有存貨過少會影響生產經營活動的正常進行，增加缺貨成本和進貨成本，但存貨持有量過多會增加存貨的儲存成本。如何既滿足生產經營對存貨的需要，又降低存貨儲存成本，就要進行存貨決策。存貨決策的關鍵在於確定存貨經濟批量、最佳的存貨儲存期。

5. 存貨經濟批量模型包括存貨經濟批量的基本模型和存在數量折扣情況下的經濟批量模型。在存貨最佳經濟批量的基本模型裡，存貨相關總成本包括變動性進貨費用和變動性儲存費用；存在數量折扣時的存貨相關總成本包括存貨進價成本、變動性進貨費用、變動性儲存成本；存貨儲存期控製主要從存貨保本儲存天數和存貨保利儲存天數兩方面進行。

6. 存貨形式多樣化的特點決定了對存貨應採取科學的管理方法——存貨 ABC 分類管理。其核心是將存貨按照金額標準和品種數量標準分成 A、B、C 三類，然後，對 A 類存貨分品種重點管理，對 B 類存貨分類別一般控製，對 C 類存貨按總額靈活掌握。

【復習思考題】

1. 什麼是營運資金？營運資金有哪些特點？
2. 營運資金管理的原則有哪些？營運資金管理的策略又有哪些？
3. 企業為什麼要持有現金？
4. 現金最佳持有量應如何確定？
5. 如何進行現金日常控製和管理？
6. 應收帳款的功能和成本各有哪些？
7. 應收帳款的信用政策內容包括哪些？應如何進行決策？
8. 如何進行應收帳款的日常管理？
9. 存貨的功能和成本各有哪些？
10. 存貨經濟批量應如何確定？
11. 如何進行存貨的日常管理和控製？

第九章　收益分配管理

【本章學習目標】

- 瞭解收益分配的概念、項目和順序
- 理解收益分配的基本原則和國有資本收益管理的有關規定
- 瞭解股利政策理論的類型和主要內容
- 掌握股利分配政策的影響因素以及股利分配政策的類型
- 理解不同的利潤分配政策的特點,掌握中國股份公司利潤分配的一般順序、股利支付形式和支付過程
- 瞭解股票分割和股票回購的內容

第一節　收益分配概述

收益分配管理是對企業收入與分配活動及其形成的財務關係的組織與調節,是財務管理的重要內容,有廣義的收益分配和狹義的收益分配兩種。廣義的收益分配是指對企業收入和利潤進行分配的過程;狹義的收益分配則是指對企業淨利潤的分配。收益分配的結果,形成了國家的所得稅收入、投資者的投資報酬和企業的留用利潤等不同項目。本書所討論的收益分配是指對淨利潤的分配,即狹義的收益分配概念。

一、收益分配的項目和順序

(一) 公司收益分配的項目

按照中國《公司法》的規定,公司收益分配的項目包括以下部分:

1. 盈餘公積金

中國企業應當按照淨利潤扣除彌補以前年度虧損後的 10% 比例提取法定公積金,但當法定公積金累計額達到公司註冊資本 50% 時,可不再提取;提取任意公積金,任意公積金的提取及比例都要由股東大會根據需要決定。

2. 股利

公司向股東(投資者)支付股利(分配利潤),要在提取公積金之後,股利(利潤)的分配應以各股東(投資者)持有股份(投資額)的數額為依據,每一股東(投資者)取得的股利(分得的利潤)與其持有的股份數(投資額)成正比。股份有限公司原則上應從累計盈利中分派股利,無盈利不得支付股利,即所謂「無利不分」的原則。但若公司用公積金抵補虧損以後,為維護其股票信譽,經股東大會特別決議,也可以用公積金支付股利。

（二）利潤分配的順序

根據中國《公司法》及相關法律制度的規定，公司淨利潤的分配應按照下列順序進行：

1. 彌補以前年度虧損（指超過用所得稅前的利潤抵補虧損的法定期限後，仍未補足的虧損）

企業在提取法定公積金之前，應先用當年利潤彌補以前年度虧損。企業年度虧損可以用下一年度的稅前利潤彌補，下一年度不足彌補的，可以在五年之內用稅前利潤連續彌補，連續五年未彌補的虧損則用稅後利潤彌補。其中，稅後利潤彌補虧損可以用當年實現的淨利潤，也可以用盈餘公積金轉入。

2. 計提法定公積金

根據《公司法》的規定，法定公積金的提取比例為當年稅後利潤（彌補虧損後）的10%。當年法定公積金的累積額已達註冊資本的50%時，可以不再提取。法定公積金提取後，根據企業的需要，可用於彌補虧損或轉增資本，但企業用法定公積金轉增資本後，法定公積金的餘額不得低於轉增前公司註冊資本的25%。提取法定公積金的主要目的是為了增加企業內部累積，以利於企業擴大再生產。

3. 計提任意公積金

根據《公司法》的規定，公司從稅後利潤中提取法定公積金後，經股東會或股東大會決議，還可以從稅後利潤中提取任意公積金。這是為了滿足企業經營管理的需要，控製向投資者分配利潤的水平以及調整各年度利潤分配的波動。

4. 向投資者分配利潤或向股東支付股利

根據《公司法》的規定，公司彌補虧損和提取公積金後所餘稅後利潤，可以向股東（投資者）分配。其中，有限責任公司股東按照實繳的出資比例分取紅利，全體股東約定不按照出資比例分取紅利的除外；股份有限公司按照股東持有的股份比例分配，但股份有限公司章程規定不按照持股比例分配的除外。

二、收益分配的基本原則

收益分配是指企業根據國家有關規定和企業章程對企業淨利潤進行分配的一種財務行為。收益分配涉及企業、投資者、經營者和職工等多方面的利益關係，影響到企業長遠利益與近期利益、整體利益與局部利益等的處理與協調。為了充分發揮利潤分配協調各方經濟利益、促進企業理財目標實現的功能，要求遵循以下原則：

（一）依法分配原則

按照《公司法》及《企業財務通則》等有關法規的要求，對稅後利潤按上述順序進行分配。

這一分配順序的邏輯關係是：企業以前年度虧損未彌補完，不得提取盈餘公積金；在提取盈餘公積金前，不得向投資者分配利潤。因此，要求企業的利潤分配必須嚴格按照國家的法規進行。

（二）分配與累積並重原則

利潤分配要在給投資者即時回報的同時考慮企業的長遠發展，留存一部分利潤作為累積。根據中國財務制度的規定，企業必須按照當年稅後利潤扣減彌補虧損後的

10%提取法定盈餘公積金,當法定盈餘公積金達到註冊資本的50%時可不再提取;企業以前年度未分配利潤可以並入本年度利潤分配;企業在向投資者分配利潤前,經董事會決定,可以提取任意盈餘公積金。正常股利加額外股利政策體現了分配與累積並重原則。

(三) 兼顧各方面利益原則

企業在分配時應從全局出發,充分考慮企業、所有者、債權人、職工的利益,必須統籌兼顧,合理安排。投資者作為企業資本的所有者,依法享有利潤的分配權,職工作為企業利潤的創造者,除獲得工資及獎金等勞動報酬外,還要以適當的方式參與利潤的分配,在稅後利潤中提取盈餘公積金,用於職工集體福利設施支出,在一定程度上有助於提高經營者和員工的工作積極性。

(四) 投資與收益對等原則

企業進行收益分配應當體現誰投資誰受益、收益多少與投資比例相適應原則。企業生產經營發生的虧損,國家不再予以彌補,而是要求由企業用以後年度企業實現的利潤進行彌補,並注意利潤分配程序和政策中所體現的原則,如股利分配中同股同權、同權同利體現了投資與收益對等原則。

(五) 資本保全原則

企業的收益分配必須以資本保全為前提。企業的收益分配是對投資人投入資金的增值部分所進行的分配,不是投資人資本金的返還。以企業的資本金進行的分配屬於一種清算行為,而不是收益的分配。企業必須在有可供分配留存收益的情況下進行收益分配,只有這樣才能充分保護投資者的利益。

三、國有資本收益管理的有關規定

(一) 國有資本收益的構成

國有資本收益包括註冊的國有資本分享的企業稅後利潤和國家法律、行政法規規定的其他國有資本收益。

(二) 利潤分配制度

企業實現的年度淨利潤,歸企業投資者所有,必須按規定進行分配。以前年度未分配利潤,並入本年度可向投資者分配的利潤進行分配。母公司制定的年度利潤分配方案,應當報主管財政機關備案,母公司向主管財政機關上繳利潤的具體辦法,由財政部根據國務院的決定制定。

(三) 虧損彌補規定

企業發生的年度經營虧損,依法用以後年度實現的利潤彌補。連續5年不足彌補的,用稅後利潤彌補,或者經企業董事會或經理辦公會審議後,依次用企業盈餘公積、資本公積彌補。企業在以前年度虧損未彌補之前,不得向投資者分配利潤。

(四) 資產損失的處理

生產經營的損失計入本期損益,清算期間的損失計入清算費用,公司改制改建中的損失可以衝減所有者權益。

(五) 產權轉讓收益的處理

轉讓母公司國有資本所得收益,上繳主管財政機關;企業轉讓子公司股權所得收

益與其對於公司股權投資的差額,作為投資損益處理。上市公司國有股減持所得收益,按國務院規定執行。

(六) 企業清算收益的處理

企業清算淨收益歸投資者所有,其中子公司清算所得淨收益,投資者分享的股份與其對子公司股權投資的差額,作為投資收益處理;母公司清算所得淨收益,上繳主管財政機關。

第二節　股利政策理論

股利政策是指公司在平衡內外部相關集團利益的基礎上,對於是否發放股利、發放多少股利以及何時發放股利等方面採取的基本態度和方針政策,主要涉及公司對其利益進行分配還是留存用於再投資的決策問題。

一、股利政策理論簡介

對於股利政策的研究,經歷了從古典股利政策理論到具有開拓性的 MM 股利無關論,再到考慮稅收、信息不對稱、不完全契約、法律限制、交易成本等多種因素後對 MM 理論進一步拓展而生的現代股利理論的發展過程。其主要研究成果包括「在手之鳥」理論、MM 股利無關論、投資者類比效應理論、信號理論、委託代理理論和行為理論等。研究思路從股利政策是否影響股票價格逐步轉移到如何影響股票價格。

(一) 股利無關論

股利無關論是由美國經濟學家莫迪利安尼 (Modigliani) 和財務學家米勒 (Miller) 於 1961 年提出的。他們立足於完善的資本市場,從不確定性角度提出了股利政策和企業價值不相關理論。

MM 理論認為,在完美的資本市場中,投資者可以在現金股利和出售股票實現的「自由股利」之間自由選擇,公司投資需要額外資金時也可以無成本、無限制地從市場籌集。股利政策不會對公司價值或股票價格產生任何影響。公司股價完全取決於投資決策獲利能力,而非利潤分配政策。

MM 理論是建立在完善資本市場假設的基礎之上的,這包括:第一,完善的競爭假設;第二,信息完備假設;第三,交易成本為零假設;第四,理性投資者假設。這些假設與現實世界是有一定差距的。雖然莫迪利安尼和米勒也認識到公司股票價格會隨著股利的增減而變動這一重要現象,但他們認為,股利增減所引起的股票價格的變動並不能歸因於股利增減本身,而應歸因於股利所包含的有關企業未來盈利的信息內容。

從某種程度上說,莫迪利安尼和米勒對股利研究的貢獻不僅在於提出了一種嶄新的理論,更重要的還在於為理論成立的假設條件進行了全面系統的分析。

(二) 股利相關論

1.「在手之鳥」(Bird-in-the-hand) 理論:流行最廣泛和最持久的股利理論

「在手之鳥」理論源於諺語「雙鳥在林不如一鳥在手」。該理論可以說是流行最廣泛和最持久的股利理論。其初期表現為股利重要論,後經威廉姆斯 (Willianms, 1938)、林

特納（Lintner, 1956）、華特（Walter, 1956）和麥倫·戈登（Gordon, 1959）等發展為「在手之鳥」理論。

「在手之鳥」理論認為，由於股票價格一般波動較大，而投資者大都厭惡風險，因此投資者會認為現金股利要比留存收益再投資帶來的資本利得更為可靠。在這種情況下，股利政策與公司價值息息相關，支付的股利越多，投資者承擔的風險越小，要求的必要報酬率越低，相應的公司股價越高，公司價值也就越大。

這種理論反應了傳統的股利政策，為股利政策的多元化發展奠定了理論基礎。「在手之鳥」理論是股利理論的一種定性描述，是實務界普遍持有的觀點，但是這一理論無法確切地描述股利是如何影響股價的。

2. 代理理論與信號傳遞理論

這一方面的研究發端於20世紀70年代信息經濟學的興起。信息經濟學對古典經濟學的一個重大突破是拋棄企業非人格化假設，代之以經濟人效用最大化假設。這一變化對股利政策也產生了深刻影響，借鑑不對稱信息的分析方法，財務學者從代理理論與信號理論兩個角度對這一問題展開了研究。

（1）代理理論始於詹森與麥克林有關企業代理成本的經典論述。委託代理理論從放寬MM股利無關論中管理層是股東的完美代理人，股東不需要對管理層付出監督和約束成本的假設出發，認為公司股東與管理層之間存在委託代理關係，由於發放股利可以減少管理層實際可以控制的自由現金流甚至還需要對外融資，因此發放現金股利能夠使公司接受更多來自資本市場和債權人的監督，從而降低企業的代理成本，但是對外融資還會增加交易成本，於是最優股利政策應該使代理成本和交易成本之和最小。此外，股東和債權人之間也存在股利政策的代理問題，股東有時會掠奪債權人的財富，而過度的現金股利就是一種攫取的手段。

（2）信息傳遞理論。該理論的代表人物是米勒與洛克，他們從投資者和管理層擁有相同信息假設出發，認為管理層與公司外部投資者之間存在信息不對稱，股利是管理層傳遞其掌握的公司內部信息的一種手段。股利能夠傳遞公司未來盈利能力的信息，從而對股票價格有一定的影響。當公司支付的股利水平上升時，公司股價上升；反之，當公司支付的股利水平下降時，公司股價下降。但是，股利政策作為一種信號傳遞機制，其功能的實現需要以會計信息尤其是股利分配信息的真實性為前提，這就要求公司披露真實的財務信息。該理論同時認為，成功公司的股利信號不容易被其他公司簡單模仿，發送的信號必須與可觀察事件具有相關性以及不存在傳遞同樣信息的成本更低的辦法。

(三) 差別稅收理論

該理論的代表人物是布倫南和奧爾巴克，布倫南創立了股價與股利關係的靜態模型，奧爾巴克提出了稅賦資本化假設。

該理論的主要前提是公司將現金分配給股東的唯一途徑是支付應稅股利，公司的市場價值等於企業預期支付的稅後股利的現值。因此，未來股利所承擔的稅賦被資本化入股票價值，股東對於留存收益或支付股利是不加區分的。按這種觀點，提高股利稅負將導致公司權益的市場價值的直接下降。該理論認為，不同邊際稅率的投資者對於股利的偏好不一樣，股東聚集在能夠滿足各自股利偏好的公司內，公司的任何股利

政策都不可能滿足所有股東對股利的要求，而只能吸引一部分偏好這種股利政策的投資者。

二、股利政策理論在中國現實中的應用

在中國，無論是股權結構還是市場健全程度均與西方發達國家差別甚大。首先，中國上市公司多由原國有企業改制而成，國有股在上市公司中占據著絕對控股地位，從而造成高度集中的股權結構，兩權分離尚不徹底。中國國有股不具有人格化代表，並非終極所有者，缺乏監督管理者的動機；而關係到切身利益的社會公眾股所占比例小，極為分散，是沒有足夠的能力影響公司決策的。其次，中國市場力量不足以解決公司中的代理問題，投資者難以依靠市場對企業進行有效的監督。此外，中國企業負債形式單一，多為銀行借款，而銀行也是典型的國有企業，其本身的代理問題也較嚴重。因此，股利政策理論在中國的應用應有所修正。

第一，對於當前中國股利政策的代理分析，應當圍繞社會公眾股－國有股－管理者這種代理關係進行，而不能像西方發達國家那樣以債權人－股東－管理者為中心分析代理關係。

第二，從代理關係分析，在中國，上市公司的控股股東存在利用現金股利轉移公司現金的傾向，而社會公眾股則偏好公司管理者發放股票股利以獲取資本利得，公司管理者也願意發放股票股利將現金留存於企業造成過度投資。因此，現實中的股利政策應取決於三種力量的制衡。

第三，從信號傳遞理論看，股利政策的優化就是在傳遞當前收益所能實現的效益與放棄投資方案所導致的損失之間的權衡。在中國，由於市場尚處於非有效階段，股價嚴重偏離企業業績，股市的優化資源配置功能還不明顯，公司管理者缺乏對投資者揭示私有信息的動機，因此股利政策傳遞信號的機制還不健全。

第三節　股利分配政策

一、股利分配政策概述

股利分配政策是企業在不違反國家有關法律法規的前提下，根據本企業具體情況制定的，既要保持相對穩定，又要符合公司的財務目標和發展目標。目前，在股利分配的實務中，企業常用的股利分配政策有以下四種：

(一) 剩餘股利政策 (Residual Dividend Policy)

1. 剩餘股政策的含義

剩餘股政策是指公司在有良好的投資機會時，根據目標資本結構測算出投資所需的權益資本額，先從盈餘中留用，然後將剩餘的盈餘作為股利來分配，即淨利潤首先滿足公司的資金需求，如果還有剩餘就派發股利，如果沒有剩餘則不派發股利。

2. 剩餘股利政策的理論依據

剩餘股利政策的理論依據是 MM 理論，即股利無關論。該理論是由美國經濟學家

莫迪利安尼（Modigliani）和美國財務專家米勒（Miller）於 1961 年在他們的著名論文《股利政策、增長和股票價值》中首先提出的，因此被稱為 MM 理論。該理論認為，在完全資本市場中，股份公司的股利政策與公司普通股每股市價無關，公司派發股利的高低不會對股東的財富產生實質性的影響，公司決策者不必考慮公司的股利分配方式，公司的股利政策將隨公司投資、融資方案的制定而確定。因此，在完全資本市場的條件下，股利完全取決於投資項目需用盈餘後的剩餘，投資者對於盈利的留存或發放股利毫無偏好。

3. 剩餘股利政策的具體應用程序

（1）根據投資機會計劃和加權平均的邊際資本成本函數的交叉點確定最佳資本預算水平。

（2）利用最優資本結構比例，預計確定企業投資項目的權益資金需要額。

（3）盡可能地使用留存收益來滿足投資所需的權益資本數額。

（4）留存收益在滿足投資需要後尚有剩餘時，則派發現金股利。

【例 9-1】某公司 2016 年稅後淨利潤為 1,000 萬元，2017 年的投資計劃需要資金 1,200 萬元。該公司的目標資本結構為權益資本占 60%，債務資本占 40%。該公司採用剩餘股利政策，則應當如何融資和分配股利。

首先，確定按目標資本結構需要籌集的股東權益資本為：

股東權益資本 = 1,200×60% = 720（萬元）

其次，確定應分配的股利總額為：

股利總額 = 1,000－720 = 280（萬元）

最後，該公司還應當籌集負債資金為：

負債資金 = 1,200－720 = 480（萬元）

4. 剩餘股利政策的優缺點及適用性

（1）剩餘股利政策的優點。剩餘股利政策有利於充分利用留存利潤籌資，有助於降低再投資的資金成本，保持理想的資本結構，使綜合資本成本最低，實現企業價值的長期最大化。

（2）剩餘股利政策缺點。完全遵照執行剩餘股利政策，將使股利發放額每年隨投資機會和盈利水平的波動而波動。即使在盈利水平不變的情況下，股利將與投資機會的多寡呈反方向變動。投資機會越多，股利越小；反之，投資機會越少，股利發放越多。在投資機會維持不變的情況下，則股利發放額將因公司每年盈利的波動而呈同方向波動。

（3）剩餘股利政策一般適用於公司初創階段。

(二) 固定股利支付率政策（Constant Dividend Payout Ratio Policy）

1. 固定股利支付率政策的含義

固定股利支付率政策是公司確定固定的股利支付率，並長期按此比率從淨利潤中支付股利的政策。

2. 固定股利支付率政策的理論依據

固定股利支付率政策的理論依據是「一鳥在手」理論。該理論認為，用留存利潤再投資帶給投資者的收益具有很大的不確定性，並且投資風險隨著時間的推移將進一

步增大，因此投資者更傾向獲得現在的固定比率的股利收入。如果有 A 和 B 兩種股票，它們的基本情況相同，A 股票支付股利，而 B 股票不支付股利，那麼 A 股票價格要高於不支付股利的 B 股票的價格。同樣股利支付率高的股票價格肯定要高於股利支付率低的股票價格。顯然，股利分配模式與股票市價相關。

【例9-2】A 公司目前發行在外的普通股股數為 1,000 萬股，A 公司的產品銷路穩定，擬投資 1,200 萬元，擴大生產能力。A 公司想要維持目前 40% 的負債比率，並想繼續執行 10% 的固定股利支付率政策。A 公司在 2016 年的稅後利潤為 500 萬元。

要求：計算 A 公司 2017 年為擴充上述生產能力必須從外部籌措多少權益資本？

保留利潤 = 500×(1−10%) = 450（萬元）

項目所需權益融資需要量 = 1,200×(1−40%) = 720（萬元）

外部權益融資需要量 = 720−450 = 270（萬元）

3. 固定股利支付率政策的優缺點適用性

(1) 固定股利支付率政策的優點如下：

① 使股利與企業盈餘緊密結合，以體現多盈多分、少盈少分、不盈不分的原則。

② 保持股利與利潤間的一定比例關係，體現了風險投資與風險收益的對稱。

(2) 固定股利支付率政策的缺點如下：

①大多數公司每年的收益很難保持穩定不變，導致年度間的股利額波動較大，由於股利的信號傳遞作用，波動的股利很容易給投資者帶來經營狀況不穩定、投資風險較大的不良印象，稱為公司的不利因素。

②容易使公司面臨較大的財務壓力，這是因為公司實現的盈利多，並不能代表公司有足夠的現金流來支付較多的股利額。

(3) 固定股利支付率政策只能適用於穩定發展的公司和公司財務狀況較穩定的階段。

(三) 固定股利或穩定的股利政策

1. 固定股利或穩定的股利政策的含義固定股利或穩定的股利政策是公司將每年派發的股利額固定在某一特定水平上，然後在一段時間內不論公司的盈利情況和財務狀況如何，派發的股利均保持不變。只有當企業對未來利潤增長確有把握，並且這種增長被認為是不會發生逆轉時，才增加每股股利額。這一政策的特點是不論經濟狀況如何，也不論企業經營業績好壞，應將每期的股利固定在某一水平上保持不變。只有當公司管理當局認為未來盈利將顯著地、不可逆轉地增長時，才會提高股利的支付水平。

2. 理論依據

採用該政策的理論依據是「一鳥在手」理論和股利信號理論。這些理論認為：第一，股利政策向投資者傳遞重要信息。如果公司支付的股利穩定，就說明該公司的經營業績比較穩定，經營風險較小，有利於股票價格上升；如果公司的股利政策不穩定，股利忽高忽低，這就給投資者傳遞企業經營不穩定的信息，導致投資者對風險的擔心，進而使股票價格下降。第二，穩定的股利政策是許多依靠固定股利收入生活的股東更喜歡的股利支付方式，它更有利於投資者有規律地安排股利收入和支出。普通投資者一般不願意投資於股利支付額忽高忽低的股票，因此這種股票不大可能長期維持於相

對較高的價位。第三，穩定股利或穩定的股利增長率可以消除投資者內心的不確定性，等於向投資者傳遞了該公司經營業績穩定或穩定增長的信息，從而使公司股票價格上升。

【例9-3】若公司發行在外的股數為1,000萬股，稅後可供分配給股東的利潤為800萬元，並且公司採用固定股利或穩定的股利政策，固定股利支付為每股0.5元，那麼股東可獲股利額為多少？

股東可獲股利額＝1,000×0.5＝500（萬元）

保留利潤＝800－500＝300（萬元）

3. 固定股利或穩定的股利政策的優缺點及適用性

（1）固定股利或穩定的股利政策的優點如下：

①穩定的股利向市場傳遞著公司正常發展的信息，有利於樹立公司的良好形象，增強投資者對公司的信心，穩定股票的價格

②穩定的股利額有助於投資者安排股利收入和支出，有利於吸引那些打算進行長期投資並對股利有很高依賴性的股東

③固定或穩定增長的股利政策可能會不符合剩餘股利理論，但考慮到股票市場會受多種因素影響（包括股東的心理狀態和其他要求），為了將股利或股利增長率維持在穩定的水平上，即使推遲某些投資方案或暫時偏離目標資本結構，也可能比降低股利或股利增長率更為有利。

（2）固定股利或穩定的股利政策的缺點如下：

①公司股利支付與公司盈利相脫離，造成投資的風險與投資的收益不對稱；

②它可能會給公司造成較大的財務壓力，甚至侵蝕公司留存利潤和公司資本。公司很難長期採用該政策。

（3）固定股利或穩定的股利政策一般適用於經營比較穩定的企業。

（四）低正常股利加額外股利政策（Below Normal Dividend with Extra Dividend Policy）

1. 低正常股利加額外股利政策的含義

低正常股利加額外股利政策是公司事先設定一個較低的經常性股利額，一般情況下，公司每期都按此金額支付正常股利，只有公司盈利較多時，再根據實際情況發放額外股利。但是，額外股利並不固定化，不意味著公司永久地提高了股利支付率。其可以用以下公式表示：

$$Y = a + bX$$

式中，Y為每股股利，X為每股收益，a為低正常股利，b為股利支付比率。

2. 理論依據

低正常股利加額外股利政策的理論依據是「一鳥在手」理論和股利信號理論。將公司派發的股利固定地維持在較低的水平，則當公司盈利較少或需用較多的保留盈餘進行投資時，公司仍然能夠按照既定的股利水平派發股利，體現了「一鳥在手」理論。而當公司盈利較大且有剩餘現金，公司可以派發額外股利，體現了股利信號理論。公司將派發額外股利的信息傳播給股票投資者，有利於股票價格的上揚。

【例9-4】某企業2016年實現的稅後淨利潤為1,000萬元，法定公積金和任意公積金的提取比率為15%。該公司2017年的投資計劃所需資金為800萬元，該公司的目標

資金結構為自有資金佔 60%。

（1）若該公司採用剩餘股利政策，則 2016 年年末可發放多少股利？

（2）若該公司發行在外的普通股股數為 1,000 萬股，計算每股利潤及每股股利。

（3）若 2017 年該公司決定將公司的股利政策改為低正常股利加額外股利政策，設股利的逐年增長率為 2%，投資者要求的必要報酬率為 12%，計算該股票的價值。

（1）提取公積金的數額 = 1,000×15% = 150（萬元）

可供分配利潤 = 1,000−150 = 850（萬元）

投資所需自有資金 = 800×60% = 480（萬元）

向投資者分配額 = 850−480 = 370（萬元）

（2）每股利潤 = 1,000÷1,000 = 1（元/股）

每股股利 = 370÷1,000 = 0.37（元/股）

（3）股票的價值 = 0.37×(1+2%)÷(12%−2%) = 3.77（元）

3. 低正常股利加額外股利政策的優點

這種股利政策的優點是股利政策具有較大的靈活性。低正常股利加額外股利政策，既可以維持股利的一定穩定性，又有利於企業的資本結構達到目標資本結構，使靈活性與穩定性較好地相結合，因此為許多企業所採用。

4. 低正常股利加額外股利政策的缺點

（1）股利派發仍然缺乏穩定性，額外股利隨盈利的變化，時有時無，給人飄忽不定的印象。

（2）如果公司較長時期一直發放額外股利，股東就會誤認為這是「正常股利」，一旦取消，極易造成公司財務狀況逆轉的負面影響，股價下跌在所難免。

相對來說，對那些盈利隨著經濟週期而波動較大的公司，或者盈利與現金流量很不穩定時，低正常股利加額外股利政策也許是一種不錯的選擇。

二、影響股利分配的因素

企業的股利分配政策在一定程度上決定企業的對外再籌資能力，決定企業市場價值的大小。因此，股利分配政策的確定會受到各方面因素的影響，這些影響因素主要有以下幾個方面：

（一）法律因素

為了保護債權人和股東利益，許多國家的有關法規如公司法、證券法和稅收相關法律法規都對企業利潤分配予以一定的硬性限制。這些限制主要體現在以下幾個方面：

1. 資本保全約束

資本保全約束是為了保護投資者的利益做出的法律限制。它要求利潤分配的客體不能來源於原始投資，也就是不能將資本（包括股本和資本公積）用於分配。其目的在於使公司能有足夠的資本，以維護債權人的權益。

2. 股利出自盈利

這一限制規定公司年度累計淨利潤必須為正數時才可以發放股利，以前年度虧損必須足額彌補。這一限制要求公司貫徹「無利不分」的原則，有稅後淨收益是股利支付的前提，但不管淨收益是本年度實現的，還是以前年度實現節餘的。

3. 償債能力約束

償債能力是指企業按時足額償還到期債務的能力。如果企業已經無力償還債務或因發放股利將極大影響企業的償債能力，則不準發放股利。

4. 資本累積約束

這一限制要求企業在分配利潤時，必須按照一定比例和基數提取各種法定盈餘公積金，這是為了增強企業抵禦風險的能力，維護投資者的利益。

5. 超額累積利潤

股東接受股利繳納的所得稅高於其進行股票交易的資本利得稅，於是企業通過累積利潤使股價上漲的方式幫助股東避稅。許多西方國家在法律上明確規定公司不得超額累積利潤，一旦公司的保留盈餘超過法律認可的水平，將被加徵額外稅額。中國法律對公司累積利潤尚未做出限制性規定。

(二) 股東因素

股東從自身需要出發，對公司的股利分配往往產生一定的影響。

1. 穩定的收入和避稅

一些依靠股利維持生活的股東，往往要求公司支付穩定的股利，若公司留存較多的利潤將受到這部分股東的反對。另外，一些高股利收入的股東又出於避稅的考慮（股利收入的所得稅高於股票交易的資本利得稅），往往反對公司發放較多的股利。

2. 控製權的稀釋

若股利支付率較高，必然導致公司盈餘減少，這就意味著將來依靠發行股票等方式籌集資金的可能性增大；而發行新股，尤其是普通股，意味著企業控製權有旁落他人或其他公司的可能，因為發行新股必然稀釋公司的控製權，這是公司原持有控製權的股東們所不願看到的局面。因此，若他們拿不出更多的資金購買新股以滿足公司的需要，寧肯不分配股利而反對募集新股。

3. 逃避風險的考慮

一些股東認為，資本利得是有風險的，而目前的股利是確定的，因此他們往往要求支付較多的股利

(三) 公司的因素

就公司的經營需要來講，也存在一些影響股利分配的因素。

1. 盈餘的穩定性

公司是否能獲得長期穩定的盈餘是其股利決策的重要基礎。盈餘相對穩定的公司能夠較好地掌控局面，有可能支付比盈餘不穩定的公司高的股利；而盈餘不穩定的公司一般採取低股利政策。對於盈餘不穩定的公司來講，低股利政策可以減少因盈餘下降而造成的股利無法支付、股價急遽下降的風險，還可以將更多的盈餘再投資，以提高公司權益資本的比重，減少財務風險。

2. 資產的流動性

如果企業資產的流動性較高，即持有大量的貨幣資金和其他流動資產，變現能力強，也就可以採取高的股利政策分配股利；反之就應該採取低股利政策。一般來說，企業不應該也不會為了單純地追求發放高額股利而降低企業資產的流動性，削弱企業的應變能力去冒較大的財務風險。

3. 舉債能力

具有較強舉債能力（與公司資產的流動性相關）的公司因為能夠及時地籌措到所需的現金，有可能採取較寬鬆的股利政策；而舉債能力弱的公司則不得不多滯留盈餘，因而往往採取較緊的股利政策。

4. 未來投資機會

有著良好投資機會的公司需要有強大的資金支持，因而往往少發放股利，將大部分盈餘用於投資；缺乏良好投資機會的公司，保留大量現金會造成資金的閒置，於是傾向於支付較高的股利。正因為如此，處於成長中的公司多採取低股利政策，陷於經營收縮的公司多採取高股利政策。

5. 資本成本

與發行新股相比，保留盈餘不需花費籌資費用，是一種比較經濟的籌資渠道。從資本成本考慮，公司應當採取低股利政策。

6. 債務需要

具有較高債務償還需要的公司可以通過舉借新債、發行新股籌集資金償還債務，也可直接用經營累積償還債務。如果公司認為後者適當的話（比如，前者資本成本高或受其他限制難以進入資本市場）將會減少股利的支付。

(四) 其他因素

1. 債務合同約束

公司的債務合同，特別是長期債務合同，往往有限制公司現金支付程度的條款，這使得公司只能採取低股利政策。

2. 通貨膨脹

在通貨膨脹的情況下，公司折舊基金的購買力水平下降，會導致沒有足夠的資金來源重置固定資產。這時盈餘會被當成彌補折舊基金購買力水平下降的資金來源，因此在通貨膨脹時期公司股利政策往往偏緊。

由於存在上述種種影響股利分配的因素，股利政策與股票價格就不是無關的，公司的價值或者說股票價格不會僅僅由其投資的獲利能力所決定。

第四節　股利分配方案決策

根據《公司法》的規定，公司分配股利，首先由公司董事會根據公司盈餘情況和股利政策，擬訂股利分配方案（包括配股方案），然後提交股東大會審議通過。只有經股東大會審議通過的股利分配方案才具有法律效力，才能向社會公布。

股利分配方案的確定，主要是考慮確定以下四個方面的內容：第一，選擇股利政策類型，確定是否發放股利；第二，確定股利支付率的高低；第三，確定股利支付形式，即確定合適的股利分配形式；第四，確定股利發放的日期等。

一、選擇股利政策類型，確定是否發放股利

公司股利分配政策的選擇如表9-1所示。

表 9-1　　　　　　　　　　　公司股利分配政策的選擇

公司發展階段	特點	適應的股利政策
公司初創階段	公司經營風險高，融資能力差	剩餘股利政策
公司高速發展階段	產品銷量急遽上升，需要進行大規模的投資	低正常股利加額外股利政策
公司穩定增長階段	銷售收入穩定增長，公司的市場競爭力增強，行業地位已經鞏固，公司擴張的投資需求減少，廣告開支比例下降，淨現金流入量穩步增長，每股淨利呈上升態勢	穩定增長型股利政策
公司成熟階段	產品市場趨於飽和，銷售收入難以增長，但盈利水平穩定，公司通常已累積了相當的盈餘和資金	固定型股利政策
公司衰退階段	銷售收入銳減，利潤嚴重下降，股利支付能力日漸下降	剩餘股利政策

二、確定以多高的股利支付率分配股利

股利支付率是當年發放股利與當年利潤之比，或每股股利除以每股收益。

一般來說，公司發放股利越多，股利的分配率越高，因而對股東和潛在的投資者的吸引力越大，也就越有利於建立良好的公司信譽。一方面，由於投資者對公司的信任，會使公司股票供不應求，從而使公司股票市價上升。公司股票的市價越高，對公司吸引投資、再融資越有利。另一方面，過高的股利分配率政策，一是會使公司的留存收益減少，二是如果公司要維持高股利分配政策而對外大量舉債，會增加資金成本，最終必定會影響公司的未來收益和股東權益。

股利支付率是股利政策的核心。確定股利支付率，首先要弄清公司在滿足未來發展所需的資本支出需求和營運資本需求，有多少現金可用於發放股利；然後考察公司所能獲得的投資項目的效益如何。如果現金充裕，投資項目的效益又很好，則應少發或不發股利；如果現金充裕但投資項目的效益較差，則應多發股利。

三、確定以什麼形式支付股利

（一）現金股利（Cash Dividends）

現金股利是股份公司以現金的形式發放給股東的股利，是企業最常見的、最容易被投資者接受的股利支付方式。發放現金股利的多少主要取決於公司的股利政策和經營業績。上市公司發放現金股利主要出於三個原因：投資者偏好、減少代理成本和傳遞公司的未來信息。公司採用現金股利形式時，必須具備兩個基本條件：第一，公司要有足夠的未指明用途的留存收益（未分配利潤）；第二，公司要有足夠的現金。

（二）股票股利（Stock Dividends）

股票股利是公司將應分配給股東的股利以股票的形式發放。在中國，股票股利通常稱為紅股，發放股票股利又稱為送股或送紅股。用於發放股票股利的，除了當年可供分配的利潤外，還有公司的盈餘公積和資本公積。股票股利不會引起公司資產的流出或負債的增加，不改變每位股東的股權比例，只涉及股東權益內部結構的調整，將

資金從留存盈利帳戶轉移到其他股東權益帳戶，因此不會引起股東權益總額的改變，不會直接增加股東財富。

【例9-5】某企業在發放股票股利前，股東權益情況如表9-2所示。

表9-2　　　　　　　　　發放股票股利前的股東權益情況　　　　　　　　單位：元

項目	金額
普通股股本（面值1元，已發行200,000股）	200,000
盈餘公積（含公益金）	400,000
資本公積	400,000
未分配利潤	2,000,000
股東權益合計	3,000,000

假定企業宣布發放10%的股票股利，即發放20,000股普通股股票，現有股東每持100股，可得10股新發股票。如該股票當時市價為20元，發放股票股利以市價計算。

未分配利潤劃出的資金＝20×200,000×10%＝400,000（元）

普通股股本增加＝1×200,000×10%＝20,000（元）

資本公積增加＝400,000－20,000＝380,000（元）

發放股票股利後，企業股東權益各項目如表9-3所示。

表9-3　　　　　　　　　發放股票股利後的股東權益情況　　　　　　　　單位：元

項目	金額
普通股股本（面值1元，已發行22,000股）	220,000
盈餘公積（含公益金）	400,000
資本公積	780,000
未分配利潤	1,600,000
股東權益合計	3,000,000

公司發放股票股利，可能出於以下方面的考慮。

（1）保留現金。發放現金股利會使公司的現金大量減少，可能會使公司由於資金短缺而喪失投資良機或增加公司的財務負擔；而發放股票股利則不會減少公司現金持有量，又能使股東獲得投資收益，有利於公司將更多的現金用於投資和擴展業務，減少對外部資金的依賴。

（2）避免股東增加稅收負擔。對股東來說，現金股利需要繳納所得稅，而股票股利則不需要納稅，即使將來出售需要繳納資本利得稅，其稅率也較低。

（3）滿足股東投資的意願。股東投資的目的是為了獲得投資報酬，發放股票股利可以使股東得到減輕稅收負擔的好處，又會使股東得到相當於現金股利的收益。

（4）降低公司的股價。發放股票股利可以增加公司流通在外的股份數，使公司股價降低至一個便於交易的範圍之內。降低公司的股價有利於吸引更多的中小投資者，提高股票市場佔有率，有助於減輕股市大戶對股票的衝擊，有利於公司進一步增發新股。例如，某上市公司發放股利前的股價為每股18元，如果該公司決定按照10股送2股的比例發放股票股利，則該公司的股票在除權日之後的市場價格應降至每股15元

(18/1.2)。

(三) 財產股利 (Property Dividends)

財產股利是以現金以外的資產支付的股利，主要是以公司所擁有的其他企業的有價證券，如債券、股票，作為股利支付給股東。財產股利具體有實物股利和證券股利。

(1) 實物股利，即發給股東實物資產或實物產品，多用於採用額外股利的股利政策。

(2) 證券股利，最常見的是以公司擁有的其他公司的有價證券來發放股利。

(四) 負債股利 (Liability Dividends)

負債股利是公司以負債支付的股利，通常是以公司的應付票據支付給股東，在不得已情況下也有發行公司債券抵付股利的。由於負債均需還本付息，因此對公司構成較大的支付壓力，只能作為公司已宣布並立即支付股利而現金又暫時不足時的權宜之計。負債股利使公司資產總額不變，負債增加，淨資產減少。

財產股利和負債股利實際上是現金股利的替代。這兩種股利方式目前在中國公司實務中很少使用，但並非法律所禁止。

四、確定何時發放股利

股份公司分配股利必須遵循法定的程序，先由董事會提出分配預案，然後提交股東大會決議，股東大會決議通過分配預案之後，向股東宣布發放股利的方案，並確定股權登記日、除息（或除權）日和股利發放日等。制定股利政策時必須明確這些日期界限。

(一) 股利宣告日 (Declaration Date)

股利宣告日是指將公司股東會議決定的股利分配情況予以公告的日期。例如，某公司2016年4月20日召開股東會議，宣布每股派現0.5元，5月1日為股東登記日，5月10日支付。

(二) 股權登記日 (Holder-of-Record Date)

股權登記日指有權領取股利的股東資格登記截止日期，又稱為除權日。只有這一日在公司股東名冊上登記有名的股東，方有權領取最近一次發放的股利。在股權登記日以後購買股票的新股東無權參與本次分配。股權登記日一般在分配方案宣布後的10~20天內。

(三) 除息（權）日 (Ex-Dividend Date)

除息日就是除去股利的日期，也就是領取股利的權利和股票相互分離的日期。在除息日前，股利包含在股票的價格之中，該股票稱為含權股（含息股），持有股票就享有獲取股利的權利。除息日開始，股利權與股票相互分離，股票價格會下降，此時股票稱為除息股或除權股。而在除息日當天或以後新購買股票的股東則不能享受這次股利。其原因是股票買賣之間的交接過戶需要一定的時間，如果有股票的轉讓，公司可能不能夠及時地獲得股東變更的資料，只能以原登記的股東為股利支付對象。為了避免衝突，證券行業一般規定在股權登記日的前4天（或3天）為除息日。自該日起，股票為無息交易。也就是說，新股東如果希望獲取本次股利，就必須在股權登記日的4天前購入股票，否則股利仍然由原股東領取。例如，如某公司以5月1日為股權登記日，

往前算4天為4月27日，這一天為除息日，因此購買股票的人如果希望獲取股利，就必須在4月26日或以前購買，否則股利仍屬原來的股東。

(四) 股利支付日

股利支付日就是公司向股東正式發放股利的日期。

第五節　股票分割與股票回購

一、股票分割

(一) 股票分割的含義及特點

股票分割又稱拆股，是公司管理當局將某一特定數額的新股按一定比例交換一定數量的流通在外的普通股的行為。例如，三股換一股的股票分割是指三股新股換取一股舊股。

股票分割對公司的資本結構和股東權益不會產生任何影響，一般只會使發行在外的股票總數增加，每股面值降低，並由此引起每股市價下跌，而資產負債表中股東權益各帳戶的餘額都保持不變，股東權益的總額也維持不變。

(二) 採用股票股利與股票分割的區別

股票分割與股票股利非常相似，都是在不增加股東權益的情況下增加了股份的數量。所不同的是，股票股利雖然不會引起股東權益總額的改變，但股東權益的內部結構會發生變化，而股票分割之後，股東權益總額及其內部結構都不會發生任何變化，變化的只是股票面值。

【例9-6】某企業以每股5元的價格發行了10萬股普通股，每股面值為1元，本年盈餘為22萬元，資本公積餘額為50萬元，未分配利潤餘額為140萬元。

(1) 若企業宣布發放10%的股票股利，即發放1萬股普通股股票，股票當時的每股市價為10元，則從未分配利潤中轉出的資金為10萬元。股票股利對企業股東權益構成、每股帳面價值、每股收益的影響如表9-4所示。

表9-4　　　　　　　發放股票股利對每股收益的影響

所有者權益項目	發放股票股利前	發放股票股利後
普通股股數	10萬股	11萬股
普通股	10萬元	11萬元
資本公積	50萬元	59萬元
未分配利潤	140萬元	130萬元
所有者權益合計	200萬元	200萬元
每股帳面價值	200萬元/10萬股=20元	200萬元/11萬股=18.18元
每股收益	22萬元/10萬股=2.2元	22萬元/11萬股=2元

(2) 若企業宣布按1:2的比例進行股票分割，則股票分割對企業股東權益構成、

每股帳面價值、每股收益的影響如表 9-5 所示。

表 9-5　　　　　　　　　實施股票分割對每股收益的影響

所有者權益項目	股票分割前	股票分割後
普通股股數	10 萬股（每股面額為 1 元）	20 萬股（每股面額為 0.5 元）
普通股	10 萬元	10 萬元
資本公積	50 萬元	50 萬元
未分配利潤	140 萬元	140 萬元
所有者權益合計	200 萬元	200 萬元
每股帳面價值	200 萬元/10 萬股＝20 元	200 萬元/20 萬股＝10 元
每股收益	22 萬元/10 萬股＝2.2 元	22 萬元/20 萬股＝1.1 元

（三）股票分割的作用

（1）採用股票分割可使公司股票每股市價降低，促進股票流通和交易。

（2）分割能有助於公司併購政策的實施，增加對被併購方的吸引力。例如，我們假設有 A、B 兩個企業，A 企業股票每股市價為 60 元，B 企業股票每股市價為 6 元，A 企業準備通過股票交換的方式對 B 企業實施併購，如果以 A 企業 1 股股票換取 B 企業 10 股股票，可能會使 B 企業的股東在心理上難以承受；相反，如果 A 企業先進行股票分割，將原來 1 股分拆為 5 股，然後再以 1∶2 的比例換取 B 企業的股票，則 B 企業的股東在心理上可能會容易接受些。通過股票分割的辦法改變被併購企業股東的心理差異，更有利於企業併購方案的實施。

（3）股票分割也可能會增加股東的現金股利，使股東感到滿意。

（4）股票分割可以向股票市場和廣大投資者傳遞公司業績好、利潤高、增長潛力大的信息，從而能提高投資者對公司的信心。

二、股票回購

（一）股票回購的含義與方式

股票回購是指股份公司出資將其發行流通在外的股票以一定價格購回予以註銷或作為庫存股的一種資本運作方式。中國公司法規定只有當公司為了減少其註冊資本，或與持有本公司股票的公司合併才可以回購本公司的股票，並且要在 10 日內註銷。

股票回購的方式主要包括公開市場回購、要約回購和協議回購三種。其中，公開市場回購是指公司在公開交易市場上以當前市價回購股票；要約回購是指公司在特定期間向股東發出以高出當前市價的某一價格回購既定數量股票的要約，並根據要約內容進行回購；協議回購是指公司以協議價格直接向一個或幾個主要股東回購股票。

（二）股票回購的動機

公司回購股票的動機主要如下：

（1）提高財務槓桿比例，改善企業資本結構。

（2）滿足企業兼併與收購的需要，利用庫存股票交換被兼併企業的股票，減少或

消除因企業兼併而帶來的每股收益的稀釋的效應。

（3）分配企業超額現金。

（4）滿足認股權的行使。在企業發行可轉換債券轉換、認股權證或實行高層經理人員股票期權計劃以及員工持股計劃的情況下，採用股票回購的方式既不會稀釋每股收益，又能滿足認股權的行使。

（5）在公司的股票價值被低估時，提高其市場價值。

（6）清除小股東。

（7）鞏固內部人控制地位。

（三）股票回購應考慮的因素

公司回購股票應考慮的因素主要如下：

（1）股票回購的節稅效應。

（2）投資者對股票回購的反應。

（3）股票回購對股票市場價值的影響。

（4）股票回購對公司信用等級的影響。

（四）股票回購的負效應

股票回購可能對上市公司經營造成的負面影響如下：

（1）股票回購需要大量資金支付回購的成本，易造成資金緊缺，資產流動性變差，影響公司發展後勁。

（2）股票回購可能使公司的發起人股東更注重創業利潤的兌現，而忽視公司長遠的發展，損害公司的根本利益。

（3）股票回購容易導致內部操縱股價。

【本章小結】

1. 利潤分配是將企業實現的稅後利潤在各權益者之間進行分配的過程。利潤分配的項目包括盈餘公積金和股利（向投資者分配的利潤）。

2. 公司的利潤分配應按如下順序進行：計算可供分配的利潤、計提法定盈餘公積金、計提任意盈餘公積金、向股東（投資者）支付股利（分配利潤）。

3. 股利支付的程序主要經歷股利宣告日、股權登記日、除息日和股利支付日。

4. 股利支付的方式主要有現金股利、股票股利、財產股利和負債股利等。

5. 影響股利政策的主要因素有法律方面的因素、公司方面的因素和股東方面的因素等。

6. 股利分配政策是指股份公司是否發放股利、發放多少股利、何時發放股利等方面的方針和策略。一般來說，有以下幾種不同類型的股利分配政策：剩餘股利政策、固定股利或穩定增長股利政策、固定股利支付率政策、低正常股利加額外股利的政策。

7. 股票股利是公司以發放的股票作為股利的支付形式。股票股利並不直接增加股東的財富，也不會導致公司資產的流出或負債的增加，對公司本身的財產也不構成增減變動，但會引起所有者權益各項目間的結構發生變動。

8. 股票分割是指將一股面額較高的股票交換成數股面額較低的股票的行為。股票

分割雖然並不屬於發放股利，但其產生的效果與發放股票股利近似。

【復習思考題】

1. 簡述利潤分配的一般程序。
2. 簡述股利支付的程序和方式。
3. 什麼是股利相關論？影響股利分配的因素有哪些？
4. 什麼是股利政策？常用的股利政策包括哪些內容？

第十章 財務預算管理

【本章學習目標】
- 瞭解財務預算的概念、作用及編制步驟
- 掌握財務預算的編制方法
- 熟悉現金預算與預計財務報表的編制
- 瞭解財務控製的概念與作用
- 理解並掌握責任中心及其考核方法

第一節 財務預算概述

一、財務預算的概念

預算是企業在未來一定預算期內，全部經濟活動各項目標的行動計劃及其相應措施的預期數值說明，其實質是一套以貨幣及其他數量形式反應的預計財務報表和其他附表，主要用來規劃預算期內企業的全部經濟活動及其成果。預算的內容一般包括日常業務預算、專門決策預算和財務預算三大類。

日常業務預算是指與企業日常經營活動直接相關的經營業務的各種預算。其具體包括銷售預算、生產預算、直接材料消耗及採購預算、直接工資及其他直接支出預算、製造費用預算、產品生產成本預算、銷售及管理費用預算等，這些預算前後銜接，相互勾稽，既有實物量指標，又有價值量指標。

專門決策預算是指企業為不經常發生的長期投資決策項目或一次性專門業務所編制的預算。其具體包括資本支出預算、一次性專門業務預算等。資本支出預算根據經過審核批準的各個長期投資決策項目編制，實際上是決策選中方案的進一步規劃。一次性專門業務預算是為了配合財務預算的編制，為了便於控制和監督，對企業日常財務活動中發生的一次性的專門業務，如籌措資金、投放資金、其他財務決策（發放股息、紅利等）編制的預算。

財務預算（Financial Budget）是反應企業未來一定預算期內預計財務狀況和經營成果以及現金收支等價值指標的各種預算的總稱。其具體包括現金預算、預計損益表、預計資產負債表和預計現金流量表。前面所述的各種日常業務預算和專門決策預算，最終大多可以綜合反應在財務預算中。這樣財務預算就成為各項經營業務和專門決策的整體計劃，故也稱為總預算，各種日常業務預算和專門決策預算就稱為分預算。

財務預算反應了企業在經營過程中一系列的財務業務及活動，如反應現金收支活

動的現金預算；反應銷售收入的銷售預算；反應成本、費用支出的生產費用預算（又包括直接材料預算、直接人工預算、製造費用預算）和期間費用預算；反應資本支出活動的資本預算；等等。反應財務活動總體情況的綜合預算，包括反應財務狀況的預計資產負債表、預計財務狀況變動表以及反應財務成果的預計損益表等。各種預算之間前後銜接，相互關聯。銷售預算構成生產費用預算、期間費用預算、現金預算和資本預算的編制基礎；現金預算是銷售預算、生產費用預算、期間費用預算和資本預算中有關現金收支的匯總；預計損益表要根據銷售預算、生產費用預算、期間費用預算、現金預算編制，預計資產負債表要根據期初資產負債表以及銷售、生產費用、資本等預算編制，預計財務狀況表則主要根據預計資產負債表和預計損益表編制。

二、財務預算的作用

財務預算作為企業全面預算體系中的重要組成部分，在企業經營管理和實現目標利潤中發揮著重大作用，概括起來有以下幾個方面：

（一）財務預算是企業各級各部門工作的目標

財務預算是以各項業務預算和專門決策預算為基礎編制的綜合性預算，整個預算體系全面、系統地規劃了企業主要技術經濟指標和財務指標的預算數。因此，通過編制財務預算，不僅可以確定企業整體的總目標，而且也明確了企業內部各級各部門的具體目標，如銷售目標、生產目標、成本目標、費用目標、收入目標和利潤目標等。各級各部門根據自身的具體目標安排各自的經濟活動，設想達到各目標擬採取的方法和措施，為實現具體目標努力奮鬥。如果各級各部門都完成了自己的具體目標，企業總目標的實現也就有了保障。

（二）財務預算是企業各級各部門工作協調的工具

企業內部各級各部門因其職責的不同，對各自經濟活動的考慮可能會帶有片面性，甚至會出現相互衝突的現象。例如，銷售部門根據市場預測提出一個龐大的銷售計劃，生產部門可能沒有那麼大的生產能力。生產部門可以編制一個充分發揮生產能力的計劃，但銷售部門卻可能無法將這些產品推銷出去。而財務預算具有高度的綜合能力，財務預算編制的過程也是企業內部各級各部門的經濟活動密切配合、相互協調、統籌兼顧、全面安排、搞好綜合平衡的過程。例如，編制生產預算一定要以銷售預算為依據，編制材料、人工、費用預算必須與生產預算相銜接，預算各指標之間應保持必需的平衡等。只有企業內部各級各部門協調一致，才能最大限度地實現企業的總目標。

（三）財務預算是企業各級各部門工作控製與考核的標準

財務預算在使企業各級各部門明確奮鬥目標的同時，也為其工作提供了控製依據。各級各部門應以各項預算為標準，通過計量對比，及時提供實際偏離預算的差異數額，並分析原因，以便採取有效措施，挖掘潛力，鞏固成績，糾正缺點，保證預定目標的完成。

另外，財務預算也是企業各級各部門工作考核的依據。現代化企業管理必須建立健全各級各部門的責任制度，而有效的責任制度離不開工作業績的考核。在預算實施過程中，實際偏離預算的差異，不僅是控制企業日常經濟活動的主要標準，也是考核、評定各級各部門和全體職工工作業績的主要依據。通過考核，對各級各部門和全體職

工進行評價，並據此實行獎懲、安排人事任免等，促使人們更好地工作，完成奮鬥目標。

三、財務預算編制的步驟

企業財務預算的編制以利潤為最終目標，並把確定下來的目標利潤作為編制預算的前提條件。企業根據已確定的目標利潤，通過市場調查，進行銷售預測，編制銷售預算。在銷售預算的基礎上，企業編制出不同層次、不同項目的預算，最後匯總為綜合性的現金預算和預計財務報表。財務預算編制的過程可以歸結為以下幾個主要步驟：

（1）根據銷售預測編制銷售預算。
（2）根據銷售預算確定的預計銷售量，結合產成品的期初結存量和預計期末結存量編制生產預算。
（3）根據生產預算確定的預計生產量，先分別編制直接材料消耗及採購預算、直接人工預算和製造費用預算，然後匯總編制產品生產成本預算。
（4）根據銷售預算編制銷售及管理費用預算。
（5）根據銷售預算和生產預算估計所需要的固定資產投資，編制資本支出預算。
（6）根據執行以上各項預算所產生和必需的現金流量，編制現金預算。
（7）綜合以上各項預算，進行試算平衡，編制預計財務報表。

第二節　財務預算的編制方法

企業可以根據不同的預算項目，分別採用固定預算與彈性預算、增量預算與零基預算、定期預算與滾動預算等方法編制各種預算。

一、固定預算與彈性預算

（一）固定預算

固定預算又稱靜態預算，是根據預算期內正常的、可實現的某一既定業務量水平為基礎來編制的預算，一般適用於固定費用或者數額比較穩定的預算項目。

固定預算的缺點表現在：一是過於呆板，因為編制預算的業務量基礎是實現假定的某個業務量。在這種方法下，不論預算期內業務量水平實際可能發生哪些變動，都只按事先確定的某一個業務量水平作為編制預算的基礎。二是可比性差，當實際的業務量與編制預算所依據的業務量發生較大差異時，有關預算指標的實際數與預算數就會因業務量基礎不同而失去可比性。例如，某企業預計業務量為銷售100,000件產品，按此業務量給銷售部門的預算費用為5,000元，如果該銷售部門實際銷售量達到120,000件，超出了預算業務量，固定預算下的費用預算仍為5,000元。

（二）彈性預算

1. 彈性預算的概念

彈性預算（Flexible Budget）又稱變動預算，與固定預算相對應。固定預算（Fixed Budget）是根據預算期內一種可能達到的預計業務量水平編制的預算。顯然，在採用固

定預算時，一旦預計業務量與實際業務量水平相差甚遠時，必然導致有關成本費用及利潤的實際水平與預算水平因基礎不同而失去可比性，不利於開展控製和考核。而彈性預算是根據預算期內一系列可能達到的預計業務量水平編制的能適應多種情況的預算。其基本原理為：將成本費用按照成本習性劃分為固定成本和變動成本兩大部分，編制彈性預算時，對固定成本不予調整，只對變動成本進行調整。彈性預算能隨著業務量的變動而變動，使預算執行情況的評價和考核建立在更加客觀可比的基礎上，可以充分發揮預算在管理中的控製作用。

從理論上講，由於未來業務量的變動影響到成本費用和利潤等各個方面，因此彈性預算適用於企業預算中與業務量有關的各種預算，但從實用角度考慮，彈性預算主要被用在彈性成本費用預算和彈性利潤預算的編制中。

2. 彈性預算的編制步驟

整個彈性預算的編制與經營活動的業務量（即經營活動水平）掛鉤，企業的經營活動水平又與企業生產、銷售掛鉤，因此彈性預算的編制呈現出以下步驟：

（1）選擇和確定經營活動水平的計量單位（如產品產量、直接人工小時、機器小時和維修小時等）和數量界限。

（2）確定不同情況下經營活動水平的範圍，通常以正常生產能力的70%～110%為宜（其中間隔一般以5%或10%為好）。生產能力可以用數量、金額、百分比表示。

（3）根據成本和產量之間的依存關係，分別確定變動成本、固定成本和混合成本及其各具體費用項目在不同經營活動水平範圍內的控製數額。

彈性預算適用於總預算的編制，也適用於製造費用預算、銷售和管理費用預算等的編制。用於編制製造費用預算時，其關鍵在於把所有的成本劃分為變動成本與固定成本兩大部分。變動成本主要是根據單位業務量來控製，固定成本則根據總額來控製。

彈性預算的主要優點在於：一方面，它比固定預算（靜態預算）運用範圍廣泛，能夠適應不同經營活動情況的變化，更好地發揮了預算的控製作用，避免了在實際執行過程中對預算進行頻繁的修改；另一方面，它能夠使預算實際執行情況的評價與考核建立在更加客觀可比的基礎上。

【例10-1】某公司2016年度利潤彈性預算表（業務量是銷售收入，用百分比表示）如表10-1所示。

表10-1　　　　　　　　　某公司2016年度利潤彈性預算表　　　　　　　　單位：萬元

銷售收入百分比	70%	80%	90%	100%	110%
銷售收入	105	120	135	150	165
變動成本	70	80	90	100	110
固定成本	10	10	10	10	10
利潤總額	25	30	35	40	45

【例10-2】假設某公司在預算期內預計生產丙產品2,400件，單位產品成本構成如表10-2所示。

表 10-2　　　　　　　　　　　　　　成本構成　　　　　　　　　　　　　　單位：元

項目	金額
直接材料	260
直接人工	120
變動性製造費用	120
其中：間接材料	30
間接人工	70
動力費	20
固定性製造費用	320,000
其中：辦公費	100,000
折舊費	200,000
租賃費	20,000

要求：根據上述資料，編制該公司在實際生產 1,800 件、2,400 件、3,000 件和 3,600 件時的彈性成本預算。

根據所給資料編制的該公司的彈性成本預算如表 10-3 所示。

表 10-3　　　　　　　　　　　　彈性成本預算表　　　　　　　　　　　　單位：元

項目	生產量 1,800 件	生產量 2,400 件	生產量 3,000 件	生產量 3,600 件
直接材料	468,000	624,000	780,000	936,000
直接人工	216,000	288,000	360,000	432,000
變動性製造費用	216,000	288,000	360,000	432,000
其中：間接材料	54,000	72,000	90,000	108,000
間接人工	126,000	168,000	210,000	252,000
動力費	36,000	48,000	60,000	72,000
固定性製造費用	320,000	320,000	320,000	320,000
其中：辦公費	100,000	100,000	100,000	100,000
折舊費	200,000	200,000	200,000	200,000
租賃費	20,000	20,000	20,000	20,000
生產成本合計	1,220,000	1,520,000	1,820,000	2,120,000

二、增量預算與零基預算

（一）增量預算

增量預算是指以基期成本費用水平為基礎，結合預算期業務量水平及有關降低成本的措施，通過調整有關費用項目而編制預算的方法，增量預算以過去的費用發生水

平為基礎，主張不需要在預算內容上做較大的調整。其編制遵循如下假定：

(1) 企業現有業務活動是合理的，不需要進行調整。

(2) 企業現有各項業務的開支水平是合理的，在預算期予以保持。

(3) 以現有業務活動和各項活動的開支水平，確定預算期各項活動的預算數。

【例10-3】某企業上年的製造費用為50,000元，考慮到本年生產任務增大10%，按增量預算計算計劃年度的製造費用。

計劃年度製造費用＝50,000×(1+10%)＝55,000（元）

增量預算編制方法的缺陷是可能導致無效費用開支項目無法得到有效控製，因為不加以分析地保留或接受原有的成本費用項目，可能使原來不合理的費用繼續開支而得不到控製，形成不必要開支合理化，造成預算上的浪費。

(二) 零基預算

1. 零基預算的概念

零基預算（Zero-base Budget）又稱零底預算，與增量（或減量）預算相對應。增量（或減量）預算是在基期成本費用水平的基礎上，結合預算期業務量水平及有關降低成本費用的措施，通過調整有關原有成本費用項目而編制的預算。這種預算往往不加分析地保留或接受原有成本費用項目，造成各種成本費用項目水平普遍地不斷上升。零基預算是以零為基礎編制的預算，其基本原理為：編制預算時一切從零開始，從實際需要與可能出發，像對待決策項目一樣，逐項審議各項成本費用開支是否必要合理，進行綜合平衡後確定各種成本費用項目的預算數額。

2. 零基預算的特點

零基預算的基本特徵是不受以往預算安排和預算執行情況的影響，一切預算收支都建立在成本效益分析的基礎上，根據需要和可能來編制預算。因此，這樣的一種預算具有以下幾個方面的特點：

(1) 不僅能壓縮經費開支，而且能切實做到把有限的經費用到最需要的地方。

(2) 不受以往預算安排與執行的制約，能夠充分發揮各級管理人員的積極性和創造性，促進各級預算部門精打細算，量力而行，合理使用資金，提高經濟效益。

(3) 由於零基預算的一切支出均以零為起點進行分析、研究，因此編制預算的工作量較大。在零基預算編制中，成本效益分析結果的準確度也影響資金安排的合理與否。

3. 零基預算的編制

在掌握準確信息資料的前提下，零基預算編制的具體程序如下：

(1) 確定預算單位。預算單位有時稱為「基本預算單位」，也可以定義為主要的基本建設項目、專項工作任務，或者是主要項目。在實踐中，通常由高層管理者來確定哪一級機構部門或項目為預算單位。

(2) 提出相應費用預算方案。預算單位針對企業在預算年度的總體目標及由此確定的各預算單位的具體目標和業務活動水平，提出相應的費用預算方案，並說明每一項費用開支的理由與數額。

(3) 進行成本和效益分析。按成本效益分析方法比較每一項費用及相應的效益，評價每項費用開支計劃的重要程度，區分不可避免成本與可延緩成本。

(4) 決定預算項目資金分配方案。將預算期可動用的資金在預算單位內各項目之間進行分配，對不可避免成本項目優先安排資金，對可延緩成本項目根據可動用資金情況，按輕重緩急、收益大小分配資金。

(5) 編制明細費用預算。預算單位經協調後具體規定有關指標，逐項下達費用預算。

(6) 檢查總結。

三、定期預算與滾動預算

(一) 定期預算

定期預算是指在編制預算時，以不變的會計期間（如日曆年度）作為預算期的一種編制預算的方法。這種方法的優點是能夠使預算期間與會計期間相對應，便於將實際數與預算數進行對比，也有利於對預算執行情況進行分析和評價。但這種方法固定以一年為預算期，在執行一段時期之後，往往使管理人員只考慮剩下來的幾個月的業務量，缺乏長遠打算，導致一些短期行為的出現。

(二) 滾動預算

滾動預算（Rolling Budget）又稱連續預算或永續預算，與定期預算相對應。定期預算是以會計年度為單位編制的各類預算，滾動預算則是在編制預算時，將預算期與會計年度脫離，隨著預算的執行不斷延伸補充預算，逐期向後滾動，使預算期永遠保持為一個固定期間的一種預算編制方法。

編制滾動預算的具體做法是每過一個季度（或月份），立即根據前一個季度（或月份）的預算執行情況，對以後季度（或月份）進行修訂，並增加一個季度（或月份）的預算。這樣以逐期向後滾動、連續不斷的預算形式規劃企業未來的經營活動。

滾動預算按其預算編制和滾動的時間單位不同可分為逐月滾動、逐季滾動和混合滾動三種方式。

1. 逐月滾動方式

逐月滾動方式是指在預算編制過程中，以月份為預算的編制和滾動單位，每個月調整一次預算的方法。例如，在 2016 年 1 月至 12 月的預算執行過程中，需要在 1 月末根據當月預算的執行情況，修訂 2 月至 12 月的預算，同時補充 2017 年 1 月的預算；2 月末根據當月預算的執行情況，修訂 3 月至 2017 年 1 月的預算，同時補充 2017 年 2 月的預算……以此類推。逐月滾動編制的預算比較精確，但工作量太大。

2. 逐季滾動方式

逐季滾動是指在預算編制過程中，以季度為預算的編制和滾動單位，每個季度調整一次預算的方法。例如，在 2016 年第 1 季度至第 4 季度的預算執行過程中，需要在第 1 季度末根據本季度預算的執行情況，修訂第 2 季度至第 4 季度的預算，同時補充 2017 年第 1 季度的預算；第 2 季度末根據當季度預算的執行情況，修訂第 3 季度至 2017 年第 1 季度的預算，同時補充 2017 年第 2 季度的預算……以此類推。逐季滾動編制的預算比逐月滾動編制的預算工作量小，但預算精度較差。

3. 混合滾動方式

混合滾動方式是指在預算編制過程中，同時使用月份和季度作為預算的編制和滾

動單位的方法。這種方式的理論根據是人們對未來的瞭解程度具有對近期的預計把握較大，對遠期的預計把握較小的特徵。例如，對 2016 年 1 月至 3 月的 3 個月逐月編制詳細預算，其餘 4 月至 12 月分別按季度編制簡略預算；3 月末根據第 1 季度預算的執行情況，編制 4 月至 6 月的詳細預算，並修訂第 3 季度至第 4 季度的預算，同時補充 2017 年第 1 季度的預算；6 月末根據當季預算的執行情況，編制 7 月至 9 月的詳細預算，並修訂第 4 季度至 2017 年第 1 季度的預算，同時補充 2017 年第 2 季度的預算……以此類推。

滾動預算能夠從動態上保持預算的完整性和連續性，並能夠使預算與實際情況更相適應，但整個編制工作繁重，任務量大。

第三節　現金預算與預計財務報表的編制

企業編制預算期間，往往因預算種類的不同而各有所異。一般來說，在年度預算下，日常業務預算和一次性專門業務預算應按季分月編制；資本支出預算應首先按每一投資項目分別編制，並在各項目的壽命週期內分年度安排，然後在編制整個企業計劃年度財務預算時，再把屬於該計劃年度的資本支出預算進一步細分為按季或按月編制的預算；現金預算應根據企業的具體需要按月、按周、按天編制；預計財務報表應按季編制。

一、現金預算的編制

現金預算又稱現金收支預算，是以日常業務預算和專門決策預算為基礎編制的反應企業預算期間現金收支情況的預算。現金預算主要反應現金收入、現金支出、現金收支差額、現金籌措與使用情況以及期初期末現金餘額，具體包括現金收入、現金支出、現金餘缺和現金融通四個部分。

現金收入包括預算期間的期初現金餘額加上本期預計可能發生的現金收入，其主要來源是銷售收入和應收帳款的回收，可以從銷售預算中獲得相關資料。現金支出包括預算期間預計可能發生的一切現金支出，包括各項經營性現金支出，用於繳納稅金、股利分配的支出，購買設備等資本性支出，可以從直接材料、直接人工、製造費用、銷售及管理費用等費用預算中獲得相關資料。

現金預算的編制要以其他各項預算為基礎，或者說其他預算在編制時要為現金預算做好數據準備。為了更好地說明現金預算的編制，本書先介紹日常業務預算和專門決策預算的編制方法。

（一）銷售預算

銷售預算是指在銷售預測的基礎上，根據企業年度目標利潤確定的預計銷售量、銷售單價和銷售收入等參數編制的，用於規劃預算期銷售活動的一種業務預算。

銷售預算是編制全面預算的出發點，也是日常業務預算的基礎。在編制過程中，應根據有關年度內各季度市場預測的銷售量和售價，確定計劃期銷售收入（有時要同時預計銷售稅金），並根據各季度現銷收入與回收賒銷貨款的可能情況反應現金收入，

以便為編制現金收支預算提供信息。

【例10-3】已知某公司經營多種產品,預計2017年各季度各種產品銷售量及有關售價的部分資料如表10-4的上半部分所示。據估計,每季度銷售收入中有80%能於當期收到現金,其餘20%要到下季度收回,假定不考慮壞帳因素。該企業銷售的產品均為應繳納消費稅的產品,稅率為10%,並於當季用現金完稅。該公司2016年年末應收帳款餘額為40,000元(假定本例不考慮增值稅因素)。

根據題意,可計算分季度銷售收入和與銷售業務有關的現金收支數據,見表10-4的下半部分。

表10-4　　　　　　　　　　某公司2017年銷售預算　　　　　　　　　　單位:元

項目	第1季度	第2季度	第3季度	第4季度	本年合計
銷售量(預計)					
A產品(件)	800	1,000	1,200	1,000	4,000
B產品(盒)	...	...	...	...	...
...	...	...	...	...	...
銷售單價					
A產品	100	100	100	100	100
B產品	...	...	...	...	...
...	...	...	...	...	...
①銷售收入合計	195,000	290,000	375,000	220,000	1,080,000
②銷售環節稅金現金支出	19,500	29,000	37,500	22,000	108,000
③現銷收入	156,000	232,000	300,000	176,000	864,000
④回收前期應收貨款	40,000	39,000	58,000	75,000	212,000
⑤現金收入小計	196,000	271,000	358,000	251,000	1,076,000

註:②=①×10%;③=①×80%;④=①×20%;⑤=③+④

(二)生產預算

生產預算是為規劃預算期生產規模而編制的一種業務預算。它是在銷售預算的基礎上編制的,並可以為下一步編制成本和費用預算提供依據。

編制生產預算的主要依據是預算期各種產品的預計銷售量及存貨量資料。其計算公式為:

$$預計生產量 = 預計銷售量 + 預計期末存貨量 - 預計期初存貨量 \quad (式10-1)$$

由於預計銷售量可以直接從銷售預算中查到,預計期初存貨量等於上季度期末存貨量。因此,編制生產預算的關鍵是正確地確定各季度預計期末存貨量。在實踐中,可按事先估計的期末存貨量佔一定時期銷售量的比例進行估算,當然還要考慮季節性因素的影響。

【例10-4】仍按【例10-3】資料,假定某公司各季度末的A成品存貨按下季度預計銷售量的10%估算,預計2017年第4季度期末存貨量為120件,已知2016年年末實際存貨量為80件。依題意編制的A產品生產預算如表10-5所示。

表 10-5　　　　　　　　某公司 2017 年 A 產品生產預算　　　　　　　　單位：件

項目	第 1 季度	第 2 季度	第 3 季度	第 4 季度	本年合計
①本期銷售量	800	1,000	1,200	1,000	4,000
②期末存貨量	100	120	100	120	120
③期初存貨量	80	100	120	100	80
④本期生產量	820	1,020	1,180	1,020	4,040

註：④=①+②-③

(三) 直接材料消耗及採購預算

直接材料消耗及採購預算簡稱直接材料預算，是為規劃預算期直接材料消耗情況及採購活動而編制的，用於反應預算期各種材料消耗量、採購量、材料消耗成本和採購成本等計劃信息的一種業務預算。直接材料消耗及採購預算主要依據生產預算、材料單耗和材料採購單價等資料進行編制。其編制程序如下：

1. 計算各季度各種直接材料的消耗量預算

有關公式如下：

某期某產品所消耗某材料的數量 = 該產品當期生產量 × 該產品耗用該材料消耗定額

（式 10-2）

【例 10-5】仍按【例 10-4】的資料。根據 A 產品耗用各種直接材料的消耗定額（單耗）和 A 產品預計產量，可計算出該公司預算期內各種材料消耗量預算值，如表 10-6 所示。

表 10-6　　　　　　　某公司 2017 年 A 產品耗用材料預算　　　　　　　單位：千克

項目	第 1 季度	第 2 季度	第 3 季度	第 4 季度	本年合計
A 產品生產量（件）	820	1,020	1,180	1,020	4,040
材料消耗定額					
甲材料	2	2	2	2	
乙材料	…	…	…	…	
…	…	…	…	…	
材料消耗數量					
甲材料	1,640	2,040	2,360	2,040	8,080
乙材料	…	…	…	…	…
…	…	…	…	…	…

2. 計算每種直接材料的總耗用量

有關公式如下：

某期某直接材料總耗用量 = Σ 當期某產品所消耗該材料的數量　　（式 10-3）

3. 計算每種直接材料的當期採購量及採購成本

有關公式如下：

某期某種材料採購量 = 該材料當期總耗用量 + 該材料期末存貨量 - 該材料期初存貨量

（式 10-4）

$$\text{某期某種材料採購成本} = \text{該材料單價} \times \text{該材料當期採購量} \quad (\text{式 10-5})$$

4. 計算預算期材料採購總成本

有關公式如下：

$$\text{預算期直接材料採購總成本} = \sum \text{當期各種材料採購成本} \quad (\text{式 10-6})$$

【例 10-6】仍按【例 10-5】資料。某公司 2017 年各季度消耗的甲材料總量、該材料期末期初存量及其單價如表 10-7 有關欄目所示，進而可以計算出各種材料的本期採購量及採購成本，最後計算出各種材料的採購成本總額。假定每季度材料採購總額的 60% 用現金支付，其餘 40% 在下季度付訖。2016 年年末應付帳款餘額為 52,000 元。根據題意計算的與材料採購業務有關的現金支出項目如表 10-7 的下部分所示。

表 10-7　　　　　某公司 2017 年直接材料耗用及採購預算　　　　　單位：元

材料種類	項目	第1季度	第2季度	第3季度	第4季度	全年合計
甲材料	A 產品耗用	1,640	2,040	2,360	2,040	8,080
	B 產品耗用	…	…	…	…	…
	…	…	…	…	…	…
	甲材料總耗用量	7,600	8,040	8,240	8,400	32,280
	加：期末材料存量	1,608	1,648	1,680	1,640	—
	減：期初材料存量	1,520	1,608	1,648	1,680	—
	本期採購量	7,688	8,080	8,272	8,360	32,400
	甲材料單價	5	5	5	5	—
	甲材料採購成本	38,440	40,400	41,360	41,800	162,000
乙材料	…	…	…	…	…	…
	乙材料採購成本	…	…	…	…	…
	…	…	…	…	…	…
	…	…	…	…	…	…
各種材料採購成本總額		141,100	146,000	148,400	151,900[1]	587,400
當期現購材料成本		84,660	87,600	89,040	91,140	352,440
償付前期所欠材料款		52,000	56,440	58,400	59,360	226,200
當期現金支出小計		136,660	144,040	147,440	150,500	578,640

註：①其中包括為下年開發丁產品準備的材料成本 5,800 元

（四）直接工資及其他直接支出預算

直接工資又稱直接人工預算，是一種既反應預算期內人工工時消耗水平，又規劃人工成本開支的業務預算。該預算的編制程序如下：

1. 計算預算期各產品有關直接人工工時預算值

有關公式如下：

$$\text{某產品消耗直接人工總工時} = \sum \text{某車間生產該產品消耗直接人工總工時}$$

$$(\text{式 10-7})$$

其中：

某車間生產該產品消耗直接人工總工時
＝該車間生產該產品產量×該產品在該車間發生人工單耗定額工時

（式10-8）

【例10-7】某公司2017年A產品直接人工工時預算如表10-8所示。

表10-8　　　　　　某公司2017年A產品直接人工工時預算　　　　　　單位：小時

項目	第1季度	第2季度	第3季度	第4季度	本年合計
A產品生產量（加工量） 一車間 二車間 …	820 … … …	1,020 … … …	1,180 … … …	1,020 … … …	4,040 … … …
單位產品定額工時 一車間 二車間 …	 3 … …	 3 … …	 3 … …	 3 … …	6[①] — — —
A產品直接人工總工時 一車間 二車間 …	 2,460[②] … …	 3,060 … …	 3,540 … …	 3,060 … …	 12,120 … …
合計	4,920	6,120	7,080	6,120	24,240

註：①單位A產品定額工時＝24,240÷4,040；②＝820×3

2. 計算各種產品的直接工資預算額

有關公式如下：

某種產品直接工資預算額＝該產品預計直接人工總工時×單位工時工資率

（式10-9）

3. 計算各種產品的其他直接支出預算額

有關公式如下：

某種產品其他直接支出預算額＝該產品直接工資預算額×計提百分比

（式10-10）

4. 計算企業直接工資及其他直接支出總預算

有關公式如下：

企業直接工資及其他直接支出總預算
＝∑(某種產品直接工資預算額＋該產品其他直接支出預算額)　（式10-11）

【例10-8】表10-8中，假定其他直接支出已被歸並入直接人工成本統一核算，不分別反應直接工資與其他直接支出。另外，直接人工成本假定均須用現金開支，故不必單獨列示。根據表10-8的人工工時預算得到人工成本預算如表10-9所示。

表 10-9　　　　　　　　某公司 2017 年直接人工成本預算　　　　　　　　單位：元

項目	第 1 季度	第 2 季度	第 3 季度	第 4 季度	本年合計
①直接人工總工時					
A 產品	4,920	6,120	7,080	6,120	24,240
B 產品	…	…	…	…	…
…	…	…	…	…	…
②合計	7,600	8,040	8,240	8,400	32,280
③單位人工成本	3	3	3	3	3
④單位產品人工成本					
A 產品	18	18	18	18	18
B 產品	…	…	…	…	…
⑤直接人工成本總額					
A 產品	14,760	18,360	21,240	18,360	72,720
B 產品	…	…	…	…	…
⑥合計	22,800	24,120	24,720	25,200	96,840

註：⑤＝①×③；④＝⑤÷產量；③＝Σ⑥÷Σ②

（五）製造費用預算

製造費用預算是指用於規劃除直接材料和直接人工預算以外的其他一切生產費用的一種業務預算。

在編制製造費用預算時，可按變動成本法將預算期內除直接材料、直接人工成本以外的預計生產成本（即製造費用）分為變動部分與固定部分，並確定變動製造費用分配率標準，以便將其在各產品間分配；固定部分的預算總額作為期間成本，可以不必分配。有關公式為：

預算分配率＝變動性製造費用÷相關分配標準預算　　　　（式 10-12）

式中，分母可以在生產量預算或直接人工工時總額預算中選擇，多品種條件下，一般以後者進行分配。

【例 10-9】表 10-10 為某公司 2017 年製造費用預算。

表 10-10　　　　　　　某公司 2017 年製造費用預算　　　　　　　單位：元

固定性製造費用	金額	變動性製造費用	金額
1. 管理人員工資	8,700	1. 間接材料	8,500
2. 保險費	2,800	2. 間接人工成本	18,800
3. 設備租金①	2,680	3. 水電費	14,500
4. 維修費	1,820	4. 維修費	6,620
5. 折舊費	12,000	合計	48,420
合計	28,000	直接人工總工時	32,280
其中：付現費用	16,000	預算分配率	1.5

項目	第 1 季度	第 2 季度	第 3 季度	第 4 季度	全年合計
變動性製造費用②	11,400	12,060	12,360	12,600	48,420
付現的固定性製造費用③	4,000	4,000	4,000	4,000	16,000
現金支出小計	15,400	16,060	16,360	16,600	64,420

註：①年初租入生產 B 產品的專用設備一臺，按季付租金 670 元；

②＝預算分配率×各季度預算總工時；

③＝全年付現的固定性製造費用÷4

(六) 產品生產成本預算

產品生產成本預算又叫產品成本預算,是反應預算期內各種產品生產成本水平的一種業務預算。這種預算是在生產預算、直接材料消耗及採購預算、直接人工預算和製造費用預算的基礎上編制的,通常應反應各產品單位生產成本與總成本,有時還要反應年初和年末的產品存貨預算。也有人主張分季反應各期生產總成本和期初、期末存貨成本的預算水平。在這種情況下,各季度期末存貨計價的方法應保持不變。

【例10-10】某公司按變動成本法確定的2017年產品生產成本預算如表10-11所示。

表10-11　　　　　　　某公司2017年產品生產成本預算　　　　　　單位:元

成本項目	A 產品全年產量 4,040 件				B	總成本合計
	單耗	單價	單位成本	總成本		
直接材料						
甲材料	2	5	10	40,400		161,400
乙材料	…	…	…	…		…
…	…	…	…	…		…
小計			22	88,880		583,500
直接工資及其他直接支出	6	3	18	72,720		96,840
變動性製造費用	6	1.5	9	36,360		48,420
變動生產成本合計			49	197,960	…	728,760
產成品存貨	數量(件)		單位成本	總成本	…	合計
年初存貨	80		50	4,000	…	28,500
年末存貨	120		49	5,880	…	81,660

(七) 經營及管理費用預算

經營及管理費用預算是以價值形式反應整個預算期內為推銷商品和維持一般行政管理工作而發生的各項費用支出計劃的一般預算。經營及管理費用預算類似於製造費用預算,一般按項目反應全年預計水平。這是因為經營費用和管理費用多為固定成本,它們的發生是為保證企業維持正常的經營服務,除折舊、銷售人員工資和專設銷售機構日常經費開支定期固定發生外,還有不少費用屬於年內待攤或預提性質,如一次性支付的全年廣告費就必須在年內均攤,這些開支的時間與受益期間不一致,只能按全年反應,進而在年內平均攤配。有人主張將這些費用也劃分為變動和固定兩部分。對變動部分按分期銷售業務量編制預算,對固定部分全年均攤,認為這樣有助於編制分期現金支出預算。實際上,除非將所有費用項目逐一分期編制現金開支預算,否則對於那些跨期分攤的項目來說,任何平均費用都不等於實際支出,因此必須具體逐項編制預算。

【例10-11】表10-12是某公司的經營費用及管理費用預算(不區分變動與固定費用)。

表 10-12　　　　　某公司 2017 年經營費用及管理費用預算　　　　單位：元

費用項目	全年預算	費用項目	全年預算
1. 銷售人員薪金	4,500	10. 行政人員薪金	3,500
2. 專設銷售機構辦公費	2,000	11. 差旅費	1,500
3. 代理銷售佣金	1,200	12. 審計費	2,000
4. 銷售運雜費	650	13. 財產稅	700
5. 其他銷售費用	950	14. 行政辦公費	3,000
6. 宣傳廣告費	4,000	15. 財務費用	500
7. 交際費	1,000	費用合計	29,600
8. 土地使用費	3,300		
9. 折舊費	800	每季度平均 = 29,600÷4 = 7,400	

季度	第 1 季度	第 2 季度	第 3 季度	第 4 季度	全年合計
現金支出	6,450	7,400	8,250	6,700	28,800

(八) 專門決策預算

專門決策預算包括短期決策預算和長期決策預算兩類。前者往往被納入業務預算體系，如零部件取得方式決策方案一旦確定，就要相應調整材料採購或生產成本預算；後者又稱資本支出預算，往往涉及長期建設項目的資金投放與籌措等，並經常跨年度，因此除個別項目外一般不納入業務預算，但應計入與此有關的現金收支預算與預計資產負債表。

【例 10-12】某公司為穩定 B 產品質量，2017 年需增設一臺專用檢測設備，取得方案有三個：一是花 10,000 元購置，可用 5 年；二是花半年時間自行研製，預計成本 5,000 元；三是採用經營租賃形式，每季支付 670 元租金向信託投資公司租借。經反覆研究，該公司決定採取第三個方案，於是該項決策預算被納入製造費用預算。

【例 10-13】為開發新產品 D，某公司決定於 2017 年上馬一條新的生產線，年內安裝調試完畢，並於年末投入使用，有關投資及籌資預算如表 10-13 所示。

表 10-13　　　　某公司 2017 年 D 產品生產線投資總額和資金籌措表　　　　單位：元

項目	第 1 季度	第 2 季度	第 3 季度	第 4 季度	全年合計
固定資產投資					
1. 勘察設計費	500				500
2. 土建工程	5,000	5,000			10,000
3. 設備購置		65,000	15,000		80,000
4. 安裝工程			3,000	5,000	8,000
5. 其他				1,500	1,500
流動資金投資					
丁材料採購				5,800	5,800
合計				5,800	5,800
投資支出總計	5,500	70,000	18,000	12,300	105,800

表10-13(續)

項目	第1季度	第2季度	第3季度	第4季度	全年合計
投資資金籌措					
1. 發行優先股	20,000				20,000
2. 發行公司債		50,000			50,000
合計	20,000	50,000			70,000

註：①優先股股利為15%；②公司債券利息率為12%

該預算中僅把丁材料採購納入業務預算中的直接材料採購預算，其餘僅計入現金收支預算和預計資產負債表。

(九) 現金預算

【例10-14】根據【例10-2】至【例10-13】的資料編制的某公司2017年現金預算如表10-14所示。

表10-14　　　　　　　　某公司2017年現金預算　　　　　　　　單位：元

項目	第1季度	第2季度	第3季度	第4季度	全年合計	備註
①期初現金餘額	21,000	22,690	23,270	24,138	21,000	
②經營現金收入	196,000	271,000	358,000	251,000	1,076,000	
③經營性現金支出	228,810	248,620	262,270	249,000	988,700	
直接材料採購	136,660	144,040	147,440	150,500	578,640	
直接工資及其他支出	22,800	24,120	24,720	25,200	96,840	
製造費用	15,400	16,060	16,360	16,600	64,420	
銷售及管理費用	6,450	7,400	8,250	6,700	28,800	
產品銷售稅金(消費稅)	19,500	29,000	37,500	22,000	108,000	
預交所得稅	20,000	20,000	20,000	20,000	80,000	
預分股利	8,000	8,000	8,000	8,000	32,000	
④資本性現金支出	5,500	70,000	18,000	6,500	100,000	
⑤現金餘缺	(17,310)	(24,930)	101,000	19,638	8,300	
⑥資金籌措及運用	40,000	48,200	(76,862)	5,320	16,658	
流動資金借款	20,000				20,000	
歸還流動資金借款		(1,000)	(10,000)	(9,000)	(20,000)	
發行優先股	20,000				20,000	
發行公司債		50,000			50,000	
支付各項利息		(800)	(1,880)	(1,680)	(4,360)	
購買有價證券			(64,982)	16,000	(48,982)	
⑦期末現金餘額	22,690	23,270	24,138	24,958	24,958	

註：⑤=①+②-③-④；⑦=⑤+⑥；
假定借款在期初發生，還款在期末發生，利息率為8%

二、預計財務報表的編制

(一) 預計利潤表

預計利潤表是以貨幣為單位、全面綜合地表現預算期內經營成果的利潤計劃。該

表既可以分季編制，又可以按年編制。

【例 10-15】表 10-15 是某公司 2017 年按變動成本法編制的全年預計利潤表。

表 10-15　　　　　　　　　某公司 2017 年度預計利潤表　　　　　　　　單位：元

銷售收入	1,080,000
減：銷售稅金及附加	108,000
減：本期銷貨成本①	675,600
邊際貢獻總額	296,400
減：期間成本②	61,960
利潤總額	234,440
減：應交所得稅（25%）	58,610
淨利潤	175,830

註：① = 28,500+728,760-81,660（見表 10-11 中的數據）；
　　② = 28,000+29,600+4,360（見表 10-10、表 10-12、表 10-14 中的數據）

（二）預計資產負債表

預計資產負債表是以貨幣單位反應預算期末財務狀況的總括性預算，表中除上年期末數事先已知外，其餘項目在前面所列的各項預算指標的基礎上分析填列。

【例 10-16】表 10-16 為某公司編制的 2017 年 12 月 31 日預計資產負債表。

表 10-16　　　　　　　　　某公司預計資產負債表　　　　　　　　單位：元

資產	年末數	年初數	負債與股東權益	年末數	年初數
現金	24,958	21,000	負債		
應收帳款	44,000[1]	40,000	應付帳款	60,760[5]	52,000
材料存貨	31,900[2]	28,000	應付公司債	50,000	
產成品存貨	81,660	28,500	應交所得稅	-21,390[6]	
土地	120,000	120,000	股東權益		
廠房設備	275,000[3]	175,000	普通股	280,000	280,000
減：累計折舊	40,000[4]	27,200	優先股	20,000	
有價證券投資	48,982		留存收益	197,130[7]	53,300
資產總計	586,500	385,300	負債與股東權益總計	586,500	385,300

註：① = 220,000-176,000 = 40,000+1,080,000-1,076,000（表 10-4）；
　　② = 28,000+587,400-583,500（表 10-7、表 10-11）；
　　③ = 175,000+100,000（表 10-13）；
　　④ = 27,200+（12,000+800）（表 10-10、表 10-12）；
　　⑤ = 151,900-91,140 = 52,000+587,400-578,640（表 10-7）；
　　⑥ = 58,610-80,000（表 10-15、表 10-14）；
　　⑦ = 53,300+175,830-32,000（表 10-15、表 10-14）

第四節　財務控製與責任中心

一、財務控製的概念與作用

(一) 財務控製的概念

控製是指通過一定的手段對實際行動施加影響，使之能夠按照預定的目標或計劃進行的這樣一種過程。財務控製則是指企業按照一定的程序與方法，確保企業及其內部機構和人員全面落實與實現財務預算，實現對企業資金的取得、投放、使用和分配過程的控製。

財務控製是財務管理的重要環節，這就使得財務控製具有財務管理的某些重要特徵。財務控製的主要特徵有以下三點：

1. 財務控製是一種價值控製

這是財務控製與其他管理控製區別的本質特徵。從財務管理的依據上看，財務控製的主要依據是財務管理目標、財務預算等，無論是整體目標、分部目標、具體目標，還是現金預算、預計利潤表、預計資產負債表都可以或必須以價值形式表達；從財務控製的對象來看，無論是資金、成本或者是利潤，均以價值形式體現。因此，無論是責任預算、責任報告、業績考核還是單位內部的相互制約關係，都需要借助於價值形式或內部轉移價格來進行控製。

2. 財務控製是一種綜合控製

這一特徵是由財務控製的本質特徵決定的。既然財務控製是以價值手段進行控製的，那麼它就可以將不同性質的業務綜合起來進行控製，也可以將各種不同崗位、不同部門、不同層次的業務活動綜合起來進行控製。財務控製的綜合性體現在對資產、利潤、成本等綜合性價值指標的控製上。

3. 日常財務控製以現金流量為控製目的

企業的日常財務活動通常表現為營業現金的流動，因而日常財務控製關注的重點自然是現金的流入和流出。為此，財務控製的重點應放在現金流量狀況的控製上，通過編制現金預算作為組織現金流量的依據，同時還通過編制現金流量表，作為評估現金流量狀況的依據。

簡單地概括，可以認為財務控製的特徵是以價值形式為控製手段，以不同崗位、部門和層次的不同經濟業務為綜合控製對象，以控製日常現金流量為主要內容。

(二) 財務控製的作用

財務控製與財務預測、決策和分析等共同構成了財務管理的循環。其中，財務控製是財務管理的關鍵環節，它對實現企業財務管理的目標起著保證、促進、監督、協調等多方面的作用。

1. 保證作用

企業的生產與再生產都需要資金的保障。沒有足夠的資金，企業不僅無法進行擴張，連基本的生產都不能保證。因此，財務部門就有責任廣開財源，籌措生產與再生

產所必需的資金。同時，財務部門還應當根據企業生產經營活動的歷史資料及客觀規律，有計劃、按比例地在各個環節和項目之間，進行資金的分配和供應，以保證生產經營活動能夠有序地進行。通過財務控製工作，可以使企業的資金在生產經營的各個環節得到合理的配置和有效的利用，對企業的生產經營活動正常進行起到了很好的保證作用。

2. 促進作用

企業的生產經營活動過程，是生產資源（如勞動、原材料、機器設備等）的耗費和價值的形成過程。對各項生產資源的控製及對價值轉移和新價值創造的控製，都必須通過財務控製來進行。財務控製通過對生產活動的各個環節進行有效的激勵，有助於各項資源通過勞動者的生產經營轉移舊價值，也有助於創造新價值，並最終有利於形成財務成果。

3. 監督作用

企業的生產經營活動，以貨幣購買生產資料開始，到最終將產品售出收回資金為一個循環。在生產經營活動中，可以通過財務控製來實現對生產經營活動各個環節的監督。因為在生產經營的各個環節，各種財產、物資的增減變化，各種耗費以及生產經營活動的最終成果都可以用貨幣來進行衡量。通過綜合計算，可以形成各種財務指標，財務部門對這些指標進行分析、檢查，可以對企業的生產經營活動進行診斷，找到薄弱的環節，並採取積極的應對措施，進行事前、事中、事後的監督，改善生產經營。

4. 協調作用

生產經營過程的資金運轉需要企業各個部門的協調，如果有一個環節成為瓶頸，那麼企業的資金流就會不順暢。財務控製則是這個協調的紐帶，通過財務控製可以將生產過程與流通過程協調起來，使整個財務活動正常運轉。另外，財務控製還可以協調投資人、債權人、債務人、政府部門、企業之間以及企業內部各部門之間的經濟關係。

二、財務控製的種類

（一）按財務控製的主體分類

財務控製按其控製主體分為出資者財務控製、經營者財務控製、財務部門財務控製和責任中心財務控製。

出資者財務控製是資本所有者為了實現其資本保全和資本增值目的而對經營者的財務收支活動進行的控製，如對成本開支範圍和標準的規定等。

經營者財務控製是管理者為了實現財務預算目標而對企業的財務收支活動進行的控製。其主要內容是制定並執行財務決策、制定預算、確立目標、建立企業內部財務控製體系等。

財務部門財務控製是財務部門為了有效地保證現金供給，通過編制現金預算，對企業日常財務活動進行的控製，屬於企業的日常財務控製。

責任中心財務控製是指企業內部各責任中心以責任預算為依據，對本中心的財務活動實施的控製，如責任資金控製、責任成本控製、責任利潤控製等。

(二) 按財務控製的時間順序分類

財務控製按控製的時間順序分為事前財務控製、事中財務控製和事後財務控製。

事前財務控製是指在財務活動尚未發生之前就通過制定一系列的制度、規定、標準，將可能發生的差異予以排除。例如，事先制定財務管理制度、內部牽制制度、財務預算及各種定額標準等。

事中財務控製是指在財務收支活動發生過程中進行的控製。例如，嚴格按預算、制度、定額、標準等控製各項活動的收支，及時預測可能出現的偏差，在差異尚未出現時，就將其消除。

事後財務控製是指對財務收支活動的結果進行的考核及相應的獎罰。例如，按財務預算的要求對各責任中心的財務收支結果進行評價，並據以實行獎懲。

(三) 按財務控製的依據分類

財務控製按控製的依據分為財務目標控製、財務預算控製和財務制度控製。

財務目標控製就是以企業的財務目標為依據，對各責任中心的財務活動進行約束、指導和干預，使之符合財務目標的控製形式。

財務預算控製是指以企業財務預算為依據，對預算執行主體的財務收支活動進行監督、調整，使之符合預算目標的一種控製形式。

財務制度控製是指通過制定企業內部規章制度，並以此為依據約束企業和各責任中心財務收支活動的一種控製形式。

(四) 按控製的對象分類

財務控製按控製的對象分為財務收支控製和現金控製。

財務收支控製是按照財務預算或財務收支計劃，對企業和各責任中心的財務收入活動與財務支出活動進行的控製。其主要目的是實現財務收支的平衡。

現金控製是以現金預算為依據，對企業和各責任中心的現金流入與現金流出活動進行的控製。其目的是為了完成現金預算目標，防止現金的短缺和閒置。

(五) 按財務控製的手段分類

財務控製按控製的手段分為絕對控製和相對控製，也稱為定額控製和定率控製。

絕對控製（定額控製）是指對企業和責任中心的財務指標採用絕對額進行控製。通常，對於激勵性的指標確定最低控製標準，而對於約束性的指標則確定最高控製標準。

相對控製（定率控製）是指對企業和責任中心的財務指標採用相對比率進行控製。通常，相對控製具有投入與產出匹配、開源與節流並重的特徵。

此外，財務控製還存在著其他的一些分類方式。例如，按照財務控製的內容，可將財務控製分為一般控製和應用控製；按照財務控製的功能，可將財務控製分為預防性控製、偵查性控製、糾正性控製、指導性控製和補償性控製。

三、責任中心

(一) 責任中心的概念、特徵及其分類

企業為了實行有效的內部財務控製，通常都是按照統一領導、分權管理的原則，在企業內部合理劃分責任單位，明確責任單位應承擔的經濟責任、應有的權力和利益，

促使各責任單位各盡其能，相互協調配合。責任中心就是承擔一定的經濟責任，並享有一定權力和利益的內部單位（或責任單位）。責任中心是一個責、權、利相結合的實體，具有承擔經濟責任的條件以及相對獨立的經營業務和財務收支活動。

從責任中心的概念來看，責任中心主要有以下的五個特徵：

1. 責任中心是責、權、利相結合的實體

每個責任中心都必須對一定的財務指標承擔完全責任，同時還被賦予與該責任範圍對應、大小相等的相關權力，並制定相應的業績考核標準和利益分配標準。

2. 責任中心具有承擔經濟責任的條件

責任中心具有履行經濟責任的行為能力，也具有承擔經濟責任後果的相應能力。

3. 責任中心承擔的責任和行使的權力都應該是可控的

每個責任中心只能對其責權範圍內的可控成本、收入、利潤和投資負責，在企業的預算和業績考核中也應包括其能控制的項目。

4. 責任中心具有相對獨立的經營活動和財務收支活動

這表明責任中心是確定經濟責任的客觀對象。

5. 責任中心便於進行單獨核算

責任中心不僅要劃清責任，而且要便於責任會計核算。劃分責任是前提，單獨核算是保證。只有滿足了這兩個要求，企業內部單位才有成為責任中心的可能性。

責任中心按其權責範圍和業務流動特點的不同，一般可以分為成本中心、利潤中心和投資中心三類。

(二) 成本中心

1. 成本中心的含義及其類型

成本中心是指對成本或費用承擔責任的責任中心。由於成本中心通常不會形成以貨幣計量的收入，因而不需要對收入、利潤或投資負責。

成本中心是責任中心中應用最為廣泛的一種類型，原則上而言，凡是有成本發生，需要對成本負責，並能對成本進行控制的內部單位，都可以成為成本中心。例如，企業集團下屬的各個分廠、車間、事業部、工段、班組，甚至是個人都可以成為責任中心。成本中心的職責是用一定的成本去完成規定的具體任務。

成本中心通常有兩種：標準成本中心和費用中心。

標準成本中心是對產品生產過程中發生的直接材料、直接人工、製造費用等進行控制的成本中心。標準成本中的典型代表是製造業工廠、車間、工段、班組等。在生產製造活動中，標準成本中心的投入一般與產量水平有函數對應關係，不僅能夠計量產品產出的實際數量，而且每個產品都有明確的原材料、人工和間接製造費用的數量標準和價格標準，從而可以對生產過程實施有效的彈性成本控制。事實上，任何一項重複性活動，只要能夠計量產出的實際數量，並且能夠建立起投入與產出之間的函數關係，都可以作為標準成本中心。

費用中心是指對銷售費用、管理費用、財務費用等期間費用進行控制的成本中心，如財務部門、行銷部門、倉儲部門等。費用中心適用於那些產出物不能用財務指標來衡量，或者是投入與產出之間沒有明確函數關係的內部單位，因而對於費用中心，通常是採用制定、實施費用預算來進行控制的。

2. 責任成本與可控成本

責任成本是以具體的責任單位為對象，以其承擔的責任為範圍所歸集的成本。特定責任中心的責任成本就是該中心的全部可控成本之和。

可控成本是指責任單位在特定時期內，特定的責任中心能夠直接控制其發生的成本。作為可控成本一般具以下四個條件：

（1）責任中心能夠通過一定的方式預知成本的發生。

（2）責任中心能夠對發生的成本進行計量。

（3）責任中心能夠通過自己的行為對這些成本加以調節和控制。

（4）責任中心可以將這些成本的責任分解落實。

與可控成本相對應的還有不可控成本，凡是不能同時滿足上述四個條件的成本就是不可控成本。對於特定的責任中心而言，不可控成本的責任不應由其承擔。

正確判斷成本的可控性是成本中心承擔起責任成本的前提條件，因而我們在理解和判斷可控成本時應注意以下幾個方面：

（1）成本的可控性總是與特定的責任中心相關，同時與責任中心所處的管理層級的高低、管理權限及控制範圍的大小都有直接的關係。例如，原材料的成本對於採購部門而言是可控成本，而對於生產車間而言則是不可控的。

（2）成本的可控性要考慮成本發生的時間範圍。一般來說，許多成本在消耗或支付的當期是可控的，一旦開始消耗或已經支付時，則不再可控了。例如，折舊費、租賃費等，在購置設備和簽訂租約時是可控的，而使用設備或執行契約時就不可控製了。成本的可控性是一個動態概念，會隨著時間的推移和企業管理條件的變化而變化。

3. 成本中心的考核指標

由於成本中心只對成本負責，因而對其評價和考核的主要內容是成本，主要是通過對各成本中心的實際責任成本與預算責任成本進行比較，作為成本中心業務活動優劣的評價標準。成本中心的考核指標和計算公式如下：

$$成本(費用)變動額 = 實際責任成本(費用) - 預算責任成本(費用)$$

（式10-13）

$$成本(費用)變動率 = 成本(費用)變動額 \div 預算責任成本(費用) \times 100\%$$

（式10-14）

在進行成本中心考核時，如果預算產量與實際產量不一致時，應先按照彈性預算方法進行預算指標調整，然後再按公式進行計算。如果成本（費用）的變動額（率）為負數時，則表示成本降低了。

【例10-17】甲車間為某企業內部的成本中心，生產 A 產品，預算產量為 5,000 件，單位成本為 150 元；實際產量為 4,000 件，單位成本為 145.5 元。

計算該成本中心的成本變動額和變動率。

成本變動額 = 4,000×145.5 - 4,000×150 = -18,000（元）

成本變動率 = -18,000÷(4,000×150) = -3%

結果表明，該成本中心的成本節約額為 18,000 元，節約率為 3%。

(三) 利潤中心

1. 利潤中心的含義及類型

利潤中心是對利潤負責的責任中心。由於利潤是收入減去成本費用之差，因而利潤中心是指既對成本負責又對收入和利潤負責的責任單位。利潤中心既要控製成本費用的發生，也要對收入和成本費用的差額即利潤進行控製。此處所指的成本和收入對利潤中心來說都應是可控的，可控的收入減去可控的成本後的淨收入就是利潤中心的可控利潤，也被稱為責任利潤。

利潤中心能同時控製生產和銷售，但沒有責任或權力決定該中心資產投資的水平。此類責任中心一般是指有產品或勞務生產經營決策權的企業較高層級的部門，如分廠、分店、事業部等。

利潤中心按其收入特徵可分為自然利潤中心與人為利潤中心。

自然利潤中心能夠直接向企業外部出售產品，在市場上進行購銷業務而賺取利潤。這種利潤中心直接面向市場，具有產品銷售權、價格制定權、材料採購權和生產決策權。自然利潤中心雖然是企業的一個部門，但功能與獨立企業相近。例如，採用事業部制的企業，每個事業部均有銷售、生產、採購的職能，有很強的獨立性，它們就是自然的利潤中心。

人為的利潤中心主要是在企業內部按照內部轉移價格出售產品，視同產品銷售而取得內部銷售收入。這種利潤中心一般不直接對外銷售產品，只對本企業內部各責任中心提供產品（或勞務）。要成為人為利潤中心必須具備兩個條件：一是可以向其他責任中心提供產品或勞務；二是能合理確定轉移產品的內部轉移價格，以實現公平交易、等價交換。例如，大型鋼鐵聯合企業分成採礦、煉鐵、煉鋼、軋鋼等幾個部門，這些生產部門的產品主要在企業的內部進行轉移，只有少量對外銷售，這些生產部門則可以看成人為的利潤中心。又如，企業內部有輔助部門，包括修理、供電、供水等部門，可以按固定的價格向生產部門收費，則其也可以確定為人為的利潤中心。

2. 利潤中心的成本計算

利潤中心對利潤負責，必定要準確地計量成本、核算費用，以便正確計算利潤，以作為利潤中心業績評價與考核的可靠依據。通常有以下兩種方式可以供企業選擇，用以衡量利潤中心的成本：

（1）利潤中心只計算其可控成本，不分擔其不可控的共同成本。這種方式主要是用於共同成本難以合理分攤或無需進行共同成本分攤的場合，按這種方式計算出的盈利並非通常意義上的利潤，而是相當於貢獻毛益總額。企業各利潤中心的貢獻毛益總額之和，減去未分配的共同成本，經過調整之後才是企業的稅前利潤總額。這種成本計算方式的利潤中心，實質上已不是完整的和原來意義上的利潤中心，而是貢獻毛益總額。人為利潤中心通常採用這種計算方式。

（2）利潤中心不僅計算可控成本，也計算不可控成本。這種方式適合於共同成本易於合理分攤或不存在共同成本分攤的場合。在計算成本時，如果採用變動成本法，利潤中心需要計算出貢獻毛益，再減去固定成本，才是稅前淨利；如果採用固定成本法，利潤中心可以直接計算出稅前淨利。將企業各利潤中心的稅前淨利進行加總，就可以得出企業的總稅前淨利。這種方式一般適用於自然利潤中心。

3. 利潤中心的考核指標

利潤中心的考核指標主要是利潤。企業通常將實際實現的利潤同責任預算所確定的利潤進行對比，評價其責任中心的業績。由於各種利潤中心計算成本的方法不同，考核指標的計算也有所區別。

(1) 人為利潤中心的考核指標的計算。

可控貢獻毛益總額＝該利潤中心銷售收入總額－該利潤中心可控成本總額

可控貢獻毛益增減額＝預算可控毛益總額－實際可控貢獻毛益總額

（式 10-15）

(2) 自然利潤中心的考核指標的計算。

利潤中心貢獻毛益總額＝該利潤中心銷售收入總額

－該利潤中心變動成本總額　　　　　（式 10-16）

利潤中心負責人可控利潤總額＝該利潤中心貢獻毛益總額

－該利潤中心負責人可控固定成本　　　（式 10-17）

利潤中心可控利潤總額＝該利潤中心負責人可控利潤總額

－該利潤中心負責人不可控固定成本　　（式 10-18）

利潤中心稅前利潤＝利潤中心貢獻毛益總額

－利潤中心分配的各種公司管理費用　　（式 10-19）

上述公式中，式（10-16）是利潤中心考核指標中的一個中間指標。式（10-17）反應了利潤中心負責人在其權限範圍內有效使用資源的能力，利潤中心負責人可控製收入以及變動成本和部分固定成本，因而可以對可控利潤承擔責任，該指標主要用於評價利潤中心負責人的經營業績。這裡存在一個問題就是要將各部門的固定成本進一步區分為可控成本和不可控成本，這是因為有些費用雖然可以追溯到有關部門，卻不為利潤中心負責人所控製，如廣告費、保險費等。因此，在考核利潤中心負責人業績時，應將其不可控成本從中剔除。式（10-18）主要適用於對利潤中心的業績評價和考核，用以反應該部門彌補共同性固定成本後對企業利潤所做的貢獻。式（10-19）反應的則是利潤中心的可控利潤抵補總部的管理費用後的盈餘，即利潤中心的稅前利潤。

【例 10-18】某日化企業的某洗髮水品牌（利潤中心）的有關資料如表 10-17 所示。

表 10-17　　　　　　　　　　利潤中心資料　　　　　　　　　　單位：萬元

部門銷售收入	200
部門銷售產品的變動生產成本和變動性銷售費用	120
部門可控固定成本	15
部門不可控固定成本	15
分配的公司管理費用	5

該利潤中心考核指標計算如下：

利潤中心貢獻毛益總額＝200－120＝80（萬元）

利潤中心負責人可控利潤總額＝80－15＝65（萬元）

利潤中心可控利潤總額＝65-15＝50（萬元）
利潤中心稅前利潤＝50-5＝45（萬元）

(四) 投資中心

1. 投資中心的含義

投資中心是指既要對成本、收入和利潤負責，又要對投資效果負責的責任中心。從定義上直觀來看，投資中心也是利潤中心，因為其要對利潤負責，但投資中心與單純的利潤中心又有所區別。兩者的主要區別在於：第一，利潤中心沒有投資決策權，需要在企業確定投資方向後組織具體的經營；而投資中心則不僅在產品生產和銷售上享有較大的自主權，而且具有投資決策權，能夠相對獨立地運用其掌控的資金，有權購置或處理固定資產，擴大或削減現有的生產能力。第二，在業績考核時，考核利潤中心不需要聯繫投資或占用資產的多少；而投資中心的業績考核則必須將利潤與占用的資產聯繫起來，進行投入與產出的比較。

投資中心是最高層次的責任中心，擁有較大的決策權，也承擔較大的責任。一般而言，大型企業集團所屬的子公司、分公司、事業部往往都是投資中心。由於投資中心享有一定的投資決策權和經營決策權，企業應對各投資中心在資產和權益方面劃分清楚，也應對共同發生的成本按適當標準進行分配；對各投資中心之間相互調劑使用的現金、存貨、固定資產等，均應計息清償，實行有償使用。通過上述的劃分，以便準確地計算出各投資中心的經濟效益，對其進行正確的評價和考核。

2. 投資中心的考核指標

投資中心評價與考核的內容除了利潤之外，更重要的是考核其投入產出比，即其投資效果，其中反應投資效果的指標主要是投資報酬率、剩餘收益和現金回收率。

(1) 投資報酬率。投資報酬率是投資中心獲得的利潤占投資額(或經營資產)的比率，可以反應投資中心的綜合盈利能力，也被稱為投資利潤率、投資收益率。

$$投資報酬率＝利潤÷投資額(或經營資產)×100\% \qquad (式10-20)$$

投資報酬率是個相對數正指標，數值越大越好。為了更好地反應資產的使用效果，我們所採用的利潤通常是息稅前利潤；同時，由於指標為某一期間的財務成果，為了保持分子分母的口徑，分母採用平均值計算。

進一步將投資報酬率進行分解，有

$$投資報酬率＝(利潤÷銷售收入)×(銷售收入÷營業資產)$$
$$＝銷售利潤率×資產週轉率 \qquad (式10-21)$$

目前，很多企業採用投資報酬率作為投資中心的業績評價指標。該指標的優點是：首先，該指標能反應投資中心的綜合盈利能力，我們從分解後的公式可以看出，要提高投資報酬率，不僅應盡力降低成本、擴大銷售、提高銷售利潤率，而且還可以通過有效地使用資產，提高資產的使用效率。其次，投資報酬率是相對數指標，剔除了因投資額不同而導致的利潤差異的不可比因素，具有了橫向可比性，有利於判斷各投資中心經營業績的優劣。最後，投資報酬率也可以作為選擇投資機會的依據，有利於優化資源配置。

但是投資報酬率的不足之處在於缺乏全局觀念。當一個投資項目的投資報酬率低於該投資中心的報酬率而高於整個企業的投資報酬率時，雖然企業希望接受這個投資

項目，但該投資中心可能會拒絕採用；相反，當投資項目的報酬率高於該中心的報酬率而低於整個企業的報酬率時，投資中心也可能會只考慮自己的利益，進行投資，從而損害企業的整體利益。

（2）剩餘收益。為了克服由於使用投資報酬率等比率指標來衡量部門業績帶來的次優選擇問題，許多企業採用絕對數指標來實現利潤與投資之間的聯繫。這個指標就是剩餘收益。剩餘收益就是投資中心獲得的利潤扣減投資額按預期最低投資報酬率計算的投資報酬後的餘額。

$$剩餘收益 = 利潤 - 投資額(或營業資產) \times 預期最低投資報酬率$$
$$= 投資額(或營業資產) \times (投資報酬率 - 預期最低投資報酬率)$$

（式10-22）

當採用剩餘收益作為業績評價指標時，各投資中心只要其投資報酬率大於預期最低投資報酬率時，剩餘收益就大於零。由於剩餘收益是一個絕對數正指標，因此該指標越大，從一定程度上說明投資的效果越好。

剩餘收益指標的優點在於可以使投資中心的業績評價與企業的目標協調一致，引導部門經理採納高於企業資本成本的決策。

當然，剩餘收益指標的缺點也在於它是絕對數指標，不便於不同部門之間的比較。規模大的部門容易獲得較大的剩餘收益，但其投資報酬率並不一定高。因此，企業在採用該指標時，事先應建立與每個部門結構相適應的剩餘收益預算，然後通過與預算的對比來評價部門業績。

【例10-19】某公司的投資報酬率如表10-18所示。

表10-18　　　　　　　　某公司投資報酬率　　　　　　　　單位：萬元

投資中心	利潤	投資額	投資報酬率（%）
A	280	2,000	14
B	80	1,000	8
全公司	360	3,000	12

假定A投資中心面臨一個投資額為1,000萬元的投資機會，可獲利潤131萬元，投資報酬率為13.1%，假定公司整體的預期最低投資報酬率為12%。

要求：評價A投資中心的這個投資機會。

若A投資中心接受該投資，則A、B投資中心的相關數據計算如表10-19所示。

表10-19　　　　　　　　　投資報酬率　　　　　　　　　單位：萬元

投資中心	利潤	投資額	投資報酬率（%）
A	280 + 131 = 411	2,000 + 1,000 = 3,000	13.7
B	80	1,000	8
全公司	491	4,000	12.275

①用投資報酬率指標衡量業績。就全公司而言，接受投資後，投資報酬率增加了

0.275%，應接受這項投資。然而，由於 A 投資中心的投資報酬率下降了 0.3%，該投資中心可能不會接受這一投資。

②用剩餘收益指標來衡量業績。

A 投資中心接受新投資前的剩餘收益 = 280 - 2,000 × 12% = 40（萬元）

A 投資中心接受新投資後的剩餘收益 = 411 - 3,000 × 12% = 51（萬元）

以剩餘收益作為評價指標，實際上是分析該項投資是否給投資中心帶來了更多的超額收入，因此如果用剩餘收益指標來衡量投資中心的業績，投資後剩餘收益增加了 11 萬元（51-40），則 A 投資中心應該接受這項投資。

（3）現金回收率。為了使項目評估與投資中心業績評估相一致，我們可以有兩種方法：其一是投資決策改為以利潤指標為基礎，這種方法可能會受到間接費用分配方法多樣性的干擾；其二是將投資中心的業績評價改為以現金流量為基礎，這種方法則比前一種容易得多。

以現金流量為基礎的業績評價指標是現金回收率和剩餘現金流量。

$$現金回收率 = 營業現金流量 \div 總資產平均餘額 \quad (式 10-23)$$

$$剩餘現金流量 = 經營現金流入 - 部門資產 \times 資金成本率 \quad (式 10-24)$$

此時，既有現金回收率這一相對數指標，可以便於進行橫向的比較；同時也配以剩餘現金流量這一絕對數指標，既可以鼓勵部門決策與企業總體利益的一致性選擇，又可以避免部門經理投資決策的次優化。

四、責任預算、報告與業績考核

（一）責任預算

責任預算是指以責任中心為對象，以責任中心的可控成本、收入和利潤等為內容編制的預算。通過編制責任預算，可以明確各責任中心的責任，並使責任中心的預算與企業總預算的一致性，以確保其實現。責任預算是總預算的補充和具體化，是其努力的目標和控製的依據，也是最終考核責任中心的標準。

責任預算由各種責任指標構成，這些指標主要包括兩部分：主要責任指標和其他責任指標。前面提及的成本（費用）變動額和變動率、可控貢獻毛益總額、利潤中心貢獻毛益總額等指標為主要指標，也是必須保證實現的指標，這些指標是一個責任中心以特有的責任和權力為依據建立的，體現了各個責任中心之間責任、權力的區別。其他責任指標是根據企業其他的目標分解得來的，或者是為保證主要責任指標完成而確定的責任指標，如生產率、出勤率、設備完好率等。

責任預算的編制程序分為兩種：第一種是以責任中心為主體，將企業總預算在各責任中心之間層層分解而形成的各責任中心的預算。其實質上是一種自上而下的編制程序。這種編制程序的優點在於這種自上而下的預算編制過程可以使整個企業的預算渾然一體，統一於整體目標，便於統一指揮和調度；而其不足之處則在於這可能會遏制各個責任中心的積極性和創造性。第二種與第一種恰好相反，是各個責任中心自行列出各自的預算指標，層層匯總，最後由企業負責預算的專門機構或人員進行匯總和調整，以確定企業的總預算。其實質上是一種自下而上的編制程序。這種編制程序的優點是有利於發揮各責任中心的積極性、創造性，而不足之處在於各個責任中心在預

算編制時容易只注意本中心的具體情況或從自身利益的角度出發，容易造成彼此協調困難，甚至會對企業的總目標產生衝擊。而且層層匯總上報預算的總工作量大、協調難度大，會影響預算編制的時效。

兩種責任預算的編制程序各有優劣，具體編制程序的選擇與企業組織機構設置和經營管理方式有著密切的關係。在集權組織結構下，公司的經理對企業的所有成本、收入、利潤和投資負責，既是利潤中心，也是投資中心，而公司下屬各部門、工廠、車間、工段等都是成本中心，它們只對職權範圍內可控的成本負責。

(二) 責任報告

1. 責任報告概述

責任報告又稱業績報告、績效報告，是各個責任中心根據責任會計記錄編制的、向上層責任中心報送的、反應責任預算實際執行情況，揭示責任預算與實際執行差異的內部會計報告。責任報告的作用主要有：其一，為本責任中心和上層責任中心有效地調控生產經營活動提供信息；其二，報告其職權範圍內已完成的業績，為業績評價和考核提供依據。

責任報告的形式主要有報表、數據分析和文字說明等，將責任預算、實際執行結果以及差異用報表予以列示是責任報告的基本形式。在揭示差異時，還必須對重大差異予以定量分析和定性分析，前者的目的在於確定差異發生的程度，後者則旨在分析差異產生的原因，並提出相應的改進意見。責任報告的內容、形式、數量等常常因為責任中心的層次、業務特點以及使用者的需要而有所不同，對於不同的使用者層次應當詳略得當、重點突出。在編制時還要注重報告的時效性，應盡量做到及時。

2. 責任報告的編制

(1) 成本中心的責任報告。成本中心的責任報告是以實際產量為基礎，反應責任成本預算實際執行情況，揭示實際責任成本與預算責任成本差異的內部報告。成本中心通過編制責任報告，以反應、考核和評價責任中心責任成本預算的執行情況。成本中心責任報告的格式如表 10-20 所示。

表 10-20　　　　　　　　　某企業生產車間責任報告

20××年×月×日　　　　　　　　　單位：萬元

項目	實際	預算	差異
1. 下屬責任中心轉來的責任成本			
A 工段	150	147	3
B 工段	100	101	-10
下屬責任中心轉來的責任成本合計	250	248	2
2. 本車間可控成本			
間接人工	56	58	-2
管理人員工資	90	90	0
設備維修費	45	40	5

表10-20(續)

項目	實際	預算	差異
本車間可控成本合計	191	188	3
本車間責任成本合計	441	436	5

由表 10-20 可知，本車間實際責任成本較預算責任成本增加 5 萬元，上升了 1.15%，主要在於下屬責任中心轉來責任成本 2 萬元及本車間增加 3 萬元所致，其中主要原因是 A 工段責任成本超支 3 萬元，設備維修費超支 5 萬元，沒有完成責任成本預算。B 工段成本減少 1 萬元，間接人工減少 2 萬元都初步表明責任成本控製有效。

（2）利潤中心的責任報告。利潤中心責任報告通過列示銷售收入、變動成本、貢獻毛益總額、稅前淨利等指標的實際數、預算數和差異數，集中反應責任中心利潤預算的完成情況，並對其產生差異的原因進行具體分析。利潤中心責任報告的格式如表 10-21 所示。

表 10-21　　　　　　某企業某利潤中心責任報告

20××年×月×日　　　　　　　　　　單位：萬元

項目	實際	預算	差異
銷售收入	200	190	10
變動成本			
變動生產成本	135	134	1
變動銷售成本	30	32	-2
變動成本合計	165	166	-1
貢獻毛益總額	35	24	11
減：中心負責人可控固定成本	3	3	0
中心負責人可控利潤	32	21	11
減：中心負責人不可控固定成本	3	2	1
利潤中心可控利潤	29	19	10
減：上級分來的共同成本	1	1	0
稅前淨利	28	18	10

由表 10-21 可知，該利潤中心利潤較預算利潤增加 10 萬元，上升了 55%，超額完成了預算的任務。其中主要原因是銷售收入增加 10 萬元，而變動成本少耗費 1 萬元，中心負責人不可控固定成本增加 1 萬元。

（3）投資中心的責任報告。由於投資中心是企業最高層次的責任中心，既要對成本利潤負責，也要對其所占用的資產負債，因此投資中心的責任報告通常包括銷售收入、銷售成本、利潤、營業資產平均占用額、投資報酬率、剩餘收益等指標。投資中心責任報告的格式如表 10-22 所示。

表 10-22　　　　　　　　某企業某投資中心責任報告

20××年×月×日　　　　　　　　　　　　　　　單位：萬元

項目	實際	預算	差異
①銷售收入	400	350	50
②銷售成本	250	225	25
③利潤（①-②）	150	125	25
④營業資產平均占用額	800	750	50
⑤銷售利潤率（③÷①）	37.5%	35.71%	1.79%
⑥資產週轉率（①÷④）	0.5	0.47	0.03
⑦投資報酬率（③÷④）	18.75%	16.67%	2.08%
⑧最低投資報酬（④×10%[①]）	80	75	5
⑨剩餘收益（③-⑧）	70	50	20

①10%為設定的最低投資報酬率

（三）業績考核

業績考核是指企業以責任核算資料和責任報告為依據，分析和評價各責任中心責任預算的實際執行情況，找出存在的差距與不足，查明原因，借以考核各責任中心工作的成果，實施獎懲，促使各責任中心積極糾正偏差，完成責任預算的過程。

責任中心的業績考核內容有廣義與狹義之分。狹義的業績考核只是對各責任中心的價值指標，如成本、收入、利潤、資產使用效果等的預算完成情況進行考核；廣義的業績考核還應包括對各責任中心的非價值責任指標完成情況的考核。

責任中心的業績考核按其實施時間還可以分為年終考核與日常考核。年終考核是指一個年度終了時（或者預算期終了時）對責任中心責任預算執行情況的考核，目的在於進行獎勵激勵，並為下一年度（或下一個預算期）責任預算工作提供依據。日常考核通常是在年度內（或預算期內）對責任預算執行過程的考評，旨在通過信息反饋，控製和調節責任預算的執行偏差，確保責任預算的最終實現。

業績考核根據各責任中心的管理層次、職責權限、業務特點等的不同，考核的具體內容和考核的側重點也不相同。

對於成本中心，由於其沒有收入來源，只對成本負責，因此對於成本中心的考核應以責任成本為考核重點，通過實際責任成本與預算責任成本進行比較，確定差異的性質和產生差異的原因，並根據差異分析的結果，對各成本中心進行獎懲，以督促成本中心努力降低成本。

對於利潤中心，既對成本負責也對收入負責，在進行考核時，則應以銷售收入、貢獻毛益、息稅前利潤為重點進行分析、評價。此外，特別應對一定期間的實際利潤與預算利潤進行對比，分析差異及形成原因，明確責任，借以對責任中心的經營得失和有關人員的功過做出正確的評價並進行獎懲。

對於投資中心，除了考核成本、收入外，還應考核投資中心的投資效果。因此，投資中心業績考核，除收入、成本和利潤指標外，考核重點更應放在投資利潤率和剩

餘收益兩項指標上。

五、責任中心之間的結算與核算

(一) 內部轉移價格

　　1. 內部轉移價格的概念

　　在生產經營過程中，企業內部各部門和層次之間，都直接或間接地存在著一些相互提供產品和勞務的情況。為了明確各責任中心應承擔的經濟責任和應獲得的經濟利益，以便客觀地進行經濟利益的考核，就必須搞清楚有關的收入、收益和費用的歸屬問題，以便可以更客觀、精確地反應各責任中心的業績。

　　內部轉移價格指的是企業內部各責任中心之間由於相互提供產品或勞務而發生內部結算及進行責任轉帳所採用的計價標準。採用內部轉移價格進行內部結算實質上是對外部市場機制的一種模擬，各責任中心之間相互提供勞務和產品的關係成為買賣關係，使得雙方必須如同在市場上進行交易一樣，不斷改善經營管理，降低成本費用，以便收支相抵後能有更多的收益。採用內部轉移價格進行責任轉帳可以使責任成本根據原發地點與承擔地點的不同，在上游與下游責任中心之間進行責任追究，以分清經濟責任。

　　2. 內部轉移價格的原則

　　合理的內部轉移價格有利於理清企業內部各責任中心之間的債權債務關係，為責任中心進行核算提供一個合理的標準。制定內部轉移價格有以下四個原則：

　　(1) 全局性原則。內部轉移價格涉及各責任中心的切身利益，在制定時要分別考慮，但當利益發生衝突時，應當圍繞企業總體目標進行協調，將企業的全局利益放在首要位置。

　　(2) 公平性原則。制定的內部轉移價格應做到公平合理，應充分體現各個責任中心的努力與獲得的業績，並使各責任中心獲得與其付出的努力相稱的收益，這同時也能起到激勵和示範的作用。

　　(3) 自主性原則。內部轉移價格必須是內部交易各方都可以接受的價格，因而在制定時，應在考慮企業整體利益的前提下，給予各責任中心一定的定價權與討價還價的空間。

　　(4) 重要性原則。對於一些企業內部較為重要的資源，如原材料、半成品、產成品等重要物資，應比較精確地制定轉移價格；而對於其他的一些品種繁多、價格低廉、用量不大的次要物資，其定價則可以相對簡化，以減輕核算的壓力和提高工作的效率。

　　3. 內部轉移價格的類型

　　(1) 市場價格。市場價格，即市價，是以產品或勞務的市場供應價作為計價基礎的內部轉移價格。市場價格的優點在於價格比較客觀，對買賣雙方都比較合理，同時也將競爭機制引入企業內部，促使各責任中心相互競爭、討價還價，使各責任中心在利益機制的推動下，改善經營管理，降低成本，擴大利潤；市場價格還能適應責任會計的要求，一般而言，市場價格是制定內部轉移價格最好的依據。

　　採用市場價格應具備兩個基本條件：一是假定責任中心處於獨立自主的狀態，可以自主地決定從外界或向企業內部進行銷售或購進；二是產品或勞務有較為完善的競

爭市場，並且能提供客觀的市場價格作為參考。

在採用市場價格為內部轉移價格時，應盡可遵循如下的原則：第一，若賣方願意對內銷售，並且售價與市價相符時買方有購買的義務，不得拒絕；第二，若賣方售價高於市價時，買方有改向外界市場購買的自由；第三，若賣方寧願對外銷售，則應有不對內供應的權利。只有這樣才能更好地發揮市場價格作為內部轉移價格所應有的競爭機制，做到既不保護落後，也不損害先進。

當然，市場價格也存在著一定的局限，主要問題在於有些內部轉移的中間產品，往往具有一定的獨特性，不存在相應的市場價格，從而對市場價格的適用範圍構成限制。

（2）協商價格。協商價格是買賣雙方以正常的市場價格為基礎，通過定期的共同協商制定的為雙方所接受的價格。由於很多商品尤其是一大部分的中間產品，缺乏相應的市價時，可以採用協商價格。採用協商價格的好處在於可以同時滿足買賣雙方的特定需要，並能兼顧有關責任中心各自的經濟權益。

協商價格通常適用的情況主要有以下幾種：第一，內部轉移可以使銷售或管理費用減少時；第二，內部轉移的中間產品數量較大，有降低單位成本的可能；第三，銷售方具有剩餘生產能力，可以通過增加產量來降低成本；第四，買賣雙方均有討價還價的權利和可能。

在一般情況下，協商價格會比市價稍微低一些，因為內部轉移價格所包含的銷售及管理費用低於外界；同時，內部轉移的數量較大，單位成本較低，因此市場價格是協商價格的上限。

協商價格也存在著一定的局限性：首先，協商定價可能會耗費大量的人力、物力和時間；其次，內部轉移價格可能會受雙方的討價還價能力的影響而有失公允；最後，當雙方陷入談判僵局時，還需要企業高層介入，使企業分權的初衷無法實現，同時也不利於發揮激勵責任中心的作用。

（3）雙重價格。雙重價格是買賣雙方分別採用不同的內部轉移價格作為計價基礎。採用雙重價格的理由在於內部轉移價格主要是為了企業內部各責任中心的經營業績進行評價與考核，因此買賣雙方採用的計價基礎不需要完全一致，可以分別採取對本中心最有利的計價依據。

雙重價格有兩種具體的形式：雙重市場價格，即當某種產品或勞務在市場上出現幾種不同的價格時，賣方可以採用最高市場價格，買方可以採用最低市場價格；雙重轉移價格，即賣方以市場價格或協議價格為計價基礎，買方以賣方的單位變動成本作為定價的依據。

由於雙重價格在實施時，可能會造成各責任中心的利潤之和大於企業的實際利潤，需要進行一系列的會計調整，才能計算出真實利潤。另外，雙重價格不利於激勵各責任中心控制成本的積極性。因此，在實務中，雙重價格並未得到普遍採用。

（4）成本轉移價格。成本轉移價格是以產品或勞務的成本為基礎制定的內部轉移價格，通常在產品不便或不能對外出售，或者無合適的市價以供參考，或者由於其他原因不便於用市價或協商價格等定價的情況。

由於成本的概念存在著一些差異，成本轉移價格也有幾種不同的表現形式：一是以

實際成本作為內部轉移價格。此種價格易於實施，但缺點在於賣方將其成本全部轉移給買方，不利於激勵各方努力降低成本。二是以標準成本作為內部轉移價格。其優點在於將管理和核算工作結合起來，有利於調動各方降低成本的積極性，但受到企業各成本中心是否採用標準成本制度的限制。三是標準成本加成。此種方式能夠分清相關責任中心的責任，充分調動賣方的積極性，並促使雙方降低成本。其缺點則在於確定利潤加成時，往往在一定程度上存在著主觀性。四是以標準變動成本作為內部轉移價格。其優點主要是符合成本習性，能夠明確揭示成本與產量的關係，便於對特殊定價決策。其不足之處則在於容易忽視固定成本，不能反應勞動生產率變化對固定成本的影響。

(二) 內部結算

企業內部責任中心之間發生的經濟往來，需要按照一定的方式進行內部結算。通常採用的內部結算方式按其內容與對象的不同，一般有內部銀行支票結算方式、轉帳通知單結算方式和內部貨幣結算方式。

1. 內部銀行支票結算方式

內部銀行支票結算方式就是由付款方簽發內部支票，經收款方審核無誤後，將支票送到內部銀行（內部結算機構），並由內部銀行（內部結算機構）將相應額度的款項由付款方帳戶劃轉到收款方帳戶。這種結算方式主要用於收付款雙方直接見面進行的經濟往來的結算業務，能使雙方責任明確、錢貨兩清，避免日後圍繞產品數量、價格等產生糾紛。

2. 轉帳通知單結算方式

轉帳通知單結算方式（或內部委託收款方式）是一種由收款方根據原始憑證或業務活動的證明簽發轉帳通知單，通知內部銀行將轉帳單轉給付款方，讓其付款的一種結算方式。這種方式主要適合於雙方不直接見面所進行的各項經常性的質量和價格較為穩定的經濟業務。但由於轉帳結算單單向傳遞，結算雙方不直接見面，若付款方有異議時，就可以拒付，這會給業務帶來一些麻煩。

3. 內部貨幣結算方式

內部貨幣結算方式就是使用內部銀行（內部結算機構）發行的、在企業內部流通的「貨幣」（包括內部貨幣、資金本票、流通券、資金券等）進行內部往來結算的一種方式。此方式較為直觀、形象和真實，能強化各責任中心的價值觀、核算觀、經濟責任觀。其不足之處在於容易丟失，不便於保管，只適合於零星小額款項的結算。

(三) 責任成本的內部結轉

責任成本的內部結轉，即責任轉帳，是在生產經營過程中，對於因不同原因造成的各種經濟損失，由承擔損失的責任中心對實際發生的損失進行損失賠償的處理過程。

在企業的生產經營過程中，常常會出現因一個責任中心的過失給另一個責任中心造成損失的情況。為了分清經濟責任，正確反應各責任中心的成績與失誤，需要將產生失誤的原因找到，並由相應的責任中心來承擔。責任轉帳的實質就是將應該承擔損失的責任中心提供價值賠償的一種價值量的單方面的轉移。

進行責任轉帳時，應以各種準確的原始記錄和合理的費用為基礎，編制責任成本轉帳表。責任轉帳可以採取內部銀行支票結算方式、轉帳通知單結算方式和內部貨幣結算方式等。

在劃分責任時，有時會在數量、價格、質量等方面產生糾紛，當涉及責、權、利方面的協調時，企業應有相應的內部仲裁機構給予公正裁定，妥善處理，以保證各責任中心能夠明確劃分責任，關係和諧，共同服務於企業的發展願景。

(四) 責任核算

責任核算是指以企業內部各責任中心為主體的責任會計核算。

責任核算是進行財務控製的基礎工作，通過責任核算，才能使信息跟蹤系統有合理的依據。責任核算資料和數據是進行內部結算的依據，是編制業績報告的基礎。

進行責任核算的意義主要在於：

(1) 有利於建立和健全企業的信息跟蹤系統。

(2) 有利於調控各責任中心的經濟活動。

(3) 有利於進行內部結算、編制業績報告、真實反應責任預算的執行情況和工作業績。

(4) 有利於正確地對各責任中心進行考核、評價、獎懲。

【本章小結】

1. 本章主要介紹了財務預算的概念與內容、財務預算的作用、財務預算編制的步驟以及固定預算與彈性預算、增量預算與零基預算、定期預算與滾動預算的編制方法，同時介紹了現金預算和預計財務報表的編制方法。

2. 財務控製是財務管理的重要職能之一，是利用財務反饋信息，按照一定程序和方式影響與調節企業的財務活動，使之按預定的目標運行的過程。財務控製的本質特徵在於其價值控製，同時它也是一種以現金流量控製為重點的綜合控製、日常控製。

3. 劃分責任中心是實施責任控製的首要工作，通常有成本中心、利潤中心和投資中心三種類型的責任中心。各責任中心的層次、特點以及可控對象範圍不同，因此考核的指標及業績報告、業績考核的側重點和內容對象都各不相同。

4. 在企業進行內部結算時，通常內部之間相互提供產品和勞務時要採用市場價格、協商價格、雙重價格或成本轉移價格四種不同類型的內部轉移價格來進行核算。而當內部交易發生時，一般會選擇採用內部銀行支票結算方式、轉帳通知單結算方式和內部貨幣結算方式三種方式進行結算。在企業經營過程中，發生一些責任中心造成失誤卻由別的責任中心來承擔的情況時，需要通過內部責任結轉來分清責任。企業的責任核算是做好各項財務控製的基礎工作，對於整個財務控製工作具有非常重要的意義。

【復習思考題】

1. 什麼是財務預算？試用圖表示各預算之間的關係。
2. 什麼是彈性預算？它的特點是什麼？
3. 什麼是財務控製？它有什麼作用？
4. 什麼是責任中心？它有哪幾種類型？
5. 什麼是內部轉移價格？有哪幾種內部轉移價格？

第十一章　特殊業務財務管理

【本章學習目標】

- 瞭解企業併購的含義、動機
- 熟練掌握企業併購的價值評估和支付方式
- 瞭解反收購策略與重組策略
- 熟練掌握企業清算的定義與清算的分類
- 瞭解清算的組織機構和程序、清算財產的變現

第一節　併購概述

一、公司併購的含義

公司併購（Corporation Mergers and Acquisitions）是公司合併與收購的統稱，它是指在市場機制的作用下，企業通過產權交易獲得其他企業產權並企圖獲得其控製權的經濟行為。

公司合併分為兩種方式：一是吸收合併，即一家公司購買另一家公司的產權，兩家公司歸並為一家公司，其中的收購方吸收被收購方的全部資產和負債，承擔其債務和責任，而被收購方則不再獨立存在。二是新設合併，即幾家現有公司合併後建立一家新公司，新公司接管各家被合併公司的全部的資產，並承擔其全部債務和責任。

收購是指一家公司在證券市場上用現款、債券或股票購買另一家公司的股票或資產，以獲得對該公司的控製權，該公司的法人地位並不消失。收購有兩種：資產收購和股份收購。資產收購是指一家公司購買另一家公司的部分或全部財產；股份收購則是指一家公司直接或間接購買另一家公司的部分或全部股份，從而成為被收購公司的股東，承擔該公司的一切債務。

併購的實質是在企業控製權運動過程中，各權利主體根據企業產權所做出的制度安排而進行的一種權利讓渡行為。併購活動是在一定的財產權利制度和企業制度條件下進行的，在併購過程中，某一個或某一部分權利主體通過出讓所擁有的對企業的控製權而獲得相應的收益，而另一個或另一部分權利主體則通過付出一定代價而獲取這部分控製權。企業併購的過程實質上是企業權利主體不斷變換的過程。

二、公司併購的分類

(一) 按照併購雙方所處的行業範圍劃分

1. 橫向併購

橫向併購是指同一行業生產經營同一產品或同類產品的公司之間的併購。橫向併購提高了行業集中程度，實現了規模經濟，盡可能降低生產成本，節約共同費用，同時便於在更大範圍內實現專業分工協作。但這種併購容易破壞競爭，從而形成高度壟斷的局面。

2. 縱向併購

縱向併購是指同一行業中處於不同階段、不同生產過程或經營環節相互銜接，具有縱向協作關係的專業化公司之間的併購。從併購方向來看，縱向併購又有前向併購、後向併購，即所謂的向上游的整合和向下游的整合。在縱向併購的情況下，各個不同的生產環節得到了更好的調整，促進供、產、銷之間的專業化協作，形成了物質上和技術上更好的配合，某些商品流轉的中間環節縮短，從而節省了生產與管理過程中的成本開支。

3. 混合併購

混合併購又稱複合併購，是指不同行業、不同領域的公司併購。混合併購是發生在既非競爭對手，又非現實中或潛在的客戶與供應商的企業間的併購。混合併購能夠實現多樣化經營、跨行業經營，不斷提高綜合經營實力，降低經營風險。混合併購有以下三種形態：

(1) 產品擴展型併購是相關產品市場上公司間的併購。

(2) 市場擴展型併購是一個公司為了擴大其競爭地盤而對其尚未滲透的地區生產同類產品的公司進行的併購。

(3) 生產和經營彼此間毫無聯繫的產品或服務的公司的併購。

(二) 按照併購是否取得目標公司的同意與合作劃分

1. 善意併購

善意併購又稱友好併購，是指併購方事先與目標公司的管理層進行商議，徵得同意，由目標公司主動向併購方提供公司的基本經營資料等，並且目標公司管理層一般會主動站在有利於併購的立場上，規勸公司股東接受公開併購要約，出售股票，從而和緩地完成併購行為的一種併購方式。採用善意併購方式，可以得到目標公司管理層和股東的支持與配合，可以在相當程度上降低併購成本和風險，提高併購成功概率。但是併購方可能要犧牲自身利益（如繼續雇用目標公司管理層和員工），以此獲取目標公司的合作，同時與目標公司的管理層的商談過程可能會浪費大量時間。

2. 惡意併購

惡意併購又稱強制性併購或敵意併購，是指併購方在目標公司管理層對收購意圖不知道或持反對態度的情況下，對目標公司強行併購的行為。敵意併購對併購方來說優點在於掌握完全的主動權，併購行為迅速、時間短，能夠控製併購成本。敵意併購的缺點在於不能得到目標公司的有效配合，難以獲得目標公司的真實經營資料，會加大併購風險，而且併購價格往往較高。另外，敵意併購對股市影響較大，易造成股市

波動，以至於影響企業發展的正常秩序，造成不必要的損失。
(三) 按照是否利用目標公司本身資產來支付併購資金劃分
　　1. 槓桿併購
　　槓桿併購是指收購公司利用目標公司資產的未來經營收入來支付併購價款或作為此種支付的擔保。也就是說，收購公司不必擁有巨額資金，只需要準備少量現金，加上目標公司的資產及營運所得作為融資擔保與所貸金額的還款來源，即可兼併任何規模的公司。
　　2. 非槓桿併購
　　非槓桿併購是指不用目標公司自有資金及營運所得來支付或擔保支付併購價款，而主要以自有資金來完成併購的一種併購形式。非槓桿併購並不意味著併購公司不用舉債即可承擔併購價款，在併購實踐中，幾乎所有的併購方都會利用貸款，所不同的是借貸數額的多少而已。

三、公司併購的動因

　　公司併購的動機較為複雜，僅為某一單一原因進行的併購並不常見，大多數併購有著多種動機。一般來說，企業併購的動機集中在以下幾個方面：
(一) 提高企業效率
　　效率理論認為，併購活動能提高企業經營績效，增加社會福利，進而支持企併購活動。通過併購改善企業績效的途徑有以下兩條：
　　1. 規模經濟
　　一般認為，擴大經營規模可以降低平均成本，從而提高利潤。因此，規模經濟理論認為，併購活動的主要動因在於謀求平均成本下降。這裡的平均成本下降的規模經濟效應包括研究開發、行政管理、經營管理和財務方面的經濟效益；此外，還可以加上合併的協同效應，即所謂「1+1>2」效應。這種合併使合併後企業增強的效率超過了其各個組成部分增加效率的總和。協同效益可以從互補性活動的聯合中產生。例如，一家擁有強大的研究開發隊伍的企業和一家擁有一批優秀管理人員的企業合併，就會產生協同效應。
　　2. 管理
　　有些經濟學家強調管理對企業經營效率的決定性作用，認為企業間管理效率的高低是企業併購的主要動力。當 A 公司管理效率優於 B 公司時，A、B 兩公司合併能提高 B 公司效率。這一假設所隱含的是併購公司確能改善目標公司的效率。在實踐中這一假設顯得過於樂觀。有人在此基礎上進一步解釋為併購公司有多餘的資源和能力投入到目標公司的管理中。此理論有兩個前提：第一，併購公司有剩餘管理資源，如果能很容易釋放出，則併購是不必要的。但是，如果管理隊伍是一個不可分的組合，或具有規模經濟，則必須靠併購加以利用。第二，目標公司的非效率管理可以借由外部管理人的介入得以改善。
(二) 代理問題的存在
　　代理問題是在 1976 年提出的，由於存在道德風險、逆向選擇、不確定性等因素的作用，在代理過程中產生代理成本。在代理問題存在的情況下，併購活動動機表現為

以下幾點：
1. 為降低代理成本

公司代理問題可由適當的組織程序來解決。在公司所有權和經營權分離的情況下，決策的擬定和執行是經營者的職權，而決策的評估和控製由所有者管理。這種互相分離的內部機制設計可以解決代理問題。而併購則提供瞭解決代理問題的一個外部機制。當目標公司代理人有代理問題產生時，通過收購股票獲得控製權，可以減少代理問題的產生。

2. 管理層利益驅動

管理層的併購動因往往是希望保持已有的市場地位並提高公司在市場上的統治地位。以下三個方面可能是公司經理人對併購感興趣的原因：

（1）公司規模發展得更大時，公司管理層，尤其是作為高層管理人員的總經理的威望也隨之提高。

（2）隨著公司規模的擴大，經理人員的報酬得以增加。

（3）在併購活動高漲的時候，管理層希望通過併購的方法，擴大企業規模，使公司在瞬息萬變的市場中立於不敗之地或抵禦其他公司的併購。在一定程度上，併購其他公司能給管理層帶來安全。

因此，代理人有動機為使公司規模擴大，而接受較低的投資利潤率，並借併購來增加收益和提高職業保障程度。

3. 自由現金流量說

所謂自由現金流量，是指公司的現金在支付所有淨現值為正的投資計劃後剩餘的現金量。如果公司要使其價值最大，自由現金流量應該完全交付給股東，但此舉會削弱經理人的權利；同時，再度進行投資計劃所需的資金，將在資本市場上籌集而受到監控，由此降低代理成本。

（三）節約交易成本

交易成本理論是在20世紀70年代後期興起的。這一理論不再以傳統的消費者和廠家作為經濟分析的基本單位，而是把交易作為經濟分析的「細胞」。這種理論認為，市場運作的複雜性會導致交易的完成需付出高昂的交易成本。為節約這些交易成本，可用新的交易形式——企業來代替市場交易。通過併購節約交易成本，表現在以下幾個方面：

（1）企業通過研究和開發的投入獲得產品知識。在市場存在信息不對稱和外部性的情況下，知識的市場難以實現，即便得以實現，也需付出高昂的談判和監督成本。這時可以通過併購使專門的知識在同一企業運用，達到節約交易成本的目的。

（2）企業的商譽作為無形資產，其運用也會遇到外部性問題。因為某一商標使用者降低其產品質量，可以獲得成本下降的大部分好處，而商譽損失則由所有商標使用者共同承擔。解決這一問題的辦法有兩條：一是增加監督，保證合同規定的產品最低質量，但這樣會使監督成本大大增加；二是通過併購將商標使用者變為企業內部成員，作為內部成員，降低質量只會承受損失而得不到利益，消除其機會主義動機。

（3）有些企業的生產需要大量的專門中間產品投入。而這些中間產品市場常存在供給的不確定性、質量難以控制和機會主義行為的問題。這時企業可以通過合約固定

交易條件，但是這種合約會約束企業自身的適應能力。當這一矛盾難以解決時，通過併購將合作者變為內部機構，就可消除上述問題。

（4）一些生產企業為開拓市場，需要大量的促銷投資，這種投資由於專用於某一企業的某一產品，具有很強的資產專用性。同時，銷售企業具有顯著的規模經濟效應，一定程度上形成進入壁壘，限制競爭者加入，形成市場上的少數問題。當市場存在少數問題時，一旦投入較強專門性資本，就要承擔對方違約造成的巨大損失。為減少這種風險，要付出高額的談判成本和監督成本。在這種成本高到一定程度時，併購成為最佳選擇。

（5）企業通過併購形成規模龐大的組織，使組織內部的職能相分離，形成一個以管理為基礎的內部市場體系。一般認為，企業內的行政指令來協調內部組織活動所需的管理成本較市場運作的交易成本要低。

（四）目標公司價值被低估

這一理論認為，併購活動的發生，主要是因為目標公司的價值被低估。當一家公司對另一家公司的估價比後者對自己的估價更高時，前者有可能投標買下後者。目標公司的價值被低估一般有以下幾種情況：

（1）經營管理能力並未發揮應有的潛力。

（2）併購公司擁有外部市場所沒有的目標公司價值的內部信息。

（3）由於通貨膨脹等原因造成資產市場價值與重置成本的差異使公司有被低估價值的可能。

以比率 Q 來反應企業併購發生的可能性。其中，Q 為企業股票市場價值與企業重置成本之比。當 $Q>1$ 時，形成併購的可能性較小，當 $Q<1$ 時，形成併購的可能性較大。也有人認為，當技術、銷售市場和股票市場價格變動迅速時，過去的信息和經驗對未來收益的估計沒有什麼用處，結果是價值低估的情況屢見不鮮，並且導致併購活動增加。

（五）增強企業在市場中的地位

併購活動的一個主要動因是因為企業可借併購活動達到減少競爭對手來增強對企業經營環境控制的目的，提高市場佔有率並增加長期的獲利機會。下列三種情況可能導致以增強市場地位為目的的併購活動：

（1）在需求下降、生產能力過剩和削價競爭的情況下，幾家企業合併，以取得實現本產業合理化的比較有利的地位。

（2）在國際競爭使國內市場遭受外商勢力的強烈滲透和衝擊的情況下，企業間通過聯合組成大規模聯合企業對抗外來競爭。

（3）由於法律變得更為嚴格，使企業間的某種聯繫成為非法，可以通過合併使這種聯繫內部化，達到繼續控制市場的目的。

（六）降低投資風險和避稅

通過併購處於其他行業中的公司，實現多元化經營，可以增加回報、降低風險。公司的經營環境是不斷變化的，任何一項投資都是有風險的，企業將投資分散於不同的行業，實現多元化經營。這樣當某些行業因環境變化而導致投資失敗時，企業還可以從其他方面投資中得到補償，有利於降低投資風險。另外，許多國家的稅法和會計制

度經常會使那些具有不同納稅義務的企業僅僅通過併購便可獲得利益。例如，衰落行業中的一個虧損企業被另一個新興產業中的厚利企業併購，它們的利潤就可以在兩個企業間分享，並且可以大量減少納稅義務。因此，避稅也成為企業一個重要的併購動機。

第二節　併購程序與價值評估

公司併購涉及很多經濟、政策和法律問題，如金融法、證券法、公司法、會計法等，是一項複雜的產權交易活動，必須充分考慮公司自身的經濟實力、經營能力以及管理組織能力，充分研究和熟悉併購的法律規範、行業標準、併購程序和手續。

一、公司併購的程序

公司併購涉及繁雜的法律程序，中國公司併購的《公司法》、《證券法》等法中對此做了一些相應的規定。

(一) 上市公司的併購程序

1. 尋找目標公司

公司併購是一個風險性很高的投資活動，能否一舉併購成功，會直接影響企業今後的發展，因此要選擇合適的目標公司，並且對目標公司進行審查和評價，做出併購決策，擬定併購計劃，聘請有關專家擔任併購顧問，籌措資金。

2. 初步併購

初步併購是指併購上市公司不超過5%的流通在外的普通股。

3. 進一步收購

中國《證券法》規定，通過證券交易所的證券交易，投資者持有或者通過協議、其他安排與他人共同持有一個上市公司已發行的股份達到5%時，應當在該事實發生之日起3日內，向國務院證券監督管理機構、證券交易所做出書面報告，通知該上市公司，並予公告。在上述期限內，不得再行買賣該上市公司的股票。

投資者持有或者通過協議、其他安排與他人共同持有一個上市公司已發行的股份達到5%後，其所持該上市公司已發行的股份比例每增加或者減少5%，應當依照前款規定進行報告和公告。在報告期限內和做出報告、公告後2日內，不得再行買賣該上市公司的股票。

4. 公告上市公司收購報告書

通過證券交易所的證券交易，投資者持有或者通過協議、其他安排與他人共同持有一個上市公司已發行的股份達到30%時，繼續進行收購的，應當依法向該上市公司所有股東發出收購上市公司全部或者部分股份的要約。收購人必須事先公告上市公司收購報告書，並載明下列事項：收購人的名稱、住所；收購人關於收購的決定；被收購的上市公司名稱；收購目的；收購股份的詳細名稱和預定收購的股份數額；收購期限、收購價格；收購所需資金額及資金保證；公告上市公司收購報告書時持有被收購公司股份數占該公司已發行的股份總數的比例。

5. 發出收購要約

關於收購要約的期限，中國《證券法》規定不得少於 30 日，並不得超過 60 日。在收購要約確定的承諾期限內，收購人不得撤回其收購要約，如需要變更收購要約，必須及時公告，載明具體事項。收購要約提出的各項收購條件，適用於被收購公司的所有股東。

6. 按收購要約進行收購

收購人在發出要約並公告後，受要約人應當在要約的有效期限內做出同意以收購要約的全部條件向收購要約人賣出其所持有證券的意思表示，即承諾。要約一經承諾，雙方當事人之間的股票買賣合同即告成立，在未獲得有關機構的批准前，雙方不得單方面解除合同。收購人按照收購要約上列明的條款對目標公司的股份進行收購，直至收購要約期滿為止。

7. 收購後的公告

收購上市公司的行為結束以後，收購人應當在 15 日內將收購的情況報告給證券監督管理機構和證券交易所，並予以公告。

在上市公司收購中，收購人持有的被收購的上市公司的股票，在收購行為完成後的 12 個月內不得轉讓。

(二) 非上市公司的併購程序

在中國，公司的兼併與收購一般均在仲介機構，如產權交易事務所、產權交易市場、產權交易中心等的參與下進行。在有仲介機構的條件下，公司併購的程序如下：

1. 併購前的工作

併購雙方中的國有公司，併購前必須經職工代表大會審議，並報政府國有資產管理部門認可；併購雙方中的集體所有制公司，併購前必須經過所有者討論、職工代表會議同意，並報有關部門備案；併購雙方的股份制公司和中外合資公司，併購前必須經董事會（或股東大會）討論通過，並徵求職工代表意見，報有關部門備案。

2. 在產權交易市場辦理手續

目標公司在依法獲准轉讓產權後，應到產權交易市場登記、掛牌交易所備有買方登記表和賣方登記表供客戶參考。買方在登記掛牌時，除填寫買方登記表外，還應提供營業執照複印件、法定代表人資格證明書或受託人的授權委託書、法定代表人或受託人的身分證複印件。賣方登記掛牌時，應填寫賣方登記表，同時還應提供轉讓方及被轉讓方的營業執照複印件、轉讓方法定代表人資格證明書或受託人的授權委託書以及法定代表人或受託人的身分證複印件、轉讓方和轉讓公司董事會的決議。如有可能，還應提供被轉讓公司的資產評估報告。對於有特殊委託要求的客戶，如客戶要求做廣告、公告，以招標或拍賣方式進行交易，則客戶應與交易所訂立專門的委託出售或購買公司的協議。

3. 洽談

經過交易所牽線搭橋或自行找到買賣對象的客戶，可以在交易所有關部門的協助下，就產權交易的實質性條件進行談判。

4. 資產評估

雙方經過洽談達成產權交易的初步意向後，委託經政府認可的資產評估機構對目

標公司進行資產評估，資產評估的結果可以作為產權交易的底價。

5. 簽約

在充分協商的基礎上，由併購雙方的法定代表人或法定代表人授權的人員簽訂公司併購協議書或併購合同。在交易所中，一般備有兩種產權交易合同，即用於股權轉讓的股權轉讓合同和用於整體產權轉讓的產權轉讓合同，供交易雙方在訂立合同時參考。產權交易合同一般包括如下條款：交易雙方的名稱、地址、法定代表人或委託代理人的姓名、產權交易的標的、交易價格、價款的支付時間和方式、被轉讓公司在轉讓前債權債務的處理、產權的交接事宜、被轉讓公司員工的安排、與產權交易有關的各種稅負、合同的變更或解除的條件、違反合同的責任、與合同有關的爭議的解決、合同生效的先決條件及其他交易雙方認為需要訂立的條款。

6. 併購雙方報請政府授權部門審批並到工商行政管理部門核准登記

目標公司報國有資產管理部門辦理產權註銷登記，併購公司報國有資產管理部門辦理產權變更登記，並到工商管理部門辦理法人變更登記。

7. 產權交接

併購雙方的資產移交，需要在國有資產管理局、銀行等有關部門的監督下，按照協議辦理移交手續，經過驗收、造冊、雙方簽證後，會計據此入帳。目標公司未了的債權、債務，按協議進行清理，並據此調整帳戶，辦理更換合同借據等手續。

8. 發布併購公告

將兼併與收購的事實向社會公布，可以在公開報刊上刊登，也可由有關機構發布，使社會各方面知道併購事實，並調整與之相關的業務。

二、併購的價值評估

併購的價值評估包括目標公司價值評估、併購公司自身價值評估、併購投資價值評估。而通常評估中所做的只有目標公司價值評估。

目標公司價值評估的特徵如下：首先，是對目標公司整體價值的評估。目標公司價值是指目標公司作為整體而言的價值，是目標公司占用的固定資產、流動資產、無形資產等全部資產價值的總稱，是反應目標公司整體實力的重要標誌。其次，是對目標公司獲得能力的評估。目標公司價值評估是根據目標公司現有的資產，結合目標公司現實和未來經營獲利能力及產權轉讓後將產生的價值增值等因素，對目標公司進行的綜合價值的評估。最後，是對目標公司未來價值的評估。目標公司價值評估是對目標公司未來經營獲利能力等預期獲利因素的評估。

目標公司的價值評估有多種方法，主要有以下幾種：

(一) 現金流量貼現法

現金流量貼現法，即拉巴波特模型（Rappaport Model），是公司併購中評估企業價值最常用的科學方法。它是根據目標公司被併購後各年的現金流量，按照一定的折現率折算的現值作為目標公司價值（不包括非營運資產的價值）的一種評估方法。它主要適用於採用控股併購方式（即併購後目標企業仍然是一個獨立的會計主體或者法律主體）的併購上市公司或非上市公司。其計算公式如下：

$$NPV = \sum_{i=1}^{n} \frac{NCF_t}{(1+i)^t} + \frac{V_n}{(1+i)^n} \qquad (式11-1)$$

式中，NVP 為各年的現金淨流量的現值（即目標企業的評估價值）；NCF_t 為第 t 年的預期現金淨流量；n 為折現年限；i 為折現率（一般以併購後目標企業股權資金成本率，或者併購後目標企業股權資金和債務資金的加權平均成本率，或者併購方可接受的最低資金報酬率等，作為風險調整後的折現率）；V_n 為預測期末（即第 n 年年末）的企業終值。

採用現金流量貼現法有以下難點：

首先是折現年限的確定。併購企業可以根據所掌握的相關數據的難易程度及其可信程度的大小具體確定預測期限。

其次是併購後目標企業各年現金淨流量和預期期末終值的測算。在評估中要全面考慮影響企業未來獲利能力的各種因素，客觀、公正地對企業未來現金流及預期期末終值做出合理預測。

最後是體現時間和風險價值的折現率的確定。折現率的選擇主要是根據評估人員對企業未來風險的判斷。由於企業經營的不確定性是客觀存在的，因此對企業未來收益風險的判斷至關重要，當企業未來收益的風險較高時，折現率也應較高；當未來收益的風險較低時，折現率也應較低。

(二) 市盈率法

市盈率是表示一個企業股票收益和股票市值之間的關係，即用目標企業被併購後所帶來的預期年稅後利潤測算目標企業價值的一種評估方法。該方法主要適合上市公司，尤其是採用股票併購方式的併購活動。市盈率法在評估中得到廣泛應用，原因主要在於：首先，它是一種將股票價格與當前公司盈利狀況聯繫在一起的一種直觀的統計比率。其次，對大多數目標企業的股票來說，市盈率易於計算並很容易得到，這使得股票之間的比較變得十分簡單。當然，實行市盈率法的一個重要前提是目標公司的股票要有一個活躍的交易市場，從而能評估目標企業的獨立價值。

$$目標企業的評估價值 = 預期年稅後利潤 \times \left(\frac{普通股每股市價}{普通股每股稅後利潤} \right) \qquad (式11-2)$$

(三) 股利法

股利法是根據併購後預期可獲得的年股利額和年股利率計算確定目標公司價值的一種評估方法。對一個投資者來說，其投資利益是由股利和轉讓股票時的資本利得兩部分構成的。但是，資本利得只是原投資者將獲取股利的權利轉讓給新投資者的一種補償。因此，從長遠來看，投資者關心的只是股利，於是可以通過股利收益資本化來評估目標公司的價值。股利法主要適用於併購上市或非上市的股份有限公司。其計算公式如下：

$$目標公司的價值 = \frac{併購後預期可獲得的年股利額}{年股利率} \qquad (式11-3)$$

(四) 資產基準法

資產基準法是通過對目標公司的所有資產和負債進行逐項估價的方式來評估目標公司價值的一種評估方法。採用該方法時，首先需要對各項資產與負債進行評估，從

而得出資產負債的公允價值，然後將資產的公允價值之和減去負債的公允價值之和，就可以得出淨資產的公允價值，它就是公司股權的價值。淨資產的公允價值的計算公式如下：

$$淨資產的公允價值＝資產的公允價值－負債的公允價值 \qquad (式11-4)$$

採用資產基準法的關鍵是評估標準的選擇。目前國際上常用的資產評估標準主要有以下5種：帳面價值、市場價格、清算價格、續營價值、公平價值（即未來收益折現值）。

(五) 股票市價法

股票市價法是利用目標公司股票的市場價格評估其淨資產價值的一種方法，如果目標公司的股票在證券交易所上市並廣泛交易，其市值總額就可以視為目標公司的股權價值。股票市價法可以直接用於上市公司價值的評估。對於非上市公司的評估可以通過尋找可比上市公司進行間接評估。但是，由於股票市場價格經常波動、並受許多經濟或非經濟因素的影響，因此股票市價並不是目標公司價值的公正而確定性的評估值。儘管如此，股票市價法仍然是應用最廣泛的方法之一。

在股票市場上收購目標公司的股票時，為引誘目標公司股東出售手中的股票，併購方通常需要支付高於併購前目標公司股票市價10%～30%的價格，甚至更高。因此，股票市價法支付的採購成本較高。

上述五種資產評估方法是國內外資產評估中經常使用的方法，其適用範圍是不同的。因此，應根據目標公司資產的特點、經營業績和生存能力等選擇合適的評估標準。

第三節　併購支付方式與併購籌資管理

一、併購支付方式

併購是企業進行快速擴張的有效途徑，同時也是優化配置社會資源的有效方式。在公司併購中，支付方式對併購雙方的股東權益會產生影響，並且影響併購後公司的財務整合效果。

(一) 現金支付

現金支付是指併購企業支付一定數量的現金，以取得目標企業的所有權。一旦目標公司的股東收到對其擁有股份的現金支付，就失去了對原公司的任何權益。在實際操作中，併購方的現金來源主要有自有資金、發行債券、銀行借款和出售資產等，按付款方式又可以分為即時支付和延期支付兩種。延期支付包括分期付款、開立應付票據等賣方融資行為。

現金支付的優點在於：第一，現金收購操作簡單，能迅速完成併購交易。第二，現金的支付是最清楚的支付方式，目標公司可以將其虛擬資本在短時間內轉化為確定的現金，股東不必承受因各種因素帶來的收益不確定性等風險。第三，現金收購不會影響併購後公司的資本結構，因為普通股股數不變，併購後每股收益、每股淨資產不會由於稀釋原因有所下降，有利於股價的穩定。

現金支付的缺點在於：第一，現金收購要求併購方必須在確定的日期支付相當大數量的貨幣，這就受到公司本身現金結餘的制約。對併購方而言，現金併購是一項重大的即時現金負擔。第二，如果目標企業所在地的國家稅收法規規定，目標企業的股票在出售後若實現了資本收益就要繳納資本收益稅，那麼用現金購買目標企業的股票就會增加目標企業的稅收負擔。此時，在公司併購交易的實際操作中，有兩個重要因素會影響到現金收購方式的出價：一個因素是目標公司所在地管轄股票的銷售收益所得稅法；另一個因素是目標公司股份的平均股權成本，因為只有超出的部分才應支付資本收益稅。第三，在跨國併購中，採用現金支付方式意味著併購方面臨著貨幣的可兌換性風險及匯率風險。跨國併購涉及兩種或兩種以上貨幣，本國貨幣與外國貨幣的相對強弱，也必然影響到併購的金融成本。在現金交易前的匯率的波動都將對出資方帶來影響，如果匯率的巨大變動使出資方的成本大大提高，出資方的相應年度的預期利潤也將大大下降。

(二) 股權支付

股權支付是併購企業將其自身的股票支付給目標公司股東，從而達到取得目標公司控製權、收購目標公司的一種支付方式。股權支付可以通過下列兩種方式實現：

(1) 由併購企業出資收購目標企業全部股權或部分股權，目標企業股東取得現金後再購買併購企業的新增股票。

(2) 由併購企業收購目標企業的全部資產或部分資產，再由目標企業股東認購併購企業的新增股票。

股權支付的特點在於：第一，併購公司不需要支付大量現金。第二，收購完成後，目標公司的股東成了併購公司的股東。第三，對上市公司而言，股權支付方式使目標公司實現借殼上市。第四，對增發新股而言，增發新股改變了原有的股權結構，導致了原有股東權益的「淡化」，股權淡化的結果甚至可能使原有的股東喪失對公司的控製權。

(三) 賣方融資

賣方融資是賣方以取得固定的收購者的未來償付義務的承諾，使併購企業推遲支付被併購企業的全部或部分併購款項。這種方式在被併購方急於脫手的情況下完全可以實現。不過採取這種方式一般會要求併購企業有極佳的經營計劃。這種方式對被併購企業也有一定好處，因為付款分期支付，稅負自然也可分期支付，使其享有稅負延後的好處，而且還可以要求併購企業支付較高的利息。

(四) 公司發行債券

公司發行債券是公司進入資本市場直接融資的一種重要方式。根據中國《公司法》的規定，公司如果為股份有限公司、國有獨資公司和兩個以上的國有企業或者其他兩個以上的國有投資主體投資設立的有限責任公司，為籌集生產經營資金，可以發行公司債券；上市公司經股東大會決議可以發行可轉換債券；等等。這些法律上的規定為部分收購公司增加了一條融資渠道。

(五) 槓桿收購

槓桿收購方式是併購方以目標公司的資產和將來的現金收入作為抵押，向金融機構貸款，再用貸款資金買下目標公司的收購方式。槓桿收購的整個併購過程主要靠負

債來完成，並且以未來高收益作為償還債務的擔保，具有杠杠效應。當公司資產收益大於其借入資本的平均成本時，財務槓桿發揮正效應，可大幅度提高公司淨收益和普通股收益；反之，槓桿的負效應會使得公司淨收益和普通股收益劇減。

二、併購籌資管理

在併購過程中，與支付方式密不可分的問題是如何籌集併購所需資金的問題。此處重點揭示現金支付和股權支付的併購中，併購資金籌集常採用的方法。

(一) 現金支付時的籌資

現金併購往往給併購企業造成一項沉重的現金負擔。常見的現金支付方式下籌集併購資金的方式有增資擴股、向金融機構貸款、發行公司債券、發行認股權證或幾項方式的綜合運用。

1. 增資擴股

在選擇增資擴股來取得併購所需現金時，最為重要的是要考慮增資擴股後對公司股權結構的影響。大多數情況下，股東更願意增加借款而不願意擴股籌資。

2. 向金融機構貸款

無論是向國內還是國外的金融機構籌集併購資金，都是比較普遍採用的籌資方法。在向銀行提出貸款申請時，首先要考慮的是貸款的安全性，即考慮貸款將來用什麼資金進行償還。一般情況下，至少有一部分貸款的償還是來源於被併購企業未來的現金流入。這種現金流入有兩種來源，即併購後的生產經營收益和變賣被併購公司的一部分資產獲得的現金。

3. 發行公司債券

併購中的現金籌集的一種方式就是向其他機構或第三方發行債券。按照中國《公司法》的規定，股份有限公司、國有獨資公司和兩個以上的國有企業或者其他兩個以上的國有投資主體投資設立的有限責任公司，為籌集生產經營資金，可以發行公司債券；上市公司經股東大會決議可以發行可轉換債券。這些規定都為併購過程中通過發行債券籌措併購資金提供了可能。當然，也進行了限制。

4. 發行認股權證

認股權證通常和企業的長期債券一起發行，以吸引投資者來購買利率低於正常水平的長期債券。由於認股權證代表了長期選擇權，因此附有認股權證的債券或股票，往往對投資者有較強的吸引力。從實踐來看，認股權證在下列情況下推動公司有價證券的發行銷售：當公司處於信用危機邊緣時，利用認股權證，可促使投資者購買公司債券，否則公司債券可能會難以出售；在金融緊縮時期，一些財務基礎較好的公司可以通過認股權證這樣一種方法來籌集到併購所需的現金。

(二) 股權支付時的籌資

在併購中，併購企業採用股權進行支付時，發行的證券要求是已經上市或將要上市的。因為只有這樣，證券才有流動性，並有一定的市場價格作為換股參考。作為併購中的股權支付，可以通過向被併購企業發行普通股、優先股和債券的方式來實現併購資金的籌集。

1. 發行普通股

併購企業可以將以前的庫存股重新發售或增發新股給目標企業的股東，換取其股權。普通股支付有兩種方式：一種方式是由併購企業出資收購目標企業的全部股權或部分股權，目標企業取得資金後認購併購企業的增資股，併購雙方不需再另籌資金即可完成併購交易。另一種方式是由併購企業收購目標企業的全部資產或部分資產，目標企業認購併購企業的增資股，這樣也達到了股權置換與支付的目的。新發行的給目標企業股東的股票應該與併購企業原有的股票同股同權、同股同利。

2. 發行優先股

有時候，向目標企業發行優先股可能會是併購企業更好的選擇。如果目標企業原有的股利政策是發放較高的股息，為了保證目標企業股東的收益而不會因為併購而減少，目標企業可能會提出保持原來股利支付率的要求。對於併購企業而言，如果其原來的股利支付率低於目標企業的股利支付率，提高股利支付率則意味著新老股東的股利都要增加，會給併購企業的財務帶來更大的壓力。這時候，發行優先股就可以避免這種情況。

3. 發行債券

有時候，併購企業也會向目標企業股東發行債券，以保證企業清算解體時，債務人可以先於股東得到償還。債券的利息一般高於普通股的股息，這樣對目標企業的股東就會有吸引力。而對併購企業而言，收購了一部分資產，股本額仍保持原來的水平，增加的只是負債，從長期來看，股東權益未被稀釋。因此，發行債券對併購雙方都是有利的。

第四節　反收購策略與重組策略

一、反收購策略

(一) 反收購的經濟手段

反收購時可以運用的經濟手段主要有四大類：提高收購者的收購成本、降低收購者的收購收益或增加收購者風險、收購收購者、適時修改公司章程等。

1. 提高收購者的收購成本

（1）股份回購。這是指通過大規模買回本公司發行在外的股份來改變資本結構的防禦方法。其基本形式有兩種：一是公司將可用的現金分配給股東，這種分配不是支付紅利，而是購回股票；二是公司通過發售債券，用募得的款項來購回公司的股票。股票一旦大量被公司購回，在外流通的股份數量減少，每股市價也隨之增加。這樣迫使收購者提高每股收購價。目標公司如果提出以比收購者價格更高的出價來收購其股票，則收購者也不得不提高其收購價格，這樣收購計劃就需要更多資金來支持，從而導致收購難度增加。

（2）尋找「白衣騎士」（White Knight）策略。「白衣騎士」是指目標企業為免遭敵意收購而自己尋找的善意收購者。公司在遭到收購威脅時，為不使本企業落入惡意

收購者手中，可選擇與其關係密切的有實力的公司，以更優惠的條件達成善意收購。一般來講，如果收購者出價較低，目標企業被「白衣騎士」拯救的希望就大；若買方公司提供了很高的收購價格，則「白衣騎士」的成本提高，目標公司獲救的機會相應減少。

（3）「金降落傘」策略。公司一旦被收購，目標企業的高層管理者將可能遭到撤換。「金降落傘」策略則是一種補償協議，它規定在目標公司被收購的情況下，高層管理人員無論是主動離開公司還是被迫離開公司，都可以領到一筆巨額的安置費。與之相似，還有針對中級管理層的「銀降落傘」策略和針對普通員工的「錫降落傘」策略。但「金降落傘」策略的弊病也是顯而易見的——支付給管理層的巨額補償反而有可能誘導管理層低價將企業出售。

2. 降低收購者的收購收益或增加收購者風險

（1）「皇冠上的珍珠」策略。從資產價值、盈利能力和發展前景諸方面衡量，在混合公司內經營最好的企業或子公司被喻為「皇冠上的珍珠」。這類公司通常會誘發其他公司的收購企圖，成為兼併的目標。目標企業為保全其他子公司，可將「皇冠上的珍珠」這類經營好的子公司賣掉，從而達到反收購的目的。作為替代方法，也可以把「皇冠上的珍珠」抵押出去。

（2）「毒丸計劃」策略。「毒丸計劃」策略是在20世紀80年代的美國出現的一種反兼併與反收購策略，最早由瓦切泰爾·利蒲東律師事務所的律師馬蒂·利蒲東於1983年提出和採用。後經美國另一位反收購專家、投資銀行家馬丁·西格爾完善而成。「吞食毒丸」是指目標公司為避免被其他公司收購，採取一些會對自身造成嚴重傷害的行動，以降低自己的吸引力。

（3）「焦土戰術」策略。這是公司在遇到收購襲擊而無力反擊時，所採取的一種兩敗俱傷的做法。例如，將公司中引起收購者興趣的資產出售，使收購者的意圖難以實現；或是增加大量與經營無關的資產，大大提高公司的負債，使收購者因考慮收購後嚴重的負債問題而放棄收購。

3. 收購收購者

收購收購者戰略又稱帕克曼策略，它是作為收購對象的目標公司為挫敗收購者的企圖而採用的一種策略，即目標公司威脅進行反收購。當獲悉收購方有意併購時，目標公司反守為攻，搶先向收購公司股東發出公開收購要約，使收購公司被迫轉入防禦。實施帕克曼策略使目標公司處於可進可退的主動位置。帕克曼策略要求目標公司本身具有較強的資金實力和相當外部融資能力；同時，收購公司也應具備被收購的條件，否則目標公司股東將不會同意發出公開收購要約。

4. 適時修改公司章程

這是公司對潛在收購者或詐騙者所採取的預防措施。反收購條款的實施、直接或間接提高收購成本、董事會改選的規定都可使收購方望而卻步。常用的反收購公司章程包括董事會輪選制、超級多數條款、公平價格條款等。

（1）董事會輪選制。董事會輪選制使公司每年只能改選很小比例的董事。即使收購方已經取得了多數控股權，也難以在短時間內改組公司董事會或委任管理層，實現對公司董事會的控制，從而進一步阻止其操縱目標公司的行為。

（2）超級多數條款。公司章程都需規定修改章程或重大事項（如公司的清盤、併購、資產的租賃）所需投票權的比例。超級多數條款規定公司被收購必須取得 2/3 或 80%的投票權，有時甚至會高達 95%。這樣若公司管理層和員工持有公司相當數量的股票，那麼即使收購方控製了剩餘的全部股票，收購也難以完成。

（3）公平價格條款。公平價格條款規定收購方必須向少數股東支付目標公司股票的公平價格。所謂公平價格，通常以目標公司股票的市盈率作為衡量標準，而市盈率的確定是以公司的歷史數據並結合行業數據為基礎的。

(二) 反收購的法律手段

訴訟策略是目標公司在併購防禦中經常使用的策略。訴訟的目的通常包括：逼迫收購方提高收購價以免被起訴；避免收購方先發制人，提起訴訟，延緩收購時間，以便另尋「白衣騎士」；在心理上重振目標公司管理層的士氣。

訴訟策略的第一步往往是目標公司請求法院禁止收購繼續進行。於是，收購方必須首先給出充足的理由證明目標公司的指控不成立，否則不能繼續增加目標公司的股票。這就使目標公司有機會採取有效措施進一步抵禦被收購。不論訴訟成功與否，都為目標公司爭得了時間，這是該策略被廣為採用的主要原因。

目標公司提起訴訟的理由主要有兩條：第一，反壟斷。部分收購可能使收購方獲得某一行業的壟斷或接近壟斷地位，目標公司能以此作為訴訟理由。反壟斷是政府對企業併購進行管制的重要工具，必然對併購活動的發展產生重大影響，因而成為收購風潮中目標公司的救命稻草。第二，披露不充分。目標公司認定收購方未按有關法律規定向公眾及時、充分或準確地披露信息等。

反收購防禦的手段層出不窮，除經濟、法律手段以外，還可利用政治等手段，如遷移註冊地、增加收購難度等。以上種種反併購策略各具特色，各有千秋，很難斷定哪種更為奏效。但有一點是可以肯定的，企業應該根據併購雙方的力量對比和併購初衷選用一種策略或幾種策略的組合。

二、重組策略

(一) 公司重組的含義和基本特徵

公司重組又叫公司重整，是指對陷入財務危機，但仍有轉機和重建價值的公司，根據一定程序進行重新整頓，使公司得以維持和復興，走出困境的做法。每個公司在其經營過程中，隨時都必須考慮一旦公司在出現無力償還到期債務的困難和危機時，通過對各方利害關係人的利益協調，借助法律強制進行營業重組與債務清理，可以使企業避免破產、獲得重生。公司重組可以減少債權人和股東的損失。對整個社會而言，公司重組能盡量減少社會財富的損失和因破產而失業人口的數量。

公司重組的基本特徵如下：

（1）重組是一種積極的拯救程序，不是消極地破產宣告。

（2）重組措施多樣化。重組企業可以運用多種重組措施，達到恢復經營能力、清償債務、避免破產的目的，除延期或減免償還債務外，還可以採取向重組者無償轉讓全部或部分股權、核減或增加註冊資本、向特定對象定向發行股或債券、將債權轉為股份、轉讓營業資產等方法。此外，重組包括企業的合併和分離等方法。

（3）參與主體廣泛化。債權人包括有物權擔保的債權人、債務人以及債務人的股東等，各方利害關係人均參與重組程序的進行。

(二) 公司重組的方式

公司重組按是否通過法律程序分為公司非正式財務重組和公司正式財務重組。

1. 公司非正式財務重組

公司非正式財務重組是指當債務人陷入財務危機瀕臨破產需要重組時，為了避免因進入正式法律程序而發生龐大的費用和冗長的訴訟時間，債務人、債權人雙方自願達成協議，以幫助債務人恢復和重建堅實的財務基礎。非正式財務重組包括債務重組和準改組。

（1）債務重組。債務重組是指債務人發生財務困難時，債權人按照其與債務人達成的協議做出讓步的事項。這種讓步是根據雙方自願達成的協議做出的。讓步的結果是債權人發生債務重組損失，債務人獲得債務重組收益。債務重組主要有以下幾種方式：

第一，以非現金資產清償債務。債務人以非現金資產清償全部債務，包括用公司生產的產品、庫存材料、固定資產、擁有的無形資產等進行清償債務。這種方式可以把債務人的非營運資產剝離出去。

第二，債務轉化為資本。債務轉化為資本實質上是增加債務人的資本金，債權人因此而增加長期股權投資。以債務轉為資本用於清償債務，使債務人沒有了償債的壓力，債權人也不會發生短期利益損失。

第三，債務展期與債務和解。債務展期，即推遲到期債務要求付款的日期。債務和解，即債權人自願同意減免債務人的債務，包括減免本金、利息或混合使用。這種方式能夠為發生財務困難的公司贏得時間使其調整財務結構，繼續經營並避免法律費用。

公司擬採用債務展期或債務和解措施渡過財務困境時，首先由公司，即債務人向當地負責金融、財務調整的管理部門提出申請，由該管理部門安排，召開由公司及其債權人參加的會議。其次，由債務人任命一個由1~5人組成的委員會，負責調查公司的資產、負債情況，並制訂出一項債權調整計劃，就債權的展期和債務的和解做出具體安排。最後，召開債權人、債務人會議，會議對委員會提出的債務展期、和解，或債務展期與和解兼而有之的財務安排進行商討並取得一致，達成最終協議，以便債權人、債務人共同遵循。

因此，為了對債務人實施控制，保護債權人利益，債權人在債務展期或債務和解後等待還款的時期內，通常採取以下措施：

①實行某種資產的轉讓或由第三者代管。

②要求債務企業股東轉讓其股票到第三者代管帳戶，直至根據展期協議還清欠款為止。

③債務企業的所有支票應由債權人委員會會簽，以保持回流現金用於還債。

（2）準改組。準改組是在公司長期發生嚴重虧損時，徵得債權人和股東同意後，通過減資消除大量虧損，並採取一些成功經營措施的重組方式。這種方式既不需要法院參與，也不解散公司，而且不改變債權人的利益，只要得到債權人和股東同意，不

需要立即向債權人支付債務和向股東發放股利，便可以有效地實施準改組。

準改組的財務處理方法如下：

①有關資產重新計價，調低額衝減留存收益。

②股東權益（甚至負債）應重新計價，將留存收益的紅字調整為零。

③徵得債權人和股東的同意，通常還要由法院監督，以確保有關各方的利益，避免法律糾紛。同時，按照《公司法》的規定，公告有關債權人。

④在當年的財務報表中，應當充分披露準改組的程序和影響，並在此後的 3～10 年內，加註說明留存收益的累積日期。

非正式財務重組可以為債權人和債務人雙方都帶來一定的好處。首先，這種做法避免了履行正式手續所需發生的大量費用，所需要的律師、會計師的人數也比履行正式手續要少得多，使重組費用降至最低點。其次，非正式財務重組可以減少重組所需的時間，使公司在較短的時間內重新進入正常經營的狀態，避免了因冗長的正式程序使公司遲遲不能進行正常經營而造成的公司資產閒置和資金回收延遲等浪費現象。最後，非正式重整使談判有更大的靈活性，有時更易達成協議。

非正式財務重整也存在著缺點，主要表現在當債權人人數很多時，可能很難達成一致；沒有法院的正式參與，協議的執行缺乏法律保障。

2. 正式財務重組

正式財務重組是通過一定的法律程序改變公司的資本結構，合理地解決其所欠債務，以使公司擺脫財務困難並繼續經營的做法。

正式財務重組是將非正式財務重組的做法按照規範化的方式進行，是在法院受理債權人申請破產案件的一定時期內，經債務人及其委託人申請，與債權人會議達成和解協議，對公司進行整頓、重組的一種制度。在正式財務重組中，法院起著重要的作用，特別是要對協議中的重組計劃的公正性和可行性做出判斷。

依照規定，在法院批准重組之後不久，應成立債權人會議，所有債權人均為債權人會議成員。其主要職責是：審查有關債權的證明材料，確認債權有無財產擔保，討論通過改組計劃，保護債權人的利益，確保債務公司的財產不致流失。債務人的法定代表必須列席債權人會議，回答債權人的詢問。中國還規定要有工會代表參加債權人會議。

重組計劃是對公司現有債權、股權的清理和變更做出安排，重組公司資本結構，提出未來的經營方案與實施辦法。重組計劃一般應包括以下三項內容：

（1）估算重組公司的價值。常採用的方法是收益現值法，即預測公司未來的收益與現金流量，根據事先確定的合理的貼現率，對未來的現金流入量進行貼現，估算出公司的價值。

（2）優化資本結構，降低財務負擔。這要求調整公司的資本結構，削減債務負擔和利息支出，為公司繼續經營創造一個合理的財務狀況。為達到這一目的，需要對某些債務展期，將某些債務轉換為優先股、普通股等其他證券。

（3）進行資本結構轉換。新的資本結構確定後，用新的證券替換舊的證券，實現資本結構的轉換。為此，要將公司各類債權人和所有者按求償權的優先級別分類統計。優先級別在前的債權人或所有者得到妥善安排之後，優先級別在後的才能得到安置。

重組計劃經過法院批准後，對公司、債權人及股東均有約束力。為了使重組可行，必須經「債務人會議」討論同意重組，並願意幫助債務人重建財務基礎。一項重組是否可行，其基本測試標準是重組後所產生的收益能否補償為獲得所發生的全部費用。

第五節　公司清算

公司清算是指公司宣告終止後，為結束債權、債務關係和其他各種法律關係，對公司財產、債權、債務進行清查並收取債權、清償債務和分配剩餘財產的行為。公司按照法律規定或公司章程的規定解散或破產以及其他原因宣告終止時，應當成立清算機構，對公司財產、債權、債務進行全面清查，了結公司債務，並向股東分配剩餘財產，以終結其經營活動，並依法取消其法人資格。

一、公司清算的原因

公司終止經營必然要進行清算，因此公司終止的原因也就是導致公司清算的原因。公司清算的原因有很多，主要有以下幾種：

(一) 企業經營期滿，投資各方無意繼續經營

聯營、合資、合作公司在辦理設立申請時就在公司章程中規定經營期限，當經營期限屆滿時，投資各方如果無意繼續經營，則公司必須終止並且要進行清算。營業期限屆滿前，公司可以申請展期，展期後公司可以繼續存在。

(二) 公司難以持續經營

當由於以下原因導致公司經營難以持續時，公司的最高決策者就會對公司做出終止的特別決議：

(1) 投資一方或者多方未履行企業章程所規定的義務，導致無法繼續經營。
(2) 公司發生嚴重虧損，無法持續經營。
(3) 未達到預定的經營目標，企業今後又沒有發展前途。
(4) 因不可抗力的災害造成公司嚴重損失，導致企業無法繼續經營。

(三) 公司依法被撤銷

公司在法定期限內未繳足註冊資本，長期不向有關部門報送財務報告，或是在經營期間發生詐欺、濫用法律授予的權力等嚴重違法行為，導致公司對公共利益構成損害並又無法消除的，法院或政府機關有權責令公司關閉並解散。

(四) 依法宣告破產

公司因經營管理不善造成嚴重虧損不能到期清償債務的，而債務重組又不成功的，被法院宣告破產，公司破產以後，必須對其破產財產進行處置、清算。

(五) 企業改組、合併或者被兼併

公司因各種原因合併或者被兼併、法人資格喪失，應終止原企業的經營行為。這些企業要進行清算。

二、公司清算的類型

因清算的對象、清算的原因以及清算的複雜程度不同，公司清算的分類也有所不同。一般來說，清算可以分為下列幾類：

(一) 按公司清算的原因不同劃分

按公司清算的原因，可分為解散清算和破產清算。

解散清算是公司因經營期滿，或者因經營方面的其他原因致使公司不宜或者不能繼續經營時，自願或被迫宣告解散而進行的清算。破產清算是公司資不抵債時，人民法院依照有關法律規定組織清算機構對公司進行的清算。

兩者既有聯繫又有區別。其聯繫表現在：第一，清算的目的都是結束被清算公司的各種債權、債務關係和法律關係。第二，在解散清算過程中，當發現公司資不抵債時應立即向法院申請實行破產清算。

兩者的區別表現在：第一，清算的性質不同。解散清算屬於自願清算或行政清算，而破產清算屬於司法清算。第二，處理利益關係的側重點不同。解散清算一般不存在資不抵債的問題，清算時除了結束公司未了結的業務、收取債權和清償債務以外，重點是分配公司剩餘財產，調整公司內部各投資者之間的利益關係。而破產清算的原因是資不抵債，因此清算時主要是調整公司外部各債權人之間的利益關係，即將公司有限的財產在債權人之間進行合理分配。

(二) 按公司清算的性質不同劃分

按公司清算的性質可分為自願清算、行政清算和司法清算。

自願清算是企業法人自願終止其經營活動而進行的清算，如企業經營期滿、發生嚴重虧損等原因進行的清算。一般情況下，由企業內部人員組成清算機構自行清算。

行政清算是企業法人被依法撤銷所進行的清算，如企業違反國家法律、法規被撤銷而進行的清算。在這種情況下，有關主管機關要負責組織清算機構並監督清算工作的進行。

司法清算又稱破產清算，是企業因不能清償到期債務，人民法院依據債務人或債權人的申請宣告企業破產，並依照有關法律規定組織清算機構對企業進行破產清算。

三、清算的程序

(一) 公司解散清算的程序

根據《公司法》的規定，解散清算一般按以下程序進行：

1. 成立清算小組

根據《公司法》的規定，公司應當在解散事由出現之日起15日內成立清算組，開始清算。有限責任公司的清算組由股東組成，股份有限公司的清算組由董事或者股東大會確定的人員組成。逾期不成立清算組進行清算的，債權人可以申請人民法院指定有關人員組成清算組進行清算。

清算組在清算期間行使下列職權：

(1) 清理公司財產，分別編制資產負債表和財產清單中。
(2) 通知、公告債權人。

(3) 處理與清算有關的公司未了結的業務。
(4) 清繳所欠稅款以及清算過程中產生的稅款。
(5) 清理債權、債務。
(6) 處理公司清償債務後的剩餘財產。
(7) 代表公司參與民事訴訟活動。

2. 通知債權人申報債權

清算組應當自成立之日起 10 日內通知債權人，並於 60 日內在報紙上公告。債權人應當自接到通知書之日起 30 內，未接到通知書的自公告之日起 45 日內，向清算組申報其債權。債權人申報債權，應當說明債權的有關事項，並提供證明材料。清算組應當對債權進行登記。在申報債權期間，清算組不得對債權人進行清償。

3. 清理公司財產，編制資產負債表和財產清單，制訂清算方案

清算組要清理公司財產，編制資產負債表和財產清單，制訂清算方案。清算方案應當報股東會、股東大會或者人民法院確認。清算組在發現公司財產不足清償債務的，應當依法向人民法院申請宣告破產。

4. 清償債務

公司財產在分別支付清算費用、職工的工資、社會保險費用和法定補償金，繳納所欠稅款，清償公司債務後的剩餘財產，有限責任公司按照股東的出資比例分配，股份有限公司按照股東持有的股份比例分配。清算期間，公司存續，但不得開展與清算無關的經營活動。公司財產在未依照前款規定清償前，不得分配給股東。

5. 製作清算報告，辦理公司註銷手續

公司清算結束後，清算組應當製作清算報告，報股東會、股東大會或者人民法院確認，並報送公司登記機關，申請註銷公司登記，公告公司終止。

(二) 公司破產清算的程序

企業法人不能清償到期債務，並且資產不足以清償全部債務或者明顯缺乏清償能力的，可以向人民法院提出破產清算申請。債務人和債權人都有權提出破產申請。《中華人民共和國企業破產法》（以下簡稱《企業破產法》）第二條規定：「企業法人不能清償到期債務，並且資產不足以清償全部債務或者明顯缺乏清償能力的，依照本法規定清理債務。」《企業破產法》第七條規定：「債務人有本法第二條規定的情形，可以向人民法院提出重整、和解或者破產清算申請。債務人不能清償到期債務，債權人可以向人民法院提出對債務人進行重整或者破產清算的申請。企業法人已解散但未清算或者未清算完畢，資產不足以清償債務的，依法負有清算責任的人應當向人民法院申請破產清算。

人民法院依照《破產法》規定宣告債務人破產的，應當自裁定做出之日起 5 日內送達債務人和管理人，自裁定做出之日起 10 日內通知已知債權人，並予以公告。

1. 提出破產申請

向人民法院提出破產申請，應當提交破產申請書和有關證據。

破產申請書應當載明下列事項：
(1) 申請人、被申請人的基本情況。
(2) 申請目的。

(3) 申請的事實和理由。

(4) 人民法院認為應當載明的其他事項。

債務人提出申請的，還應當向人民法院提交財產狀況說明、債務清冊、債權清冊、有關財務會計報告、職工安置預案以及職工工資的支付和社會保險費用的繳納情況。

人民法院受理破產申請前，申請人可以請求撤回申請。

2. 破產受理

債權人提出破產申請的，人民法院應當自收到申請之日起 5 日內通知債務人。債務人對申請有異議的，應當自收到人民法院的通知之日起 7 日內向人民法院提出。人民法院應當自異議期滿之日起 10 日內裁定是否受理。

除前款規定的情形外，人民法院應當自收到破產申請之日起 15 日內裁定是否受理。

有特殊情況需要延長前面規定的裁定受理期限的，經上一級人民法院批准，可以延長 15 日。

人民法院接受破產申請後，經過審查發現債務人符合《企業破產法》所規定的破產原因，應當做出債務人破產的決定。

債權人提出申請的，人民法院應當自裁定做出之日起 5 日內送達債務人。債務人應當自裁定送達之日起 15 日內，向人民法院提交財產狀況說明、債務清冊、債權清冊、有關財務會計報告以及職工工資的支付和社會保險費用的繳納情況。

債務人被宣告破產後，債務人稱為破產人，債務人財產稱為破產財產，人民法院受理破產申請時對債務人享有的債權稱為破產債權。

3. 人民法院指定管理人

人民法院裁定受理破產申請的，應當同時指定管理人。管理人可以由有關部門、機構的人員組成的清算組或者依法設立的律師事務所、會計師事務所、破產清算事務所等社會仲介機構擔任。指定管理人和確定管理人報酬的辦法，由最高人民法院規定。管理人依照《企業破產法》規定執行職務，向人民法院報告工作，並接受債權人會議和債權人委員會的監督。管理人取代債務人的地位取得對企業一定程度的控製權，還有就是在法院的指導下作為破產程序的參與者而行使一定的職權。管理人履行下列職責：

(1) 接管債務人的財產、印章和帳簿、文書等資料。

(2) 調查債務人財產狀況，製作財產狀況報告。

(3) 決定債務人的內部管理事務。

(4) 決定債務人的日常開支和其他必要開支。

(5) 在第一次債權人會議召開之前，決定繼續或者停止債務人的營業。

(6) 管理和處分債務人的財產。

(7) 代表債務人參加訴訟、仲裁或者其他法律程序。

(8) 提議召開債權人會議。

(9) 人民法院認為管理人應當履行的其他職責。

管理人沒有正當理由不得辭去職務。管理人辭去職務應當經人民法院許可。

4. 清查債務人財產和債權

破產申請受理時屬於債務人的全部財產及破產申請受理後至破產程序終結前債務人取得的財產，為債務人財產。

5. 債權人申報債權

人民法院受理破產申請後，應當確定債權人申報債權的期限。債權申報期限自人民法院發布受理破產申請公告之日起計算，最短不得少於 30 日，最長不得超過 3 個月。債權人應當在人民法院確定的債權申報期限內向管理人申報債權。在人民法院確定的債權申報期限內，債權人未申報債權的，可以在破產財產最後分配前補充申報。但是，此前已進行的分配，不再對其補充分配。為審查和確認補充申報債權的費用，由補充申報人承擔。

為了保證破產程序的正常進行及對各債權人的公平清償，可以成立債權人會議。依法申報債權的債權人為債權人會議的成員，有權參加債權人會議，享有表決權。債權人會議在破產程序中與法院、管理人、債務人或破產人等有關當事人進行交涉，負責處理涉及全體債權人共同利益的問題，協調債權人的法律行為，採用多數決的決定方式在其職權範圍內議決有關破產事宜。

《企業破產法》規定，在債權人會議中可以設置債權人委員會。債權人委員會由債權人會議選任的債權人代表和一名債務人的職工代表或工會代表組成。債權人委員會成員不得超過 9 人。債權人委員會是遵循債權人的共同意志，代表債權人會議監督管理人行為以及破產程序的合法、公正進行，處理破產程序中的有關事項的常設監督機構。

債權人委員會行使下列職權：

（1）監督債務人財產的管理和處分。
（2）監督破產財產分配。
（3）提議召開債權人會議。
（4）債權人會議委託的其他職權。

6. 管理人編報、實施破產財產清算分配方案

管理人應當及時擬訂破產財產分配方案，提交債權人會議討論。債權人會議通過破產財產分配方案後，由管理人將該方案提請人民法院裁定認可。破產財產分配方案經人民法院裁定認可後，由管理人執行。破產財產在優先清償破產費用和共益債務後，依照下列順序清償：

（1）破產人所欠職工的工資和醫療、傷殘補助、撫恤費用，所欠的應當劃入職工個人帳戶的基本養老保險、基本醫療保險費用以及法律、行政法規規定應當支付給職工的補償金。
（2）破產人欠繳的除前項規定以外的社會保險費用和破產人所欠稅款。
（3）普通破產債權。

破產財產不足以清償同一順序的清償要求的，按照比例分配。破產企業的董事、監事和高級管理人員的工資按照該企業職工的平均工資計算。

7. 破產程序終結

管理人在最後分配完結後，應當及時向人民法院提交破產財產分配報告，並提請

人民法院裁定終結破產程序。人民法院應當自收到管理人終結破產程序的請求之日起 15 日內做出是否終結破產程序的裁定。裁定終結的，應當予以公告。

管理人應當自破產程序終結之日起 10 日內，持人民法院終結破產程序的裁定，向破產人的原登記機關辦理註銷登記。

三、公司清算的預算

(一) 清算財產的範圍

清算財產是指用於清償公司無擔保債務和分配給投資者的財產。清算財產由以下兩部分構成：

1. 宣布清算時公司擁有的可用於清償無擔保債務和向投資者分配的全部帳內及帳外財產

其內容包括公司的各項流動資產、固定資產、無形資產、對外投資和其他資產。

為了正確界定清算財產的範圍，這裡需要明確宣布清算時公司擁有的不屬於清算財產的內容。以下財產不得或不能用於清償公司無擔保債務，不應作為公司的清算財產：

（1）租入、借入、代外單位加工和代外單位銷售存放在公司的財產。這些財產不為公司所有，不能用於清償公司債務，應退還有關單位。

（2）遞延資產、待攤費用。這類資產的費用已經發生，本應在公司未來的經營期間攤入成本、費用，但由於公司現已終止，只能作為清算損失核銷，不能用於清償債務。

（3）相當於擔保債務數額的擔保財產。這部分財產已確定用於清償有擔保的債務，不能再作為清算財產用來清償無擔保債務。

2. 清算期間按法律規定追回的財產

清算機構按法律規定追回的以下財產，應作為公司的清算財產：

（1）清算前無償轉移或低價轉讓的財產。

（2）對原來沒有財產擔保的債務在清算前提供財產擔保的財產。

（3）對未到期的債務在清算前提前清償的財產。

（4）清算前放棄的債權。

(二) 清算財產的作價

公司無論是因為破產，還是因為各種原因的解散，都會涉及財產作價問題，目前國內外的實際應用中，常見的財產作價方法主要有三種：帳面價值法、重估價值法和變現收入法。

1. 帳面價值法

它是以核實後的各項負債的帳面價值為依據，計算所有者權益，即剩餘財產額的一種作價方法。這種方法主要適用於產權轉讓解散清算和完全解散清算的貨幣性資金項目，如貨幣資金、應付帳款、應付票據、預收帳款、預付帳款等。採用帳面價值法為財產作價時，清算機構仍需要對公司各項記錄及財產物資、債權、債務等進行全面清查核實，並以核實後的帳面價值為準計算所有者權益。

2. 重估價值法

它是指清算機構委託註冊會計師對公司現存財產物資債權、債務進行重新估價，確定剩餘財產淨值的一種財產作價方法。這種方法主要適用於對各項實物資產價值的確定，如房產、設備、存貨、在建工程等，對產權轉讓解散清算更為適用。

需要指出的是，重估價值法在對財產作價時，如果估價出現了增值，應作為清算收益處理；如果估價小於帳面價值，其差價部分應列作清算損失，重估價值法與帳面價值法的區別在於前者不僅要對財產清查的數量溢缺進行調整，還要對各項財產單位價格進行估價，並以此作為計價標準，調整帳面價值。

3. 變現收入法

它是指以公司資產的變價收入作為資產作價基礎，並經此計算所有者權益的財產作價方法。在破產清算或完全解散清算時，需要將公司資產變賣為現金。這種方法主要適用於因破產或經營期限屆滿所引起的完全解散的清算。

採用變價收入法，方法應詳細核定並盡量收回所有者的債權，無法收回的部分可作為壞帳核銷；對於已作擔保的財產，其相當於擔保債務價值部分，不應列作清算財產，擔保物價款超過所擔保的債務數額部分，應列為清算財產。

四、破產的實施

(一) 清償債務

按規定，清算財產要優先抵付清算費用，若清算財產不足以支付清算費用，則清算程序馬上終結，未清算債務也不再清償，抵付清算費用後，公司所需清償的債務主要包括公司進入清算前的各種債務以及在清算中形成的，與公司清算各種債務，但不包括有財產擔保的特殊債務。

在公司清算過程中，所有列入統一清償的債務必須按照法定的順序進行清償：首先，對應付未付的職工工資、勞動保險費等；其次，應繳未繳國家的稅金；最後，尚未償付的債務。在同一順序內不足清償的，按照比例清償。清償比例的計算公式如下：

清償比例＝(可供清償的財產金額÷同一清償順序的負債總額)×100%

用同一順序內某一債權人的債權額乘以清償比例，就可以算出該債權人可分得的剩餘財產額。

(二) 分配剩餘財產

分配剩餘財產是指公司終止清算，清償債務以後，對剩餘清算財產的分配。剩餘財產的分配，一般應按公司合同、章程的有關條款處理，充分體現公平、對等、照顧各方利益的原則。有限責任公司，除公司章程另有規定者外，按投資各方的出資比例分配。股份有限公司，按照優先股面值對優先股股東分配；優先股股東分配後的剩餘部分，按照普通股股東的股份比例進行分配。如果剩餘財產不足全額償還優先股股東時，按照各優先股股東所持比例分配。如為國有公司，其剩餘財產要上繳財政。在剩餘財產分配中，如為實物財產的分配，其價值有差額時，按投資比例計算。如為中外合作經營公司，合作合同規定折舊完的固定資產歸中方投資者所有的，則外方不再參加該部分財產的分配，僅在中方投資者之間分配。

【本章小結】

1. 公司併購是企業兼併和收購的統稱。兼併是指兩家公司歸並為一家公司，其中的收購方吸收被收購方的全部資產和負債，承擔其業務，而被收購方則不再獨立存在，常常成為收購方的一個子公司。收購是指一家公司用現款、債券或股票購買另一家公司的股票和資產，以獲得對該公司本身或資產實際控製權的行為。

2. 公司併購按併購雙方經營的產品和市場關係的不同，可以分為橫向併購、縱向併購和複合併購。公司併購按併購公司的主觀意圖的不同，可以分為善意併購和惡意併購。企業併購的動機有以下幾個方面：提高企業效率、代理問題的存在、節約交易成本、目標公司價值被低估、增強企業在市場中的地位、降低投資風險和避稅。

3. 對目標公司進行價值評估的方法有現金流量貼現法、市盈率法、股利法、資產基準法、股票市價法。

4. 併購的支付方式有現金支付、股權支付、賣方融資、公司發行債券、槓桿收購。

5. 反收購時可以運用的經濟手段和法律手段。經濟手段主要有四大類：提高收購者的收購成本、降低收購者的收購收益、收購收購者、適時修改公司章程。

6. 公司重組按是否通過法律程序分為非正式財務重組和公司正式財務重組。

7. 公司清算是指公司因某種特定原因而終止經營以後，結算一切財務事項的經濟工作。公司按照法律規定或公司章程的規定解散或破產以及其他原因宣告終止時，應當成立清算機構，對公司財產、債權、債務進行全面清查，了結公司債務，並向股東分配剩餘財產，以終結其經營活動，並依法取消其法人資格。

【復習思考題】

1. 企業併購的動機有哪些？
2. 對目標公司進行價值評估的方法有哪些？
3. 反收購時可以運用的經濟手段和法律手段有哪些？其經濟手段主要有哪四大類？
4. 企業清算的原因和分類是怎樣的？
5. 企業清算財產的分配順序是怎樣的？

參考文獻

[1] 布雷利（Brealey R A），邁爾斯（Myers S C）. 公司財務原理［M］. 方曙紅，等，譯. 北京：機械工業出版社，2004.

[2] 張濤. 財務管理學［M］. 北京：經濟科學出版社，2012.

[3] 王化成，劉俊彥. 財務管理學［M］. 北京：中國人民大學出版社，2006.

[4] 王化成. 財務管理教學案例［M］. 北京：中國人民大學出版社，2001.

[5] 朱會芳，武迎春. 財務管理［M］. 南京：南京大學出版社，2012.

[6] 陸正飛. 財務管理［M］. 3版. 大連：東北財經大學出版社，2010.

[7] 中國註冊會計師協會. 財務成本管理［M］. 北京：中國財政經濟出版社，2013.

[8] 宋獻忠，吳思明. 中級財務管理［M］. 2版. 大連：東北財經大學出版社，2009.

[9] 湯谷良，王化成. 企業財務管理學［M］. 北京：經濟科學出版社，2000.

[10] 沈藝峰. 資本結構理論史［M］. 北京：經濟科學出版社，1999.

[11] 財政部企業司.《企業財務通則》解讀（修訂篇）［M］. 北京：中國財政經濟出版社，2010.

[12] 吳曉求. 證券投資學［M］. 3版. 北京：中國人民大學出版社，2009.

[13] 李忠寶. 財務管理概論［M］. 大連：東北財經大學出版社，2005.

[14] 蔣屏. 公司財務管理［M］. 北京：對外經濟貿易大學出版社，2009.

[15] 郭復初，王慶成. 財務管理學［M］. 北京：高等教育出版社，2009.

[16] 楊穎. 財務管理學案例與實訓教程［M］. 成都：西南財經大學出版社，2013.

[17] 谷祺，劉淑蓮. 財務管理［M］. 大連：東北財經大學出版社，2007.

[18] 歐陽令南. 財務管理——理論與分析［M］. 上海：復旦大學出版社，2005.

[19] 徐緒纓. 企業理財學［M］. 沈陽：遼寧人民出版社，1995.

[20] 魯桂華. 企業財務分析——原理與應用［M］. 上海：立信會計出版社，2001.

[21] 王慶成，王化成. 西方財務管理［M］. 北京：中國人民大學出版社，1993.

[22] 嚴成根，李傳雙. 財務管理教程［M］. 北京：清華大學出版社，北京交通大學出版社，2006.

[23] 袁建國. 財務管理［M］. 2版. 大連：東北財經大學出版社，2005.

[24] 劉杰，於久洪. 會計報表分析［M］. 北京：中國人民大學出版社，2002.

[25] 魯愛民. 財務分析［M］. 北京：機械工業出版社，2015.

[26] 趙德武. 財務管理［M］. 北京：高等教育出版社，2002.

附錄　資金時間價值系數表

複利終值系數表 1-1 (F/P, i, n)

計算公式：$f = (1+i)^n$

期數	1%	2%	3%	4%	5%	6%	7%	8%	9%	10%
1	1.010,0	1.020,0	1.030,0	1.040,0	1.050,0	1.060,0	1.070,0	1.080,0	1.090,0	1.100,0
2	1.020,1	1.040,4	1.060,9	1.081,6	1.102,5	1.123,6	1.144,9	1.166,4	1.188,1	1.210,0
3	1.030,3	1.061,2	1.092,7	1.124,9	1.157,6	1.191,0	1.225,0	1.259,7	1.295,0	1.331,0
4	1.040,6	1.082,4	1.125,5	1.169,9	1.215,5	1.262,5	1.310,8	1.360,5	1.411,6	1.464,1
5	1.051,0	1.104,1	1.159,3	1.216,7	1.276,3	1.338,2	1.402,6	1.469,3	1.538,6	1.610,5
6	1.061,5	1.126,2	1.194,1	1.265,3	1.340,1	1.418,5	1.500,7	1.586,9	1.677,1	1.771,6
7	1.072,1	1.148,7	1.229,9	1.315,9	1.407,1	1.503,6	1.605,8	1.713,8	1.828,0	1.948,7
8	1.082,9	1.171,7	1.266,8	1.368,6	1.477,5	1.593,8	1.718,2	1.850,9	1.992,6	2.143,6
9	1.093,7	1.195,1	1.304,8	1.423,3	1.551,3	1.689,5	1.838,5	1.999,0	2.171,9	2.357,9
10	1.104,6	1.219,0	1.343,9	1.480,2	1.628,9	1.790,8	1.967,2	2.158,9	2.367,4	2.593,7
11	1.115,7	1.243,4	1.384,2	1.539,5	1.710,3	1.898,3	2.104,9	2.331,6	2.580,4	2.853,1
12	1.126,8	1.268,2	1.425,8	1.601,0	1.795,9	2.012,2	2.252,2	2.518,2	2.812,7	3.138,4
13	1.138,1	1.293,6	1.468,5	1.665,1	1.885,6	2.132,9	2.409,8	2.719,6	3.065,8	3.452,3
14	1.149,5	1.319,5	1.512,6	1.731,7	1.979,9	2.260,9	2.578,5	2.937,2	3.341,7	3.797,5
15	1.161,0	1.345,9	1.558,0	1.800,9	2.078,9	2.396,6	2.759,0	3.172,2	3.642,5	4.177,2
16	1.172,6	1.372,8	1.604,7	1.873,0	2.182,9	2.540,4	2.952,2	3.425,9	3.970,3	4.595,0
17	1.184,3	1.400,2	1.652,8	1.947,9	2.292,0	2.692,8	3.158,8	3.700,0	4.327,6	5.054,5
18	1.196,1	1.428,2	1.702,4	2.025,8	2.406,6	2.854,3	3.379,9	3.996,0	4.717,1	5.559,9
19	1.208,1	1.456,8	1.753,5	2.106,8	2.527,0	3.025,6	3.616,5	4.315,7	5.141,7	6.115,9
20	1.220,2	1.485,9	1.806,1	2.191,1	2.653,3	3.207,1	3.869,7	4.661,0	5.604,4	6.727,5
21	1.232,4	1.515,7	1.860,3	2.278,8	2.786,0	3.399,6	4.140,6	5.033,8	6.108,8	7.400,2
22	1.244,7	1.546,0	1.916,1	2.369,9	2.925,3	3.603,5	4.430,4	5.436,5	6.658,6	8.140,3
23	1.257,2	1.576,9	1.973,6	2.464,7	3.071,5	3.819,7	4.740,5	5.871,5	7.257,9	8.954,3
24	1.269,7	1.608,4	2.032,8	2.563,3	3.225,1	4.048,9	5.072,4	6.341,2	7.911,1	9.849,7
25	1.282,4	1.640,6	2.093,8	2.665,8	3.386,4	4.291,9	5.427,4	6.848,5	8.623,1	10.834,7
26	1.295,3	1.673,4	2.156,6	2.772,5	3.555,7	4.549,4	5.807,4	7.396,4	9.399,2	11.918,2
27	1.308,2	1.706,9	2.221,3	2.883,4	3.733,5	4.822,9	6.213,9	7.988,1	10.245,1	13.110,0
28	1.321,3	1.741,0	2.287,9	2.998,7	3.920,1	5.111,7	6.648,8	8.627,1	11.167,1	14.421,0
29	1.334,5	1.775,8	2.356,6	3.118,7	4.116,1	5.418,4	7.114,3	9.317,3	12.172,2	15.863,1
30	1.347,8	1.811,4	2.427,3	3.243,4	4.321,9	5.743,5	7.612,3	10.062,7	13.267,7	17.449,4

複利終值係數表 1-2 (F/P, i, n)

計算公式：$f = (1+i)^n$

期數	11%	12%	13%	14%	15%	16%	17%	18%	19%	20%
1	1.110,0	1.120,0	1.130,0	1.140,0	1.150,0	1.160,0	1.170,0	1.180,0	1.190,0	1.200,0
2	1.232,1	1.254,4	1.276,9	1.299,6	1.322,5	1.345,6	1.368,9	1.392,4	1.416,1	1.440,0
3	1.367,6	1.404,9	1.442,9	1.481,5	1.520,9	1.560,9	1.601,6	1.643,0	1.685,2	1.728,0
4	1.518,1	1.573,5	1.630,5	1.689,0	1.749,0	1.810,6	1.873,9	1.938,8	2.005,3	2.073,6
5	1.685,1	1.762,3	1.842,4	1.925,4	2.011,4	2.100,3	2.192,4	2.287,8	2.386,4	2.488,3
6	1.870,4	1.973,8	2.082,0	2.195,0	2.313,1	2.436,4	2.565,2	2.699,6	2.839,8	2.986,0
7	2.076,2	2.210,7	2.352,6	2.502,3	2.660,0	2.826,2	3.001,2	3.185,5	3.379,3	3.583,2
8	2.304,5	2.476,0	2.658,4	2.852,6	3.059,0	3.278,4	3.511,5	3.758,9	4.021,4	4.299,8
9	2.558,0	2.773,1	3.004,0	3.251,9	3.517,9	3.803,0	4.108,4	4.435,5	4.785,4	5.159,8
10	2.839,4	3.105,8	3.394,6	3.707,2	4.045,6	4.411,4	4.806,8	5.233,8	5.694,7	6.191,7
11	3.151,8	3.478,6	3.835,9	4.226,2	4.652,4	5.117,3	5.624,0	6.175,9	6.776,7	7.430,1
12	3.498,5	3.896,0	4.334,5	4.817,9	5.350,3	5.936,0	6.580,1	7.287,6	8.064,2	8.916,1
13	3.883,3	4.363,5	4.898,0	5.492,4	6.152,8	6.885,8	7.698,7	8.599,4	9.596,4	10.699,3
14	4.310,4	4.887,1	5.534,8	6.261,3	7.075,7	7.987,5	9.007,5	10.147,2	11.419,8	12.839,2
15	4.784,6	5.473,6	6.254,3	7.137,9	8.137,1	9.265,5	10.538,7	11.973,7	13.589,5	15.407,0
16	5.310,9	6.130,4	7.067,3	8.137,2	9.357,6	10.748,0	12.330,3	14.129,0	16.171,5	18.488,4
17	5.895,1	6.866,0	7.986,1	9.276,5	10.761,3	12.467,7	14.426,5	16.672,2	19.244,1	22.186,1
18	6.543,6	7.690,0	9.024,3	10.575,2	12.375,5	14.462,5	16.879,0	19.673,3	22.900,5	26.623,3
19	7.263,3	8.612,8	10.197,4	12.055,7	14.231,8	16.776,5	19.748,4	23.214,4	27.251,6	31.948,0
20	8.062,3	9.646,3	11.523,1	13.743,5	16.366,5	19.460,8	23.105,6	27.393,0	32.429,4	38.337,6
21	8.949,2	10.803,8	13.021,1	15.667,6	18.821,5	22.574,5	27.033,6	32.323,8	38.591,0	46.005,1
22	9.933,6	12.100,3	14.713,8	17.861,0	21.644,7	26.186,4	31.629,3	38.142,1	45.923,3	55.206,1
23	11.026,3	13.552,3	16.626,6	20.361,6	24.891,5	30.376,2	37.006,2	45.007,6	54.648,7	66.247,4
24	12.239,2	15.178,6	18.788,1	23.212,2	28.625,2	35.236,4	43.297,3	53.109,0	65.032,0	79.496,8
25	13.585,5	17.000,1	21.230,5	26.461,9	32.919,0	40.874,2	50.657,8	62.668,5	77.388,1	95.396,2
26	15.079,9	19.040,1	23.990,5	30.166,6	37.856,8	47.414,1	59.269,7	73.949,0	92.091,8	114.475,5
27	16.738,7	21.324,9	27.109,3	34.389,9	43.535,3	55.000,4	69.345,5	87.259,8	109.589,3	137.370,6
28	18.579,9	23.883,9	30.633,5	39.204,5	50.065,6	63.800,4	81.134,2	102.966,6	130.411,2	164.844,7
29	20.623,7	26.749,9	34.615,8	44.693,1	57.575,5	74.008,5	94.927,1	121.500,5	155.189,3	197.813,6
30	22.892,3	29.959,9	39.115,9	50.950,2	66.211,8	85.849,9	111.064,7	143.370,6	184.675,3	237.376,3

複利終值系數表 1-3 (F/P, i, n)

計算公式：$f = (1+i)^n$

期數	21%	22%	23%	24%	25%	26%	27%	28%	29%	30%
1	1.210,0	1.220,0	1.230,0	1.240,0	1.250,0	1.260,0	1.270,0	1.280,0	1.290,0	1.300,0
2	1.464,1	1.488,4	1.512,9	1.537,6	1.562,5	1.587,6	1.612,9	1.638,4	1.664,1	1.690,0
3	1.771,6	1.815,8	1.860,9	1.906,6	1.953,1	2.000,4	2.048,4	2.097,2	2.146,7	2.197,0
4	2.143,6	2.215,3	2.288,9	2.364,2	2.441,4	2.520,5	2.601,4	2.684,4	2.769,2	2.856,1
5	2.593,7	2.702,7	2.815,3	2.931,6	3.051,8	3.175,8	3.303,8	3.436,0	3.572,3	3.712,9
6	3.138,4	3.297,3	3.462,8	3.635,2	3.814,7	4.001,5	4.195,9	4.398,0	4.608,3	4.826,8
7	3.797,5	4.022,7	4.259,3	4.507,7	4.768,4	5.041,9	5.328,8	5.629,5	5.944,7	6.274,9
8	4.595,0	4.907,7	5.238,9	5.589,5	5.960,5	6.352,8	6.767,5	7.205,8	7.668,6	8.157,3
9	5.559,9	5.987,4	6.443,9	6.931,0	7.450,6	8.004,5	8.594,8	9.223,4	9.892,5	10.604,5
10	6.727,5	7.304,6	7.925,9	8.594,4	9.313,2	10.085,7	10.915,3	11.805,9	12.761,4	13.785,8
11	8.140,3	8.911,7	9.748,9	10.657,1	11.641,5	12.708,0	13.862,5	15.111,6	16.462,2	17.921,6
12	9.849,7	10.872,2	11.991,2	13.214,8	14.551,9	16.012,0	17.605,3	19.342,8	21.236,2	23.298,1
13	11.918,2	13.264,1	14.749,1	16.386,3	18.189,9	20.175,2	22.358,8	24.758,8	27.394,7	30.287,5
14	14.421,0	16.182,2	18.141,4	20.319,1	22.737,4	25.420,7	28.395,7	31.691,3	35.339,1	39.373,8
15	17.449,4	19.742,3	22.314,0	25.195,6	28.421,7	32.030,1	36.062,5	40.564,8	45.587,5	51.185,9
16	21.113,8	24.085,6	27.446,2	31.242,5	35.527,1	40.357,9	45.799,4	51.923,0	58.807,9	66.541,7
17	25.547,7	29.384,4	33.758,8	38.740,8	44.408,9	50.851,0	58.165,2	66.461,4	75.862,1	86.504,2
18	30.912,7	35.849,0	41.523,3	48.038,6	55.511,2	64.072,2	73.869,8	85.070,6	97.862,2	112.455,4
19	37.404,3	43.735,8	51.073,7	59.567,9	69.388,9	80.731,0	93.814,7	108.890,4	126.242,2	146.192,0
20	45.259,3	53.357,6	62.820,6	73.864,1	86.736,2	101.721,1	119.144,6	139.379,7	162.852,4	190.049,6
21	54.763,7	65.096,3	77.269,4	91.591,5	108.420,2	128.168,5	151.313,7	178.406,0	210.079,6	247.064,5
22	66.264,1	79.417,5	95.041,3	113.573,5	135.525,3	161.492,4	192.168,3	228.359,6	271.002,7	321.183,9
23	80.179,5	96.889,4	116.900,8	140.831,2	169.406,6	203.480,4	244.053,8	292.300,3	349.593,5	417.539,1
24	97.017,2	118.205,0	143.788,0	174.630,6	211.758,2	256.385,3	309.948,3	374.144,4	450.975,6	542.800,8
25	117.390,9	144.210,1	176.859,3	216.542,0	264.697,8	323.045,4	393.634,4	478.904,9	581.758,5	705.641,0
26	142.042,9	175.936,4	217.536,9	268.512,1	330.872,2	407.037,3	499.915,7	612.998,2	750.468,5	917.333,3
27	171.871,9	214.642,4	267.570,4	332.955,0	413.590,3	512.867,0	634.892,9	784.637,7	968.104,4	1,192.533,3
28	207.965,1	261.863,7	329.111,5	412.864,2	516.987,9	646.212,4	806.314,0	1,004.336,3	1,248.854,6	1,550.293,3
29	251.637,7	319.473,7	404.807,2	511.951,6	646.234,9	814.227,6	1,024.018,7	1,285.550,4	1,611.022,5	2,015.381,3
30	304.481,6	389.757,9	497.912,9	634.819,9	807.793,6	1,025.926,7	1,300.503,8	1,645.504,6	2,078.219,0	2,619.995,6

複利現值系數表 2-1 (P/F, i, n)

計算公式：$f = (1+i)^{-n}$

期數	1%	2%	3%	4%	5%	6%	7%	8%	9%	10%
1	0.9901	0.9804	0.9709	0.9615	0.9524	0.9434	0.9346	0.9259	0.9174	0.9091
2	0.9803	0.9612	0.9426	0.9246	0.9070	0.8900	0.8734	0.8573	0.8417	0.8264
3	0.9706	0.9423	0.9151	0.8890	0.8638	0.8396	0.8163	0.7938	0.7722	0.7513
4	0.9610	0.9238	0.8885	0.8548	0.8227	0.7921	0.7629	0.7350	0.7084	0.6830
5	0.9515	0.9057	0.8626	0.8219	0.7835	0.7473	0.7130	0.6806	0.6499	0.6209
6	0.9420	0.8880	0.8375	0.7903	0.7462	0.7050	0.6663	0.6302	0.5963	0.5645
7	0.9327	0.8706	0.8131	0.7599	0.7107	0.6651	0.6227	0.5835	0.5470	0.5132
8	0.9235	0.8535	0.7894	0.7307	0.6768	0.6274	0.5820	0.5403	0.5019	0.4665
9	0.9143	0.8368	0.7664	0.7026	0.6446	0.5919	0.5439	0.5002	0.4604	0.4241
10	0.9053	0.8203	0.7441	0.6756	0.6139	0.5584	0.5083	0.4632	0.4224	0.3855
11	0.8963	0.8043	0.7224	0.6496	0.5847	0.5268	0.4751	0.4289	0.3875	0.3505
12	0.8874	0.7885	0.7014	0.6246	0.5568	0.4970	0.4440	0.3971	0.3555	0.3186
13	0.8787	0.7730	0.6810	0.6006	0.5303	0.4688	0.4150	0.3677	0.3262	0.2897
14	0.8700	0.7579	0.6611	0.5775	0.5051	0.4423	0.3878	0.3405	0.2992	0.2633
15	0.8613	0.7430	0.6419	0.5553	0.4810	0.4173	0.3624	0.3152	0.2745	0.2394
16	0.8528	0.7284	0.6232	0.5339	0.4581	0.3936	0.3387	0.2919	0.2519	0.2176
17	0.8444	0.7142	0.6050	0.5134	0.4363	0.3714	0.3166	0.2703	0.2311	0.1978
18	0.8360	0.7002	0.5874	0.4936	0.4155	0.3503	0.2959	0.2502	0.2120	0.1799
19	0.8277	0.6864	0.5703	0.4746	0.3957	0.3305	0.2765	0.2317	0.1945	0.1635
20	0.8195	0.6730	0.5537	0.4564	0.3769	0.3118	0.2584	0.2145	0.1784	0.1486
21	0.8114	0.6598	0.5375	0.4388	0.3589	0.2942	0.2415	0.1987	0.1637	0.1351
22	0.8034	0.6468	0.5219	0.4220	0.3418	0.2775	0.2257	0.1839	0.1502	0.1228
23	0.7954	0.6342	0.5067	0.4057	0.3256	0.2618	0.2109	0.1703	0.1378	0.1117
24	0.7876	0.6217	0.4919	0.3901	0.3101	0.2470	0.1971	0.1577	0.1264	0.1015
25	0.7798	0.6095	0.4776	0.3751	0.2953	0.2330	0.1842	0.1460	0.1160	0.0923
26	0.7720	0.5976	0.4637	0.3607	0.2812	0.2198	0.1722	0.1352	0.1064	0.0839
27	0.7644	0.5859	0.4502	0.3468	0.2678	0.2074	0.1609	0.1252	0.0976	0.0763
28	0.7568	0.5744	0.4371	0.3335	0.2551	0.1956	0.1504	0.1159	0.0895	0.0693
29	0.7493	0.5631	0.4243	0.3207	0.2429	0.1846	0.1406	0.1073	0.0822	0.0630
30	0.7419	0.5521	0.4120	0.3083	0.2314	0.1741	0.1314	0.0994	0.0754	0.0573

複利現值系數表 2-2 (P/F, i, n)

計算公式：$f = (1+i)^{-n}$

期數	11%	12%	13%	14%	15%	16%	17%	18%	19%	20%
1	0.900,9	0.892,9	0.885,0	0.877,2	0.869,6	0.862,1	0.854,7	0.847,5	0.840,3	0.833,3
2	0.811,6	0.797,2	0.783,1	0.769,5	0.756,1	0.743,2	0.730,5	0.718,2	0.706,2	0.694,4
3	0.731,2	0.711,8	0.693,1	0.675,0	0.657,5	0.640,7	0.624,4	0.608,6	0.593,4	0.578,7
4	0.658,7	0.635,5	0.613,3	0.592,1	0.571,8	0.552,3	0.533,7	0.515,8	0.498,7	0.482,3
5	0.593,5	0.567,4	0.542,8	0.519,4	0.497,2	0.476,1	0.456,1	0.437,1	0.419,0	0.401,9
6	0.534,6	0.506,6	0.480,3	0.455,6	0.432,3	0.410,4	0.389,8	0.370,4	0.352,1	0.334,9
7	0.481,7	0.452,3	0.425,1	0.399,6	0.375,9	0.353,8	0.333,2	0.313,9	0.295,9	0.279,1
8	0.433,9	0.403,9	0.376,2	0.350,6	0.326,9	0.305,0	0.284,8	0.266,0	0.248,7	0.232,6
9	0.390,9	0.360,6	0.332,9	0.307,5	0.284,3	0.263,0	0.243,4	0.225,5	0.209,0	0.193,8
10	0.352,2	0.322,0	0.294,6	0.269,7	0.247,2	0.226,7	0.208,0	0.191,1	0.175,6	0.161,5
11	0.317,3	0.287,5	0.260,7	0.236,6	0.214,9	0.195,4	0.177,8	0.161,9	0.147,6	0.134,6
12	0.285,8	0.256,7	0.230,7	0.207,6	0.186,9	0.168,5	0.152,0	0.137,2	0.124,0	0.112,2
13	0.257,5	0.229,2	0.204,2	0.182,1	0.162,5	0.145,2	0.129,9	0.116,3	0.104,2	0.093,5
14	0.232,0	0.204,6	0.180,7	0.159,7	0.141,3	0.125,2	0.111,0	0.098,5	0.087,6	0.077,9
15	0.209,0	0.182,7	0.159,9	0.140,1	0.122,9	0.107,9	0.094,9	0.083,5	0.073,6	0.064,9
16	0.188,3	0.163,1	0.141,5	0.122,9	0.106,9	0.093,0	0.081,1	0.070,8	0.061,8	0.054,1
17	0.169,6	0.145,6	0.125,2	0.107,8	0.092,9	0.080,2	0.069,3	0.060,0	0.052,0	0.045,1
18	0.152,8	0.130,0	0.110,8	0.094,6	0.080,8	0.069,1	0.059,2	0.050,8	0.043,7	0.037,6
19	0.137,7	0.116,1	0.098,1	0.082,9	0.070,3	0.059,6	0.050,6	0.043,1	0.036,7	0.031,3
20	0.124,0	0.103,7	0.086,8	0.072,8	0.061,1	0.051,4	0.043,3	0.036,5	0.030,8	0.026,1
21	0.111,7	0.092,6	0.076,8	0.063,8	0.053,1	0.044,3	0.037,0	0.030,9	0.025,9	0.021,7
22	0.100,7	0.082,6	0.068,0	0.056,0	0.046,2	0.038,2	0.031,6	0.026,2	0.021,8	0.018,1
23	0.090,7	0.073,8	0.060,1	0.049,1	0.040,2	0.032,9	0.027,0	0.022,2	0.018,3	0.015,1
24	0.081,7	0.065,9	0.053,2	0.043,1	0.034,9	0.028,4	0.023,1	0.018,8	0.015,4	0.012,6
25	0.073,6	0.058,8	0.047,1	0.037,8	0.030,4	0.024,5	0.019,7	0.016,0	0.012,9	0.010,5
26	0.066,3	0.052,5	0.041,7	0.033,1	0.026,4	0.021,1	0.016,9	0.013,5	0.010,9	0.008,7
27	0.059,7	0.046,9	0.036,9	0.029,1	0.023,0	0.018,2	0.014,4	0.011,5	0.009,1	0.007,3
28	0.053,8	0.041,9	0.032,6	0.025,5	0.020,0	0.015,7	0.012,3	0.009,7	0.007,7	0.006,1
29	0.048,5	0.037,4	0.028,9	0.022,4	0.017,4	0.013,5	0.010,5	0.008,2	0.006,4	0.005,1
30	0.043,7	0.033,4	0.025,6	0.019,6	0.015,1	0.011,6	0.009,0	0.007,0	0.005,4	0.004,2

複利現值系數表 2-3 (P/F, i, n)

計算公式：$f = (1+i)^{-n}$

期數	21%	22%	23%	24%	25%	26%	27%	28%	29%	30%
1	0.826,4	0.819,7	0.813,0	0.806,5	0.800,0	0.793,7	0.787,4	0.781,3	0.775,2	0.769,2
2	0.683,0	0.671,9	0.661,0	0.650,4	0.640,0	0.629,9	0.620,0	0.610,4	0.600,9	0.591,7
3	0.564,5	0.550,7	0.537,4	0.524,5	0.512,0	0.499,9	0.488,2	0.476,8	0.465,8	0.455,2
4	0.466,5	0.451,4	0.436,9	0.423,0	0.409,6	0.396,8	0.384,4	0.372,5	0.361,1	0.350,1
5	0.385,5	0.370,0	0.355,2	0.341,1	0.327,7	0.314,9	0.302,7	0.291,0	0.279,9	0.269,3
6	0.318,6	0.303,3	0.288,8	0.275,1	0.262,1	0.249,9	0.238,3	0.227,4	0.217,0	0.207,2
7	0.263,3	0.248,6	0.234,8	0.221,8	0.209,7	0.198,3	0.187,7	0.177,6	0.168,2	0.159,4
8	0.217,6	0.203,8	0.190,9	0.178,9	0.167,8	0.157,4	0.147,8	0.138,8	0.130,4	0.122,6
9	0.179,9	0.167,0	0.155,2	0.144,3	0.134,2	0.124,9	0.116,4	0.108,4	0.101,1	0.094,3
10	0.148,6	0.136,9	0.126,2	0.116,4	0.107,4	0.099,2	0.091,6	0.084,7	0.078,4	0.072,5
11	0.122,8	0.112,2	0.102,6	0.093,8	0.085,9	0.078,7	0.072,1	0.066,2	0.060,7	0.055,8
12	0.101,5	0.092,0	0.083,4	0.075,7	0.068,7	0.062,5	0.056,8	0.051,7	0.047,1	0.042,9
13	0.083,9	0.075,4	0.067,8	0.061,0	0.055,0	0.049,6	0.044,7	0.040,4	0.036,5	0.033,0
14	0.069,3	0.061,8	0.055,1	0.049,2	0.044,0	0.039,3	0.035,2	0.031,6	0.028,3	0.025,4
15	0.057,3	0.050,7	0.044,8	0.039,7	0.035,2	0.031,2	0.027,7	0.024,7	0.021,9	0.019,5
16	0.047,4	0.041,5	0.036,4	0.032,0	0.028,1	0.024,8	0.021,8	0.019,3	0.017,0	0.015,0
17	0.039,1	0.034,0	0.029,6	0.025,8	0.022,5	0.019,7	0.017,2	0.015,0	0.013,2	0.011,6
18	0.032,3	0.027,9	0.024,1	0.020,8	0.018,0	0.015,6	0.013,5	0.011,8	0.010,2	0.008,9
19	0.026,7	0.022,9	0.019,6	0.016,8	0.014,4	0.012,4	0.010,7	0.009,2	0.007,9	0.006,8
20	0.022,1	0.018,7	0.015,9	0.013,5	0.011,5	0.009,8	0.008,4	0.007,2	0.006,1	0.005,3
21	0.018,3	0.015,4	0.012,9	0.010,9	0.009,2	0.007,8	0.006,6	0.005,6	0.004,8	0.004,0
22	0.015,1	0.012,6	0.010,5	0.008,8	0.007,4	0.006,2	0.005,2	0.004,4	0.003,7	0.003,1
23	0.012,5	0.010,3	0.008,6	0.007,1	0.005,9	0.004,9	0.004,1	0.003,4	0.002,9	0.002,4
24	0.010,3	0.008,5	0.007,0	0.005,7	0.004,7	0.003,9	0.003,2	0.002,7	0.002,2	0.001,8
25	0.008,5	0.006,9	0.005,7	0.004,6	0.003,8	0.003,1	0.002,5	0.002,1	0.001,7	0.001,4
26	0.007,0	0.005,7	0.004,6	0.003,7	0.003,0	0.002,5	0.002,0	0.001,6	0.001,3	0.001,1
27	0.005,8	0.004,7	0.003,7	0.003,0	0.002,4	0.001,9	0.001,6	0.001,3	0.001,0	0.000,8
28	0.004,8	0.003,8	0.003,0	0.002,4	0.001,9	0.001,5	0.001,2	0.001,0	0.000,8	0.000,6
29	0.004,0	0.003,1	0.002,5	0.002,0	0.001,5	0.001,2	0.001,0	0.000,8	0.000,6	0.000,5
30	0.003,3	0.002,6	0.002,0	0.001,6	0.001,2	0.001,0	0.000,8	0.000,6	0.000,5	0.000,4

年金終值系數表 3-1

$(F/A, i, n)$

期數	1%	2%	3%	4%	5%	6%	7%	8%	9%	10%
1	1.000,0	1.000,0	1.000,0	1.000,0	1.000,0	1.000,0	1.000,0	1.000,0	1.000,0	1.000,0
2	2.010,0	2.020,0	2.030,0	2.040,0	2.050,0	2.060,0	2.070,0	2.080,0	2.090,0	2.100,0
3	3.030,1	3.060,4	3.090,9	3.121,6	3.152,5	3.183,6	3.214,9	3.246,4	3.278,1	3.310,0
4	4.060,4	4.121,6	4.183,6	4.246,5	4.310,1	4.374,6	4.439,9	4.506,1	4.573,1	4.641,0
5	5.101,0	5.204,0	5.309,1	5.416,3	5.525,6	5.637,1	5.750,7	5.866,6	5.984,7	6.105,1
6	6.152,0	6.308,1	6.468,4	6.633,0	6.801,9	6.975,3	7.153,3	7.335,9	7.523,3	7.715,6
7	7.213,5	7.434,3	7.662,5	7.898,3	8.142,0	8.393,8	8.654,0	8.922,8	9.200,4	9.487,2
8	8.285,7	8.583,0	8.892,3	9.214,2	9.549,1	9.897,5	10.259,8	10.636,6	11.028,5	11.435,9
9	9.368,5	9.754,6	10.159,1	10.582,8	11.026,6	11.491,3	11.978,0	12.487,6	13.021,0	13.579,5
10	10.462,2	10.949,7	11.463,9	12.006,1	12.577,9	13.180,8	13.816,4	14.486,6	15.192,9	15.937,4
11	11.566,8	12.168,7	12.807,8	13.486,4	14.206,8	14.971,6	15.783,6	16.645,5	17.560,3	18.531,2
12	12.682,5	13.412,1	14.192,0	15.025,8	15.917,1	16.869,9	17.888,5	18.977,1	20.140,7	21.384,3
13	13.809,3	14.680,3	15.617,8	16.626,8	17.713,0	18.882,1	20.140,6	21.495,3	22.953,4	24.522,7
14	14.947,4	15.973,9	17.086,3	18.291,9	19.598,6	21.015,1	22.550,5	24.214,9	26.019,2	27.975,0
15	16.096,9	17.293,4	18.598,9	20.023,6	21.578,6	23.276,0	25.129,0	27.152,1	29.360,9	31.772,5
16	17.257,9	18.639,3	20.156,9	21.824,5	23.657,5	25.672,5	27.888,1	30.324,3	33.003,4	35.949,7
17	18.430,4	20.012,1	21.761,6	23.697,5	25.840,4	28.212,9	30.840,2	33.750,2	36.973,7	40.544,7
18	19.614,7	21.412,3	23.414,4	25.645,4	28.132,4	30.905,7	33.999,0	37.450,2	41.301,3	45.599,2
19	20.810,9	22.840,6	25.116,9	27.671,2	30.539,0	33.760,0	37.379,0	41.446,3	46.018,5	51.159,1
20	22.019,0	24.297,4	26.870,4	29.778,1	33.066,0	36.785,6	40.995,5	45.762,0	51.160,1	57.275,0
21	23.239,2	25.783,3	28.676,5	31.969,2	35.719,3	39.992,7	44.865,2	50.422,9	56.764,5	64.002,5
22	24.471,6	27.299,0	30.536,8	34.248,0	38.505,2	43.392,3	49.005,7	55.456,8	62.873,3	71.402,7
23	25.716,3	28.845,0	32.452,9	36.617,9	41.430,5	46.995,8	53.436,1	60.893,3	69.531,9	79.543,0
24	26.973,5	30.421,9	34.426,5	39.082,6	44.502,0	50.815,6	58.176,7	66.764,8	76.789,8	88.497,3
25	28.243,2	32.030,3	36.459,3	41.645,9	47.727,1	54.864,5	63.249,0	73.105,9	84.700,9	98.347,1
26	29.525,6	33.670,9	38.553,0	44.311,7	51.113,5	59.156,4	68.676,5	79.954,4	93.324,0	109.181,8
27	30.820,9	35.344,3	40.709,6	47.084,2	54.669,1	63.705,8	74.483,8	87.350,8	102.723,1	121.099,9
28	32.129,1	37.051,2	42.930,9	49.967,6	58.402,6	68.528,1	80.697,7	95.338,8	112.968,2	134.209,9
29	33.450,4	38.792,2	45.218,9	52.966,3	62.322,7	73.639,8	87.346,5	103.965,9	124.135,4	148.630,9
30	34.784,9	40.568,1	47.575,4	56.084,9	66.438,8	79.058,2	94.460,8	113.283,2	136.307,5	164.494,0

年金終值系數表 3-2

$$(F/A, i, n)$$

期數	11%	12%	13%	14%	15%	16%	17%	18%	19%	20%
1	1.000,0	1.000,0	1.000,0	1.000,0	1.000,0	1.000,0	1.000,0	1.000,0	1.000,0	1.000,0
2	2.110,0	2.120,0	2.130,0	2.140,0	2.150,0	2.160,0	2.170,0	2.180,0	2.190,0	2.200,0
3	3.342,1	3.374,4	3.406,9	3.439,6	3.472,5	3.505,6	3.538,9	3.572,4	3.606,1	3.640,0
4	4.709,7	4.779,3	4.849,8	4.921,1	4.993,4	5.066,5	5.140,5	5.215,4	5.291,3	5.368,0
5	6.227,8	6.352,8	6.480,3	6.610,1	6.742,4	6.877,1	7.014,4	7.154,2	7.296,6	7.441,6
6	7.912,9	8.115,2	8.322,7	8.535,5	8.753,7	8.977,5	9.206,8	9.442,0	9.683,0	9.929,9
7	9.783,3	10.089,0	10.404,7	10.730,5	11.066,8	11.413,9	11.772,0	12.141,5	12.522,7	12.915,9
8	11.859,4	12.299,7	12.757,3	13.232,8	13.726,8	14.240,1	14.773,3	15.327,0	15.902,0	16.499,1
9	14.164,0	14.775,7	15.415,7	16.085,3	16.785,8	17.518,5	18.284,7	19.085,9	19.923,4	20.798,9
10	16.722,0	17.548,7	18.419,7	19.337,3	20.303,7	21.321,5	22.393,1	23.521,3	24.708,9	25.958,7
11	19.561,4	20.654,6	21.814,3	23.044,5	24.349,3	25.732,9	27.199,9	28.755,1	30.403,5	32.150,4
12	22.713,2	24.133,1	25.650,2	27.270,7	29.001,7	30.850,2	32.823,9	34.931,1	37.180,2	39.580,5
13	26.211,6	28.029,1	29.984,7	32.088,5	34.351,9	36.786,2	39.404,0	42.218,7	45.244,5	48.496,6
14	30.094,9	32.392,6	34.882,7	37.581,1	40.504,7	43.672,0	47.102,7	50.818,0	54.840,9	59.195,9
15	34.405,4	37.279,7	40.417,5	43.842,4	47.580,4	51.659,5	56.110,1	60.965,3	66.260,7	72.035,1
16	39.189,9	42.753,3	46.671,7	50.980,4	55.717,5	60.925,0	66.648,8	72.939,0	79.850,2	87.442,1
17	44.500,8	48.883,7	53.739,1	59.117,6	65.075,1	71.673,0	78.979,2	87.068,0	96.021,8	105.930,6
18	50.395,9	55.749,7	61.725,1	68.394,1	75.836,4	84.140,7	93.405,9	103.740,3	115.265,9	128.116,7
19	56.939,5	63.439,7	70.749,4	78.969,2	88.211,8	98.603,2	110.284,6	123.413,5	138.166,4	154.740,0
20	64.202,8	72.052,4	80.946,8	91.024,9	102.443,6	115.379,7	130.032,9	146.628,0	165.418,0	186.688,0
21	72.265,1	81.698,7	92.469,9	104.768,4	118.810,1	134.840,5	153.138,5	174.021,0	197.847,4	225.025,6
22	81.214,3	92.502,6	105.491,0	120.436,0	137.631,6	157.415,0	180.172,1	206.344,8	236.438,5	271.030,7
23	91.147,9	104.602,9	120.204,8	138.297,0	159.276,4	183.601,4	211.801,3	244.486,8	282.361,8	326.236,9
24	102.174,2	118.155,2	136.831,5	158.658,6	184.167,8	213.977,6	248.807,6	289.494,5	337.010,5	392.484,2
25	114.413,3	133.333,9	155.619,6	181.870,8	212.793,0	249.214,0	292.104,9	342.603,5	402.042,5	471.981,1
26	127.998,8	150.333,9	176.850,1	208.332,5	245.712,0	290.088,3	342.762,7	405.272,1	479.430,6	567.377,3
27	143.078,6	169.374,0	200.840,6	238.499,3	283.568,3	337.502,0	402.032,3	479.221,1	571.522,4	681.852,8
28	159.817,3	190.698,9	227.949,9	272.889,2	327.104,1	392.502,8	471.377,8	566.480,9	681.111,6	819.223,3
29	178.397,2	214.582,8	258.583,4	312.093,7	377.169,7	456.303,2	552.512,1	669.447,5	811.522,8	984.068,0
30	199.020,9	241.332,7	293.199,2	356.786,8	434.745,1	530.311,7	647.439,1	790.948,0	966.712,2	1,181.881,6

年金終值系數表 3-3

($F/A, i, n$)

期數	21%	22%	23%	24%	25%	26%	27%	28%	29%	30%
1	1.000,0	1.000,0	1.000,0	1.000,0	1.000,0	1.000,0	1.000,0	1.000,0	1.000,0	1.000,0
2	2.210,0	2.220,0	2.230,0	2.240,0	2.250,0	2.260,0	2.270,0	2.280,0	2.290,0	2.300,0
3	3.674,1	3.708,4	3.742,9	3.777,6	3.812,5	3.847,6	3.882,9	3.918,4	3.954,1	3.990,0
4	5.445,7	5.524,2	5.603,8	5.684,2	5.765,6	5.848,0	5.931,3	6.015,6	6.100,8	6.187,0
5	7.589,2	7.739,6	7.892,6	8.048,4	8.207,0	8.368,4	8.532,7	8.699,9	8.870,0	9.043,1
6	10.183,0	10.442,3	10.707,9	10.980,1	11.258,8	11.544,2	11.836,6	12.135,9	12.442,3	12.756,0
7	13.321,4	13.739,6	14.170,8	14.615,3	15.073,5	15.545,8	16.032,4	16.533,9	17.050,6	17.582,8
8	17.118,9	17.762,3	18.430,0	19.122,9	19.841,9	20.587,6	21.361,2	22.163,4	22.995,3	23.857,7
9	21.713,9	22.670,0	23.669,0	24.712,5	25.802,3	26.940,4	28.128,7	29.369,2	30.663,9	32.015,0
10	27.273,8	28.657,6	30.112,8	31.643,4	33.252,9	34.944,9	36.723,5	38.592,6	40.556,4	42.619,5
11	34.001,3	35.962,0	38.038,8	40.237,9	42.566,1	45.030,6	47.638,8	50.398,5	53.317,8	56.405,3
12	42.141,6	44.873,7	47.787,7	50.895,0	54.207,7	57.738,6	61.501,3	65.510,2	69.780,0	74.327,0
13	51.991,3	55.745,9	59.778,8	64.109,7	68.759,6	73.750,6	79.106,5	84.852,9	91.016,1	97.625,0
14	63.909,5	69.010,0	74.528,0	80.496,1	86.949,5	93.925,8	101.465,4	109.611,7	118.410,8	127.912,5
15	78.330,5	85.192,2	92.669,4	100.815,1	109.686,8	119.346,5	129.861,9	141.302,9	153.750,0	167.286,3
16	95.779,9	104.934,5	114.983,4	126.010,8	138.108,5	151.376,6	165.923,6	181.867,7	199.337,4	218.472,2
17	116.893,7	129.020,1	142.429,5	157.253,4	173.635,7	191.734,5	211.723,0	233.790,7	258.145,3	285.013,9
18	142.441,3	158.404,5	176.188,3	195.994,2	218.044,6	242.585,5	269.888,2	300.252,1	334.007,4	371.518,0
19	173.354,0	194.253,5	217.711,6	244.032,8	273.555,8	306.657,7	343.758,0	385.322,7	431.869,6	483.973,4
20	210.758,4	237.989,3	268.785,3	303.600,6	342.944,7	387.388,7	437.572,6	494.213,1	558.111,8	630.165,5
21	256.017,6	291.346,9	331.605,9	377.464,8	429.680,9	489.109,8	556.717,3	633.592,7	720.964,2	820.215,1
22	310.781,3	356.443,2	408.875,3	469.056,3	538.101,1	617.278,3	708.030,9	811.998,7	931.043,8	1,067.279,6
23	377.045,4	435.860,7	503.916,6	582.629,8	673.626,4	778.770,7	900.199,3	1,040.358,3	1,202.046,5	1,388.463,5
24	457.224,9	532.750,1	620.817,4	723.461,0	843.032,9	982.251,1	1,144.253,1	1,332.658,6	1,551.640,0	1,806.002,6
25	554.242,2	650.955,1	764.605,4	898.091,6	1,054.791,2	1,238.636,3	1,454.201,4	1,706.803,0	2,002.615,6	2,348.803,3
26	671.633,0	795.165,3	941.464,7	1,114.633,6	1,319.489,0	1,561.681,8	1,847.835,8	2,185.707,9	2,584.374,1	3,054.444,3
27	813.675,9	971.101,6	1,159.001,6	1,383.145,7	1,650.361,2	1,968.719,1	2,347.751,5	2,798.706,1	3,334.842,6	3,971.777,6
28	985.547,9	1,185.744,0	1,426.571,9	1,716.100,7	2,063.951,5	2,481.586,0	2,982.644,4	3,583.343,8	4,302.947,0	5,164.310,9
29	1,193.512,9	1,447.607,7	1,755.683,5	2,128.964,8	2,580.939,4	3,127.798,4	3,788.958,3	4,587.680,1	5,551.801,6	6,714.604,2
30	1,445.150,7	1,767.081,3	2,160.490,7	2,640.916,4	3,227.174,3	3,942.026,0	4,812.977,1	5,873.230,6	7,162.824,1	8,729.985,5

年金现值系数表 4-1
(P/A, i, n)

期数	1%	2%	3%	4%	5%	6%	7%	8%	9%	10%
1	0.990,1	0.980,4	0.970,9	0.961,5	0.952,4	0.943,4	0.934,6	0.925,9	0.917,4	0.909,1
2	1.970,4	1.941,6	1.913,5	1.886,1	1.859,4	1.833,4	1.808,0	1.783,3	1.759,1	1.735,5
3	2.941,0	2.883,9	2.828,6	2.775,1	2.723,2	2.673,0	2.624,3	2.577,1	2.531,3	2.486,9
4	3.902,0	3.807,7	3.717,1	3.629,9	3.546,0	3.465,1	3.387,2	3.312,1	3.239,7	3.169,9
5	4.853,4	4.713,5	4.579,7	4.451,8	4.329,5	4.212,4	4.100,2	3.992,7	3.889,7	3.790,8
6	5.795,5	5.601,4	5.417,2	5.242,1	5.075,7	4.917,3	4.766,5	4.622,9	4.485,9	4.355,3
7	6.728,2	6.472,0	6.230,3	6.002,1	5.786,4	5.582,4	5.389,3	5.206,4	5.033,1	4.868,4
8	7.651,7	7.325,5	7.019,7	6.732,7	6.463,2	6.209,8	5.971,3	5.746,6	5.534,8	5.334,9
9	8.566,0	8.162,2	7.786,1	7.435,3	7.107,8	6.801,7	6.515,2	6.246,9	5.995,2	5.759,0
10	9.471,3	8.982,6	8.530,2	8.110,9	7.721,7	7.360,1	7.023,6	6.710,1	6.417,7	6.144,6
11	10.367,6	9.786,8	9.252,6	8.760,5	8.306,4	7.886,9	7.498,7	7.139,0	6.805,2	6.495,1
12	11.255,1	10.575,3	9.954,0	9.385,1	8.863,3	8.383,8	7.942,7	7.536,1	7.160,7	6.813,7
13	12.133,7	11.348,4	10.635,0	9.985,6	9.393,6	8.852,7	8.357,7	7.903,8	7.486,9	7.103,4
14	13.003,7	12.106,2	11.296,1	10.563,1	9.898,6	9.295,0	8.745,5	8.244,2	7.786,2	7.366,7
15	13.865,1	12.849,3	11.937,9	11.118,4	10.379,7	9.712,2	9.107,9	8.559,5	8.060,7	7.606,1
16	14.717,9	13.577,7	12.561,1	11.652,3	10.837,8	10.105,9	9.446,6	8.851,4	8.312,6	7.823,7
17	15.562,3	14.291,9	13.166,1	12.165,7	11.274,1	10.477,3	9.763,2	9.121,6	8.543,6	8.021,6
18	16.398,3	14.992,0	13.753,5	12.659,3	11.689,6	10.827,6	10.059,1	9.371,9	8.755,6	8.201,4
19	17.226,0	15.678,5	14.323,8	13.133,9	12.085,3	11.158,1	10.335,6	9.603,6	8.950,1	8.364,9
20	18.045,6	16.351,4	14.877,5	13.590,3	12.462,2	11.469,9	10.594,0	9.818,1	9.128,5	8.513,6
21	18.857,0	17.011,2	15.415,0	14.029,2	12.821,2	11.764,1	10.835,5	10.016,8	9.292,2	8.648,7
22	19.660,4	17.658,0	15.936,9	14.451,1	13.163,0	12.041,6	11.061,2	10.200,7	9.442,4	8.771,5
23	20.455,8	18.292,2	16.443,6	14.856,8	13.488,6	12.303,4	11.272,2	10.371,1	9.580,2	8.883,2
24	21.243,4	18.913,9	16.935,5	15.247,0	13.798,6	12.550,4	11.469,3	10.528,8	9.706,6	8.984,7
25	22.023,2	19.523,5	17.413,1	15.622,1	14.093,9	12.783,4	11.653,6	10.674,8	9.822,6	9.077,0
26	22.795,2	20.121,0	17.876,8	15.982,8	14.375,2	13.003,2	11.825,8	10.810,0	9.929,0	9.160,9
27	23.559,6	20.706,9	18.327,0	16.329,6	14.643,0	13.210,5	11.986,7	10.935,2	10.026,6	9.237,2
28	24.316,4	21.281,3	18.764,1	16.663,1	14.898,1	13.406,2	12.137,1	11.051,1	10.116,1	9.306,6
29	25.065,8	21.844,4	19.188,5	16.983,7	15.141,1	13.590,7	12.277,7	11.158,4	10.198,3	9.369,6
30	25.807,7	22.396,5	19.600,4	17.292,0	15.372,5	13.764,8	12.409,0	11.257,8	10.273,7	9.426,9

年金現值系數表 4-2

$$(P/A, i, n)$$

期數	11%	12%	13%	14%	15%	16%	17%	18%	19%	20%
1	0.900,9	0.892,9	0.885,0	0.877,2	0.869,6	0.862,1	0.854,7	0.847,5	0.840,3	0.833,3
2	1.712,5	1.690,1	1.668,1	1.646,7	1.625,7	1.605,2	1.585,2	1.565,6	1.546,5	1.527,8
3	2.443,7	2.401,8	2.361,2	2.321,6	2.283,2	2.245,9	2.209,6	2.174,3	2.139,9	2.106,5
4	3.102,4	3.037,3	2.974,5	2.913,7	2.855,0	2.798,2	2.743,2	2.690,1	2.638,6	2.588,7
5	3.695,9	3.604,8	3.517,2	3.433,1	3.352,2	3.274,3	3.199,3	3.127,2	3.057,6	2.990,6
6	4.230,5	4.111,4	3.997,5	3.888,7	3.784,5	3.684,7	3.589,2	3.497,6	3.409,8	3.325,5
7	4.712,2	4.563,8	4.422,6	4.288,3	4.160,4	4.038,6	3.922,4	3.811,5	3.705,7	3.604,6
8	5.146,1	4.967,6	4.798,8	4.638,9	4.487,3	4.343,6	4.207,2	4.077,6	3.954,4	3.837,2
9	5.537,0	5.328,2	5.131,7	4.946,4	4.771,6	4.606,5	4.450,6	4.303,0	4.163,3	4.031,0
10	5.889,2	5.650,2	5.426,2	5.216,1	5.018,8	4.833,2	4.658,6	4.494,1	4.338,9	4.192,5
11	6.206,5	5.937,7	5.686,9	5.452,7	5.233,7	5.028,6	4.836,4	4.656,0	4.486,5	4.327,1
12	6.492,4	6.194,4	5.917,6	5.660,3	5.420,6	5.197,1	4.988,4	4.793,2	4.610,5	4.439,2
13	6.749,9	6.423,5	6.121,8	5.842,4	5.583,1	5.342,3	5.118,3	4.909,5	4.714,7	4.532,7
14	6.981,9	6.628,2	6.302,5	6.002,1	5.724,5	5.467,5	5.229,3	5.008,1	4.802,3	4.610,6
15	7.190,9	6.810,9	6.462,4	6.142,2	5.847,4	5.575,5	5.324,2	5.091,6	4.875,9	4.675,5
16	7.379,2	6.974,0	6.603,9	6.265,1	5.954,2	5.668,5	5.405,3	5.162,4	4.937,7	4.729,6
17	7.548,8	7.119,6	6.729,1	6.372,9	6.047,2	5.748,7	5.474,6	5.222,3	4.989,7	4.774,6
18	7.701,6	7.249,7	6.839,9	6.467,4	6.128,0	5.817,8	5.533,9	5.273,2	5.033,3	4.812,2
19	7.839,3	7.365,8	6.938,0	6.550,4	6.198,2	5.877,5	5.584,5	5.316,2	5.070,0	4.843,5
20	7.963,3	7.469,4	7.024,8	6.623,1	6.259,3	5.928,8	5.627,8	5.352,7	5.100,9	4.869,6
21	8.075,1	7.562,0	7.101,6	6.687,0	6.312,5	5.973,1	5.664,8	5.383,7	5.126,8	4.891,3
22	8.175,7	7.644,6	7.169,5	6.742,9	6.358,7	6.011,3	5.696,4	5.409,9	5.148,6	4.909,4
23	8.266,4	7.718,4	7.229,7	6.792,1	6.398,8	6.044,2	5.723,4	5.432,1	5.166,8	4.924,5
24	8.348,1	7.784,3	7.282,9	6.835,1	6.433,8	6.072,6	5.746,5	5.450,9	5.182,2	4.937,1
25	8.421,7	7.843,1	7.330,0	6.872,9	6.464,1	6.097,1	5.766,2	5.466,9	5.195,3	4.947,6
26	8.488,1	7.895,7	7.371,7	6.906,1	6.490,6	6.118,2	5.783,1	5.480,4	5.206,0	4.956,3
27	8.547,8	7.942,6	7.408,6	6.935,2	6.513,5	6.136,4	5.797,5	5.491,9	5.215,1	4.963,6
28	8.601,6	7.984,4	7.441,2	6.960,7	6.533,5	6.152,0	5.809,9	5.501,6	5.222,8	4.969,7
29	8.650,1	8.021,8	7.470,1	6.983,0	6.550,9	6.165,6	5.820,4	5.509,8	5.229,2	4.974,7
30	8.693,8	8.055,2	7.495,7	7.002,7	6.566,0	6.177,2	5.829,4	5.516,8	5.234,7	4.978,9

年金現值系数表 4-3

(P/A, i, n)

期数	21%	22%	23%	24%	25%	26%	27%	28%	29%	30%
1	0.826,4	0.819,7	0.813,0	0.806,5	0.800,0	0.793,7	0.787,4	0.781,3	0.775,2	0.769,2
2	1.509,5	1.491,5	1.474,0	1.456,8	1.440,0	1.423,5	1.407,4	1.391,6	1.376,1	1.360,9
3	2.073,9	2.042,2	2.011,4	1.981,3	1.952,0	1.923,4	1.895,6	1.868,4	1.842,0	1.816,1
4	2.540,4	2.493,6	2.448,3	2.404,3	2.361,6	2.320,2	2.280,0	2.241,0	2.203,1	2.166,2
5	2.926,0	2.863,6	2.803,5	2.745,4	2.689,3	2.635,1	2.582,7	2.532,0	2.483,0	2.435,6
6	3.244,6	3.166,9	3.092,3	3.020,5	2.951,4	2.885,0	2.821,0	2.759,4	2.700,0	2.642,7
7	3.507,9	3.415,5	3.327,0	3.242,3	3.161,1	3.083,3	3.008,7	2.937,0	2.868,2	2.802,1
8	3.725,6	3.619,3	3.517,9	3.421,2	3.328,9	3.240,7	3.156,4	3.075,8	2.998,6	2.924,7
9	3.905,4	3.786,3	3.673,1	3.565,5	3.463,1	3.365,7	3.272,8	3.184,2	3.099,7	3.019,0
10	4.054,1	3.923,2	3.799,3	3.681,9	3.570,5	3.464,8	3.364,4	3.268,9	3.178,1	3.091,5
11	4.176,9	4.035,4	3.901,8	3.775,7	3.656,4	3.543,5	3.436,5	3.335,1	3.238,8	3.147,3
12	4.278,4	4.127,4	3.985,2	3.851,4	3.725,1	3.605,9	3.493,3	3.386,8	3.285,9	3.190,3
13	4.362,4	4.202,8	4.053,0	3.912,4	3.780,1	3.655,5	3.538,1	3.427,2	3.322,4	3.223,3
14	4.431,7	4.264,6	4.108,2	3.961,6	3.824,1	3.694,9	3.573,3	3.458,7	3.350,7	3.248,7
15	4.489,0	4.315,2	4.153,0	4.001,3	3.859,3	3.726,1	3.601,0	3.483,4	3.372,6	3.268,2
16	4.536,4	4.356,7	4.189,4	4.033,5	3.887,4	3.750,9	3.622,8	3.502,6	3.389,6	3.283,2
17	4.575,5	4.390,8	4.219,0	4.059,1	3.909,9	3.770,5	3.640,0	3.517,7	3.402,8	3.294,8
18	4.607,9	4.418,7	4.243,1	4.079,9	3.927,9	3.786,1	3.653,6	3.529,4	3.413,0	3.303,7
19	4.634,6	4.441,5	4.262,7	4.096,7	3.942,4	3.798,5	3.664,2	3.538,6	3.421,0	3.310,5
20	4.656,7	4.460,3	4.278,6	4.110,3	3.953,9	3.808,3	3.672,6	3.545,8	3.427,1	3.315,8
21	4.675,0	4.475,6	4.291,6	4.121,2	3.963,1	3.816,1	3.679,2	3.551,4	3.431,9	3.319,8
22	4.690,0	4.488,2	4.302,1	4.130,0	3.970,5	3.822,3	3.684,4	3.555,8	3.435,6	3.323,0
23	4.702,5	4.498,5	4.310,6	4.137,1	3.976,4	3.827,3	3.688,5	3.559,2	3.438,4	3.325,4
24	4.712,8	4.507,0	4.317,6	4.142,8	3.981,1	3.831,2	3.691,8	3.561,9	3.440,6	3.327,2
25	4.721,3	4.513,9	4.323,2	4.147,4	3.984,9	3.834,2	3.694,3	3.564,0	3.442,3	3.328,6
26	4.728,4	4.519,6	4.327,8	4.151,1	3.987,9	3.836,7	3.696,3	3.565,6	3.443,7	3.329,7
27	4.734,2	4.524,3	4.331,6	4.154,2	3.990,3	3.838,7	3.697,9	3.566,9	3.444,7	3.330,5
28	4.739,0	4.528,1	4.334,6	4.156,6	3.992,3	3.840,2	3.699,1	3.567,9	3.445,5	3.331,2
29	4.743,0	4.531,2	4.337,1	4.158,5	3.993,8	3.841,4	3.700,1	3.568,7	3.446,1	3.331,7
30	4.746,3	4.533,8	4.339,1	4.160,1	3.995,0	3.842,4	3.700,9	3.569,3	3.446,6	3.332,1

國家圖書館出版品預行編目(CIP)資料

財務管理/ 石雄飛 主編. -- 第一版.
-- 臺北市 : 崧博出版 : 崧燁文化發行, 2018.09
　面 ；　公分

ISBN 978-957-735-439-6(平裝)

1.財務管理

494.7　　　　107014985

書　　名：財務管理
作　　者：石雄飛 主編
發 行 人：黃振庭
出 版 者：崧博出版事業有限公司
發 行 者：崧燁文化事業有限公司
E-mail：sonbookservice@gmail.com
粉絲頁　　　　　　　網　址：
地　　址：台北市中正區重慶南路一段六十一號八樓815室
8F.-815, No.61, Sec. 1, Chongqing S. Rd., Zhongzheng Dist., Taipei City 100, Taiwan (R.O.C.)
電　　話：(02)2370-3310　傳　真：(02) 2370-3210

總 經 銷：紅螞蟻圖書有限公司
地　　址：台北市內湖區舊宗路二段121巷19號
電　　話：02-2795-3656　傳真：02-2795-4100　網址：
印　　刷：京峯彩色印刷有限公司（京峰數位）

　本書版權為西南財經大學出版社所有授權崧博出版事業有限公司獨家發行電子書繁體字版。若有其他相關權利及授權需求請與本公司聯繫。

定價：500元
發行日期：2018年 9 月第一版
◎ 本書以POD印製發行